Le LAROUSSE DU CHOCOLAT
巧克力全書

精準配方、製作技巧&重點絕竅全收錄　380道食譜&259張照片

系列名稱 / PIERRE HERMÉ

書　名 / CHOCOLAT 巧克力全書

作　者 / PIERRE HERMÉ

出版者 / 大境文化事業有限公司

發行人 / 趙天德

總編輯 / 車東蔚

文　編 / 編輯部

美　編 / R.C. Work Shop

翻　譯 / 林惠敏

地址 / 台北市雨聲街77號1樓

TEL / (02)2838-7996

FAX / (02)2836-0028

初版日期 / 2011年8月

定　價 / 新台幣 1400元

ISBN / 978-957-0410-88-4

書　號 / PH 03

讀者專線 / (02)2836-0069

www.ecook.com.tw

E-mail / service@ecook.com.tw

劃撥帳號 / 19260956大境文化事業有限公司

原著作名 LE LAROUSSE DU CHOCOLAT

作者 PIERRE HERMÉ

原出版者 Les Editions Larousse

LE LAROUSSE DU CHOCOLAT

© LAROUSSE 2009

I.S.B.N.: 978-2-03- 584417-0

國家圖書館出版品預行編目資料

CHOCOLAT 巧克力全書

PIERRE HERMÉ 著；--初版.--臺北市

大境文化，2011[民100] 368面；22×28公分.

（PIERRE HERMÉ；PH 03）

ISBN 978-957-0410-88-4（精裝）

1.點心食譜　　2.巧克力　　3.法國

427.16　　100011396

Le LAROUSSE DU CHOCOLAT

巧克力全書

精準配方、製作技巧&重點絕竅全收錄　380道食譜&259張照片

PIERRE HERMÉ

台灣《巧克力全書》前言
Préface Larousse du Chocolat Taïwan

Le chocolat est une source inépuisable de plaisir. J'apprécie tout autant le chocolat au lait que le chocolat noir. Le lait pour la gourmandise et le noir pour la dégustation, ses parfums d'une grande richesse et d'une infinie diversité.

Je crée des émotions gourmandes. Dans mon travail de création, je donne au chocolat la toute première place, je porte une attention toute particulière à sa texture, ses associations et ses nuances d'arômes et de saveurs ; aux combinaisons fruits et chocolat, épices et chocolat, ou, plus classiques, les pralinés ou les ganaches nature.

J'aime travailler le chocolat ; il s'agit d'une relation personnelle avec une matière qui vit et qui ne se laisse pas apprivoiser facilement, une matière extrêmement complexe et sensible.

Je vous livre ici mes secrets pour préparer des desserts au chocolat, depuis le Flocon d'étoiles pour le réveillon, aux sablés florentins pour le goûter. Car il y a mille et une façons d'explorer les plaisirs du chocolat.

Voyagez à travers le Larousse du chocolat. Laissez libre cours à vos envies, partez à la découverte de "l'or brun".

　　巧克力是取之不盡、用之不竭的樂趣泉源。我對牛奶巧克力的喜愛並不亞於黑巧克力。牛奶巧克力是甜食，而黑巧克力則是用來品嚐的。巧克力含有豐富的風味，而且變化萬千。

　　我為老饕們創造感動。在我的創作中，我把巧克力擺在第一位，我會特別留意它的質地、它的搭配，以及它微量的香氣和味道；水果和巧克力、香料和巧克力，甚至更經典的杏仁巧克力或原味甘那許的組合。

　　我喜愛對巧克力進行加工；這涉及了個人與一種活躍且難以馴服材料之間的關係，它是一種極為複雜而且敏感的素材。

　　在此，將我製作巧克力甜點的祕訣傳授給您，從除夕夜的星絮（Flocon d'étoiles），到品嚐佛羅倫汀焦糖杏仁餅（Sablés florentins）。探索巧克力樂趣的方法有一千零一種。

　　請悠遊於《巧克力全書》中，縱情您的慾望，並開始探索這「棕色黃金」吧。

Pierre Hermé

前言
En avant-propos...

繼《大師糕點 DESSERTS》的成功後，Pierre Hermé 再度以《巧克力全書 CHOCOLAT》將您帶到美食的新宇宙。這位被《Vogue》雜誌譽為「糕點界的畢卡索」用他的才華結合了味道和質地，將巧克力甜點轉化成美食傑作。為了本著作，他聚集了全法國美食界的重要人物（巧克力糕點師、主廚 ... 等），更包括國外的知名人士，共同圍繞著巧克力進而展現出各種獨特的創造性。

隨著本書一頁頁的介紹，您將發現巧克力這個如此令人垂涎的「棕色黃金」，在使用上的各種巧妙和祕訣。作為馬雅神明和英雄的萬靈藥＊至今已有三千年，但巧克力仍不斷地征服新的愛好者。它的生產、土地和香氣在今日就如同美酒般身價看漲。而經過研究、加工和實驗，巧克力仍不斷地創造出驚喜

這項食材之王可用來製作各式甜點、飲料，以及令人驚奇的鹹味菜餚。當 Pierre Hermé 大師將他的才華與其他廚師的才華相結合時，便產生了色彩強烈的食譜：經典作品的重現與昇華，還有許多尚未發表的獨創食譜，愉快地刺激您的味蕾。不論是烘焙新手還是經驗老道的糕點專業人員與愛好者，所有的巧克力迷們都將從研讀這 380 道的推薦食譜中找到他們的幸福。

本著作非常實用，其概念是希望讓所有人都能夠在家輕易且成功地完成這些食譜。以簡單的方式說明訣竅，按步驟拍攝的連續照片，列舉出所有巧克力加工和掌握糕點基礎所必須認識的各種手法，甚至列出 80 道極簡易食譜，讓初學者能夠成功地製作巧克力美食。

從此，任何人都可以縱情於其想望中。別再等待，現在就馬上投入這美食的宇宙，盡情地大口品嚐吧！

編輯

＊編註：
萬靈藥 élixir 又稱長生不老藥或酊劑，屬於中古世紀的一種香酒，可使藥品易於服用的一種甜味酒精溶液。

目錄 Sommaire

巧克力大探索 À la découverte du chocolat　　12

巧克力食譜 Les recettes au chocolat　　54

蛋糕 Les gâteaux　　56

塔與烤麵屑 Les tartes et crumbles　　104

點心與小蛋糕 Les goûters et petits délices　　122

慕斯與其他熱融糕點
Les mousses et autres plaisirs fondants　　164

如何使用《巧克力全書》

巧克力食譜 54 至 307 頁

- ∎ 380 道鹹或甜的美味食譜
- ∎ 80 道適用於各種場合的極簡易食譜

**380 道食譜分為 9 個章節，
探索巧克力的各種風貌**

蛋糕 les gâteaux：塔與烤麵屑 les tartes et crumbles：點心與小蛋糕 les goûters et petits délices：慕斯與其他熱融糕點 les mousses et autres plaisirs fondants：冰點 les desserts glacés：糖果與甜食 les bonbons et friandises：飲品 les boissons：巧克力全餐 un repas tout chocolat：基礎製作 les préparations de base。

糖果和小點 Les bonbons et friandises

編註：

1 法國的麵粉分類從編號 45 到 150，編號越少的麵粉筋度越低。本書中材料標示為「麵粉」的配方，請依照以下介紹選擇相對應的麵粉種類使用。麵粉依其萃取率（與麥粒相較之下所獲得的麵粉量）和純度而分類，編碼從 45 號至 150 號。用於製作糕點的 45 號麵粉或特級麵粉（farine supérieure）是最純且最白的麵粉，所含的麩皮（麥粒的表皮）不多。55 號麵粉用來製作白麵包，而 110 號麵粉則用來製作全麥麵包。

2 sucre roux 法文中的紅糖；Cassonade 法文中的粗粒紅糖，可使用二砂糖製作。sucre semoule 砂糖、sucre en poudre 細砂糖、sucre glace 糖粉、sucre cristallisé 結晶糖

（較粗顆粒的砂糖），均是以甘蔗提煉的精製糖，粗細不同。本書中若無特別標註僅寫「糖」（sucre），則表示可使用砂糖或細砂糖製作。

3 酵母 levure de boulanger 指的是塊狀的新鮮酵母。

4 本書中若無特別標註 citron vert 綠檸檬，所有配方中的的「檸檬」皆為 citron 黃檸檬。

適合新手的極簡易食譜

用以下的圖形標示。

依難度區分的食譜分類

在各章節中分為：極簡易食譜；新手也能輕鬆製作；令人驚豔的食譜；在味道搭配上最為精緻，而且往往很獨特的食譜。

❝ 極簡易糖果和小點
Les bonbons et friandises
tout simples ❞

約 **20** 串
準備時間：**15** 分鐘
冷藏時間：**2** 小時

覆蓋用黑巧克力甘那許 200 克
（見 289 頁）
檸檬 2 顆
香蕉 4 根

竹籤 20 根

巧克力香蕉串
Brochettes de banane au chocolat

1 製作甘那許。將 1 個無底的塔模擺在鋪有烤盤紙的盤子上，將甘那許倒入至 1.5 公分的厚度，冷藏凝固 2 小時。

2 將檸檬榨汁，倒入大碗中。將香蕉剝皮並切成厚 1.5 公分的圓形薄片，泡入檸檬汁中。

3 在另一張烤盤紙上為甘那許脫模。將第一張烤盤紙抽離，將甘那許裁成邊約 1.5 公分的小塊。

4 製作巧克力香蕉串。在每根竹籤上交錯串上 1 片香蕉片，接著是 1 塊甘那許。冷藏保存至享用的時刻。

使用的材料清單

依出現在食譜中的順序所列出的食材。

375 克的罐子 3 罐
前一天晚上開始準備
準備時間：**20 + 20** 分鐘
冷藏時間：約 **10 + 10** 分鐘

成熟的洋梨（威廉 williams 品種）1.2 公斤
結晶糖（sucre cristallisé）
750 克
未經加工處理的柳橙 1 顆
檸檬汁 50 毫升
可可脂含量 60% 的黑巧克力
250 克

密封罐（pot à vis）3 個

Ch. Ferber
Maison Ferber(Niedermorschwihr)
費貝之家（莫施威爾）

糖漬蜜梨醬
Confiture Belle-Hélène

1 前一天晚上，將洋梨削皮，切成兩半，去核切成薄片。和糖一起放入深盆中。將柳橙皮切成細碎，將柳橙榨汁。在盆中加入檸檬汁和柳橙汁，以及柳橙皮。煮沸，接著輕輕倒入大碗中。

2 用鋸齒刀將巧克力切碎。加入 1 的大碗中，攪拌至巧克力融化，在表面蓋上 1 張烤盤紙，保存於陰涼處至隔天。

3 當天，將 2 的果醬倒入深鍋中，再次煮沸，以旺火續煮 5 分鐘，輕輕地但不停地攪拌，撈去浮沫。以煮糖溫度計控制濃度（當溫度到達 105℃時，停止烹煮），用湯杓和漏斗將煮沸的果醬倒入殺菌罐中；填至與邊緣齊平，因為果醬的體積總是會隨著冷卻而減少。仔細地擦拭每個罐子的邊緣和側邊。立刻將蓋子旋緊，接著將罐子倒扣至完全冷卻，以創造出真空。

→ 在果醬還溫熱時以螺旋蓋緊閉提供了絕佳的保存條件，尤其是在果醬並不是很甜的時候。

→ 為了將罐子和蓋子殺菌，浸入沸水中幾分鐘，或是放入預熱 110℃的烤箱裡 5 分鐘。

隨食譜附上的建議、訣竅和變化

清楚的建議、訣竅和變化，讓所有讀者都能成功地完成書中的巧克力作品，並發現新味道。

受 Pierre Hermé 大師邀約的美食家簽名

最知名的巧克力糕點師、主廚或作家，都在本書中發表新作品。

未經加工處理的檸檬（或柳橙），未經加工處理是指表皮未上蠟，也沒有農藥的疑慮。

5 1 包香草糖 = 7 克，也可用細砂糖及香草精替換。1 包泡打粉 = 10 克。份量未註明的材料，則表示可依個人的喜好而定。

6 焦化奶油（noisette au beurre），奶油加熱焦化後會呈榛果色且具榛果的香氣，法文寫為榛果色的奶油。

7 本書中所使用的烤盤紙均為「烘焙專用 spécial cuisson」烤盤紙。

8 本書中所述的室溫，為攝氏 25 度。

基礎製作 Les préparations de base　　　　　　　　　280 至 307 頁

巧克力糕點師的技術 Les techniques du pâtissier-chocolatier　　322 至 331 頁

■ 清楚掌握巧克力和糕點所不可或缺的各種手勢技巧。

實用建議和訣竅

確保所有讀者都能成功地製作。

變化

可以讓讀者發現新味道。

詳細的連續動作圖

按步驟拍攝的順序來展現基本動作。

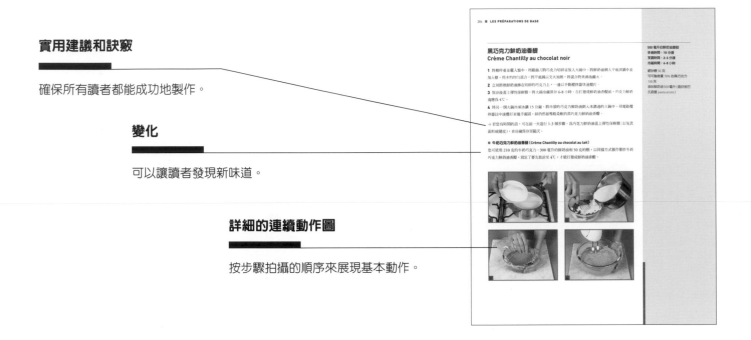

巧克力大探索　À la découverte du chocolat　　　　　　12 至 53 頁

▶ 以 40 頁的篇幅來環顧巧克力的世界，讓讀者了解這美味食材的一切，包括其文化世界，以及日常的實際使用。

▶ 書中豐富的插圖和文學摘錄，闡述了巧克力跨越時代的成功。

等量表 Tableaux des équivalences

烘烤溫度對照表
TABLEAU INDICATIF DE CUISSON

溫度調節器 Thermostat	溫度 Température	熱度 Chaleur
1	60℃	
2	80℃	
3	100℃	剛好微溫
4	120℃	微溫
5	150℃	溫
6	180℃	適中
7	210℃	中等
8	240℃	熱
9	270℃	燙
10	300℃	旺火

此對照表適用於傳統的電烤箱。至於瓦斯爐或電磁爐，
請參考製造商使用說明。

法國 - 加拿大等量表
TABLE DES ÉQUIVALENCES FRANCE-CANADA

重量 Poids		容積 Capacités	
55 克	2盎司 onces	250 毫升	1 杯 tasse
100 克	3 盎司	500 毫升	2 杯
150 克	5 盎司	750 毫升	3 杯
200 克	7 盎司	1 公升	4 杯
250 克	9 盎司		
300 克	10 盎司		
500 克	17 盎司		
750 克	26 盎司		
1 公斤	35 盎司		

為了方便測量容量，在此使用相當
於 250 毫升的量杯（事實上，1 杯
= 8 盎司 = 230 毫升）。

此等量表可計算至接近幾克的重量
（事實上，1 盎司 = 28 克）。

容積重量代換表
CAPACITÉS ET CONTENANCES

若您手邊沒有精準的測量器具，此表格可讓您估算所需食材的容積與重量，讓您得以完成各個食譜的操作。

	容積 capacités	重量 Poids
1 咖啡匙	5 毫升	3 克的澱粉；5 克的咖啡、鹽、糖或木薯粉
1 點心匙	10 毫升	
1 湯匙	15 毫升	5 克的乳酪絲；8 克的可可粉、咖啡粉或麵包粉；12 克的麵粉、米、小麥粉、鮮奶油或油；15 克的細砂糖、精鹽或奶油
1 摩卡杯	80-90 毫升	
1 咖啡杯	100 毫升	
1 茶杯	120-150 毫升	
1 早餐杯	200-250 毫升	
1 碗	350 毫升	225 克的麵粉、320 克的細砂糖、300 克的米、260 克的米、260 克的葡萄乾，260 克的可可
1 湯盤	250-300 毫升	
1 利口酒杯	25-30 毫升	
1 馬德拉酒杯	50-60 毫升	
1 波爾多酒杯	100-150 毫升	
1 大水杯	250 毫升	150 克的麵粉、220 克的細砂糖、200 克的米、190 克的小麥粉、170 克的可可
1 芥末杯	150 毫升	100 克的麵粉、140 克的細砂糖、125 克的米、110 克的粗粒小麥粉、120 克的可可、120 克的葡萄乾
1 酒瓶	750 毫升	

巧克力大探索 À la découverte du chocolat

食用三千年
Trois mille ans de consommation

對墨西哥和中美洲的馬雅人來說，眾神是最早的可可食用者，也因此鼓勵人們加以仿傚。如今過了三千年，一切如常：品嚐巧克力始終被視為天神般的享受。

天神和英雄的萬靈藥 Élixir des dieux et des héros

生命之樹的可可 Le cacao de l'arbre de vie

巧克力的起源是歷史之謎。據說奧梅克人（Olmèque，西元前 1200 年）在大樹旁種下史上最早的可可樹，但墨西哥濕熱的森林卻將各種食用可可的考古遺跡給完全吞沒。

還有一個由馬雅文明流傳下來的傳說，是馬雅人繼承了奧梅克人，在墨西哥海灣沿岸種植可可。我們因此推算得知一項事實：如同在貝里斯（Belize）發現含有可可遺跡的罐子所證實，巧克力飲料至少自西元前六世紀開始便已存在。

根據《波波爾‧烏》（Popol Vuh）--- 馬雅創世紀之書所述：最早的可可飲料有個神聖的起源。據說是在英雄烏互納普（Hun Hunahpu）和處女西波巴（Xibalba）以超自然的方式結合時，由他們的祖父所調配的。主宰馬雅地獄的西波巴領主將不幸的烏互納普斬首，並將他的頭顱掛在一棵枯樹上。這棵樹接著奇蹟似地長出果實來：根據《波波爾‧烏》的文獻記載，該果實應為葫蘆，而其他的文獻資料則認為這是可可樹的果實。依文獻所述，處女對著英雄的頭顱說話，英雄在她手上吐痰，處女就這麼神奇地懷了孕。此後，可可飲料成了婚姻初步商談的一部分。一般人們是用挖空的葫蘆飲用，令人想起《波波爾‧烏》中的生命之樹（calebassier）。媒人和未婚夫妻的父母以一大杯的巧克力乾杯，進行「chokola'h」。

墨西哥人將可可從一個容器倒入另一個容器中以產生泡沫。始於十六世紀中葉的《圖德拉藥典 codex Tudela》複製品。馬德里（Madrid）美洲博物館。

由西波巴與神聖的烏互納普結合所孕育的可可，也支配著人類世界的誕生：馬雅小孩以接近天主教的受洗儀式，用浸過純泉水，並以摻有花和可可的樹枝進行淨化。最後，可可更作為地下世界深淵中所誕生的果實和再生的象徵，在死者通往冥界的旅程上陪伴著他們：留下無數可可圖雕（glyphe du cacao）的骨灰罈擺放在馬雅國王的墓地裡。

« Parfum de cacao, dansant près du tambour, Répandant son effluve à profusion

隨著鼓聲翩翩起舞的可可香，散發出濃郁的芬芳 »

納瓦特爾文選 Anthologie nahuatl，不知名的阿茲提克詩人。

可可圖雕
LE GLYPHE DU CACAO

馬雅文化中，玉米和可可在宗教信仰裡，就如同在日常生活一般，兩者總是同時出現，因為它們參與了無數飲料的組合。可可（馬雅語為「kakaw」）在圖雕中重現文字的元素。「ka」的音以一條魚和（或）鰭表示，畫一至二次來表示音節的重複。復活的象徵，這條魚反映了《波波爾・烏》的創始傳說，其中兩名英雄被殺，死後被扔進水中，後來他們變成魚，之後才以俊美青年的形象重生。至於「aw」的音則以玉米的枝椏和螺旋形表示。根據傳說，玉米構成了人類在大洪水後復活的血肉。螺旋形以其形象表示死後復活的永恆循環。

| 鰭 nageoires | 魚 poisson | 玉米葉 feuille de maïs |
| 螺旋形 spirale |

野兔形狀的可可罐。墨西哥國家人類學博物館。

國王和戰士的巧克力
Le chocolat des rois et des guerriers

約西元 1300 年，來自北方的遊牧戰士阿茲提克人定居在現今墨西哥海拔 2000 公尺處的高谷地，統治著延伸至瓜地馬拉的龐大帝國。若他們從不種植可可樹，可可樹就無法被引進高原的寒冷地帶。阿茲提克人是狂熱的巧克力飲品食用者，而這也是他們社會階級的一部分：唯有貴族和戰士有權經常享受這被稱為「tlaquetzalli 寶貝」的奢華飲品。可可為罕見的商品，被運送至特諾奇蒂特蘭（Tenochtitlán，後來的墨西哥）的首都，以人力從遙遠的塔巴斯科（Tabasco）或索科紐斯科（Soconuzco）的果園扛數百公里之遠。而馬雅人也持續在這些地區以傳統方式製造可可。

可可豆之珍貴，甚至可作為貨幣使用，就如同寶石或格查爾鳥（quetzal）的耀眼綠羽毛（格查爾鳥是 Quetzalcóatl 神的象徵）。 Quetzalcóatl 神的名字譯為「羽蛇」，是專業遠洋商人（potcheca）、富人和貴族商人們的守護神。這些人在慶祝每次的商業遠征時，都會舉行供應大量巧克力的宴會。

16 世紀初，在蒙提祖瑪二世（Moctezuma II），即阿茲提克帝國最後一位真正君王的餐桌上，餐宴以一個裝有各式各樣可可豆飲的葫蘆作為最後的美化。用香草、花、胭脂樹的紅籽（見 43 頁）、胡椒，有時還有蜂蜜，甚至加入會引發幻覺的蘑菇來增添芳香，這種「巧克力特爾chocolatl」從高處倒下所產生的泡沫尤其受人喜愛。在極度講究的情況下，還會在飲用後來上一支仔細捲好的雪茄煙。因此，哥倫布（Christophe Colomb）過去的同伴寇蒂斯（Cortés）也在 1519 年征服墨西哥時，首度嘗到這飲用儀式及其滑順的氣泡。

veyotlipan . oncã qnamicq3 mtlatoque qmaca q̃yxq̃ch qualom .

西班牙船長埃爾南·寇蒂斯（Hernán Cortés）在征服墨西哥時經由其口譯瑪琳辛（Malintzin）的介紹（1519-1521）。15世紀石版畫。巴黎，國家圖書館。

征服之飲 La boisson de la conquête

由於國王下令禁止酒類的輸出，墨西哥的新主人 --- 西班牙的征服者和傳教士很快便改而飲用可可。這被 16 世紀的多明尼加修士馬帝爾·德·翁格希亞（Martyr de Angleria）稱為「幸福貨幣」的可可豆，在財政上所扮演的角色也促使這飲料的成功，並減輕了新世界的征服者對黃金的極度渴望。蔗糖的引進讓可可食譜得以改良，藉由加入糖、香草和肉桂來緩和可可的原味。就這樣在經過改良後，可可成了更大眾化的飲品。

　　然而，沒有泡沫就稱不上是好的巧克力。憑著這美洲印地安人的箴言，西班牙移民在墨西哥創造出最早的巧克力壺 --- 簡單的土製壺，含有穿洞的木蓋，可插入小風扇或攪拌器，用以產生如此令人垂涎的氣泡。

　　新移民，尤其是他們印地安血統的配偶，大量地食用巧克力。他們每天至少飲用兩次，早上在早餐時享用熱可可，下午享用清涼的可可；在後者的情況下，他們用巧克力來為玉米粥調味，而這裡的玉米粥指的是一種用白玉米和水所熬煮出來的食物。這過去神明的萬靈藥（élixir）在教堂裡也享有公民權，恰帕斯（Chiapas）上流社會的貴婦們會在進行大彌撒期間享用！主教對此大為不滿，下令禁止這可恥的行為，但也因而惹來殺身之禍。據說有人在他飲用的巧克力中下毒，主教在飲用巧克力不久後死去。

　　隨著可可豆種植的發展和供應上的便利，這經過征服而來的巧克力搭配細長的烤麵包塊、餅乾和果醬，立刻成了大家普遍接受的合理晚餐選擇。經過混種，具有迷人的過往，現在這新世界的巧克力已經準備好，進而要迷惑歐洲宮廷了。

巧克力傳教士
LES MISSIONNAIRES DU CHOCOLAT

巧克力享有晉升為世界之王的最高榮譽，這必須歸功於西班牙的傳教士。他們介紹給西班牙修道總院的並非印地安人的可可，而是加入了蔗糖的巧克力飲品。17 和 18 世紀，各修會的高級神職人員都持續改良，並讓巧克力的食譜流通到全歐洲。在法國，里昂的樞機主教阿方斯·德·黎塞留（Alphonse de Richelieu）在奧地利的安妮 d'Anne d'Autriche（法國國王路易十三的皇后）到來並使用巧克力之前，早就從西班牙修士身上學得了巧克力的祕方。

宮廷禮儀 Rituel de cour

皇家典範 Le modèle royal

蒙提祖瑪的黃金和被稱爲「錢豆」(哈里奇 N. Harwich，1992)的可可，相當於阿茲提克帝國的財富，而且一起在 16 世紀時進入了查理五世(Charles-Quint)帝國的宮殿。作爲一個好的開始，巧克力自 17 世紀起便成了西班牙貴族和神職人員的寵兒。從此，巧克力的勢力便拓展至西班牙王國的其他地區、弗朗德勒(la Flandre)、荷蘭和義大利的部分地區。這珍貴的飲品在 1615 年西班牙公主奧地利安妮與路易十三結婚時，經由巴詠納城(ville de Bayonne)正式進入法國。年輕王妃的行李中帶了她的巧克力盒。但是，是她的姪女奧地利的瑪麗•黛蕾絲(Marie-Thérèse) --- 路易十四的配偶，讓太陽王的法國感染了她對巧克力的熱情。由於不斷食用巧克力的緣故，一些愛嚼舌根的人甚至斷言她的牙齒是黑的。

以皇家爲典範被勤奮不懈地奉行著，因爲吃喝也是「貴族生活」的一部分。宮廷裡有三千多「口」人像這樣食用巧克力，在凡爾賽宮裡每星期三次地大量分發，以致路易十四必須出面制止。這時有人提議享用熱巧克力，就如同其對手咖啡一樣，在會客的日子裡，在大型的酒菜檯上，以銀色的貝殼容器 端坐在迷人的富饒廳(salon d'Abondance)中。在 1720 年代，唯有特權人士可在攝政時期的早晨取得巧克力。在法國大革命前夕，巧克力仍是巴黎廣大民眾所難以接近的萬靈藥(élixir)。頂多是一些好奇的人 --- 只要花錢向城堡的看門人租用服裝和寶劍 --- 就有機會一窺瑪莉•安東尼(Marie-Antoinette)皇后精緻的巧克力陶壺。因爲當時君王的餐飲事實上是公開的。

《貴婦與其男伴飲用巧克力》
尼古拉•傑哈(Nicolas Guérard)的雕刻
(1648-1719)
巴黎，國家圖書館。

« **La cour**, dit-on, pour apparaître applaudir au goût de la **jeune reine** [Marie-Thérèse d'Autriche], voulut comme elle prendre du **chocolat**, et Paris imita la cour.

宮廷為了表示贊同年輕皇后〔瑪麗•黛蕾絲〕的品味，
於是開始像她一樣享用巧克力，整個巴黎也仿做起宮廷。»

朱利安•杜岡 Julien Turgan，大工廠 les Grandes usines，1867。

對巧克力狂熱的貴族 Une aristocratie passionnément chocolat

當巧克力被引進宮廷時，飲用與否，讓法國貴族分裂成兩派。在這醉人飲品周邊流傳著最瘋狂的傳言，時而受到大力奉承，時而受到詆毀，因為就像塞維涅侯爵夫人（marquise de Sévigné）在其《信札》中所提到，「它為您帶來一段時間的滿足，接著又突然為您燃起持續的狂熱」。在世俗的玩笑和放蕩的隱喻之間，這過於炙手可熱、「令人心跳加速」的巧克力進入了王室朝臣的小房間。據說很冷酷的龐畢杜夫人（marquise de Pompadour）會在龍涎香中加入強效的巧克力來取悅路易十五，而她的對手杜巴利伯爵夫人（comtesse du Barry）則是讓萎靡不振的情郎們服下這提神的飲品。

義大利的貴族也難以逃離這「幸福永恆之飲 bienheureuse éternité potable」（馬加羅蒂 L. Magalotti，17 世紀）。在貴婦的小客廳裡懶洋洋且愜意地享用微溫的可可飲，或是在夏日的酒菜檯上以冰涼或雪酪的方式享用，甜美的巧克力仍屬階級上的特權。

至於倫敦的上流社會則沉迷於最早的「巧克力屋 chocolate house」。在政治俱樂部，遊戲於地獄和巧克力的殿堂之間，像可可樹（Cocoa-tree）或白綠（White's virent）等場所，讓帝王、首相和專業賭徒們全都圍繞在一杯上好的可可周遭。拉丁國家溫情的巧克力，與其說是放蕩，倒不如說是在極端自由的激情中沸騰。

不可或缺的巧克力餐具
L'INDISPENSABLE
SERVICE À CHOCOLAT

穿越大西洋，由新移民創造的無紋飾巧克力壺成了真正的藝術品。以銅、銀、金或鍍金的銀詮釋，這以啓蒙時代的貴金屬製成的巧克力壺，除了它的攪拌器以外，有三隻為了維持穩定度的腳，一個罩有硬木套柄的垂直把手，讓人可以擱在火上而不會被燙傷，以及一個靠近頂端的壺嘴，以免過於沸騰的巧克力溢出。以精製陶瓷製作的巧克力壺常以鍍有純金的花樣做為裝飾。巧克力壺也附有連茶托的小杯子，鑲在茶托裡以免滑動。18 世紀由蒙瑟拉侯爵（marquis de Mancera）發明的「蒙瑟拉杯 mancerina」便是其中的代表。

巧克力革命 Le chocolat fait sa révolution

健康為先 Le santé d'abord

儘管近三千年以來，無數的論著歌頌著巧克力為健康帶來的大量好處，但一直到 19 世紀，這「印地安仙露」（H. Stubbe, 1662）才在法國擺脫了知識份子所持有的含硫印象。基於這種負面印象，也只能和心愛的巧克力、樂趣和歡樂道別了！從那時起，美麗侯爵夫人的巧克力僅能令七、八十歲的長者和康復中的病患感到振奮，因為「如同青春之泉的泉水，這飲料能使慣用的人回春」（何尼耶 A. Grimod de La Reynière，1810）。後來，多虧藥劑師去除配方中的刺激性香料，並以「健康巧克力」的名稱販售原味的巧克力，這「安老牛奶」（Caylus, 1720）才又挽回了名聲。

有漩渦狀棕櫚葉飾的巧克力壺。硬瓷、木頭和鍍金的銀。18 世紀。里摩日（Limoges）陶瓷博物館（musée Adrien-Dubouché）。

所謂的「皇后 à la reine」有蓋茶托杯。18 世紀。里摩日陶瓷博物館。

三腳巧克力壺與其攪拌器。烏黑色的把手，銀製。18 世紀。雄達杜須榭（Chantal du Chouchet）的收藏。

約翰‧巴提斯特‧夏邦提耶（Jean-Baptiste Charpentier, 1728-1806）《彭提耶弗公爵家族或巧克力杯 la Famille du duc de Penthièvre, ou la Tasse de chocolat》。布上油畫，1768。凡爾賽城堡和特里亞農堡國家博物館（Musée des Châteaux de Versailles et de Trianon）。

藥用巧克力
LES CHOCOLATS PHARMACEUTIQUES

20 世紀初期以強身健體的功效而聞名，巧克力成了藥劑師最愛的盟友，利用其強烈的香氣來掩蓋藥品噁心或苦澀的味道。藥用巧克力因而全副武裝地進入市場：可削下鐵屑的含鐵巧克力（抗貧血）、地衣巧克力（抗咳嗽）等。至於 1894 年因其加倍營養效果而在里昂獲獎的「牛肉巧克力」，則成功地在牛肉乾的配方中加入了巧克力，消除了肉的餘味。

工業革命促使巧克力的形象大大改變：始終魅力無限，但不再遙不可及。神聖的巧克力從其檯座上下來，成了俗世的糧食和一種批發商品。無數先進的科技讓巧克力得以擴充等級與目標客戶群。荷蘭的凡柯添（Coenrad Johannes Van Houten）因而在 1826 年提出了關於去脂可可的專利申請。這種可可更容易消化，目的是將消費者的健康擺在第一位，不論其年齡為何。可可粉的營養和健康層面很快成了家家戶戶購買的論據，同時也是巧克力商大老板們有益於社會的機會。可可粉因工業製造而使價格大幅下降，足以和工人階級使用的酒精飲料匹敵。

五十幾年後，這「神的飲食」跨越了一個新的階段：以牛奶巧克力的形式，可可聲稱參與了孩童的成長，甜美地滿足了他們對鈣的需求。這是瑞士維威（Vevey）的年輕人 --- 丹尼爾‧彼得（Daniel Peter）的發現。他剛娶了巧克力製造商的女兒法妮‧卡耶（Fanny Cailler），便竭力要用牛奶，即瑞士的國家資源來改良巧克力磚。1875 年，他終於以奶粉取得了成功。

« **Le chocolat**, préparé avec soin, est un aliment aussi **salutaire** qu'**agréable**.

細心調配的巧克力，是既有益健康又令人愉悅的食物。 »

布亞‧沙瓦杭 Brillat-Savarin，味道生理學 Physiologie du goût，1825。

巧克力磚的降臨
L'avènement des tablettes

凡柯添（Van Houten）的製作方法帶來一項附屬結果，但對巧克力的演化而言卻相當重要：將多餘的可可脂（beurre de cacao）抽出。將這項材料再利用，改善當時固體巧克力太乾且易碎的質地，這讓英國公司 Fry 得以在 1847 年澆鑄出最早的巧克力磚，並在文本中以法文形容爲「好吃巧克力」。儘管巧克力仍硬到需要嚼食，但這巧克力磚的始祖已獲得極大的成功。

　　而法國方面，梅尼耶（Émile Menier）也千方百計地想改善巧克力的品質並降低成本。作爲這方面的先驅，他亦是首位於 1870 年代在諾齊耶（Noisiel 塞納馬恩省 Seine-et-Marne）打造出模範工廠的人，其建築物是按製造程序的演化而興建。這造成販售價格的大幅下降和巧克力的普及，其明智的策略讓工廠得以囊括無數的獎章。獎章的圖案亦被印製在其鵝黃色的磚形包裝上。

　　然而，是偶然的機會巧合下推了巧克力最後一把，形成了現代「入口即化」的巧克力磚，關鍵的製造程序於 1879 年誕生於瑞士。據說，某個叫魯道夫•蓮（Rodolphe Lindt）的新手巧克力商非常粗心大意，他在周末時去打獵，卻忘了將機器關閉。結果加入的巧克力醬和可可脂就這麼在攪拌器裡運轉了三天三夜。因此在他回來時，槽裡製出的巧克力具有如天鵝絨般平滑的紋理。一旦冷卻並流入模型，就會奇蹟似地融在舌間。

　　蓮（Lindt 又稱：瑞士蓮）的配方很快成了神奇的方程式，因爲歐洲最好的化學家對這些新的巧克力磚進行分析，卻無法破解其中的謎。一直等到 1901 年，這祕方的著作權消失幾年後，所有巧克力的愛好者才得以享受到這出色的新配方。

1930 年，梅尼耶 Menier 最早的廣告裡，將小女孩的辮子改為男性化的髮型。

1900年的巧克力事件
UN ÉVÉNEMENT CHOCOLAT EN 1900

《無疑是世上最大巧克力工廠的『梅尼耶之家 maison Menier』，展出了船艦勝利號宏偉的重建，慶祝 1679 年從馬提尼克島（Martinique）帶回首批的法國豆。船塢遮蔽著一副『透景畫』：呈現出工廠作坊的『完美景象 --- 滿是上漆或栩栩如生的工人』，以及製作一項一帆風順的商品：『巧克力磚』所需的所有操作程序。》（胡斯雷 L. Rousselet 所述，1900 年世博會的見證）。

2003 年世界巧克力食用量（每人食用的公斤數） CONSUMMATION MONDIALE DE CHOCOLAT EN 2003 (en kg par habitant)							
比利時	10.7	愛爾蘭	9.2	法國	6.8	荷蘭	4.4
德國	10.5	英國	9.2	美國	5.4	義大利	3.9
瑞士	10.3	挪威	9	芬蘭	5.2	西班牙	3.3
奧地利	9.4	瑞典	7	澳洲	4.4	日本	2.2

2003 年歐洲（15 個國家）：每人 7 公斤。

来源：歐洲巧克力糖果餅乾工業協會（Caobisco）與瑞士巧克力製造商協會（Chocosuisse）

2000 年東京巧克力沙龍展的作品，由法國服裝設計師讓•路易•雪萊 Jean-Louis Scherrer 設計。

巧克力的黃金時期
L'âge d'or du chocolat

口味多變的巧克力
Du chocolat pour tous les goûts

1900 年代，巧克力握有征服大眾的王牌：降低的價格和提升的品質。爲因應多元的巧克力市場，各種產品漸漸出現。在歐洲和美國，顯現出兩種趨勢：美國和北歐尤其喜好添加牛奶的工業巧克力（特別是巧克力棒），而拉丁文化的歐洲，則大多追求手工的巧克力磚和巧克力糖。

20 世紀下半葉，巧克力樂意在其經典的味道中加入當地的地方主義色彩：填入奶油或鮮奶油的比利時帕林內（praline）、奧地利的「薩赫巧克力蛋糕 Sachertorte」（塞入杏桃的巧克力蛋糕，見 102 頁）、（優質）瑞士牛奶巧克力磚、英國薄荷松露巧克力、義大利細緻的「榛果牛奶巧克力醬 gianduja」（摻有磨成細碎的榛果）、西班牙像墨西哥一樣撒有肉桂的熱巧克力。今日，巧克力經由早就引進的土耳其和日本傳入東方。如今，巧克力更朝中國邁出了第一步。

法國對巧克力的喜愛
Une France tendance chocolat

現今 21 世紀初，巧克力不僅參與了法國史，而且也進入法國 1 千 7 百萬人的生活，不分老少，他們承認每天至少食用一次巧克力。大多是出於喜好，但也有基於健康的理由，他們偏好巧克力磚，佔食用的 70%。近 20 年來，法國巧克力的風味變得更多元。用來製作星期天蛋糕（gâteau du dimanche），質地粗糙的「家用巧克力 chocolat de ménage」，因可可含量高的「品嚐巧克力 chocolat de dégustation」而被打入冷宮，接著在上個世紀末，又因標榜其來源的頂級產地巧克力而落敗。

狂熱的巧克力迷聚集在私人俱樂部裡，如巧克力嚼食者的名人俱樂部 Clubdes croqueurs de chocolat（1981），或是參觀受歡迎的展示活動，像是巧克力沙龍 Salon du chocolat、首要之名 le premier du nom（1994），在法國和其他國家都有成立學派的創舉。這股對巧克力的熱情有利於手工巧克力製造商的誕生。他們是如此醉心於自身的職業，更會在每季推出「系列作品」，就如同高級的時裝秀一般。

« J'aime le chocolat. Â la **folie.** Je suis incurable.
Chocolatomane, ça s'appelle.
我愛巧克力，像發了瘋似的愛，無可救藥。這就是所謂的巧克力迷。»
伊漢娜•弗蘭 Irène Frain，激情巧克力 Chocolat passion 第一期，1995 年。

可可的來源與產地
Origines et crus de cacao

源自亞馬遜，可可樹是一種沿著赤道環繞世界一周的樹種。
所生產的種籽，或者說可可豆，外觀和味道依品種和產地而有所不同。

可可樹及其棲息地 Le cacaoyer et son biotope

樹 L'arbre

就如同木棉（fromager）和蜀葵（rose trèmière）一樣，被分類為錦葵科（Malvaceae），以及
可可樹屬，可可種。可可樹是一種如此美麗的樹，也能作為裝飾用樹來種植。生而高聳，
在赤道森林的野生狀態下可達 15 公尺高，但人工栽培的可可樹不超過 6 公尺。一棵可
可樹可存活 40 至 100 年。油亮的葉片形成厚重的環狀，不斷更新。每年開出 10,000 至
20,000 朵白色或粉紅色的小花，而其中僅有 1% 能夠結成果實。這些小花終年都出現在
樹木凸起，被稱為「花墊 Coussinets floraux」的地方。

在其銀白色的薄樹幹和主枝上直接長出閃亮的黃、綠、紅或紫色果實。這些果實被稱
為可可果（cabosse）（古法文為 caboce（1732），有「頭 tête」的意思），因其拉長的形狀使
人想起古代馬雅人因人為而變形的頭。每顆 15 至 20 公分長的可可果約重 400 克，其中
含有 40 幾顆種籽。這些種籽如玉米粒般在軸心周圍集結成穗。被包覆在膠質果肉中，即
黏膠，味道微酸並帶有花香味。

從《美洲島嶼新旅 Nouveaux Voyages aux
Îles de l'Amérique》著作中摘錄的版畫，
其中多明尼加傳教士拉巴（Jean-Baptiste
Labat）(1663-1738) 敘述他於 1693 年至 1705
年在安地列斯群島的旅行。

栽種條件 Ses exigences

可可樹一直是種很嬌弱的樹。它需要 24 至 28℃的濕熱氣候，以及一年裡最少 1500 公釐，
而且盡可能均勻散佈的雨量。相反地，它能夠接受將樹根泡在水中，在這種情況下，就必
須用獨木舟來採收可可。生長於南北緯 20 度之間的平原上；然而在赤道附近種植的可可
樹可達海拔 700 公尺。可可樹畏懼會使其獨特主根露出的強風，以及會使其葉片燃燒的直
接日曬。

« Le **cacaoyer** dont la fusée, là-haut,
sans bruit, déverse ses amandes **délicieuses**.

可可樹的紡錘悄悄地從那上面吐出美味的果實。»

阿斯杜里亞斯 Miguel Angel Asturias，玉米人 *Homme de maïs*，1953 年。

可可果的外觀和顏色可能非常不同，即使是同一品種也是如此；可能為圓形或長形，平滑或帶有深深的條紋，甚至布滿「樹瘤」等等。

可可的奶媽
LES MÈRES NOURRICIÈRES DU CACAO

古馬雅人，接著是仿傚馬雅人的西班牙人，過去在較高且較堅固的樹---『可可之母 mères du cacao』（阿茲提克語為 cacahuanantli）下種植可可樹。這是豆科植物常見的情形，大樹以林冠保護可可樹，並用其排出的多餘氮氣來滋養可可樹。這種種植方式始終有效，尤其是在天然的栽培上。

可可果與可可豆。

可可樹的植物學起源與品種
Origine et variétiés botaniques du cacaoyer

謎之鑰 La clé du mystère

可可樹的起源長久以來一直是個謎。其術語分類造成一些難解的問題，同一個品種也可能呈現出極為不同的形狀和顏色。21 世紀初，基因研究讓我們得以了解遠在紀元之前，種植於墨西哥和中美洲的可可樹源自遙遠的其他地方：我們現在知道所有遠古的可可樹品種都源自一個安地斯山脈山腳下延伸的廣大苗圃---位於奧里諾科河（Orenoque）和亞馬遜盆地的濕熱地帶（現今的：哥倫比亞、厄瓜多、祕魯、委內瑞拉）。隨著氣候變化的孤立，就這麼分別形成了「克里奧羅 criollo」、「福拉斯特洛 forastero」和「厄瓜多國產 nacional équatorien」等品種。

克里奧羅可可樹 Les cacaoyers criollos

克里奧羅的特色在於其白色或粉紅色的圓形種籽，味道甘甜，發酵快速。因極度脆弱，被棄而改用其他較強壯的品種。目前的產量估計正好為 1%（墨西哥、巴西、委內瑞拉、哥倫比亞、爪哇）。它的稀少更增添在索科紐斯科 Soconuzco（墨西哥）種植以來的盛名，該地區的可可在 19 世紀前都保留給西班牙王室。在三千周年時，由楚奧（Chuao）的委內瑞拉可可奪回了名聲，據說這種可可能生產出比其收穫的可可豆更多的巧克力。這是唯一享有「受到保護的地理標識 indication géographique protégée」（IGP，歐洲與區域相關的品質認證縮寫）認可的可可。事實上，它屬於克里奧羅、厄瓜多國產和雜種福拉斯特洛的混種。

福拉斯特洛可可樹 Les cacaoyers forasteros

強壯多產的福拉斯特洛（forastero，西班牙語為「異國」）可可樹，可透過其紫色的扁平種籽來加以辨認。分屬於兩個副品種的大家族。最早耕作的可可樹為亞馬遜河下游的福拉斯特洛或阿門羅納多（Amelonado），於 1746 年引進巴西。從此，它擴展至聖多美 São Tomé（1830），接著是迦納 Ghana（1850）和象牙海岸 Côte d'Ivoire。每年只能一次大量採收（產量 80%），而且相當嬌弱，經過大量雜交，其豆子的蜂蜜味和可可味會在過程中流失。

可可文化 Culture du cacao。
戴儂柏 F. Dannenberg 的彩色石版畫，
摘錄自《異國栽培植物 *Plantes cultivées étrangères*》，1894 年。

在 1938 年由植物學家龐德（E.J Pound）帶領的探險之後，亞馬遜河上游的福拉斯特洛可可樹引人注目地進入了農作物的行列。科學任務沿著亞馬遜河而上，在赤道森林的綠色地獄中，尋找野生的可可樹。這意味著這些可可樹可抵抗造成千里達島（Trinidad ／ Trinité）和厄瓜多農作物大量死亡的疾病。所收集到的可可樹顯得相當結實，尤其多產。它們生出亞馬遜河上游的雜交品種，這些驚人的樹產出大量一整年都會熟成的果實。相反地，其豆子經常只呈現出無味或苦澀的味道。這些遍布於西非、巴西、印尼和馬來西亞，目前佔全世界 80% 的種植面積。

千里塔里奧可可樹 Les cacoyers trinitarios

此品種於 18 世紀出現在加勒比海的千里達島上，故名「千里塔里奧」。在此之前，島上滿是克里奧羅（criollo）品種的可可樹，即委內瑞拉用來稱呼當地可可樹的名稱。在 1727 年可可樹大量死亡的神祕災難後，克里奧羅被千里達島一種不知名的品種所取代，可能是來自奧里諾科（Orénoque）盆地的福拉斯特洛（forastero）品種。紫色種籽的福拉斯特洛自動與剩餘的一些克里奧羅雜交，產生一種淡紫色，既強壯且芳香的品種，即千里塔里奧可可樹。名聲迅速傳開，在征服世界剩餘地區之前先到達了委內瑞拉和其他加勒比海的島嶼。

今日，千里塔里奧仍佔世界產量的 19%。依基因混合而多少具有福拉斯特洛或克里奧羅的特性，為這些出色的可可賦予了香味。

可可世界產量變化
ÉVOLUTION DE LA PRODUCTION MONDIALE DE CACAO

年	1830	1898	1903	1913	1930	1960	1965	1990*	2002*
產量／千噸	10	86.8	126	255	524	901	1461	2505	3102*

* 資料來源：ICCO（國際可可組織 International Cocoa Organization）

沙勞越（馬來西亞）的可可種植。在熟成時採收，用大砍刀將可可果切開以收集可可豆。

厄瓜多國產可可樹 Les cacoyers nacional d'Équateur

透過基因多樣性的研究，從此確認厄瓜多國產可可樹為獨樹一格的品種。這些樹造成了超出規範的情況，因為其豆子如福拉斯特洛般呈現紫色，但又如同克里奧羅般可快速發酵。具有如此強烈的花香味，以致在 19 世紀時巧克力商評論其香味過重。唉，過去的國產可可，由於不斷過度地重覆雜交配種而失去了其芳香。今日，國產可可又因企圖恢復名聲而進行配種嘗試。

可可產地與風味 Terroirs et arômes du cacao

產區巧克力與產地巧克力 Chocolats d'origine et chocolats crus

若 20 世紀以製成磚形、添加牛奶和餅乾在大賣場販賣的形式將巧克力的食用變得平庸，那麼 21 世紀便是透過品嚐原產或產地巧克力的方式，來讓大眾對可可風味的認識變得更加普及。這種從質量上的瞭解在歐洲越來越成功，特別是在法國、義大利和比利時。

在法國，最早用單一國家或地區的可可豆製作的磚形巧克力，幾乎只能追溯到 1984 年瓦龍（Voiron）的博納（Raymond Bonnat）。標籤為「頂級產地可可 grand crus de cacao」，這些可可脂含量 65 至 75% 的巧克力，明顯延用葡萄酒領域中所確立的分類，但並沒有嚴格遵守規則：在無數的附註中，相關的地理面積脫離了包含一個國家的區域限制。這些步驟爾後因為以單一種植的可可豆加工製造的巧克力問世，而變得更加精美，有時還像名酒一樣標有製造年份。自 2003 年以來，歐洲規章朝法國國家法定命名產地管理局（Institut national des appellations d'origine, INAO），即管理葡萄酒名稱組織的法規看齊。

►「產區巧克力 chocolats d'origine」或單一產地巧克力，必須使用單一地區或國家來源的可可豆。

►「產地巧克力 chocolats de crus」絕對與可明確辯識的地理區域有關，更可能採用單一種植 seul plantation 的可可豆。

►「頂級產地 grands crus」或「一級產地 premiers crus」必然反映出可可的某種特性或優越性，而這種特性亦反映於財務上，例如可可購買價格的提高。

「典型性」的概念則遠遠談不上創新，其源頭可追溯至 19 世紀依可可豆的來源國家和地區而分類的商業名稱，標識出其味道的特色，如「細緻 délicate」、「芳香 parfumée」、「苦澀 amère」或「粗糙 âpre」。這種經驗上的分類已經足夠，但在種植者眼中，情況會依亞馬遜河上游的雜交成功與否而有所改變，因為可可的味道會開始趨於標準化。一直到 1994 年，世界可可商業組織 ICCO 首度依香味和（或）顏色，確立了 22 個出色的「精緻可可 cacaos fins」或「風味可可 cacaos flaveurs」產國的名單。（「風味 flaveur」一詞表示在品嚐時，嘴裡感到的味道和鼻腔內所感覺到的香味）。

巧克力的風味 Les flaveurs du chocolat

當早餐的可可冒著煙，或是隨意地嚼食著一塊方形巧克力時，即使我們閉著眼睛都能辨識出巧克力的味道。巧克力含有 600 種可辨識的分子（酒約含有 1500 種），其中的 50 幾種影響著巧克力的芳香。巧克力沒有特有的分子鍵，因此其化學重組對食品工業而言仍是一

大挑戰。因為它們複雜、無法模仿而且非常獨特，黑巧克力的風味與其可可豆的歷史相關。巧克力的香味和味道來自幾種因子的合併，並轉化成三種等級（根據農學研究發展國際合作中心（CIRAD）克羅斯 É. Cros 的研究）：成份香（arôme de constitution）、收穫後香（arôme post-récolte）和熱香（arôme thermiques）。

成份香 Les arôme de constitution 在果實成熟時從生豆中散發而出。與可可的品種、每棵樹自身遺留下來的基因、地域和氣候有關。尤其顯示出過去種植可可樹品種的特徵：克里奧羅（criollo）、千里塔里奧（trinitarios）、國產（nacional）、福拉斯特洛（forastero）亞美隆拿多（amelonado）。

收穫後香 Les arôme post-récolte 在種籽或豆子發酵和乾燥後產生。發酵會引發被稱為「香味先驅」的成份形成，接著以焙炒醞釀。這些「香味先驅」會依可可的類型，以及微植物群（酵母、霉）和環境（溫度、濕度）而有所不同。在乾燥的程序中，會在約 50℃ 左右展開所謂「梅納反應 réaction de Maillard」的化學反應，特別容易形成可可最具代表性的香味成份之一：帶有淡淡硫黃味的梅納反應產物（mitional）。最後，在味道方面，發酵去除了一部分苦澀的成份（可可鹼、咖啡因）和收斂成份（丹寧酸）。此外，發酵也會造成乾燥，蒸散去一部分的強烈酸味。

世界的可可生產
PRODUCTION DU CACAO DANS LE MONDE

2003 年，象牙海岸仍以（估計）一千三百萬噸的產量，即佔世界上 43% 的收穫量，成為世界排名第一的生產國。相對於亞洲的 20% 與美洲大陸和加勒比海的 13%，西非本身就供應世界產量的 67%。

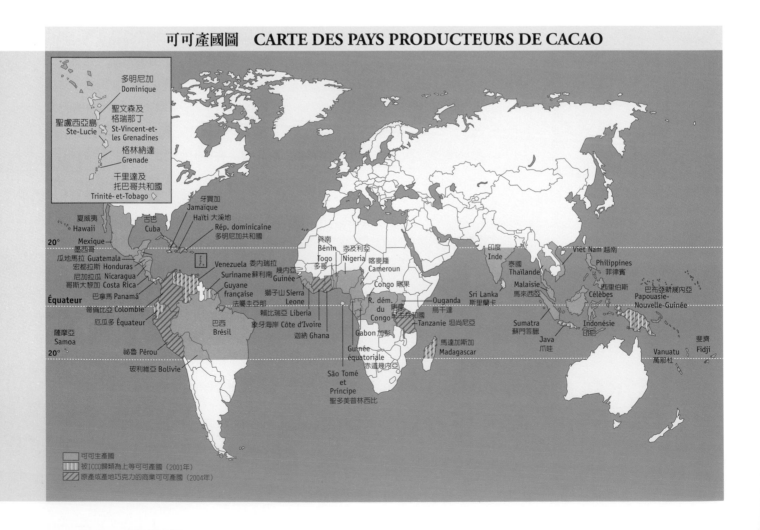

可可產國圖　**CARTE DES PAYS PRODUCTEURS DE CACAO**

巧克力香味類別
LES FAMILLES AROMATIQUES DU CHOCOLAT

與葡萄酒不同但香味類別一致。

類別 Famille	香味 Arômes
果香	杏仁、榛果、核桃、無花果、葡萄乾、黑李乾（pruneau）、榲桲（coing）、杏桃、紅色水果、香蕉、芒果、柑橘類水果
花香	橙花、薔薇、董菜（violette）、茉莉、蜂蜜
木香	異國樹木、甘草、蠟筆
植物	草本、茶、煙草、沼澤、泥土
香料	肉桂、香草、丁香（girofle）、胡椒、肉荳蔻（muscade）、薄荷
焦臭	煙燻、烘烤、焦糖、烘焙咖啡或可可、橡膠
動物	野味、皮革、猛獸、公山羊、山羊乳酪、火腿
醚（發酵）	英式糖果、醋、酒、蘭姆酒、牛奶、奶油、牲畜棚、啤酒、肥皂
化學	金屬、黃麻、藥品

熱香 Les arôme thermiques 尤其來自於以 110 至 160℃烘烤或焙炒豆子的過程。梅納反應再度發揮作用，並轉化爲香味先驅（précurseurs d'arômes）。當中有些演化爲吡嗪 pyrazine，構成青味或烘烤味，其他的則演化成乙醛 aldéhydes（帶有果甜味），加入先前在發酵和乾燥時所產生的乙醛。熱香是福拉斯特洛（forastero）可可品種製成巧克力時所必需，爲此品種帶來基本的可可香味。

可可產區巧克力的生豆味道
Du goût des fèves crues aux chocolats d'origine

有些生種籽能夠散發出花香，如厄瓜多國產（nacional）可可品種，其他則會散發出洋梨香或酸酸的糖果香及其他味道，每個地區、每次的栽培都會有其自身的特色。在發酵和乾燥後，這些香味又重新以不變或改良的形式出現，此外還伴隨著新的味道。以文火焙炒加以保存，所獲得的香味將散發在巧克力的芳香中，不只是可可香，還有花香、果香、香料香等。原產和產地巧克力磚，使這些典型巧克力以外的香味更加突出，再度恢復可可的果實及產地的重要性。

巧克力的品嚐　La dégustation du chocolat

特產、可可產區巧克力或由巧克力師傅製作的巧克力糖，嚐起來就如同名酒。前提是必須遵守某些絕對必要的技巧：

▶ 品嚐必須在局部冷卻、無烹調的氣味或環境味道、溫度 20℃的情況下進行；

▶ 品嚐者不應空腹、飽餐、感冒和發燒；

▶ 準備水或麵包，對於在每次品嚐之間恢復味覺非常有用；

▶ 巧克力的數量應有限制（5 至 7 片便已足夠）。

此外，品嚐幾片比單一片更爲有利，尤其是爲了勾勒出某種巧克力所存有的芳香時。

厄瓜多可可農產組織聯盟中心（UNOCADE），對預定進行公平交易的有機可可豆進行品管。

七大鑑定標準
LES SEPTS CRITÈRES D'APPRÉCIATION

在品嚐巧克力時考量的七項標準：

－外觀（顏色、光澤、瑕疵）；

－扳開（清脆、柔軟）；

－聞味；

－口感（平滑、顆粒、入口即化、黏牙）；

－味道（酸／苦／甜）和可能的收斂性（丹寧酸所帶來的感受）；

－在嘴裡和鼻腔所感到的味道（襲來的芳香味、中味、後味或餘味）；

－在嘴裡的餘味（短、長）。

巧克力的製造與保存
La fabrication et la conservation du chocol

巧克力的製造分為兩大階段：可可種籽在熱帶地區栽培下的轉變，以及嚴格規範下的巧克力製造。這高度工業化的巧克力製程，有 3/4 的研磨都在歐洲和美國進行。

種植：發酵豆的生種籽
À la plantation：
des graines crues aux fèves fermentées

從現場完全人工的可可豆採集和加工，可說明 90% 的開採仍被小型種植者（少於 5 公頃）所把持。傳統上，一年收穫兩次，分別為主收穫和量較少的次收穫。

可可果的開採 Cueillette et écabossage

每公頃的可可樹可產生 400 至 700 公斤的可可。為了製作好的巧克力，可可果必須在成熟時摘採。種植者相信顏色，以及在稍微搖動時可可果所發出的叮噹聲。接著，人們用大砍刀將果實迅速劈開，並小心不傷到種籽。將成串的可可豆從其粗糙的外皮中取出，摘下可可豆並加以揀選。然後，依當地習慣和農場大小而定，種籽和果肉成堆地（迦納）、成筐地（奈及利亞），或最常見的，在底部有洞的木箱中發酵。容納 100 至 1,000 公斤可可豆的箱子接連疊起，更利於攪拌。

三重發酵 Une triple fermentation

依品種而定，可可豆平均發酵 4 至 7 天。在 24 小時，接著是 48 小時，亦可在 96 小時後進行攪拌。第一次發酵，稱為無氧發酵（沒有空氣），在葉片的覆蓋下展開：多虧了酵母，將酸甜的果肉轉化為酒精（可比擬為葡萄汁發酵）。

可可商品與發酵
CACAO MARCHAND ET FERMENTATION

在交易所上大獲好評，可可在交易量上居於第三名，緊跟在石油和咖啡之後。法國可可貿易協會（AFCC）參考可可在倫敦的主要期貨交易，依品質標準將可可商品編目。這些標準依可可豆發酵的狀態，包含將可可豆切成兩半以觀察內部的程序來評估，將可可豆分為三類。深灰色表示發酵並未嚴重受阻。若有 5% 發霉或遭昆蟲侵入的深灰色可可豆，便會被降級為品質低劣的豆子。顆粒與豆子的大小也納入考量。

« Et, dehors,tout autour des murs,dans un secteur de près d'un kilometre, l'air **embaumait** d'un riche et capiteux parfum de chocolat **fondant** !

而且，在外頭，牆的四周，在將近一公里的區域，空氣中飄散著入口即化、巧克力濃醇且醉人的香氣！ »

羅爾德 • 達爾 Roald Dahl，查理與巧克力工廠 *Charlie et la chocolaterie*，1967。

接著是短暫的乳酸發酵（可比擬為乳凝，甚至是乳酪的發酵）。流出的汁液讓空氣得以流通。氧氣的進入為子葉的內部帶來了醋酸發酵（可比擬為醋的發酵）。發酵所散發出的高溫（50℃）殺死了豆子的病菌。

於是豆子的成份經過一系列的生化反應，促使香味先驅的形成（關於收穫後香請見 26 頁）。生豆在發酵過後，由原本的白色或紫色轉變成巧克力的淺褐色或褐色。

日曬或人工乾燥　Séchage solaire ou artificiel

豆子就這麼擺在柳筐中、水泥地或攤開的篷布上日曬約 15 天。經常以耙子翻面，以便均勻乾燥。某些曬場備有滑動式屋頂，可在下雨或夜幕低垂時將可可蓋上。

在較潮濕的地區（巴西的亞馬遜河流域，那裡的可可樹可以在水中生根；墨西哥、馬來西亞、印尼），豆子進入有暖氣的人工曬場（50℃）。乾燥只需 24 至 48 小時。不論所採用的乾燥方式為何，乾燥法必須將豆子的濕度從 60% 降至 7%，這樣的比率適用於可可豆就地或運輸過程中的保存。乾燥對可可的風味而言也是一項重要的作用（關於收穫後香請見 26 頁）。

象牙海岸發酵箱中的可可豆。

1908 年巧克力的製造：左圖為焙炒可可豆前的揀選程序；上圖為可可豆的焙炒。

巧克力工廠：巧克力的發酵豆
À la chocolaterie：
des fèves fermentées au chocolat

今日由於電腦的自動化控管，巧克力的製造通常是由覆蓋巧克力製造商（couverturier）連續不斷地進行。材料的投資價格可顯示，從豆子開始加工的機器設備已相當稀少。這樣的設備在法國不超過十幾台。

豆子的清洗、去殼和焙炒
Nettoyage décorticage et torréfaction des fèves

在洗去泥土和混雜的碎屑後，豆子進入焙炒爐，從核心連殼一起烘烤，接著去殼並約略搗碎。我們於是獲得「烘焙粒 grué torréfié」（或英文的 nibs）。

另一個方法是先以碰撞打碎的方式去殼。接著將種籽搗碎（可可仁 grué vert），並直接烘焙。

烘焙是一道重要且驚人的芳香程序，為可可豆賦予決定性的風味（請參考 27 頁的熱香）。其中的參數，包括時間和溫度，會依豆子的品種而加以微調：用來製作標準可可的有效方式（以 140℃烘焙 40 分鐘）應將可可所有的芳香歸功於烘焙；最溫和且最短的烘焙（以 110℃烘焙 20 至 30 分鐘）保存了芳香可可所獨有的風味。烘焙也促使濕度從 7% 降至 2%。

研磨：從豆子到可可塊 Broyages：des fèves à la masse de cacao

巧克力的質地為其品質的主軸，其中很重要的就是研磨和精煉（細緻的研磨）。可可豆進入越來越緊密的五個圓柱碾磨，因而形成膏（pâte），亦稱為「塊 masse」或「可可漿 liqueur de cacao」。其粒度或細緻度到達約 20 微米，是味蕾感受固體微粒的極限。

如墨西哥凹面磨盤般內凹的研磨桌（用石頭來壓碎種籽），下方有煤炭桶，用來加熱可可。

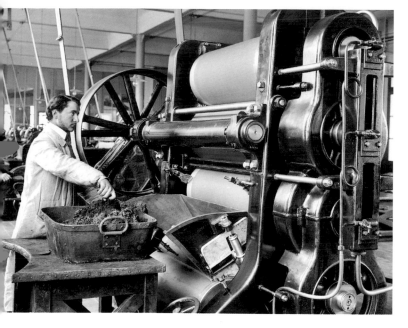

1908 年巧克力的製造：可可豆進入四柱研磨機。

混合與精磨：從可可塊到巧克力
Mélanges et conchage：de la masse de cacao au chocolat

可可塊（或不同來源的可可塊組合）、糖，也可以加入奶粉，接著在和麵槽中混合。最後是精磨，以 60 ／ 80℃ 的溫度緩慢地攪拌巧克力，將水含量降至 ±1%，使不受歡迎酸的餘味蒸散，反覆醞釀出芳香（可能會混入香草 vanille），為巧克力賦予天鵝絨般的質地。

　　這道程序持續約 12 小時，包括研磨可可粒和糖的乾燥精磨，接著是可可脂帶來的液態精磨，可確保每一顆混合物的乾燥微粒都覆蓋上一層油脂薄膜，因而增加巧克力的滑順感、黏性和光澤。卵磷脂是常見的添加物，具乳化的性質，儘管在性能更勝舊型的新型精磨機（執行精磨的機器）下可能不需要添加。

從巧克力到成品 Du chocolat aux produits finis

調溫 Le tempérage

在此階段（精磨後），巧克力為熱的液體。為了能夠適當地固化、變得有光澤且容易脫模，必須進行「調溫」。在實作中，將巧克力放入調溫器（tempéreuse）中，順著被稱為「凝固曲線」的溫度曲線走，經過 3 個相當精確的階段：就黑巧克力而言，這些階段分別為 45℃（整個融化階段）、27℃（凝固點），和最後的 31℃，這是這類巧克力的理想加工溫度。

塑型 Le moulage

一旦經過調溫後，巧克力會自動倒入輸送帶上魚貫而行的適當模型槽（塊狀、主題模型、糖果殼 bonbons）中。可能加入榛果、米果（riz soufflé）或夾心。模型經過輕拍機（tapoteuse），讓巧克力均勻地散佈。

　　在巧克力糖和夾心巧克力外，再淋上一層巧克力作為結束。接著在 10℃ 的冷藏室中冷卻，最後脫模。

巧克力糖衣 L'enrobage des bonbons au chocolat

內部夾心（甘那許 ganache、帕林內 praliné、杏仁膏 pâte d'amande）擺在輸送帶上，被帶向糖果塗層機。在那裡包上一層巧克力，有時為了避免產生氣泡而包上兩層（雙層巧克力）。在手工製造時，內部夾心有時會用雙齒叉直接再浸入調溫巧克力中，形成極精美的成品。

馬提尼克島的巧克力製造
LA FABRICATION DU CHOCOLAT EN MARTINIQUE

《於平底煎鍋中焙炒可可豆，讓豆子發酵並乾燥，以去除覆蓋的薄膜。在研砵中約略搗碎，接著用鐵棍在凹面石上研磨，就如同糕點師傅在製作折疊派皮一樣。在豔陽下將可可膏加工，接著在陰涼處乾燥。形成『如小磚形或圓柱形的塊狀物』，然後用紙包起。可可膏在其油脂中可保存一年以上。》（根據可敬的拉巴 Labat 神父所述，1722 年）。

可可粉與可可脂的製造
La fabrication de poudre de cacao
et de beurre de cacao

可可豆含有約 50 至 55% 的脂質，以及 45 至 50% 的乾燥物質和木質。工業上的分離，傳統上是從可可塊 masse de cacao 開始壓榨，一方面產生可可脂 beurre de cacao，另一方面產生可可渣 tourteau de cacao。工業可可脂鮮少直接這麼使用，通常在商品化之前會先經過脫臭的程序。

確切地說，可可粉 poudre de cacao 是由可可渣過篩而得；我們於是獲得一種所謂「天然」的粉，用來製造餅乾。而用於早餐和冰品工業或乳製品工業的可可粉，是從可可豆開始，預先經過鹼化階段所精緻而成。

壓榨 Le pressage

可可塊 masse de cacao，在圓柱室中以 100℃ 的溫度強力壓榨，一方面產生從濾器網眼流出的「純壓榨 pure pression」可可脂；另一方面，則產生棕色的薄餅，即可可「渣 tourteau」。壓榨的時間會對可可粉中含有的可可脂比例（介於總質量的 10 至 25% 之間）產生影響。因此，延長壓榨的時間可產生一種具有「去脂 dégraissé」法定名稱的可可，因為所含的可可脂 beurre de cacao 少於 20%。

過篩 Le blutage

可可渣接著被搗成極細緻的粉末（平均 10 至 12 微米）即是：可可粉。

鹼化 L'alcalinisation

通常用於「可可仁 grué vert」，即搗碎的種籽（見 30 頁）。浸泡在主要成份為碳酸鉀的鹼性溶液中，接著進行乾燥和烘焙。這道程序讓可可變得更容易溶解，而且可以改善味道，尤其是顏色和光澤：從黑色的沙子轉變為灰暗或光滑的赭石和棕色色調。可可粉的色調實際上有不同的形式，並依使用方式（飲料、冰淇淋、餅乾）而有所變化。

脫臭 La désodorisation

可可脂 beurre de cacao 最常因其質地而被使用，因為其味道在蒸氣流通的過程中已被抵消。脫臭可避免精磨（conchage）時所添加的可可脂 beurre de cacao 和可可塊 masse de cacao 的味道受到干擾。

可可脂與新的植物脂質
BEURRE DE CACAO ET
NOUVELLES MGV

2000 年 6 月 23 日的歐洲法令（自 2003 年 8 月起實行）同意在巧克力中使用 MGV（植物脂質），有別於成品中約 5% 的可可脂。這些 MGV 共有 6 種：乳油木脂（beurre de karité）、婆羅州脂（illipé）、婆羅雙樹脂（sal）、印度藤黃脂（kokum gurgi）、芒果仁（noyau de manque）、棕櫚油（huile de palme）。這當中大多數的油脂顯然不如可可脂來得珍貴，因為其中沒有一種具備後者的王牌：不會產生油臭味，因而可保證巧克力味道的純粹；其融點（30℃ 上下）可獲得一種既酥脆又入口即化的巧克力；為身體提供不飽和脂肪，可降低血液中的膽固醇。對消費者而言，含可可脂的純巧克力和含其他 MGV 的巧克力因而不能相提並論，他們此時對閱讀標籤特別感興趣（見 36 頁）。

« Chocolat **Menier,**
le seul qui blanchisse en vieillissant !

梅尼耶巧克力是唯一會在老化時變白的！ »

梅尼耶的海報標語，19 世紀。

罐裝可可粉。20 世紀前半葉。

巧克力的保存 La conservation du chocolat

經過乾燥的乳化作用，巧克力呈現出脆弱的結構，而且比在約 30℃ 融化的可可脂更不穩定。請留意熱度或濕度的襲擊，會在巧克力上留下一層並不總是優質的白紗，即使這對健康無害！

保存建議 Conseils de conservation

► 巧克力理想的保存溫度為 12 至 20℃。巧克力應遠離所有的熱源（散熱器、穿透過窗戶的陽光）存放。

► 巧克力怕受潮。可能會發霉，尤其是在空氣中佈滿孢子的秋天。傳統的美味甘那許特別容易成為培養真菌的溫床，而最早的徵兆是散發出難聞的酒味（酒精發酵）。

► 巧克力應保存在可隔熱的包裝內，並遠離可能具傳染性的氣味（煙、乳酪等）處存放，因為它有較高的脂肪含量，可輕易吸收氣味（見 47 頁的萃取花香）。若沒有隔熱包裝，儲存在密封盒裡可能是不錯的解決方法。

巧克力的保存期限 Durée de vie des chocolats

純的黑巧克力可保存一年，牛奶巧克力八個月，帕林內果仁糖（praliné）六個月。手工甘那許 ganache 和松露巧克力 truffle 為新鮮的產品，不添加防腐劑。依所使用的鮮奶油 crème 和奶油 beurre 而定（生奶油 crus、殺菌奶油 pasteurisés、高溫殺菌奶油 stérilisés），在製造過後可保存 3 天至 2 星期。

保存期限長的巧克力，其香味會隨著時間而變化。經過一段時間的成熟，其芳香潛力會下降，尤其是最容易揮發的花香或果香。

巧克力與冷藏 Chocolat et réfrigération

高溫氣候，在接近決定性的 30℃（巧克力開始融化的溫度）時，剩下的唯一解決方法就是放入冰箱的蔬菜槽中。這種情況下，建議將巧克力存放在密封的塑膠或金屬盒內，如果沒有，就將巧克力磚或小包的巧克力包在用來去除槽中濕氣的吸水紙裡。應在食用前一小時將巧克力從冰箱中取出，以便讓巧克力有時間回復到適合品嚐的溫度（約 20℃）。

巧克力為何會變白？
POURQUOI LE CHOCOLAT BLANCHIT-IL ?

突如其來的冷凝會形成不規則且粗糙的白色斑點，例如剛從冰箱拿出來時。部分融解使糖的結晶堆積在表面。有瑕疵的調溫，或是熱衝擊後可可脂的回流，都會在巧克力的表面上形成一層失去光澤的白紗。這種現象可能伴隨著巧克力水份的流失，而使巧克力變得脆硬。在這些非常情況下，巧克力會失去其入口即化的特性，味道也會跟著受到影響，然而質地也是品嚐巧克力的重要參數。

巧克力磚、巧克力棒和巧克力糖
Le chocolat en tablettes, barres et bonbons

巧克力磚在21世紀的消費者眼中實在難以決擇。在中大型賣場裡陳列著約200種的商品可供選擇，再加上手工巧克力商所發售的高級巧克力磚。以下提供幾種辨識巧克力的指標。

巧克力的法定名稱
Les dénominations légales du chocolat

可由 2000 年可可巧克力歐洲法令（2003 年 7 月 29 日實行）所制定的強制法定名稱，以及由製造商打造並用以稱呼新產品的行銷名稱來區別。巧克力的不同名稱都適用於巧克力磚 tablettes 或巧克力糖 bonbons（一口大小）。

巧克力與黑巧克力 Chocolat et chocolat noir

► 「巧克力」的名稱意指一種糖和可可的混合物，含有最少 35% 的可可，其中的 18% 爲可可脂。糖可以是蔗糖（甜菜或甘蔗的糖），也可以是其他的含糖產品，如葡萄糖、右旋糖、果糖、麥芽糖、乳糖的糖漿。

► 「巧克力」這個名稱可再補上如「黑 noir」、「特級 extra」、「上等 fin」、「優質 supérieur」、或「品嚐用 de dégustation」等形容詞，在這種情況下，巧克力應含有至少 43% 的可可，其中含 26% 的可可脂。這幾乎包括全法國販售的巧克力磚，甚至包括經濟平價等級的巧克力。

牛奶巧克力與白巧克力 Chocolat au lait et chocolat blanc

牛奶巧克力是一種糖、可可和全脂、脫脂牛奶或乳製品（鮮奶油、奶油）的混合物。

► 「家用牛奶巧克力 chocolat de ménage au lait」含有至少 20% 的可可和 20% 的牛奶乾燥物質或乳製品。

► 「牛奶巧克力 chocolat au lait」（無其他備註）含有至少 25% 的可可和 14% 的牛奶乾燥物質或乳製品。

► 「特優質 chocolat supérieur extra-fin」或「品嚐用 de dégustation」牛奶巧克力含有至少 30% 的可可和 18% 的牛奶乾燥物質或乳製品。這是大多數的牛奶巧克力磚所使用的名稱。

「白巧克力 chotolate blanc」含有最少 20% 的可可脂和 14% 的牛奶乾燥物質或乳製品（鮮奶油 crème、奶油 beurre）。

覆蓋巧克力：專業用品
LES CHOCOLATS DE COUVERTURE： DES PRODUITS POUR PROFESSIONNELS

「覆蓋巧克力 chocolats de couverture」（法定名稱）的特色在於脂質比率最少應為 31%：覆蓋黑巧克力的純可可脂、可可脂＋覆蓋牛奶巧克力的牛奶。這些高比率是優質黏性的保證。依需求而定，流動性可達 50%。可用來進行巧克力的專業加工：調溫、巧克力糖的製作、糕點用鏡面巧克力。個人可透過專門的供應商或網絡取得 1 至 2.5 公斤皮斯托爾古幣 pistole 形狀（圓片狀）或板狀的覆蓋巧克力。

1898 年由費明 • 布塞 Firmin Bouisset（1859-1925）所創的廣告標語。這位著名的廣告設計師（也為梅尼耶工作）先於 1896 年為普蘭 Poulain 巧克力公司畫出坐在凳子上的小學生，接著是這 1898 年的小丑。

合法添加物與對應名稱
Les adjonctions légales et les dénominations correspondantes

►「巧克力 chotolate」或「含添加物的巧克力磚 tablettes avec adjonction」可包含不同的成份，如榛果、杏仁、葡萄、米果 riz soufflé、可可粒（搗碎的可可豆）和各式各樣重量在成品 40% 以內的食用材料。相反地，非牛乳的動物性油脂、麵粉和澱粉是禁止添加在巧克力中的，除非是傳統的西班牙「塔薩巧克力 chocolate a la taza（可能含有麵粉或玉米澱粉（amidons de maïs）、米或小麥）。

► 在「夾心巧克力 chotolate fourré」或「夾心巧克力磚 tablette fourré」中，巧克力所包入的夾心應佔成品總重量至少 25%。

►「榛果牛奶巧克力 chotolate aux noisettes gianduja」包含糖、可可（至少 32%）和搗碎榛果（20 至 40% 之間），以及核桃或杏仁的混合物等，高達 60%。

添加了植物性脂質 MGV 而非可可脂 beurre de cocoa 的巧克力（黑巧克力、牛奶巧克力、白巧克力）並沒有其他的名稱，因為這些 MGV 被認為相當於可可脂，而且可用來補足適用於各名稱的可可和可可脂的法定最小比率 --- 約 5%。但在標籤上應以和販售名稱同樣的大小的字體標示出來。

除了模仿巧克力和牛奶原味的香味以外，天然或合成香味（洋梨、香草等）的添加也是許可的。

商業名稱 Les appellations commerciales

除了歐盟所制定的法定名稱以外，其他的新名稱也在市場上大大地擴展。

可可產區巧克力與產地巧克力 Chocolats d'origine et chocolats de cru

可可產區巧克力與產地巧克力（莊園級巧克力 chocolats de domaine、單一莊園巧克力 chocolats de plantation、單一產區巧克力 chocolats d'hacienda）之間的差別在於可可豆與其領地原本便存有的風味（花香、果香等）。根據這香味的相關研究指出，這些巧克力含有大量的可可比率：黑巧克力磚為 60 至 80%，牛奶巧克力磚在 40 至 65% 之間。自 2003 年以來，這些巧克力必須遵守由法國競爭消費暨不當商業行為管制總署（Direction générale de la consommation, de la concurrence, et de la répression des fraudes，簡稱 DGCCRF）所發布與可可來源相關的特殊建議。標籤上應特別標識出可可的來源。

« Là-dessus Jeannette apparaît avec un excellent chocolat chaud moiré, parfumé et des succulents grillades à l'anis...

在這上面，珍娜帶著閃閃發光且散發出芳香的美味熱巧克力，和多汁的茴香烤肉出現 ...»

阿爾豐斯 • 都德 Alphonse Daudet，達斯拉貢的達達蘭歷險記 les Aventures prodigieuses de Tartarin de Tarascon，1872 年。

如何閱讀巧克力磚的包裝？
COMMENT LIRE L'EMBALLAGE D'UNE TABLETTE ?

成份依重量大小的順序分類。成份越單純的短清單經常為高品質指標。

巧克力磚的正面 Recto de la tablette

Chocolat X 某某巧克力	→ 商標。
Chocolat noir dégustation 品嚐用黑巧克力	→ 巧克力的名稱。
60%	→ 含 60% 的可可和可可脂，即含有 40% 的糖。
Pur beurre de cacao「純可可脂」	→ 不含 MGV 的可可脂。
100g net 淨重 100 克	→ 不含包裝的巧克力磚重量。

巧克力磚的背面 Verso de la tablette

成份 Ingrédients

Cacao / Pâte de cacao 可可 / 可可塊	→ 以可可豆為主要成份。
Sucre 糖	→ 甜菜、有時為甘蔗（有機巧克力和高級巧克力）製成。
Beurre de cacao 可可脂	→ 可可原本含有的脂肪＋通常在精磨 conchage 時所加入的脂肪。
Matières grasses végétales Autres que beurre de cacao 有別於可可脂的植物性脂質 *	→ 約佔成份 5%（見 32 頁）。
Cacao maigre en poudre 脫脂可可粉 *	→ 為了讓不香的可可味道更濃郁而再加入。 → 為巧克力帶來粉狀的質地。
Lécithine 卵磷脂	→ 可選擇使用的天然乳化劑（≦ 0.5%）。
Vanille / Arôme vanille 香草 / 香草風味 *	→ 天然香草 / 合成香草。
Peut contenir des traces d'arachide 可能含有少許花生	→ 源自先前含有花生等（過敏原）的製造。
À consommer avant le 請於 之前食用	→ 最佳賞味期限。
AB138	→ 製造編碼。

＊以經濟而非質量為考量所添加的成份。

　　儘管實際上是用來品嚐，這些巧克力也能為糕點提供誘人的香味，尤其是用於鹹味料理上，只要幾小塊便足以帶來特殊的風味。

甜點巧克力 Chocolats de dessert

甜點巧克力（糕點用）含有較高比例的可可，約為 55 至 70%，可與品嚐用巧克力匹敵，但製造方式不同，而且是作成易融的調理用巧克力。具有多種用途：糕點（pâtisserie）、蛋糕的修飾（masquage）、塑型（moulage），也能用來為巧克力糖調溫（trempages）。

美味的巧克力磚 Blocs gourmands

這些巨大的巧克力磚（200 克）是以多種成份的混合物為主，同時考量到其質地：乾果的酥、帕林內果仁糖（praliné）的甜、牛軋糖的脆、果粒的軟等。

甜點風味的夾心巧克力 Tablettes fourrées style desserts

自 2003 年，夾心巧克力磚便從大眾「趨之若鶩」的點心（奶油布蕾、烤麵屑、馬卡龍、提拉米蘇等）中得到靈感，並如同餐廳的糕點般疊上一層層不同的質地。其繁複的配方包含高達 30 多種成份，有時也包括歐洲法律範圍許可內的各種香料和植物性油脂。這樣一來，即使是原先不包含巧克力的甜點，都能從中得到巧克力的美味！

公平巧克力
CHOCOLAT ÉQUITABLE

公平巧克力主張更合理看待小農利益的商業概念，因為他們收入的不確定性，取決於可可在市場上交易的行情。歐洲的公平交易條例目前正交付審查，每個商標仍遵照適當的招標細則。在實行上，一系列的可可公平交易程序保障耕作者可享有基本的價格保證，以期可持續發展的精神。但顯然公平交易巧克力所指的只有可可脂的部分，因為它維持著可可的生產。

有機巧克力
CHOCOLAT BIOLOGIQUE

有機巧克力就如同所有的「有機」產品，受到歐洲法規所管制。由可可、糖（通常為蔗糖）所組成，也可能包括源自有機農業或畜牧。「有機」可可遵循有機農業的規則，而且不使用任何的合成肥料或殺蟲劑。除了其他各種替代的 MGV 以外，「有機」巧克力使用無基因改造的卵磷脂和可可脂。可透過由國家認可機構發給的「AB」（而非「有機 bio」，由私人商標註冊）標誌辨識。

丹迪 Dandy 糖果約在 1965 年的廣告。「大口吃丹迪，讓你活力充沛！」

可可比例與品質 Pourcentages de cacao et qualité

在日常生活中，法國市售巧克力磚的可可含量遠高於法定的最小值，平均可可含量為 55 至 70%。這樣的比率在 1980 年代因崇尚簡單為原則的名義而變得炙手可熱：最好的巧克力即可可含量最高的巧克力。

流行的現象讓人在行銷上加大賭注，造成可可含量 99% 的巧克力問世，而這已經是極限，因為為了獲得「巧克力 chocolat」的名稱，糖是必要的添加物，即使含量僅有微乎其微的 1%。

自 2000 年以來，牛奶巧克力也加入了品質的攻防戰，而且直接瞄準成人的味蕾，表示其可可含量高於 50%。

這真的和品質有關嗎？

► 高比率的可可為品質的判定。一般而言，巧克力的專業人士認為優質黑巧克力的可可含量介於 60 至 80% 之間。在這之下，太甜；在這之上，則保留給可可成癮者。

► 在巧克力的芳香等級上，可可豆的品質扮演著關鍵的角色。當中有些可可含量只有 63 至 65% 的產地黑巧克力，比起可可含量 70 或 80% 的標準一口大小巧克力風味更佳，芳香餘味也較長。

► 極高比率的可可為巧克力帶來最理想的「藥」效（見 50 頁），糖尤其能提供能量。

巧克力棒與巧克力糖
Les barres chocolatées
et les bonbons de chocolat

介於餅乾和巧克力之間，巧克力棒有各式各樣的牛軋糖 nougat、焦糖 caramel、穀物 céréales 等夾心。就法定觀點而言，巧克力棒被視為巧克力糖。巧克力棒中含的巧克力比率仍不受限制，並依製造配方而有所不同。

通常一般用語中，所謂的「巧克力 chocolats」，是指「巧克力糖 bonbons de chocolat」，也就是一口大小的巧克力。經常以小包或盒裝的方式呈現，可由夾心巧克力、純巧克力或巧克力和其他食品的混合物所組成。

而冠上「手工精製巧克力 chocolats maison」的名稱：代表與獨創配方的手工糖果有關，可直接販售給消費者食用。

巧克力粉與衍生物
Le chocolat en poudre et dérivés

　　巧克力粉經常作為早餐時補充活力的來源，尤其是對孩童而言，醇厚的麵包抹醬 pâte à tartiner 則試圖滿足全天候的小小渴望。除了作為調味品或利口酒，可可也開始成為各式各樣的醬料。

可可、巧克力與即溶粉
Cacao, chocolat et poudres de petits déjeuners

就法定名稱而言，我們分為三大粉末家族：可可粉、巧克力粉和早餐常見的即溶粉末。前兩者來自所謂的「可溶」粉末，需要慢慢攪拌，否則可能會結塊；而即溶粉末在倒入液體時，不論冷熱，就會立刻溶解。

　　可可粉 Le cacao en poudre。「含 100% 可可的可可粉」從烘焙且研磨的可可豆而得，含至少 20% 的可可脂。若所含的可可脂不到 20%，則屬「低脂可可粉 cacao maigre en poudre」。供純可可的愛好者使用，並散發出強烈的芳香。但大量的苦味需添加糖來加以緩和。這是種多功能的產品，也很適合用來製作早餐、鹹味料理，或是作為松露巧克力的最後修飾。

　　在食品工業中，可可粉也用來為乳製品（甜點鮮奶油、慕斯、優格）、冰淇淋和雪酪、餅乾（麵團或夾心）調味。可可粉在煙草工業中也作為添加劑使用。

　　巧克力粉 Le chocolat en poudre。「巧克力粉」是糖，以及最少 32% 可可粉的混合物。若具有「低脂」或「去除大量脂肪」的備註，則是由含 20% 以下可可脂的可可粉所組成。

　　「家用巧克力粉 chocolat de ménage en poudre」或「含糖可可 cacao sucré」為糖，和至少 25% 可可粉的混合物。

　　巧克力粉也能含有卵磷脂（平均 1 至 3%）、讓產品更容易溶解的乳化劑，以及如香草或肉桂等天然，或以各種合成香味形式呈現的香料。

　　早餐的即溶粉末 Les poudres instantanées pour petits déjeuners。可快速準備，富含能量，但巧克力含量不高，這些即溶粉末可能含有不同的穀物粉（黃豆粉、大麥粉、香蕉粉）、麥芽、蛋或奶粉、蜂蜜、香料，有時甚至含有植物性油脂。這些早餐即溶粉末通常富含每日建議攝取的全部或部分的維生素和礦物質。

義大利電影南尼 ● 莫雷提 Nanni Moretti 的《越危險越性奮 *Bianca*》（1984）的電影，片中主角試圖用一大罐麵包醬自殺。

味道建議
CONSEIL SAVEUR

注意購買價格和香味濃度之間的關係。1 小匙 100% 的可可粉，可為 1 杯牛奶帶來相當於 2 大匙廉價可可粉的味道與香氣。

美可優可可脂
LE BEURRE MYCRYO

劃時代的革新，這種低溫保存的純可可脂沒有味道，可快速與巧克力調和，讓新手們都能輕易接觸這項精緻的技術。也用來代替吉力丁 gélatine 添加在巴伐露 bavaroises、慕斯 mousses 等當中。可透過專業供應商或材料行取得。

麵包抹醬、巧克力醬和巧克力凍
Pâte à tartiner, confitures et gelées

麵包抹醬 Les pâte à tartiner。使人聯想起巧克力的質地和顏色，即使它們的可可含量往往不高，所含的成份以糖、植物油和榛果為主。而且含有過高的熱量（每100克530大卡），但富含礦物質。有越來越多以巧克力為基底的手工產品，不添加榛果，而且不含植物性油脂可供選擇。

巧克力醬和巧克力凍 Confitures et gelées au chocolat。依照產品的配方、質地、成份，有著不同的商業名稱。巧克力醬和巧克力凍可以麵包、小湯匙或糖果的方式品嚐，同時也是可麗餅、海綿蛋糕、鬆餅的理想餡料。

可可酒與可可利口酒 Crèmes et liqueurs de cacao

可可利口酒與可可酒可用來幫助消化，以原味或咖啡為基底添加後飲用；也能調配成雞尾酒。用於糕點內（蛋糕體的浸泡、淋在冰淇淋上），並且可製成非常與眾不同的鹹味料理（為醬汁製作時將鍋底香味物質稀釋入醬汁中 déglaçage 或燄燒）。

可可利口酒 Les liqueurs de cacao。透明琥珀色，將可可豆浸泡在每公升至少含100克糖的酒精（酒精濃度為22-25%之間）開始製作。特色是烘焙的可可香與微微的苦味，可用香料或芳香植物增添香氣。白巧克力利口酒在雞尾酒中呈現一種悅人的茴香味。

可可酒 Les crèmes de cacao。不透明油質，至少含250克的糖和酒精、巧克力，經常包含鮮奶油或牛奶（酒精濃度約為18%）。

其他巧克力周邊產品
Autres produits autour du chocolat

油質的雞尾酒，絲絨榔頭 Velvet Hammer。結合了可可香甜酒 crème de cacao 的味道和伏特加的酒精強度。而且一定要撒上些許的巧克力刨花。

用於糕點或作為調味品，其他由可可豆精製而成的產品也包含在內。

鏡面巧克力 Le chocolat de nappage：用於糕點，現成市售品，很實用但口味很甜。

巧克力米與巧克力刨花 Les vermicelles et copeaux de chocolat：用於蛋糕和甜點的裝飾；所含可可量往往很低。

可可洋蔥醬 La confiture d'oignon au cacao：這是種苦甜的調味品，用來為野兔、烤肉和野味肉醬提味。我們可在優質食品雜貨店中找到。

可可芥末與可可醋 La moutarde et le vinaigre au cacao：在優質食品雜貨店中販售，這些調味料用來為醬汁賦予個人特色。

魔力可可醬汁 La pâte pour sauce al mole：現成市售的墨西哥醬汁是可可、辣椒和香料的混合物。在製作著名（且出色）的魔力雞 dinde al mole 時是不可或缺的材料。

可可塊 La pâte au cacao：源自義大利，這些芳香的棕色塊狀物在優質食品雜貨店或義式餐館中販售。

可可粒 Le grué de cacao：烘焙後酥脆、芳香的可可豆，這些烘焙的可可豆碎片出現在英式水果蛋糕、甜/鹹味醬汁或冰淇淋的裝飾上。可於巧克力專賣店中找到。

巧克力的協奏曲
Les accords avec le chocolat

　　本身由許多香味所組成，巧克力以可口但有時不尋常的方式與各種香料、水果、花、蔬菜結合。成果是美味的，但技藝是困難的。巧克力也適合和某些茶、咖啡、名酒和酒精飲料做巧妙的搭配。

香料與植物性香料
Les épices et aromates

香料與植物性香料過去因其藥效而被使用，尤其是作為興奮劑。今日，其刺激性或具代表性的味道與黑巧克力的歡愉相結合，使牛奶巧克力恢復了活力，更可引出白巧克力的甜味。只要維持合理的平衡，巧克力的味道絕不能被過度侵略的盟友所掩蓋。

茴香 Anis（籽 graines）

　　來源：埃及和中東。茴香早在法老王時代便開始使用。一直以來都種植於地中海附近地區。

　　外觀和使用：其橢圓形的芳香種籽在乾燥後用於糕點或浸泡，尤其是用在利口酒的製作上。茴香自 16 世紀便已由西班牙移民引進墨西哥的巧克力食譜中。自 2004 年以來，茴香成為法國可可利口酒的成份。

八角茴香 Anis étoilé ou badiane（果實 fruit）

　　來源：中國（著名的產地）和越南。

　　外觀和使用：具有強烈甘草味的果實，結合了難以咬動的棕色星形外觀。提供和茴香籽同樣的助消化功效。巧克力和八角茴香的組合出現在無數奶油醬 crème、冰淇淋和甘那許 ganache 的食譜中。

肉桂 Cannelle（皮 écorce）

　　來源：南印度和斯里蘭卡（最大產國）。

　　外觀和使用：我們可找到小棒狀（將乾燥的皮捲起）或粉末狀的肉桂。錫蘭肉桂（淺褐色、易碎的細管狀皮）提供強烈的甜味。香味較淡，中國品種呈現出深色、大而厚的捲狀外形。自 5 世紀以來，肉桂便離不開墨西哥所端上的熱巧克力飲料。肉桂和黑巧克力或牛奶巧克力的甜美搭配，已成了一種經典。

香料的保存
CONSERVATION DES ÉPICES

乾燥的香料和芳香植物應保存在密封罐中以避免光照和濕氣。不要擺在冰箱，冷會使香味流失。最好削成碎末或磨碎使用。粉末狀香料的香氣往往很快走味，請檢查包裝上標示的最佳賞味期限。

鹽與巧克力
SEL ET CHOCOLAT
■

最早的巧克力糖以給宏德鹽 Guérande 來提味，源自比利時在 20 世紀最後幾十年以含鹽奶油製作蛋糕的傳統。作為香料使用，鹽和鹽之花 sel de fleur 使巧克力的味道更濃郁，並為巧克力提供鹽粒的脆與其結晶的光澤。

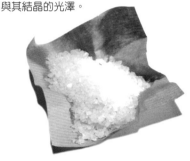

小荳蔻 cardamome（籽 graines）

來源：南印度、小荳蔻峰 monts Cardamon。

外觀和使用：可嚼食的籽或粉末狀。最好選擇以日曬乾燥的綠色種籽，因為黑色或白色的籽較不香。強烈的清香，帶有葡萄柚的香氣，小荳蔻熱情地妝點了巧克力的醬汁或飲品。

香菜 Coriandre（籽和葉 graines et feuilles）

來源：證實源自西元前 1500 年的埃及。可能是聖經中神祕的嗎哪 *，在中國，它被稱為「中國香芹 persil chinois」。全世界都有種植。

外觀和使用：葉片、種籽或粉末狀。在種籽強烈的味道中，帶有少許的苦橙味，可用來和黑巧克力、牛奶巧克力和帕林內 praliné 作搭配。

（譯註：嗎哪指《聖經》中古時期，以色列人在曠野四十年裡所獲得的神賜食物。）

小茴香 Cumin（籽 graines）

來源：土耳其、伊朗。在巴比倫時代便因其助消化的功效而著名。

外觀和使用：灰黃色的長型小種籽或粉末狀。通常以具甘甜茴香味的種籽，和略帶刺激性的部分與黑巧克力糖結合，用以促進食慾。

高良薑 Galanga（根莖 rhizome）

來源：中國。高良薑在中世紀歐洲以「油莎草 souchet」為名，但後來為人所遺忘。

外觀和使用：小高良薑為紅棕色的細根莖，苦甜的灼熱味道，帶有桉樹的清香。大高良薑或中國高良薑較甜，具有松樹和紅色漿果的風味。可削成碎末或以浸泡的方式用來製作甘那許 ganache。

薑 Gingembre（根莖 rhizome）

來源：印度。但也種植於斯里蘭卡和牙買加。在文藝復興時期，因其價格較平易近人而取代了歐洲的胡椒。

外觀和使用：新鮮、糖漬塊莖，或呈粉末狀。既可用於鹹味料理，也可用於糕點上，尤其是在英國。依品種的不同而帶有或多或少的刺激性，而且往往具有會漸漸變質的肥皂味。糖漬薑可如同香橙般裹上巧克力。新鮮的薑可削成碎末，用於牛奶巧克力慕斯中，或是以浸泡液的方式用來製作甘那許 ganache。

丁香 Girofle（花蕾 clous）

來源：摩鹿加群島 Moluques。種植於馬達加斯加和桑吉巴 Zanzibar。

外觀和使用：在開花之前將花蕾採下。乾燥時變為棕色，近似於小釘子。其灼熱的味道非常有特色。用量極少，可讓醬汁或可可雪酪變得更醇厚可口。

« Dieu a fait **l'aliment,** le diable **l'assaisonnement.**

上帝創造食物，魔鬼創造調味料。 »

詹姆士 ● 喬伊斯 James Joyce，尤利西斯 *Ulysse*，1922 年。

薄荷 Menthe（葉 feuille）

來源：地中海盆地和英格蘭地區（17 世紀出現胡椒薄荷 menthe poivrée）。

外觀、品種和使用：新鮮或乾燥葉片。分為白莖或黑莖的胡椒薄荷、摩洛哥的綠薄荷「nana」、米莉 Milly 綠薄荷和薄荷油（用於糖果）。在料理的使用上，請選擇非常新鮮的薄荷。最早利用薄荷的清涼風味（夾心），與兩片黑巧克力的熱情味道形成對比的是英國人。薄荷可浸入巧克力中、浸泡在甘那許奶油醬 crème d'une ganache 中，並以雪酪的形式和巧克力冰淇淋搭配。

肉荳蔻 Muscade（核仁 noix）與
肉荳蔻的假種皮 Macis（核仁膜 enveloppe de la noix）

來源：摩鹿加群島。種植於印尼和格林納達 Grenade。

外觀和使用：粉末，最好是整顆核仁，依需求而削成碎末，如此可以保存其麝香味非常久。肉荳蔻的假種皮（Macis）具有微妙的味道，線網狀，並以完整的外皮、塊狀或粉末狀呈現。肉荳蔻或肉荳蔻的假種皮通常用於為熱巧克力增添芳香。在烹煮的最後加入少量的肉荳蔻，可為巧克力慕斯或巧克力醬汁賦予全新的面貌。

辣椒 Piment（果實 fruit）

來源：南美和中美洲。在墨西哥，人們這麼說：「每道食譜中一定有辣椒。」，據估計墨西哥菜中所使用的辣椒超過一百種。

外觀、品種和使用：新鮮、完全乾燥、粉末、罐裝。紅色的烈性辣椒或「牛角椒 poivre de Cayenne 非常酷辣。牙買加的四香辣椒（piment quatre-épices）是一種令人聯想到胡椒、丁香、肉桂、肉荳蔻的嬌弱漿果。辣椒曾出現在過去以可可為基底的哥倫比亞飲料中，現在同樣使用在搭配傳統魔力雞 dinde al mole 菜餚的醬汁裡。

胡椒 Poivres（漿果 baie）

來源：在真正的胡椒科（所謂的漿果「胡椒 poivres」來自不同的植物科別），最優質的胡椒來自馬拉巴 Malabar（印度）。

外觀、品種和使用：真正的胡椒以種籽、搗碎、粉末狀的形式存在。依採收的階段而定，胡椒可分為三種不同的味道：綠胡椒，辛辣，但帶有草味；黑胡椒，在完全成熟前採下，含濃厚的灼辣味；白胡椒，較為溫和，來自去殼的成熟漿果。留尼旺 La Réunion 的粉紅漿果或「粉紅胡椒 poivre rose」，則提供帶有柑橘味的甜辛味。四川的中國「胡椒」或花椒，呈現出帶有些許檸檬味的辛辣。在烹調的最後加入各種胡椒粉，可為各式巧克力製品增添風味。

**胭脂樹，
過去使用的巧克力香料
ROCOU, UNE ÉPICE DU
CHOCOLAT D'AUTREFOIS**

胭脂樹是一種小型樹木，果實中包覆著可作為強力染劑的種籽。馬雅人和阿茲提克人使用胭脂樹為其可可飲料賦予鮮血般的顏色，象徵靈魂和生命。此外，含有可可豆的可可果在阿茲提克的那瓦特語 nahuatl 中，被形容為「心血」。帶有乾燥番茄色調的胭脂樹，在墨西哥和安地列斯料理中始終作為香料使用，尤其用於魚的料理。現在不再用來為巧克力染色，而是用於某些荷蘭乳酪的橙色乾酪皮上！

**艾斯伯雷紅椒
LE PIMENT D'ESPELETTE**

和首批的可可豆一起來到法國，辛辣的艾斯伯雷紅椒 Espelette（享有原產地法定產區名稱）在巴斯克地區 Pay basque 總是用來搭配黑巧克力。這樣的傳統一直流傳至今。

番紅花 Safran（花的柱頭 stigmates de fleur）

來源：敘利亞。種植：西班牙和法國（加蒂訥地區 Gâtinais）。為了得到 1 公斤的乾燥番紅花柱頭，必須用上 100,000 朵番紅花（學名：Crocus sativus）。

外觀和使用：完整的細絲狀（柱頭）或粉末狀。黃金色，但比黃金還要昂貴許多，番紅花散發出豐富的草香、木頭香和果香（柑橘），因些許的苦味而顯得鮮明。這珍貴的香料使人聯想起如番紅花、柳橙、巧克力，或番紅花、螯蝦、可可等精緻的三重奏組合。

香草 Vanille（莢 gousse）

來源：墨西哥。種植：留尼旺、馬達加斯加、科摩羅 Comores、大溪地。

外觀和使用：香草莢、香草粉、香草精、香草風味或香草糖的形式（天然香草或合成香草風味）。香莢蘭 Vanilla fragrans（留尼旺、馬達加斯加和科摩羅的波本香草）是最常見且最具香草味的品種。塔希提香草蘭 Vanilla tahitensis（大溪地）散發出茴香和花香。香草在阿茲提克時代便已用來搭配巧克力。現在，香草妝點了黑巧克力磚和各式甜點、巧克力糖的風味。

油科與其他乾果 Les fruits secs oléagineux et autres

油科乾果為有益的礦物質和脂質的來源，含有高比率的不飽和脂肪酸。其細緻的香味使人想起克里奧羅 criollo 和千里塔里奧 Trinitarios 品種的可可豆。不論是與黑巧克力或牛奶巧克力，都是完美的搭配。

杏仁 Amande

來源：中亞囊括了所有的品種。種植：北非的苦杏仁；美國、西班牙、法國和義大利的甜杏仁。

外觀和使用：苦杏仁利用的部分是它的香味（奶油醬、乳製品）。去殼的甜杏仁（整顆，外皮為棕色），用來製造帕林內果仁糖 praliné；清篩或漂白（無皮）的甜杏仁用於馬卡龍 macaron 和杏仁膏 pâte d'amande：片狀（用於醬汁）、粒狀（用於奴軋汀 nougatine）、粉狀（用於糕點），以及含杏仁 25、33、50% 的杏仁膏。杏仁用於帕林內巧克力 chocolat praliné、乾果拼盤、巧克力果仁糖 touron au chocolat。

栗 Châtaigne et marron

來源：中國（世界最大產國）、法國（塞文山脈 Cévennes）；種植於利穆贊省 Limousin、科西嘉，以及義大利、西班牙。栗包含有三個核仁的 Châtaigne 品種，和只有一個肥厚核仁的 marron 品種。

外觀和使用：罐裝、完整的果實或栗子奶油醬 crème de marron（但事實上使用的是 Châtaigne 品種）、整顆或泥狀的快速冷凍栗、栗粉。Marron 用於製造糖果（糖栗）。呈現濃稠的膏狀並帶有甜味的栗子奶油醬常用來和巧克力與蘭姆酒搭配，並用於聖誕木柴蛋糕 bûches de Noël 和無數的地方特色蛋糕。

榛果 Noisettes

來源：亞洲。種植於土耳其、義大利、西班牙、法國。

外觀和使用：整顆（包覆著巧克力糖衣）、搗碎、粉末狀。榛果是最早添加在固體巧克力中的食材，是 1830 年瑞士人科勒 Kohler 的發明。嚼勁和味道讓榛果成為最常使用於製造巧克力（巧克力磚 tablettes、榛果牛奶巧克力 gianduja、巧克力球 rochers、麵包醬 pâte à tartiner）的食材。

椰子 Noix de coco

來源：馬來西亞。種植於印尼和濕熱地區。

外觀和使用：椰子的白肉亦稱為「乾椰肉 coprah」，分為新鮮、罐裝、乾燥碎末、小包裝的形式使用。殼含有解渴的椰子汁。椰奶從搗碎的果肉加水而得，可直接飲用。椰子通常用來搭配白巧克力（用於巧克力磚或糕點上），但也能用來搭配牛奶巧克力（巧克力棒 barres chocolatées）。

核桃 Noix

來源：波斯。加州（最大產地）。在法國，佩里戈爾 Périgord 和格勒諾伯 Grenoble 的核桃具有 AOC 產區管制標籤以保證其品質。

外觀和使用：帶殼、整顆核仁或粉末狀、利口酒。核桃的香與其淡淡的苦味，無論是搭配黑巧克力或牛奶巧克力，都屬天作之合。亦可將核仁擺在巧克力、核桃蛋糕或巧克力蛋糕上，如格勒諾伯爾 grenoblois。

胡桃 Noix de pécan（又稱山核桃）

來源：胡桃為胡桃樹的果實，這種樹盛產於美國東北部。

外觀和使用：裂成兩半的長種籽，帶有棕色的外皮和象牙色的果肉，以整顆或搗碎的方式販售。比歐洲核桃更甜，但兩者的味道相當接近，尤其用於製作布朗尼、巧克力塔和巧克力冰淇淋。

最優質的乾果
LES MEILLEURS FRUITS SECS

油科乾果可保存的時間相當長（1 年），但採收後的一個月是品質最優良的時期。接下來，它們的香味會逐月變淡，果實最後因所含油的油耗味而散發出難聞的味道。連殼一同保存始終是最佳的方式，或者至少要保留可避免其乾燥的棕色保護外皮。因此，當油科乾果以粉末或清篩的方式販售時，檢查其最佳賞味期限是非常重要的。

« ...il existe une véritable musique de **dégustation** dont il est **bon** de connaître les **accords** de base

...真正的品嚐樂曲是存在的，因此必須了解基本的和弦。»

米歇爾 • 理察 Michel Richart，我親愛的巧克力 Chocolat mon amour，2001。

水果／巧克力的成功搭配
RÉUSSIR LES ACCORDS FRUITS/CHOCOLAT

新鮮水果提供了豐富的香氣，不論如覆盆子般閃耀，或如桃子般樸素。配料的選擇，條狀、塊狀或庫利 coulis、糖煮 compotés 或半糖漬 demi-confits，決定了它們與巧克力的搭配是否成功。為了與以鮮奶油為基底的甘那許 ganache 調味，水份較多的水果必須先煮過，柑橘類水果與其使用果汁，不如使用果皮與奶油醬調和。起先格格不入的一般香料或植物性香料，正好達成完美的和諧。由於其質地柔軟、果肉的咬勁及其色彩，出色地襯托了巧克力並令人讚賞，無論是在小型糕點或大型蛋糕上。

夏威夷果仁 Noix de macadamia

來源：澳洲。也種植於夏威夷。夏威夷果仁一般也稱為澳洲榛子。

外觀和使用：圓形果實、奶油色的果肉，使人聯想到榛果和椰子的味道。整顆的夏威夷果仁經常裹上巧克力糖衣；搗碎的夏威夷果仁用法同胡桃。

開心果 Pistaches

來源：東方。伊朗（世界最大產國）、美國（加州）、土耳其。其中以來自西西里 Sicile 的開心果最為著名。

外觀和使用：在微開（為了開胃而加鹽）或切碎的殼中，整顆綠色的種籽，帶有淡紅色的薄膜。以開心果仁膏 pâte d'amande à la pistache 或冰淇淋的形式和巧克力搭配，或是用來裝飾巧克力糖。

葡萄乾 Raisins secs

來源：小亞細亞。種植於土耳其（史密爾那 Smyrne 金黃色大葡萄）、西班牙（馬拉加 Málaga 紅葡萄）、希臘（科林斯 Corinthe 棕色小葡萄）、澳洲（蘇丹 sultana 紅葡萄）、美國（加州葡萄）。

外觀和使用：按重量或小包裝販售。來自無籽品種，以日曬、烤箱或管狀烘乾機的方式乾燥。大葡萄乾可裹上巧克力糖衣，較小的科林斯葡萄乾則用來填入巧克力磚。以茶、酒或蘭姆酒浸漬，可為英式水果蛋糕、烤麵屑 crumble 和餅乾，尤其是巧克力糕點增添芳香。

新鮮水果 Les fruits frais

許多新鮮水果初來乍到巧克力世界，其他的水果則難以和這「神的食物」聯手開創新局面。

柑橘類水果 Agrumes

在柑橘類植物中，柳橙源自中國，檸檬源自喀什米爾 Cachemire。經過無數次的雜交，生產出只有 11 月至 2 月可取得的葡萄柚和柚子 pomelo、克萊門氏小柑橘 clémentine（無籽），以及橘子。柑橘類水果以每年 1 億噸的產量保有水果產能的世界記錄。

在巧克力的製造上，柑橘類水果經常被利用的部分是果皮，因為位於果皮上的精油囊會散發出芳香，因此應選擇未經聯苯 diphényle 或防腐 thiabendazole（這些產品必須標示於標籤上）加工處理過，果皮厚而軟的柑橘類水果。

柳橙由於其清新的花香，是最常和巧克力搭配的柑橘類水果，但我們也會想到檸檬，可以燉煮或冷凍的方式來緩和其酸味；或是苦味多於酸味的葡萄柚；作為迷人裝飾的金桔 kumquat；酸而香的日本柚子 都是常見的選擇。

異國水果 Fruits exotiques

源自遠方，種類和味道千變萬化，異國水果只有一項共同的特色：在尚未成熟時採收，而且絕對必須在溫和的氣候下熟成。因而不應以冷藏保存。

在常見的組合中，一定會提到香蕉，這是最早與巧克力在著名的香蕉船 Banana split（見 203 頁）中結合的水果；百香果以果泥的方式在甘那許裡，以及和牛奶巧克力結合；還有和黑甘那許搭配的荔枝。許多切丁的熱帶生水果用來蘸巧克力鍋（見 174 頁）也相當美味，可從鳳梨開始，並以酸漿 physalis（又稱鵝莓）進行裝飾。

紅色漿果 Fruits rouges

紅色漿果是溫和氣候下宜人季節的象徵，全都源自歐洲，即使在美洲有遠房親戚的草莓。櫻桃，有核水果，來自小亞細亞，但歐洲甜櫻桃 merise 的種植可追溯至挪威。

櫻桃 Cerises：當以糖燉煮或以酒精浸漬時，與巧克力的搭配起源於如蒙特模蘭西櫻桃 Montmorency、歐洲甜櫻桃、長柄黑櫻桃 guigne 或酸櫻桃 griotte... 等的糖漬部分。在糕點中填入酒漬櫻桃的黑森林蛋糕（見 87 頁），或是裹上巧克力糖衣的法國東部酒漬櫻桃，都承襲自歐洲傳統糕點。

覆盆子與黑莓 Framboises et mûre：加入以果泥製成的甘那許中評價甚高，可在未經烹煮的狀態下製成塔並淋上巧克力的材料，或是以庫利 coulis 的形式，淋在巧克力慕斯球周圍。

草莓 Fraises：蓋瑞嘉特草莓（gariguette）或馬哈野莓（mara des bois），帶有覆盆子的香，沾白巧克力品嚐相當美味。

黑醋栗 Cassis：和黑巧克力糖非常成功的搭配，源自上世紀末一位巴黎大巧克力商，在發現過酸水果時所投入的挑戰。

其他季節水果 Autres fruits de saison

季節水果和巧克力有區域性的結合，後者總是與當地作物一起加工：諾曼地的蘋果、洛林 Lorraine 的黃香李 mirabelle、羅亞爾河以南與葡萄同時期收獲的無花果和桃子等等。

因為經典的糖漬蜜梨佐冰淇淋 Poires Belle-Hélène（見 210 頁），讓香草軟梨與巧克力總是結合在一起，甚至還有享譽國際的梨香巧克力夏露蕾特 charlotte aux poires et au chocolat。在不同的洋梨品種中，夏季的威廉洋梨 williams、秋季的伯黑哈迪 beurré hardy 和冬季的帕斯卡桑梨 passe-crassane 品種，都具有濃郁的香氣，適合用來搭配巧克力。

過去如此芳香的杏桃品種，在奧地利的薩赫巧克力蛋糕 Sachertorte autrichienne（見 102 頁）中非常著名，但在其他以巧克力為基底的食譜中則完全不見蹤跡。

傳統糕點的天后 --- 具有多種風味的蘋果，也是同樣的情況，勉強剛進入巧克力的糕點中，以蜂蜜和香料香煎，或是切成小丁，以微溫的方式搭配可可雪酪 sorber de cacao 享用。

紅色漿果與巧克力：巧妙的搭配
FRUITS ROUGES ET CHOCOLAT：UN ACCORD DÉLICAT

為了與黑巧克力相抗衡，紅色漿果必須更加美味：在當季採收，成熟而耀眼。第一批草莓往往特別粉且硬，應避而不用。簡單沖洗尚未去梗的水果可避免損傷。野莓 fraise de bois、覆盆子和黑莓 mûre 只需稍微沖洗即可。由於小而脆弱，必須在 24 小時內食用或烹調。總之，品種大大地影響了巧克力和紅色漿果的成功搭配與否。因此最好選擇微酸且極香的紅色漿果。

茉莉巧克力的祕密
LE SECRET DU CHOCOLAT AU JASMIN

17 世紀，據佩德羅•坎波雷西 Pedro Camporesi 表示，義大利必須等到科西莫•梅迪奇 Côme de Médicis 死去，這醉人的「國家機密」才能揭露：如何成功地製作茉莉巧克力？答案就在目前始終用於製造香水的萃取花香程序中：只要讓巧克力在密封盒中與新鮮的花接觸十幾天就行了。而花必須每日更換。如此一來，巧克力在接下來的幾個月都會充滿茉莉花香。

花與蔬菜
Les fleurs et las lédumes

花 Fleurs

根據蘇菲與麥可•安科（S. et M. Coe）的論著所述，阿茲提克加入了花耳 fleur-oreille（辛辣且帶刺激性）、玉蘭花（強心藥）和一種帶有薔薇花味道的琉璃苣 bourrache。在歐洲，採集對都市人口而言顯得相當困難，花特別在乾燥後（可從草藥店取得）、作為果醬、糖漿或精油使用，但後者在用於巧克力時，必須拿捏好份量。作為食用的新鮮花朵不應經過化學處理。新鮮或乾燥花可浸泡在牛奶或液狀鮮奶油中，再用來製作巧克力食譜。也能使用過去萃取花香的方法（見旁邊的小框說明）。以下為最常選擇用來為巧克力調味的花：

► 橙花 fleur d'oranger：新鮮花朵、橙花水；

► 茉莉 jasmin：新鮮或乾燥花；茉莉花茶；

► 薰衣草 lavande：新鮮或乾燥花（注意份量）；

► 玉蘭花 magnolia：在墨西哥，其新鮮花朵或碎末狀果實會在最後一刻再加入熱巧克力飲品中；

► 薔薇 rose：花瓣、乾燥花蕾、果醬、果仁膏、薔薇精油；

► 董菜 violette（又稱紫羅蘭）：將花糖漬 confites 或製成糖漿 sirop。

蔬菜 Légumes

手工巧克力商將具有茴香味的紅椒以及茴香作為甘那許 ganache 的材料。可用於可可和巧克力鹹味料理中，還有富含糖份的蔬菜，如紅蘿蔔、玉米（最好是罐裝的白玉米），以及有栗子味的小南瓜 potimarron。

在異國風味的搭配裡，以下四種蔬果以其風味來修飾可可和巧克力的苦味：大蕉 bananes plantains（微酸）、甘薯（最好為紅肉）（微甜味）、酪梨（帶有榛果味）和番茄（最好選擇沐浴在陽光中的，就如同它們原產於墨西哥時一樣）。

至於具香料香氣的野生蘑菇（雞油菌 girolles、牛肝菌 cèpes、羊肚菌 morilles 等等），可使可可鹹味醬汁的味道更加濃郁。

« Et l'odeur très suave du **jasmin**, mélangé à la **cannelle**, à la **vanille**, à l'**ambre** et au **musc**, fait sentir merveilleux le chocolat à qui s'en délecte.

茉莉極芬芳的味道，與肉桂、香草、琥珀和麝香混合，讓受人喜愛的巧克力聞起來更加美味。»

歐倍雷•迪•豐瑟可•雷帝 Opere di Francesco Redi，17 世紀。

咖啡 Le café

從櫻桃到烘焙豆 De la cerise au grain torréfié

阿拉比卡咖啡 Coffea arabica 原產於衣索比亞，而中果咖啡 Coffea canephora--- 羅布斯塔 robusta 原產於中非。咖啡是一種小灌木，會生產出被稱為櫻桃 cerises 的紅色小果實。每顆櫻桃都含有包覆著每顆咖啡豆的果核。去皮後，將綠色的豆子烤至約 250℃。豆子變成棕色、油質且芳香：這就是可供使用的咖啡豆。

我們將販售的咖啡分為兩種：

► 阿拉比卡 arabica，脆弱而芳香，含有 1 至 1.7% 的咖啡因。主要來自美洲（哥倫比亞、墨西哥、巴西）和東非；

► 羅布斯塔 robusta，粗壯、味濃而苦，含 2 至 4% 的咖啡因。種植於西非、亞洲和巴西。

咖啡以咖啡豆、咖啡粉或即溶咖啡（粉末或顆粒狀）的形式販售。可能是混合或原產的純咖啡。亦有低咖啡因的咖啡，咖啡因的比率不超過 0.1%。現成的咖啡精則用於製作糕點。

咖啡與巧克力的搭配　Les accords café et chocolat

咖啡很早就與巧克力混合，尤其是在義大利，用來調配一種名為「比切林咖啡 café bicérin」的飲品，其名稱來自裝盛該飲品的杯子。這項以咖啡、巧克力和鮮奶油為基底的特產自 1763 年在杜林 Turin 供應，並獲得持續的喜愛。咖啡和巧克力的搭配基於一些共同的特色：用糖來緩和苦味、微酸和烘焙的香氣或果香。那不勒斯慣用這種協調，薄薄的巧克力片，通常含有豐富的可可，建議在飲用咖啡時品嚐。但最巧妙的搭配仍有待發掘：帶有杏仁味的牙買加藍山咖啡，搭配帕林內杏仁糖；巴拿馬咖啡搭配檸檬皮甘那許，兩者都具有些許的柑橘成份；淡而甜的墨西哥咖啡則搭配牛奶巧克力 …。

水
LES EAUX
■■■

為了抵消味覺，水和巧克力是完美的搭配，可在進行專業品嚐時，讓味蕾恢復原來的狀態。無氣泡的天然泉水或礦泉水必須在約 15℃ 時飲用，有氣泡的則最好於 10℃ 飲用，不應更低溫，因為冰飲會妨害對風味的鑑賞力。

茶 Le thé

茶葉的世界 Un monde de feuilles

原產於中國，茶樹為種植於海拔 3500 公尺的小灌木。包含兩個品種：中國本土 chine 和阿薩姆 assam。茶依其發酵程度而分為三大類。

不發酵茶 Les thés non fermentés：清新且咖啡因含量不高，分為帶嫩葉香的白茶和綠茶。抹茶粉（日本）可泡出鮮綠色微苦的茶。

半發酵茶 Les thés semi-fermentés：帶微量咖啡因，如中國或台灣的烏龍茶，具有紅色漿果或乾果的甜味。

« Ne **buvez** que cette eau, vivez avec du **chocolat**.

只要飲用這水，就能和巧克力一起共存。»

司湯達 Stendhal，巴馬修道院 *la Chartreuse de Parme*，1839。

香檳和巧克力的交鋒
POUR OU CONTRE LE CHAMPAGNE ET LE CHOCOLAT

香檳和巧克力在節慶宴會時似乎形影不離。然而它們的結合卻受到品酒師的勸阻，因為香檳原本的酸會強化巧克力的苦，並引發一股金屬味。因此，是否該放棄清新的氣泡漩渦與美味的巧克力糕點所交織而成的歡樂氣氛。不，只要分兩階段品嚐即可：先享用蛋糕，再飲用香檳。

發酵茶或紅茶 Les thés fermentés, ou thés noirs：可包含全葉茶（tip）、碎茶（broken）或片茶（fanning），後者可泡出濃茶。紅茶依採收的品質和摘取芽（毫）的百分比來分級。我們將極細緻的採集稱爲 FOP（flowery orange pekoe），其次兩個細緻的等級分別爲 orange pekoe 和 pekoe，以及葉片較大的煙燻茶小種 souchong。紅茶也依其來源而區分爲：大吉嶺 Darjeeling 和阿薩姆 Assam（印度）、錫蘭 Ceylan、中國 Chine。

經典香茶 Les thés parfumés classiques：以綠茶或半發酵茶爲基底精製而成：俄羅斯茶（柑橘類水果的混合）或英式伯爵茶（佛手柑 à la bergamote）、茉莉花茶、薄荷茶等。無數廠牌也研發出天然或合成香料茶（尤其是巧克力茶）的花俏系列。

茶與巧克力的搭配 Les accords thé et chocolat

用於巧克力糕點的茶，主要是用來爲巧克力奶油醬、慕斯或甘那許增添芳香。但這樣的搭配並非理所當然：最細緻的茶可能會被巧克力給蓋過；長時間的浸泡會演化出不利於巧克力的澀味和苦味。

愉快的組合中，我們可列出厄瓜多 Équateur 產的黑巧克力和伯爵茶（因佛手柑而取得協調），或白巧克力的甜味與抹茶的苦，之間的對比搭配。

下午茶時間同時也是享用巧克力糕點的時刻，我們可搭配紅茶 --- 一杯加入些許牛奶調和的努瓦拉埃利亞 Nurawa Elya 錫蘭紅茶，或一杯原味的阿薩姆紅茶 --- 帶有麥芽香，可以全葉或碎葉的方式浸泡飲用；請勿將兩者混淆；兩種茶皆須浸泡 3 至 5 分鐘。

酒 Les vins

18 世紀，可可和酒在碼頭交錯而過，一個來自美洲，另一個來自歐洲。於是成了相互競爭的飲料，從一洲運到另一洲，進入出奇鄰近的芳香世界。除去初期的酸味和澀味，酒越陳越香，漸漸散發出與巧克力相似或互補的烘焙果香。酒和巧克力便是透過這種風味而形成天衣無縫的良好搭配。

▶ 爲了搭配巧克力糕點，建議採用甜美而芳香的天然甜酒（班努斯 banyuls、慕斯卡 rivesaltes、莫希 maury、拉斯多 rasteau）、茶色波特酒 porto tawny 或利口酒（葡萄皮香甜酒 macvin、陳年皮諾粉紅酒 vieux pinot rose）。應選擇經過醞釀的（3 年，甚至 10 年以上），因其具有香料、乾果、糖漬水果、咖啡或烘焙可可的芳香。這些酒必須不加冰塊，以少量在冰涼時飲用，愉快搭配的樂趣更勝於解渴。

▶ 爲了搭配從前菜到甜點全是巧克力的佐餐酒，可供應某些紅酒，並請留意各種酒之間丹寧的平衡。這些酒會隨著時間而產生氧化，讓巧克力變得更苦：例如帶有吐司味的科里烏爾 collioure 或帶有可可和香料芬芳的聖愛美儂 Saint-émilion。不會太甜的甜白酒或「延遲採收 vendanges tardives」的葡萄酒也出奇地適合。

請注意，爲了享用這樣的一餐，我們可以使用黑巧克力，但也能使用牛奶巧克力（白肉、魚和甲殼類）和白巧克力（魚和甲殼類）。

巧克力與健康
Le chocolat et la santé

發育和體能的活力食品？保留給成人的溫和麻醉品？長壽的萬靈藥（élixir）？介於神話與現實，悖論與靈丹之間，巧克力仍持續為各方論戰供應養份 ...

巧克力飲食 Le chocolat comme aliment

活力的來源 Une source d'énergie

不論是黑、白或牛奶巧克力，巧克力磚平均每 100 克含有 520 至 550 大卡，即 2130 至 2290 千焦（KJ）。卡路里的最高記錄屬於牛奶和乾果巧克力所有：約 580 大卡。

以液態或固態的形式，巧克力是一種糧食，其直接的效果是快速提供大量爲身體所吸收的糖份（依巧克力所含的糖份約爲 26 至 50%）和脂肪（可可脂）以止饑。在墨西哥，一大杯的肉桂熱巧克力佐當地的維也納麵包 viennoiseries 能夠代替正餐。在歐洲，以磚形或棒狀食用的巧克力，經常被視爲零嘴類商品，用來滿足小小的嘴饞。以微量形式濃縮的能量提供也讓巧克力成爲一種在寒冷和長時間運動（遠足、登山運動）時的食物。

礦物鹽和維生素的寶庫 Une mine de sels minéraux et de vitamines

巧克力，尤其是黑巧克力，含有無數的礦物鹽和微量元素。若我們參考每日營養素建議攝取量（AJR），我們可估計 100 克的黑巧克力（相當於 1 塊巧克力磚的量）符合：

► 33% 建議攝取量的鎂，有助消除疲勞和焦慮。

► 30% 的磷，已證實能在記憶上發揮益效；

► 27% 的鉀，肌肉疲勞和抽筋時的緩解劑；

► 25% 的銅，20% 的鐵，13% 的鈣（但身體幾乎無法吸收），微量的氟和碘。

而且，黑巧克力有助提供不容忽視的維生素。尤其是：

► 維生素 E（100 克的黑巧克力含 18% 的建議攝取量），發揮抗氧化和防止動脈硬化的作用；

巧克力與飲食法
CHOCOLAT ET RÉGIME

塞進了糖和（或）可可脂的巧克力幾乎不會如人所願地出現在瘦身食譜中，甚至不會有以甜味劑 édulcorant 和各種糖醇取代蔗糖的「輕」巧克力形式。在這種情況下，卡洛里減少得仍然不多（15%），而味道也不如預期。選擇含糖量極低的黑巧克力並非理想的解決方案：可可脂的部分顯然較為重要，它會使巧克力的卡洛里比率攀升，而非降低。這樣的結果仍有細微的差別，因為根據米希亞夏普林 Myriam Chapelin 博士的論文指出，可可脂的主要成份三酸甘油脂幾乎不被脂肪組織所吸收，換句話說，它們不太會使人發胖。

« J'observe mon **régime de chocolat,** auquel seul je crois devoir ma **santé.**

我遵行著我的巧克力飲食法，我相信我的健康全歸功於此。»

瑪琍 • 德 • 維拉 Marie de Villars，給古朗吉夫人的信 *Lettres à Madame de Coulanges*，17 世紀。

巧克力品牌弗斯可 Phoscao 的海報。

► 維生素 D（佔建議攝取量的 14%），有益於骨頭的鈣補充；

► 維生素 B1、B2、B5 和 PP，有助維持神經的良好平衡以及皮膚和毛髮的美麗。

巧克力的樂趣 Le chocolat plaisir

雙重滿足 Double satisfaction

多虧了巧克力調味奶粉，讓人自最早的奶瓶開始品味，接著以聖誕老人或復活節蛋的形式品嚐。在歐洲，巧克力始終與童年的記憶和節慶的時刻相連。因此，巧克力很早便以糖果的形式出現，帶來了立即且極度的歡樂。除了品嚐時短暫的美味幸福外，還顯示出延遲的樂趣，就巧克力藥理學的角度來解釋，涉及「不同的心理生理學表現」，如亨利・夏豐 Henri Chaveron 教授（貢比涅 Compiègne 大學生物基因與醫藥學院）指出，幸福的感受和「假性的強迫 pseudocomplusif」行為。

這位教授證實了巧克力流傳 2 千年以上的傳說根據，即巧克力為神的狂喜食物，可鼓舞破碎的心，並作為令人歡快的愛情春藥！

巧克力。
節錄自布亞 ● 沙瓦杭 Brillat-Savarin
《味道生理學 Physiologie du goût》
（1755-1826）中的版畫。

興奮劑和欣快藥 Stimulants et euphorisants

因此，可可和巧克力含有無數的精神活性物質，經常食用這些產品可能會對身體造成影響。

► 二種生物鹼：可可鹼（1.6%）和咖啡因（0.4%）會刺激神經系統，並有助維持清醒、強化反應能力並有利於腦力工作。

► 苯乙胺（PEA），在巧克力中非常微量，具安非他命的作用。在精神病上作為對抗沮喪的藥劑使用。大量服用可帶來刺激性慾的效果。

► 毛荵鹼 salsolinol，近似多巴胺的分子，會引發快樂的感覺，而且可能造成對巧克力上癮。

► 內源性大麻素 anandamide，是一種附著於大腦大麻素（存於大麻中）受體的神經遞質，會引發欣快感並令感受加劇，就如同吸食大麻一樣。

► 血清素的運作就如同氨多酚 endomorphine，是一種類似身體自行分泌的鴉片物質，而且與大腦獎賞的總系統及幸福的感受有關；但卻會因沮喪的狀態而下降。巧克力中含有的血清素可緩和這樣的不足。此外，品嚐巧克力本身的快樂，便可重新將產生血清素與其他氨多酚的內在系統接合起來：可調整情緒。

「治療用」巧克力 Le chocolat « thérapie »

巧克力在青春萬靈藥（élixir）方面的盛名已經過科學研究的證實。

對抗自由基的多酚 Polyphénols contre radicaux libres

可可含有屬多酚類的類黃酮 flavanoïdes，具有捕捉有毒自由基的性質，因而可保護身體，抵抗細胞的老化：如一種抗氧化劑。類黃酮亦能形成良好的預防措施，抵抗癌症和心血管疾病。類黃酮亦能對血壓產生影響，促進良好的血液循環並增加動脈彈性。因而控制動脈硬化（因脂肪在血管內壁沉積所造成的動脈硬化）、血栓形成（血管中凝塊的形成）和梗塞的風險。

存於紅酒和茶中的多酚以抗氧化作用聞名，在可可中可找到更大量的多酚，但為了讓多酚存於巧克力中，可可豆必須經過乾燥和烘焙，以保存這些物質的性質；但食用者無法得知一塊巧克力磚中含有多少含量的多酚。

可可脂與好的膽固醇 Beurre de cacao et bon cholestérol

可可脂的特殊成份，讓黑巧克力成為對抗膽固醇過多和動脈硬化風險的盟友。事實上可可脂包含：

► 35% 的油酸和 3% 的亞油酸，2 種具保護血管特性的不飽和脂肪酸；

► 34% 的硬脂酸，是一種飽和脂肪酸，特色是會在攝食後部分轉化為不飽和的油酸；

► 28% 的棕櫚酸（一種飽和脂肪酸）。

巧克力是毒品嗎？ LE CHOCOLAT EST-IL UNE DROGUE ?

某些善飢症（暴食症）患者每天食用達 1 公斤的巧克力，而且經常是含糖量高（50%）的牛奶巧克力。這樣的份量對健康有害，往往會引發肥胖和食用者的自責。在這些需要治療的極端情況下，如此的成癮症狀來自對糖的依賴。可可「癮」（每日食用超過 100 克的黑巧克力）的情況則完全是另外一回事：沉溺在如此溫和的吸毒樂趣中，然而卻幾乎沒有，或完全沒有副作用。而且就算停止食用，也不會產生嚴格定義上的戒斷反應。

達頓食品 régime Dardenne 1960 年的廣告海報。

Inside each fragrant, steaming cup

A PLEASANT INVITATION TO SLEEP

BAKER'S COCOA

STANDARD OF QUALITY SINCE 1780

1920 年代美國貝克可可 Baker's Cocoa 強調
醫學療效的廣告。

總之，所有的不飽和脂肪酸都能促使好的膽固醇與其高密度的脂蛋白（HDL）為身體所吸收，同時降低因脂肪堆積，最終堵塞動脈的壞膽固醇（LDL）。

牛奶巧克力或白巧克力的乳脂中也同樣含有膽固醇。

對巧克力的成見
Les idées reçues sur le chocolat

儘管作為美食的象徵，巧克力仍常被誣告為對健康有害，而如同艾偉‧羅伯 Hervé Robert 博士所強調：

巧克力不會造成蛀牙：可可事實上含有防止蛀牙的物質，主要為多酚、磷酸鹽和氟。巧克力越不甜，可可抗蛀牙的效果便越顯著。

巧克力不會造成肝風（crise de foie）：肝風並不存在，肝只有在消化後才會發揮作用。因此說消化不良比較貼切，當用巧克力來妝點已經相當豐盛的一餐，或是以鮮奶油和奶油甘那許的形式過量食用，可口卻難以消化。請注意，巧克力並非肝的禁忌。

巧克力不會造成便祕：可可含量高的巧克力含有約15% 源自可可乾燥部分的纖維；這樣的含量足已促進腸道的運作。

巧克力不必為粉刺負責：根據無數相關的醫學研究指出，沒有人能證明食用巧克力會對粉刺造成正面或負面的影響。

相反地，無數研究指出，巧克力可能是偏頭痛的起因：可可中存有的酪胺酸（生物胺）和草酸確實可能使敏感的人引發頭痛。

若巧克力最終擁有的益效多於禁忌，卻使用目前許可用以製造巧克力的植物性油脂MGV 來取代可可脂，反而可能帶來營養上的缺失：某些植物性油脂中含有棕櫚油，包含50% 的飽和脂肪酸，不利於好膽固醇的發展。

« Le **cacao** est aussi propre à l'Amérique que le **café**
l'est à l'Arabie et le thé à la Chine et autres pays voisins.

就如同咖啡之於阿拉伯，茶之於中國及其鄰近國家，可可也是美洲的象徵。»

拉巴 J.-B. Labat，美洲島嶼的新旅行 *Les Nouveaux Voyages aux Îles de l'Amérique*，1722 年。

巧克力食譜 Les recettes au chocolat

蛋糕 Les gâteaux

❝ 極簡易蛋糕
Les gâteaux tout simples ❞

6 人份
準備時間：**20 分鐘**
烹調時間：**40 分鐘**

杏仁粉 100 克
蛋 6 顆
可可脂含量 60-64% 的
黑巧克力 200 克
室溫回軟的奶油 100 克 ＋
模型用奶油 15 克
錫蘭肉桂粉 2 克
細砂糖 150 克
玉米粉 20 克
模型用麵粉 10 克

佐料
香草英式奶油醬 (crème
anglaise à la vanille) 500 毫升
(見 285 頁)

M. Bannwarth
Pâtisserie Jacques (Mulhouse)
傑克糕點店 (米路斯)

巧克力肉桂蛋糕
Biscuit au chocolat et à la cannelle

1 烤箱預熱 150℃ (熱度 5)。

2 在覆有烤盤紙的烤盤上撒上杏仁粉。放入烤箱，稍微烘烤 10 分鐘。

3 將烤箱溫度調為 180℃ (熱度 6)。

4 打蛋，將蛋白與蛋黃分開。

5 用鋸齒刀將巧克力切碎，在平底深鍋 (casserole) 中隔水加熱至融化。離火，混入 100 克的切塊奶油。在混合物變得平滑時，混入蛋黃和肉桂。

6 將蛋白攪打成柔軟的泡沫狀，並逐漸加入糖，打發至尖端下垂的濕性發泡狀。將 1/3 蛋白霜混入巧克力的混合物中，接著輕輕地加入剩餘的蛋白霜混合。

7 將玉米粉過篩放入，接著加入烤過的杏仁粉。輕巧地混入配料中。

8 將直徑 22 公分的烤模塗上奶油，均勻撒上麵粉。倒入麵糊。放入烤箱烘烤 30 分鐘。

9 出爐時，在網架上將蛋糕脫模。在放涼後或微溫時品嚐。請搭配英式奶油醬享用。

8 人份
準備時間：**25 分鐘**
烹調時間：**12 分鐘**

可可脂含量 60% 的黑巧克力
180 克
室溫回軟的奶油 100 克
蛋 5 顆
細砂糖 75 克
麵粉 15 克
可可粉 30 克

É. Vergne
Pâtisserie Vergne (Audincourt
et Belfort)
糕點店 (奧丹固與貝樂福)

巧克力軟心蛋糕
Biscuit tendrement chocolat

1 烤箱預熱 180℃ (熱度 6)。

2 用鋸齒刀將巧克力切碎，在平底深鍋中隔水加熱至融化。離火，混入切塊奶油。

3 打蛋，將蛋白與蛋黃分開。用攪拌器將蛋黃和 30 克的糖混合均勻，不要攪至起泡。

4 將蛋白和剩餘 45 克的的糖一起攪打成泡沫狀，並保持柔軟尖端下垂的溼性發泡質地。將蛋黃和糖的混合物加進巧克力和奶油的混合物中。再混入泡沫狀濕性蛋白霜。

5 將麵粉和可可粉一起過篩。混入配料中。

6 將麵糊分裝至 8 個瓷製蛋型小烤盤 (plat à œuf) 如奶油布蕾的烤皿，或一個深烤皿中。放入烤箱烘烤 10 分鐘。

7 出爐後即刻享用。

→ 您可在每塊蛋糕上放 1 球香草、開心果、帕林內 (praliné)、焦糖或牛軋糖冰淇淋。

〔照片請見 59 頁〕

橙香巧克力聖誕木柴蛋糕
Bûche de Noël au chocolat et à l'orange

1 烤箱預熱 220℃（熱度 7-8）。

2 製備蛋糕體。打蛋，將蛋白與蛋黃分開。用電動攪拌器將蛋黃和糖一起攪打至混合物泛白。將麵粉和可可粉過篩，接著混入蛋黃和糖的混合物中。將蛋白攪打成凝固的泡沫狀（尖端下垂的濕性發泡）。先將 1/3 的蛋白混入麵糊中，接著小心地和剩餘的蛋白混合。

3 在烤盤上鋪上烤盤紙。將麵糊倒入烤盤整平表面，放入烤箱烘烤 8-10 分鐘。

4 出爐時，將烤盤紙剝下，將蛋糕體放至網架上。蓋上一條布巾。

5 製備糖漿。將柳橙汁和糖一起倒入平底深鍋中。煮沸後離火。放涼。

6 製作發泡奶油醬。將 150 毫升的鮮奶油煮沸，離火。用鋸齒刀將巧克力切碎並混入鮮奶油中。在冰鎮過的大碗中，將剩餘的 100 毫升鮮奶油攪打成打發鮮奶油。然後小心地混入冷卻的材料中。

7 將蛋糕體擺在彈性保鮮膜（film étirable）上。刷上柳橙糖漿。在上面塗上一半的巧克力發泡鮮奶油。在整個表面上撒上糖漬柳橙丁。在保鮮膜的包覆下，將蛋糕體緊緊地捲起成蛋糕捲。冷藏保存 2 小時。

8 將保鮮膜取下。在蛋糕上抹上剩餘的巧克力發泡鮮奶油。用叉子的叉齒模仿木紋，在巧克力發泡鮮奶油上劃出條紋。用長條狀的糖漬橙皮進行裝飾。冷藏靜置 2 小時後享用。

6-8 人份
準備時間：**35 分鐘**
烹調時間：**12 分鐘**
靜置時間：**4 小時**

蛋糕體
蛋 4 顆
細砂糖 100 克
麵粉 75 克
可可粉 25 克

柳橙糖漿
柳橙汁 250 毫升
細砂糖 150 克

巧克力發泡鮮奶油（crème mousseuse au chocolat）
液狀鮮奶油（crème fraîche liquide）250 毫升
可可脂含量 70% 的黑巧克力 200 克
糖漬柳橙丁 60 克

裝飾用
糖漬橙皮條 40 克

F. Cassel
Pâtisserie Cassel (Fontainebleau)
卡塞爾糕點店（楓丹白露）

嘉布遣巧克力蛋糕
Capucine au chocolat

1 製作杏仁蛋糕體。烤箱預熱 170℃（熱度 5-6）。

2 將杏仁粉和 100 克的糖及麵粉混合。過篩。

3 將蛋白攪打成凝固的泡沫狀，並逐漸混入剩餘 75 克的糖，打發成尖端下垂的濕性發泡狀態。輕輕混入杏仁粉、糖和麵粉的混合物。

4 將此麵糊填入裝有 10 號圓口擠花嘴的擠花袋中。在鋪有烤盤紙的烤盤上擠出 2 個直徑 24 公分的圓形片狀麵糊。放入烤箱烘烤 20 至 25 分鐘，用木杓固定烤箱門，讓門保持微開。

5 出爐時，讓圓形蛋糕體分別在 2 個網架上冷卻。

6 製作甘那許。將焦糖杏仁約略搗碎。

7 在 1 個圓形紙板上放上第一塊圓形蛋糕體。放上黑巧克力甘那許並撒上搗碎的焦糖杏仁，再放上第二塊圓形蛋糕體，可於邊緣撒上巧克力刨花。冷藏保存。在享用前 1 小時將嘉布遣蛋糕取出，並篩上可可粉。

8-10 人份
準備時間：**15 分鐘**
烹調時間：**20-25 分鐘**

杏仁蛋糕體
杏仁粉 75 克
細砂糖 175 克
麵粉 25 克
蛋白 4 個

配料
黑巧克力甘那許 550 克
（見 289 頁）
焦糖杏仁 150 克（見 305 頁）

裝飾用
巧克力刨花（見 282 頁）（隨意）
可可粉

巧克力軟心蛋糕
Biscuit tendrement chocolat
〔食譜請見 57 頁〕

香蕉巧克力夏露蕾特
Charlotte au chocolat et aux bananes

1 製作指形蛋糕體。製備黑巧克力沙巴雍慕斯。

2 製作糖漿。將水和糖煮沸，放涼，混入蘭姆酒和檸檬汁中。

3 製作餡料。將香蕉剝皮，切成 1 公分厚度的圓形片。淋上檸檬汁，以免果肉變黑。在平底煎鍋（poêle）中以旺火將奶油加熱。放入香蕉和糖，煎 2 至 3 分鐘，煎至香蕉呈現金黃色後，用肉豆蔻粉和黑胡椒粉調味。

4 爲直徑 16 公分的夏露蕾特（Charlotte）模塗上奶油，撒上糖。用毛刷爲指形蛋糕體一側刷上糖漿，有糖漿的朝內鋪在模型周圍。將一半的沙巴雍慕斯倒入模型內。鋪上一半的香蕉。在上面擺上一層二側都刷上糖漿的指形蛋糕體。鋪上剩餘的沙巴雍慕斯，接著是剩餘的香蕉。最後鋪上一層指形蛋糕體作爲結束。冷藏保存 3 小時。

5 在餐盤上將夏露蕾特脫模。將香蕉剝皮，斜切成圓形薄片，淋上檸檬汁。將榲桲或蘋果凍加熱至微溫。在夏露蕾特周圍疊上香蕉片，刷上水果凍。製作巧克力刨花，擺在夏露蕾特中央。冷藏保存至享用的時刻。

→ 爲了節省時間，可至麵包店購買指形蛋糕體。

→ 爲了替夏露蕾特脫模，請將模型周圍以熱水回溫。

6-8 人份
準備時間：35 分鐘
烹調時間：5 分鐘
冷藏時間：3 小時

指形蛋糕體 24 個（見 296 頁）
黑巧克力沙巴雍慕斯 700 克
（見 290 頁）

糖漿（sirop）
水 80 毫升
細砂糖 80 克
棕色陳年蘭姆酒 60 毫升
檸檬汁 120 毫升

香蕉餡料
香蕉 2 根
檸檬汁 120 毫升
奶油 15 克
細砂糖 20 克
肉豆蔻粉 1 小撮
黑胡椒粉 1 撮
模型用奶油 15 克
模型用細砂糖 30 克

裝飾用
香蕉 1 根
檸檬汁 20 毫升
榲桲（coing）或蘋果凍
巧克力刨花（見 282 頁）

糖漬葡萄柚巧克力夏露蕾特
Charlotte au chocolat et aux pamplemousses confits

1 製作指形蛋糕體。

2 將水和糖煮沸。放涼，接著混入蘭姆酒和檸檬汁中，成爲酒糖液。

3 製作巧克力慕斯。用鋸齒刀將巧克力切碎，用平底深鍋隔水加熱至融化。將牛奶煮沸，倒在巧克力上，攪拌至配料光滑。混入蛋黃，攪拌 3 秒鐘。

4 將蛋白攪打成非常凝固的泡沫狀，期間並逐漸加入糖，打發至尖端直立的硬性發泡狀態。將 1/3 的硬性蛋白霜混入巧克力的配料中，均勻後再小心地混入剩餘的蛋白霜。

5 爲直徑 16 公分的夏露蕾特模塗上奶油，撒上糖。用毛刷輕輕地爲指形蛋糕體刷上酒糖液，只擺在模型周圍。將一半的巧克力慕斯倒入模型中，撒上切成小丁（4-5 公釐）的糖漬葡萄柚皮。擺上一層刷上酒糖液的指形蛋糕體，鋪上剩餘的巧克力慕斯，最後鋪上一層指形蛋糕體作爲結束。冷藏保存 3 小時。

6-8 人份
準備時間：30 分鐘
烹調時間：2-3 分鐘
冷藏時間：3 小時

指形蛋糕體 24 個（見 296 頁）
水 80 毫升
細砂糖 80 克 ＋
模型用細砂糖 30 克
白色蘭姆酒 60 毫升
檸檬汁 20 毫升
模型用奶油 15 克

巧克力慕斯
可可脂含量 60-64% 的
黑巧克力 340 克
全脂牛奶 160 毫升
蛋黃 2 個
蛋白 8 個
細砂糖 40 克
糖漬葡萄柚皮 150 克
（見 307 頁）

裝飾用
粉紅葡萄柚 2 顆
薄荷葉 5 片

6 將葡萄柚的外皮剝去。沖洗薄荷葉，晾乾並切碎。

7 在餐盤上將夏露蕾特脫模。在上面擺上切成 1/4 片的葡萄柚裝飾。撒上切碎的薄荷葉。

→ 爲了節省時間，可至麵包店購買指形蛋糕體。

→ 爲了替夏露蕾特脫模，請將模型周圍以熱水回溫。

---

8 人份
前一天晚上開始準備
準備時間：**25 + 10 分鐘**
烹調時間：**45 分鐘**
靜置時間 **20 分鐘**
冷藏時間：**1 小時**

打卦滋（dacquoise）
榛果粒 80 克
榛果粉 135 克
糖粉（sucre glace）150 克
蛋白 5 個
細砂糖 50 克
點綴用糖粉

餡料
苦甜黑巧克力甘那許 825 克
（見 289 頁）

裝飾用
點綴用糖粉

榛果巧克力打卦滋
Dacquoise au chocolat et aux noisettes

1 前一天晚上，製備打卦滋。

2 烤箱預熱 150℃（熱度 5）。

3 在鋪上鋁箔紙的烤盤上撒上榛果粒，放入烤箱烘烤 10 分鐘。擺在布巾上，用布巾摩擦去皮，並將榛果約略搗碎。

4 將烤箱溫度調整至 170℃（熱度 5-6）。

5 將榛果粉和糖粉一起過篩。

6 將蛋白攪打成泡沫狀，一邊慢慢混入細砂糖，打發至尖端下垂的濕性發泡狀態。用軟抹刀輕輕將糖粉和榛果粉的混合物混入蛋白霜中。

7 將上述材料填入裝有 12 號圓口擠花嘴的擠花袋中。

8 在 2 個鋪有烤盤紙的烤盤上擠出 2 個直徑 26 公分的圓形麵糊，並從中央開始擠出螺旋狀圓形（見 294 頁）。在每個圓形麵糊上撒上搗碎的榛果。在上面輕輕按壓，輕輕地篩上糖粉。靜置 10 分鐘。再次篩上糖粉，等待 10 分鐘後，放入烤箱烘烤 35 分鐘。

9 出爐時，將 2 個烤好的圓形打卦滋放在網架上。放涼。用彈性保鮮膜密封，冷藏保存。

10 當天，製作巧克力甘那許。讓甘那許凝固成乳霜狀。

11 將 1 塊榛果打卦滋擺在 1 張圓形紙板上（或直接放在餐盤上）。將甘那許填入裝有 15 號圓口擠花嘴的擠花袋中。在圓形榛果打卦滋的邊緣擠出大顆的甘那許球，接著用剩餘的甘那許將中間填滿。擺上第 2 塊榛果打卦滋，冷藏保存 1 小時。

12 享用時，請篩上糖粉。

→ 您也能將打卦滋冷藏保存 1 晚，然後在享用前 2 小時取出，篩上糖粉後品嚐。

〔見 62 頁 Pierre Hermé 的最愛〕

榛果巧克力打卦滋
Dacquoise au chocolat et aux noisettes

《我愛烘焙榛果的酥脆、打卦滋的柔軟和苦甜巧克力甘那許入口即化滑順之間的對比：樂趣無窮。》

Pierre Hermé（食譜請見 61 頁）

聖誕巧克力花冠
Couronne de l'Avent au chocolat

1 烤箱預熱 180℃（熱度 6）。

2 打蛋，將蛋白和蛋黃分開。用電動攪拌器攪打蛋黃和糖，直到混合物泛白。將麵粉和泡打粉混合。過篩。

3 用鋸齒刀將巧克力切碎，以平底深鍋隔水加熱至融化。在另一個平底深鍋中，將奶油加熱至融化。離火，將融化的奶油混入巧克力中，接著倒入蛋黃和糖的混合物中。用木杓攪拌，同時加入過篩的麵粉和干邑白蘭地。

4 將蛋白攪打成凝固的泡沫狀（尖端直立的硬性發泡蛋白霜）。先將一半混入配料中，然後小心地混入剩餘的蛋白霜。

5 在直徑 18 公分的環狀模型中塗上奶油，撒上麵粉。將麵糊倒入模型中。放入烤箱，烘烤 30 分鐘。出爐時，在網架上將環形蛋糕脫模。放涼。冷藏保存 1 小時。

6 製作鏡面。用鋸齒刀將巧克力切碎。將鮮奶油煮沸，接著混入切碎的巧克力中。混合並煮 1 分鐘。離火。混合至配料變得平滑，然後放涼。

7 在網架下鋪 1 張烤盤紙。為環形蛋糕淋上巧克力鏡面。存放在陰涼處 30 分鐘。

8 用洗淨並擦乾的新鮮多青葉、紅糖球隨意裝飾。

6-8 人份
準備時間：25 分鐘
烹調時間：35 分鐘
冷藏時間：1 小時 30 分鐘

蛋 4 顆
細砂糖 150 克
麵粉 60 克＋模型用麵粉 10 克
泡打粉（levure chimique）1/2 包（5 克）
可可脂含量 70% 的黑巧克力 150 克
室溫回軟的奶油 150 克 ＋ 模型用奶油 15 克
干邑白蘭地（cognac）50 毫升

巧克力鏡面
可可脂含量 70% 的黑巧克力 350 克
液狀鮮奶油 150 毫升

巧克力酒漬櫻桃風凍
Fondant au chocolat et aux Griottines

1 將大碗冷凍冰鎮 15 分鐘。

2 用鋸齒刀將巧克力切碎，然後以平底深鍋隔水加熱至融化。用電動攪拌器攪打蛋黃和糖至混合物泛白。接著倒入融化的巧克力中攪打。

3 在另一個大碗中攪打奶油和過篩的可可粉。將上述混合物混入巧克力的配料中。

4 在冰鎮過的大碗中將鮮奶油打發。小心地混入巧克力的配料中，接著加入 150 克瀝乾的格里奧汀酒漬櫻桃。

5 在長型模（moule à cake）（或直徑 22 公分的蛋糕烤模）的底部和邊緣鋪上彈性保鮮膜（film étirable），並讓保鮮膜超出模型邊緣。倒入混合好的材料。冷藏凝固至少 3 小時。

6 享用時，將風凍倒扣在餐盤上。移去保鮮膜，並用格里奧汀酒漬櫻桃進行裝飾。

→ 您可用紅果庫利（coulis de fruits rouges）（見 306 頁）或香草英式奶油醬（見 285 頁）來搭配這道風凍。

6 人份
準備時間：20 分鐘
烹調時間：2-3 分鐘
冷藏時間：3 小時

可可脂含量 70% 的黑巧克力 150 克
蛋黃 4 個
細砂糖 150 克
室溫回軟的奶油 200 克
可可粉 100 克
液狀鮮奶油 300 毫升
格里奧汀酒漬櫻桃（Griottines®）150 克
裝飾用格里奧汀酒漬櫻桃適量

F. Gloton
Pâtisserie Gloton (Lorient)
克羅東糕點店（洛里昂）

巧克力酒漬櫻桃風凍
Fondant au chocolat et aux Griottines

喜樂巧克力蛋糕
Délice au chocolat

1 烤箱預熱 220℃（熱度 6-7）。

2 打蛋，將蛋白和蛋黃分開。在大碗中將蛋黃和糖快速攪打至混合物泛白。

3 用鋸齒刀將巧克力切碎，然後以平底深鍋隔水加熱至融化。混入蛋黃和糖的混合物中。

4 在缽盆混合杏仁粉和奶油，在缽盆上方將麵粉過篩，接著混入巧克力等材料中。將蛋白攪打成泡沫狀（尖端下垂的濕性發泡），接著混入上述混合物中，請勿過度攪拌，以免破壞結構。

5 爲直徑 22 公分的蒙吉烤模（moule à manqué）塗上奶油，撒上麵粉，然後倒入麵糊。放入烤箱烘烤 20 分鐘。用刀尖檢查蛋糕的烘烤情形：抽出時尖端應保持乾燥。

6 在蛋糕出爐時脫模，並擺在網架上。放涼。

4-6 人份
準備時間：20 分鐘
烹調時間：20 分鐘

蛋 4 顆
細砂糖 150 克
可可脂含量 70% 的黑巧克力 200 克
麵粉 40 克 + 模型用麵粉 10 克
杏仁粉 100 克
室溫回軟的奶油 150 克 + 模型用奶油 15 克

亞歷山大蛋糕
Gâteau Alexandra

1 烤箱預熱 180℃（熱度 6）。

2 用鋸齒刀將 100 克的巧克力切碎，然後以平底深鍋隔水加熱至融化。

3 將麵粉和馬鈴薯澱粉一起過篩。打蛋，將 3 顆蛋的蛋白和蛋黃分開。將 3 個蛋黃、1 個全蛋和糖攪打至混合物泛白。

4 在混合的過程中依序加入杏仁粉、融化的巧克力，接著是過篩的麵粉和澱粉。

5 讓 75 克的奶油融化。另取缽盆將留出的 3 顆蛋白打成非常凝固的泡沫狀（硬性發泡的蛋白霜），然後輕輕地混入麵糊中。接著加入融化的奶油。

6 爲邊長 18 公分的長型模或直徑 20 公分的蒙吉烤模（moule à manqué）塗上奶油、均勻撒上麵粉並倒入麵糊。放入烤箱烘烤 50 分鐘。接著將蛋糕脫模，並置於網架上冷卻。

7 將杏桃果醬加熱，然後攪打成細緻的果泥。用毛刷刷在整個蛋糕上，接著冷藏 10 分鐘。

8 用平底深鍋將剩餘 80 克的巧克力隔水加熱至融化。同樣將翻糖隔水加熱，並加入 1-2 大匙的水（份量外）。混合巧克力與翻糖：混合物必須具有足夠的流動性，以方便塗抹。

9 用抹刀鋪在蛋糕上，仔細整平，在陰涼處保存至享用的時刻。

6-8 人份
準備時間：40 分鐘
烹調時間：50 分鐘
冷藏時間：10 分鐘

可可脂含量 70% 的黑巧克力 180 克
麵粉 20 克 + 模型用麵粉 10 克
馬鈴薯澱粉（La fécule de pomme de terre）80 克
蛋 4 顆
細砂糖 125 克
杏仁粉 75 克
奶油 75 克 + 模型用奶油 15 克
杏桃果醬 80 克
糕點用翻糖 200 克
（fondant 又稱風凍，在糕點材料行可取得）

❝ **Je croyais déjà voir la majesté du gâteau au chocolat, entouré d'un cercle d'assiettes à petits fours et de petites serviettes damassées grises à dessins, exigées par l'étiquette particulière au Swann.**

我彷彿已經看見那威嚴的巧克力蛋糕，以及它四周的小糕點盤與帶圖案的灰色緞紋小餐巾，這都是斯萬家特有的規矩。

〔馬塞爾 • 普魯斯特 Marcel Proust，
追憶似水年華 À la recherché due temps perdu，1918〕❞

6 人份
前一天晚上開始準備
準備時間：**20 + 20 分鐘**
烹調時間：**10 + 45 分鐘**

麵糊
室溫回軟的奶油 160 克 +
模型用奶油 15 克
鹽 1 撮
結晶糖（sucre cristallisé）85 克
粗粒紅糖（cassonade）125 克
杏仁粉 70 克
蛋 1 顆
麵粉 180 克 +
工作檯和模型用麵粉 30 克
可可粉 50 克
泡打粉 6 克

奶油醬
全脂牛奶 350 毫升
蛋 1 顆
細砂糖 130 克
麵粉 40 克
可可脂含量 70% 的黑巧克力
180 克
白色蘭姆酒 20 毫升

烹調用
蛋白 1 個

L. Raux
Pâtisserie Raux (Bayonne)
洪糕點店（巴詠納）

巴斯克巧克力蛋糕
Gâteau basque au chocolat

1 前一天晚上，製作麵糊。用木杓混合奶油、鹽、結晶糖、粗粒紅糖和杏仁粉。加入蛋，攪拌。在上述混合物上方將麵粉、可可粉和泡打粉篩入。搓揉至麵團脫離手指。在撒上麵粉的布巾中將麵團滾成圓團狀，冷藏保存至隔天。

2 同樣在前一天晚上製作奶油醬。在平底深鍋中將牛奶煮沸。另一缽盆中攪打蛋和糖，接著混入過篩的麵粉，淋上煮沸的牛奶並一邊攪拌。再將奶油醬倒回平底深鍋中，以文火煮沸並不停攪拌，讓奶油醬煮滾 3 分鐘。離火後混入切碎的巧克力，接著是蘭姆酒。放涼並不時攪拌，將奶油醬冷藏保存至隔天。

3 當天，烤箱預熱 180℃（熱度 6）。

4 用毛刷為直徑 28 公分的蒙吉烤模（moule à manqué）塗上奶油，均勻撒上麵粉。從麵團中取 1/4 的麵團。在撒上麵粉的工作檯上，將剩餘 3/4 的麵團擀成約 32 公分的圓形麵皮。填入模型，讓麵皮稍微超出邊緣向外垂。

5 將奶油醬倒入模型中。將剩餘 1/4 的麵團擀成直徑約 30 公分的圓形麵皮。再將圓形麵皮擺在奶油醬上，用擀麵棍擀在模型邊緣的方式，裁去多餘的麵皮。

6 用毛刷在麵皮上刷上打散的蛋白，用叉齒在麵皮上劃出條紋。放入烤箱，烘烤 45 分鐘。

7 出爐時，讓蛋糕在模型中冷卻。在模型上放上 1 個網架。將蛋糕倒扣，接著在蛋糕上放上第二個網架，然後再將蛋糕翻成正面朝上。

→ 您可將蛋糕放入微波爐中數秒，然後在微溫時享用。

6 人份
準備時間：**20 分鐘**
烹調時間：**40 分鐘**

可可脂含量 60% 的黑巧克力
125 克
室溫回軟的奶油 60 克 +
模型用奶油 15 克
蛋 3 顆
細砂糖 125 克
馬鈴薯澱粉 40 克
杏仁粉 75 克
模型用麵粉 15 克

修飾用
可可粉 20 克

莎巴女王蛋糕
Gâteau reine de Saba

1 烤箱預熱 180℃（熱度 6）。

2 用鋸齒刀將巧克力切碎，以平底深鍋隔水加熱至融化。離火後混入切塊奶油。

3 打蛋，將蛋白和蛋黃分開。將糖倒入蛋黃中。用電動攪拌器攪打 3 分鐘。混入馬鈴薯澱粉和杏仁粉，以木杓混合，接著加入融化的巧克力。

4 為直徑 16 公分的夏露蕾特（Charlotte）模塗上奶油，接著均勻撒上麵粉。

5 將蛋白打成尖端下垂的濕性發泡蛋白霜。將一半蛋白霜放入巧克力的配料中混合，接著加入剩餘的蛋白霜並輕輕攪拌均勻。

6 將配料倒入模型中。放入烤箱，烘烤 40 分鐘。

7 出爐時，在網架上為蛋糕脫模。放涼。撒上可可粉。

格蕾朵巧克力蛋糕
Gâteau au chocolat de Colette

1 烤箱預熱 180℃(熱度 6)。

2 打蛋,將蛋白和蛋黃分開。攪打蛋黃和糖至混合物泛白。

3 將蛋白在另一缽盆中打成尖端直立凝固的硬性發泡蛋白霜。

4 在大碗中將奶油切成小塊。

5 用鋸齒刀將巧克力切碎,以平底深鍋隔水加熱至融化。將牛奶加熱至微溫。離火後,混入融化的巧克力。

6 將大碗連同奶油一起放入烤箱中加熱 2 分鐘至微溫。取出後加入熱巧克力(也可加入即溶咖啡),攪拌。接著倒入蛋黃和糖的混合物,均勻攪拌。

7 將麵粉過篩,然後大量倒入上述材料中,接著輕輕混入硬性發泡蛋白霜。

8 為直徑 22 公分的模型塗上奶油,倒入麵糊。放入烤箱,烘烤 45 分鐘。

9 製作裝飾。在小型平底深鍋中放入糖、水和醋,煮成焦糖。用叉子將每顆核桃仁浸入焦糖中,接著擺在抹了油的盤子上。

10 出爐時,在底下擺有烤盤紙的網架上為蛋糕脫模。

11 製作巧克力鏡面。用軟抹刀在蛋糕上面和周遭鋪上鏡面,並仔細抹平。用裹上焦糖的核桃仁進行裝飾,以餐盤置於陰涼處。

6-8 人份
準備時間:**30 分鐘**
烹調時間:**45 分鐘**

蛋 3 顆
糖 125 克
奶油 125 克
可可脂含量 70% 的黑巧克力
150 克
牛奶 60 毫升
即溶咖啡 1 甜點匙(可隨意)
麵粉 125 克

裝飾用
細砂糖 70 克
水 1 大匙
醋 5 滴
核桃仁(cerneau de noix)
巧克力鏡面 150 克(見 284 頁)
玉米油 1 小匙

南錫巧克力蛋糕
Gâteau au chocolat de Nancy

1 用鋸齒刀將巧克力切碎,以平底深鍋隔水加熱至融化。離火後加入切成小塊的奶油,攪拌至獲得平滑的巧克力奶油醬。

2 打蛋,將蛋白和蛋黃分開。

3 在巧克力奶油醬中混入一顆顆的蛋黃共 6 顆,並在加入每個蛋黃之間快速攪拌。加入糖、杏仁粉、過篩的麵粉並加以混合。

4 烤箱預熱 170℃(熱度 5-6)。

5 為直徑 22 公分的蒙吉烤模(moule à manqué)塗上奶油。在底部均勻鋪上杏仁片。

6 將 6 顆蛋白打成尖端直立的硬性發泡蛋白霜。舀取 2 大匙,無須特別小心,和巧克力等材料混合,讓配料密度變輕。接著小心地混入剩餘的蛋白霜,並以軟刮刀以稍微舀起的方式拌合,以免破壞結構;接著以繞大圈的方式拌勻。

7 將混合物倒入模型中,烘烤約 35 分鐘。

8 將蛋糕從烤箱中取出。在模型上放上網架。將蛋糕倒扣。放涼後篩上糖粉。

8 人份
準備時間:**15 分鐘**
烹調時間:**35 分鐘**

可可脂含量 70% 的黑巧克力
200 克
室溫回軟的奶油 200 克 +
模型用奶油 15 克
蛋 6 顆
細砂糖 100 克
杏仁粉 75 克
麵粉 80 克
杏仁片 20 克
糖粉

蘇西巧克力蛋糕
Gâteau au chocolat de Suzy
〔食譜請見 70 頁〕

核桃巧克力蛋糕
Gâteau au chocolat et aux noix

1 烤箱預熱 180℃（熱度 6-7）。

2 用鋸齒刀將巧克力切碎，以平底深鍋隔水加熱至融化。離火，加入 100 克切成小塊的奶油，攪拌至呈現平滑的膏狀。

3 打蛋，將蛋白和蛋黃分開。攪打蛋黃和糖至混合物泛白。

4 將蛋黃和糖的混合物混入巧克力的配料中，並加入過篩的麵粉和泡打粉，以及約略切碎的核桃仁。

5 另一缽盆將蛋白攪打至尖端直立的硬性發泡蛋白霜，然後混入上述材料中。

6 為直徑 22 公分的蛋糕烤模塗上奶油。倒入混合好的麵糊，烘烤 35 分鐘。用刀尖檢查烘烤狀態：抽出時，刀尖應保持乾燥。出爐，讓蛋糕靜置 10 分鐘，然後在網架上脫模。

7 用條狀的糖漬橙皮進行裝飾。待蛋糕完全冷卻後品嚐。

→ 您可用香草英式奶油醬（見 285 頁）來搭配這道蛋糕，或以柳橙皮來增添香氣。

4人份
準備時間：**30分鐘**
烹調時間：**35分鐘**

可可脂含量70%的黑巧克力
150克
室溫回軟的奶油100克 +
模型用奶油15克
蛋3顆
細砂糖100克
麵粉75克
泡打粉（levure chimique）1 包
（10 克）
核桃仁（cerneau de noix）100 克
切成細長條的糖漬柳橙皮1/2顆

蘇西巧克力蛋糕
Gâteau au chocolat de Suzy

1 烤箱預熱 180℃（熱度 6）。

2 用鋸齒刀將巧克力切碎，以平底深鍋隔水加熱至融化。蛋和糖進行全蛋打發，再混入預先融化的奶油，接著是融化的巧克力。再將麵粉過篩並加入材料中。

3 為直徑 22 公分的蒙吉烤模（moule à manqué）塗上奶油，接著均勻撒上麵粉，倒入麵糊，烘烤 25 分鐘。期間用木杓卡住，讓烤箱門保持微開。

4 出爐時，在網架上為蛋糕脫模。放涼後品嚐。

（照片請見 69 頁）

6-8 人份
準備時間：**10 分鐘**
烹調時間：**27 分鐘**

可可脂含量60-64%的黑巧克力
250克
室溫回軟的奶油250克 +
模型用奶油15克
蛋4顆
細砂糖220克
麵粉70克 + 模型用麵粉10克

S. Peltriaux
Cuisinière (Paris)
蘇西 • 貝翠歐　廚師（巴黎）

多柏思蛋糕
Gâteau Dobos

1 製作麵糊。在大碗上方過篩麵粉、香草糖、泡打粉和鹽。在中央作出凹槽並放入蛋 5 顆。揉麵至麵團脫離手指。將麵團等分為 4 份。

2 烤箱預熱 180℃（熱度 6）。

3 在撒有麵粉的工作檯上，將每個麵團擀成 18 公分、厚 5 公分的圓形麵皮。擺在鋪有烤盤紙的烤盤上。

6-8 人份
準備時間：**25 分鐘**
烹調時間：**20 分鐘**

麵團
麵粉 400 克 + 工作檯用麵粉
15 克
香草糖 1 包（7 克）
泡打粉 1 包（10 克）
鹽 2 克
蛋 5 顆

→ **奶油醬**
可可脂含量 70% 的黑巧克力
175 克
室溫回軟的奶油 250 克
蛋黃 3 個
細砂糖 100 克

裝飾用
杏桃果醬 100 克
杏仁片 50 克

6-8 人份
準備時間：15 分鐘
烹調時間：50 分鐘

蛋3顆
麵粉175克 + 模型用麵粉10克
奶油175克 + 模型用奶油15克
泡打粉 1/2 包（5 克）
糖200克
可可粉50克

6 人份
準備時間：15 分鐘
烹調時間：20 分鐘

可可脂含量 70% 的黑巧克力
400 克
奶油200克 + 模型用奶油15克
細砂糖120克
麵粉100克 + 模型用麵粉10克
杏仁粉80克
蛋4顆
可可粉

4 放入烤箱烘烤 20 分鐘。出爐時，擺在網架上放涼。

5 將烤箱溫度調爲 160℃（熱度 5-6）。在烤盤上鋪上杏仁片，放入烤箱烘烤 10 分鐘。

6 製作奶油醬。用鋸齒刀將巧克力切碎，以平底深鍋隔水加熱至融化。在大碗中用電動攪拌器攪拌奶油，再混入蛋黃和糖攪打，倒入一半仍溫熱的融化巧克力，用攪拌器混合。最後混入剩餘的巧克力至均勻。

7 在 1 個圓形麵皮上鋪上第一層奶油醬，再蓋上第二張麵皮，鋪上第二層奶油醬，再蓋上第三張麵皮，鋪上最後一層奶油醬，再蓋上最後一張麵皮。

8 在小型平底深鍋中加熱杏桃果醬。加以攪拌。用毛刷刷在蛋糕表面。撒上烘烤過的杏仁片。冷藏保存 1 小時後享用。

大理石蛋糕
Gâteau marbré

1 烤箱預熱 180℃（熱度 6）。

2 打蛋，將蛋黃和蛋白分開。將蛋白打成尖端直立的硬性發泡蛋白霜。將麵粉和泡打粉過篩。

3 以文火將奶油加熱至融化，接著放入大碗中。

4 攪打融化的奶油和糖，接著加入蛋黃，均勻混合。大量倒入麵粉並再度混合。加入打發的蛋白霜，始終朝同一方向輕輕攪拌。

5 將一半的麵糊倒入另一個大碗，並將過篩的可可粉混入其中一份麵糊中。爲直徑 22 公分的長型模（moule à cake）塗上奶油。倒入一半的可可麵糊，接著是一半沒有添加可可粉的麵糊；重複同樣的步驟將麵糊全部入模成爲交錯顏色的大理石花紋。

6 烘烤 50 分鐘。用刀檢查烘烤狀況：抽出時刀尖應保持乾燥。在網架上爲蛋糕脫模，放涼。最好於隔天食用。

巧克力軟心蛋糕
Gâteau moelleux au chocolat

1 烤箱預熱 180℃（熱度 6）。

2 在平底深鍋中，以文火將奶油加熱至融化。用鋸齒刀將巧克力切碎，以平底深鍋隔水加熱至融化。

3 爲直徑 22 公分的蒙吉烤模（moule à manqué）塗上奶油，均勻撒上麵粉。

4 在碗中倒入糖、預先過篩的麵粉、杏仁粉、融化的奶油、蛋和融化的巧克力以電動攪拌器攪拌 3 分鐘至均勻。

5 將配料倒入模型中。放入烤箱烘烤 15 分鐘。

6 出爐時，在餐盤上爲軟心蛋糕脫模。

7 篩上可可粉，在微溫時品嚐。

威尼斯蛋糕
Gâteau vénitien

1 烤箱預熱 180℃（熱度 6）。

2 用鋸齒刀將巧克力切碎，以平底深鍋隔水加熱至融化，離火後混入切塊的奶油。用木杓混合蛋黃和糖，再混入巧克力和奶油的混合物中。將過篩的麵粉和杏仁粉混合，與先前的材料拌勻。

3 將蛋白打成尖端直立的硬性發泡蛋白霜。將 1/3 蛋白霜混入配料中，接著輕輕混入剩餘的蛋白霜。

4 為直徑 28 公分的蒙吉烤模（moule à manqué）塗上奶油，均勻撒上麵粉。倒入麵糊，放入烤箱烘烤 45 分鐘。

5 在網架上為蛋糕脫模，在微溫時品嚐。

6-8 人份
準備時間：15 分鐘
烹調時間：45 分鐘

可可脂含量 70% 的黑巧克力 250 克
室溫回軟的奶油 250 克 + 模型用奶油 15 克
蛋黃 8 顆
細砂糖 250 克
麵粉50克 + 模型用麵粉10克
杏仁粉 100 克
蛋白 4 顆

M. Pottier
Pâtisserie Grandin (Saint-Germain-en-Laye)
葛汀糕點店（聖哲曼拉耶）

秋霜
Meringue d'automne

1 烤箱預熱 120℃（熱度 4）。

2 製作蛋白霜。將香草莢剖開取出籽。用電動攪拌器以中速攪打蛋白，一開始高速，接著以中速並慢慢地混入一半的糖，然後是香草籽。持續攪打再倒入另一半的糖，打發至蛋白變得光滑且凝固，用軟抹刀將蛋白稍微舀起，尖端應呈直立的硬性發泡狀態，然後儘可能不要攪拌以避免消泡。

3 將這蛋白霜填入裝有 10 號圓口擠花嘴的擠花袋中。在 2 個烤盤上鋪上烤盤紙。製作 3 個直徑 24 公分的圓形蛋白霜餅，並從中央開始擠出蛋白霜（見 294 頁）。將 2 個烤盤放入烤箱烘烤，用木杓卡住烤箱門，讓門保持微開。120℃烤 30 分鐘，接著將溫度調低至 100℃（熱度 3-4），烤 1 小時 30 分鐘。關掉烤箱，讓門微開 2 至 3 小時，讓蛋白霜乾燥。然後擺在網架上放涼。

4 製作慕斯。用鋸齒刀將巧克力切碎，以平底深鍋隔水加熱至融化。用電動攪拌器攪拌奶油，分 3 次將融化的巧克力混入。在碗中混合蛋黃和巧克力醬，再將這混合物混入奶油和巧克力的配料中，再度用電動攪拌器攪拌。

5 將蛋白打成柔軟的泡沫狀，慢慢加入糖，打發成尖端下垂的濕性發泡狀蛋白霜。將 1/3 蛋白霜混入巧克力的配料中，接著輕輕地混入剩餘的蛋白霜。

6 在第一塊圓形蛋白霜餅擺在 1 張圓形紙板上，鋪上第一層的巧克力慕斯。再蓋上第 2 塊蛋白霜餅，鋪上第二層慕斯，最後擺上蛋白霜餅。在蛋糕上面和周遭鋪上剩餘的慕斯，冷藏保存 2 小時。

7 製作巧克力鏡面。將蛋糕放在底下鋪有烤盤紙的網架上。在蛋糕上淋上鏡面，並讓鏡面流到邊緣，用抹刀小心抹平。立即享用或冷藏保存，在享用前 1 小時從冰箱取出。

8-10 人份
準備時間：50 分鐘
烹調時間：約 2 小時
乾燥時間：2 至 3 小時
冷藏時間：2 小時

3 個蛋白霜圓餅
蛋白 4 顆
細砂糖 200 克
香草莢1根或天然香草精1小匙

慕斯
可可脂含量 70% 的黑巧克力 240 克
室溫回軟的奶油 250 克
蛋黃 3 顆
巧克力醬 3 大匙（見 290 頁）
蛋白 6 顆
細砂糖 20 克

裝飾用
巧克力鏡面 300 克
（見 284 頁）

秋霜 Meringue d'automne

聖女貞德蛋糕
Jeanne-d'Arc

1 烤箱預熱 150℃（熱度 5）。

2 在鋪有烤盤紙的烤盤上鋪好杏仁粉。放入烤箱，稍微烘烤 10 分鐘。

3 將溫度調為 90℃（熱度 2-3）。

4 製作蛋白霜。將牛奶煮至微溫。將過篩的糖粉與烘烤過的杏仁粉混合，淋上微溫的牛奶。

5 將蛋白打成凝固的泡沫狀，途中分次混入細砂糖，打發成尖端直立的硬性發泡蛋白霜。用軟抹刀取相當於 1 大杓的量，混入牛奶等混合物中拌勻，再加入剩餘的蛋白霜，用抹刀輕輕畫圈攪拌均勻。

6 將麵糊倒入裝有 16 號圓口擠花嘴的擠花袋中。在烤盤上鋪上 1 張烤盤紙。從中央擠出螺旋狀麵糊，製作 2 個 18 公分的圓形餅皮（見 294 頁）。放入烤箱烘烤 1 小時 30 分鐘。

7 將大碗冷凍 15 分鐘。

8 製作巧克力鮮奶油香醍。用鋸齒刀將巧克力切碎，以平底深鍋隔水加熱至融化，離火並放至微溫（45℃）。在冰鎮過的大碗中攪打液狀鮮奶油，但別攪拌至太凝固。一次將打發鮮奶油倒入融化的巧克力中，輕輕混合所有材料。

9 將巧克力鮮奶油香醍填入和蛋白霜同樣的擠花袋中（已洗淨）。在第一塊冷卻的蛋白霜餅皮上，擠上一層螺旋狀的鮮奶油香醍，蓋上第二塊蛋白霜餅皮，在上面和邊緣鋪上剩餘的巧克力鮮奶油香醍。以巧克力刨花進行裝飾。

6 人份
準備時間：**30 分鐘**
烹調時間：**1 小時 45 分鐘**

蛋白霜
杏仁粉 60 克
全脂牛奶 20 毫升
糖粉 60 克
蛋白 3 顆
細砂糖 110 克

巧克力鮮奶油香醍
(chantilly au chocolat)
可可脂含量 60-64% 的黑巧克力 150 克
液狀鮮奶油 300 毫升

裝飾用
巧克力刨花（見 282 頁）

R. Petit
Pâtisserie Reynald (Vernon)
黑那糕點店（韋爾農）

黑與白
Noir et blanc

1 烤箱預熱 180℃（熱度 6）。

2 在大碗中混合糖和杏仁粉。以文火將奶油加熱至融化。

3 打 6 顆蛋，將蛋白和蛋黃分開。將蛋黃混入糖和杏仁粉的混合物中，接著是椰子粉、可可粉，最後一顆全蛋，以及麵粉、泡打粉、鹽和過篩的玉米澱粉。均勻混合。

4 將 6 顆蛋白打成舀起尖端微微下垂的濕性發泡狀，並加入配料中，再加入融化的奶油輕輕地混合。

5 將麵糊倒入 26 公分，塗上奶油並均勻撒上麵粉的蛋糕烤模中，約至一半的高度，放入烤箱烘烤 40 至 45 分鐘。用刀檢查烘烤狀況：抽出時刀尖應保持乾燥。

6 出爐時，在網架上脫模並放至完全冷卻。在蛋糕充分冷卻時，水平切成 3 塊，接著以軟抹刀為下面 2 塊塗上覆盆子果醬，然後疊起重組。

8 人份
準備時間：**30 分鐘**
烹調時間：**40-45 分鐘**

細砂糖 150 克
杏仁粉 75 克
奶油150克 ＋ 模型用奶油10克
蛋 7 顆
椰子粉 40 克
可可粉 25 克
麵粉50克 ＋ 模型用麵粉1大匙
泡打粉 1 包（10 克）
精鹽 1 撮
玉米澱粉 50 克

餡料
覆盆子果醬 200 克
液狀鮮奶油 300 毫升
糖粉 40 克

→

7 將大碗冷凍 15 分鐘。在冰鎮過的大碗中攪打液狀鮮奶油並逐漸混入過篩的糖粉，打成凝固的鮮奶油香醍。

8 將鮮奶油香醍填入裝有大星形擠花嘴的擠花袋中，接著在蛋糕的上面和邊緣擠出薔薇形的鮮奶油香醍。撒上巧克力刨花，並以新鮮覆盆子進行裝飾。

9 冷藏保存至享用的時刻。

→ **裝飾用**
巧克力刨花 100 克（見 282 頁）
新鮮覆盆子 125 克

6 人份
準備時間：20 分鐘
烹調時間：45 分鐘

全脂牛奶 700 毫升
細砂糖 60 克
精鹽 1 撮
阿爾波里歐圓米
(riz rond arborio) 50 克
葡萄乾 60 克
可可脂含量 70% 的黑巧克力
180 克
奶油50克 ＋ 模型用奶油15克
蛋白 8 顆
細砂糖 30 克
麵包屑 (chapelure) 10 克

巧克力牛奶米布丁
Pudding de riz au lait au chocolat

1 將牛奶、糖和鹽煮沸，混入米續煮。煮至米粒咬起來不再脆硬。在烹煮的過程中請不時攪拌。

2 烤箱預熱 180℃（熱度 6）。

3 將葡萄放入小型平底深鍋中，以冷水淹過，以文火煮至水份完全蒸發。

4 用鋸齒刀將巧克力切碎，以平底深鍋隔水加熱至融化，混入米布丁，再加入奶油混合，接著加入葡萄乾。

5 將 8 顆蛋白打成泡沫狀，分次加入糖打發至濕性發泡狀。先將 1/3 蛋白霜混入 4 中。均勻混合，接著輕輕加入剩餘的蛋白霜。

6 為直徑 22 公分的舒芙蕾模塗上奶油，在邊緣撒上麵包屑，倒入米布丁糊。將模型放入隔水加熱深盤內，放入烤箱烘烤 30 分鐘。

7 趁熱直接享用模型內的巧克力米布丁。

8 人份
準備時間：25 分鐘
烹調時間：25 分鐘

大型蛋 5 顆
細砂糖 250 克
奶油250克 ＋ 模型用奶油10克
麵粉250克 ＋ 模型用麵粉10克
可可粉 50 克
泡打粉 1/2 包（5 克）

M. Bernachon
Pâtisserie-chocolaterie Bernachon
(Lyon)
巧克力糕點店（里昂）

巧克力磅蛋糕
Quatre-quarts au chocolat

1 烤箱預熱 200℃（熱度 7-8）。

2 打蛋，將蛋白和蛋黃分開。在大碗中攪打蛋黃和糖，直到混合物泛白。

3 以文火將奶油加熱至融化，然後倒入糖和蛋的混合物中，用木杓攪拌至均勻。

4 接著加入過篩的大量麵粉、可可粉和泡打粉，拌勻。

5 將蛋白攪打成非常凝固，尖端直立的硬性發泡狀態。為了讓蛋白霜與其他材料密度接近，請先混入 1/3 的蛋白霜，接著再輕輕地混入剩餘的蛋白霜。

6 為直徑 25 公分的長型模塗上奶油並撒上麵粉，倒入麵糊，以 180℃烘烤約 25 分鐘。出爐時，在網架上為蛋糕脫模。

巧克力義式寬麵
Tagliatelles au chocolat

1 在大碗上將麵粉和精鹽過篩。在中央作出凹槽。

2 在另一個大碗中將蛋打散，將糖粉和可可粉篩入並加以混合。

3 將 2 的混合物倒入凹槽中，一起揉捏至麵團不再沾黏手指。將麵團滾成圓團狀，用彈性保鮮膜包起，冷藏靜置 1 小時 30 分鐘。

4 將麵團分成 3 塊。在撒上麵粉的工作檯上將每個麵塊擀成很薄的麵皮，再為每塊麵皮稍微撒上麵粉，接著緊密地捲起。

5 將每條麵捲切成寬 5 公釐的薄片，攤開，讓寬麵在布巾上乾燥 30 分鐘。

6 將 3 公升的水煮沸，放入寬麵，攪拌並煮至寬麵浮起至表面。

7 將寬麵瀝乾，倒入沙拉盆，加入奶油混合並撒上糖，搭配溫熱的巧克力醬汁立即享用。

4 人份
準備時間：30 分鐘
烹調時間：2 至 3 分鐘
靜置時間：2 小時

麵粉 200 克 + 工作檯用麵粉 30 克
精鹽 2 克
蛋 2-3 顆
糖粉 40 克
可可粉 50 克
奶油 20 克

佐料
巧克力醬（見 290 頁）

香橙巧克力香料樹幹麵包
Tronc en pain d'épices au chocolat à l'orange

1 製作甘那許。用鋸齒刀將巧克力切碎，以平底深鍋隔水加熱至融化。在大碗中攪打奶油至形成膏狀。將牛奶煮沸，離火，分 3-4 次混入融化的巧克力，並用木杓輕輕混合。當混合物的溫度低於 60℃時（以烹飪溫度計控制），輕輕混入奶油，攪拌均勻。

2 將香料麵包切成 12 片，5 至 6 公分厚度的麵包。將 4 片並排擺放，拼成 1 個大的方形。擺在一個直徑 18 公分的圓形紙板上。用刀劃過紙板四周，以形成直徑 18 公分圓形的香料麵包餅皮。以同樣的方式再製作另外兩塊圓形香料麵包餅皮。將第一塊擺在紙板上，接著在上面擺上直徑 18 公分的環形蛋糕模。

3 製作柳橙醬。在平底深鍋中陸續倒入所有材料，以極小的火煮至微溫。立即使用。

4 用毛刷為第一塊餅皮刷上微溫的柳橙醬，放涼，鋪上 120 克的甘那許。擺上第二塊餅皮，刷上柳橙醬，冷藏凝固 30 分鐘，鋪上第二層的甘那許。再蓋上最後一塊餅皮，稍微刷上柳橙醬，於陰涼處保存 6 小時。

5 用吹風機將環形蛋糕模稍微加熱，然後抽離蛋糕模。在樹幹上面和側邊鋪上剩餘的甘那許。用齒叉在側邊畫出條紋，用洗淨的多青葉、醋栗（groseille）、巧克力刨花（見 282 頁）或小精靈的飾品隨意進行裝飾。冷藏保存並在享用前 2 小時取出。

8 人份
準備時間：35 分鐘
烹調時間：4-5 分鐘
冷藏時間：7 小時

甘那許
可可脂含量 70% 的黑巧克力 320 克
室溫回軟的奶油 300 克
全脂牛奶 220 毫升

樹幹
柔軟香料麵包（pain d'épices moelleux）500 克

柳橙醬（confit d'orange）
含切碎果肉與皮的柳橙果醬 130 克
新鮮現榨柳橙汁 50 毫升
新鮮現磨黑胡椒粉 1 撮
薑粉 1 撮
錫蘭肉桂粉 1 撮
綠荳蔻粉（cardamome verte en poudre）1 撮

香橙巧克力香料樹幹麵包
Tronc en pain d'épice au chocolat à l'orange

" 令人驚豔的蛋糕
Les gateaux
pour impressionner "

肉桂巧克力芭芭
Baba au chocolat et à la cannelle

1 前一天晚上，製作芭芭蛋糕。取半顆檸檬皮，切成細碎。將麵粉、鹽之花、香草粉、花蜜、弄碎的酵母、切碎的檸檬皮和 3 顆蛋放入裝有金屬球形的電動攪拌機鋼盆中。以中速轉動，直到麵團脫離鋼盆的內壁。再加入 3 顆蛋，以同樣方式攪拌至麵團吸收蛋汁。加入最後 2 顆蛋並持續攪拌 10 分鐘。這時逐漸加入分割成小丁狀的奶油，讓攪拌器不停攪拌。當麵糊變成均勻而濃稠的液狀質地時，混入葡萄乾，接著將麵糊倒入大缽盆中，讓麵糊在室溫下發酵 30 分鐘。

2 為直徑 26 公分的環狀模型塗上奶油。將麵糊倒入裝有圓口擠花嘴的擠花袋中，然後填至模型的一半。讓麵糊在室溫下發酵至高度到達模型邊緣（約 1 小時）。

3 烤箱預熱 200℃（熱度 6-7）。

4 在麵糊發酵完成後，將模型放入烤箱，烘烤 30 分鐘。在網架上脫模，讓芭芭蛋糕在室溫下冷卻至隔天。

5 當天，製作肉桂糖漿：取下柳橙皮切成細碎。將水、糖、果皮、肉桂棒和肉桂粉一起煮沸，離火後加入蘭姆酒。將糖漿放至微溫，至 60℃（用烹飪溫度計 thermomètre de cuisson 控制）。

6 將擺有芭芭蛋糕的網架放在同樣大小的大碗上。用濾器將糖漿過篩後，用大湯杓為芭芭蛋糕淋上連續 10 次的糖漿，檢查芭芭蛋糕是否充分被糖漿所浸透；將刀身插入：應輕鬆穿透。依您個人的口味，為芭芭蛋糕刷上蘭姆酒。放涼並瀝乾。

7 一邊攪拌杏桃果醬並煮沸，用毛刷立刻為芭芭蛋糕刷上杏桃果醬。

8 製作巧克力鮮奶油香醍。在芭芭蛋糕中央填入黑巧克力鮮奶油香醍再品嚐。

→ 使用桌上型的電動攪拌機便能更輕鬆且更快速地製作芭芭蛋糕麵糊，當然用手動攪拌器也可以製作。

---

8 人份
前一天晚上開始準備
準備時間：**10 + 10 分鐘**
烹調時間：**30 + 5 分鐘**
麵糊靜置時間：**1 小時 30 分鐘**

芭芭蛋糕麵糊
未經加工處理的檸檬 1/2 顆
麵粉 250 克
鹽之花 8 克
香草粉平平的 1 小匙
金合歡蜜（miel d'acacia）25 克
新鮮酵母
（levure de boulanger）25 克
蛋 8 顆
室溫回軟的奶油 100 克 +
模型用奶油 25 克
金黃葡萄乾 60 克

肉桂糖漿
水 1 公升
細砂糖 500 克
未經加工處理的柳橙皮 1/2 顆
錫蘭肉桂棒 3 根
肉桂粉 2 克
棕色蘭姆酒（rhum brun agricole）150 毫升 +
刷蛋糕體用蘭姆酒

修飾用
杏桃果醬 100 克

餡料
黑巧克力鮮奶油香醍 240 克
（見 286 頁）

8 人份
前一天晚上開始準備
準備時間：10 + 10 分鐘
烹調時間：10 + 5 分鐘
麵糊靜置時間：1 小時 30 分鐘

芭芭蛋糕麵糊
見 78 頁的肉桂巧克力芭芭食譜
（步驟 1）

糖漿
充分成熟的百香果 16 顆
水 1 公升
細砂糖 450 克
白蘭姆酒 50 毫升 + 刷蛋糕體
用蘭姆酒

修飾用
杏桃果醬 100 克

餡料
牛奶巧克力鮮奶油香醍 240 克
（見 286 頁）

百香牛奶巧克力芭芭
Baba au chocolat au lait et aux fruits de la Passion

1 前一天晚上，製作芭芭蛋糕，接著依「肉桂巧克力芭芭」的食譜指示進行烘烤。

2 當天，製作糖漿。將百香果切成兩半。用小匙刮下果肉，過篩以收集果汁。將水和糖煮沸，離火，加入百香果汁和蘭姆酒，將糖漿放至微溫，至 60℃（用烹飪溫度計 thermomètre de cuisson 控制）。

3 將擺有芭芭蛋糕的網架放在同樣大小的大碗上。用大湯杓為芭芭蛋糕淋上連續 10 次的糖漿，檢查芭芭蛋糕是否充分被糖漿所浸透；將刀身插入：應能輕鬆穿透。依您個人的口味，為芭芭蛋糕淋上蘭姆酒。

4 一邊攪拌杏桃果醬並煮沸，用毛刷立刻為芭芭蛋糕刷上杏桃果醬。放涼並瀝乾。

5 製作牛奶巧克力鮮奶油香醍。在芭芭蛋糕中央填入牛奶巧克力鮮奶油香醍。再度冷藏至享用的時刻。

8-10 人份
提前 2-3 天開始準備
準備時間：15 + 15 分鐘
烹調時間：10 分鐘

蛋糕體
含麵粉的巧克力蛋糕體麵糊
400 克（見 297 頁）

糖漿
水 80 毫升
細砂糖 80 克
覆盆子蒸餾酒（eau-de-vie
framboise）60 毫升

餡料
黑巧克力甘那許 340 克
（見 289 頁）
室溫回軟的奶油 160 克
覆盆子果醬 300 克

修飾用
修飾用巧克力甘那許 300 克
（見 283 頁）
新鮮覆盆子

覆盆子巧克力木柴蛋糕
Bûche au chocolat et à la framboise

1 第一天，製作蛋糕體麵糊。烤箱預熱 240℃（熱度 8）。

2 在鋪有烤盤紙的烤盤上，將麵糊倒入約厚 1 公分。放入烤箱烘烤 8-10 分鐘。放涼。將蛋糕體連同烤盤紙一起倒扣，然後將紙撕下。

3 製作糖漿。將水和糖煮沸，離火放涼，混入蒸餾酒。

4 製作餡料所需的黑巧克力甘那許。黑巧克力甘那許和室溫回軟的奶油快速混合，再加入覆盆子果醬。用毛刷為蛋糕體刷上糖漿，將甘那許鋪滿整個表面，將木柴蛋糕捲起，用彈性保鮮膜包覆固定，冷藏保存至隔天。

5 當天，將保鮮膜取下。製作修飾用巧克力甘那許。用甘那許包覆木柴蛋糕，以叉齒在蛋糕上劃上條紋，用聖誕節飾品進行裝飾，冷藏保存 1-2 天。在品嚐前 1 小時取出，以新鮮覆盆子進行裝飾。

■ 純巧克力木柴蛋糕（Bûche tout chocolat）
製作純巧克力木柴蛋糕，您可用棕色蘭姆酒來取代蒸餾酒，並捨棄甘那許中的覆盆子果醬和裝飾用的覆盆子即可。

蘭姆葡萄巧克力木柴蛋糕
Bûche au chocolat, aux raisins et au rhum

1 第 1 天，加熱葡萄乾和蘭姆酒，浸漬至隔天。

2 第 2 天，製作蛋糕體。烤箱預熱 240℃（熱度 8）。

3 在鋪有烤盤紙的烤盤上，將麵糊倒入約厚 1 公分。放入烤箱烘烤 8-10 分鐘。放涼。將蛋糕體連同烤盤紙一起倒扣，然後將紙撕下。

4 製作糖漿。將水、糖和肉桂煮沸，離火放涼，過濾再混入蒸餾酒。

5 製作餡料所需的肉桂甘那許。將肉桂甘那許和室溫回軟的奶油快速混合，加入瀝乾的葡萄乾。用毛刷為蛋糕體刷上糖漿，將甘那許鋪滿整個表面。將木柴蛋糕捲起，用彈性保鮮膜包起固定，冷藏保存至隔天。

6 第 3 天，將保鮮膜取下。製作修飾用肉桂巧克力甘那許。用軟抹刀為木柴蛋糕鋪上甘那許，以叉齒在蛋糕上劃上條紋，用聖誕節飾品進行裝飾，冷藏保存。在品嚐前 2 小時取出。

8-10 人份
提前 2 天開始準備
準備時間：30 分鐘
烹調時間：12 分鐘

葡萄乾
金黃葡萄乾 80 克
棕色蘭姆酒 40 毫升

蛋糕體
含麵粉的巧克力蛋糕體麵糊
400 克（見 297 頁）

糖漿
水 80 毫升
細砂糖 250 克
錫蘭肉桂棒 1 根
棕色蘭姆酒 60 毫升

餡料
肉桂甘那許（見 289 頁）340 克
室溫回軟的奶油 160 克

修飾用
肉桂巧克力甘那許 300 克
（見 283 頁）

楚奧巧克力蛋糕
Chuao

1 前一天晚上，製作黑醋栗糖漿（cassis au sirop）。將水和糖煮沸，將煮沸的糖漿淋在黑醋栗上，浸漬一整晚。

2 當天，製作蛋糕體。烤箱預熱 170℃（熱度 5-6）。將麵糊填入裝有 9 號圓口擠花嘴的擠花袋中，在 2 個鋪有烤盤紙的烤盤上製作 3 個直徑 22 公分的圓形餅皮（1 個烤盤上 2 個，另一個烤盤上 1 個），從中央開始擠出螺旋狀麵糊（見 294 頁）。放入烤箱烘烤 25 分鐘。在網架上放涼。

3 製作甘那許。讓吉力丁在冷水中軟化。用果汁機將黑醋栗攪碎，過篩。將水和黑醋栗酒、糖、檸檬汁、黑醋栗泥煮沸，混入擠乾水份的吉力丁，混合均勻。用鋸齒刀將巧克力切碎，然後以平底深鍋隔水加熱至融化。倒入黑醋栗糖漿中，輕輕攪打，放涼成為黑醋栗巧克力甘那許。用攪拌器混合冷卻的黑醋栗巧克力甘那許和分切成小丁的奶油。

4 將糖漿材料中的黑醋栗瀝乾，保留幾顆。將 1 個直徑 24 公分的環形蛋糕模擺在鋪有烤盤紙的烤盤上，擺上第一塊圓形蛋糕體餅皮，鋪上一半的黑醋栗巧克力甘那許。撒上一半的黑醋栗，再蓋上第二塊餅皮；重複同樣的程序，最後擺上第三塊圓形餅皮。

5 冷藏保存 2 小時。用刀尖將環形蛋糕模取下，為蛋糕再鋪上修飾用巧克力甘那許，用軟抹刀抹平，以預留的黑醋栗進行裝飾。

8 人份
前一天晚上開始準備
準備時間：1 小時
烹調時間：35 分鐘
冷藏時間：2 小時

黑醋栗糖漿
水 200 毫升
糖 100 克
新鮮或解凍的黑醋栗 120 克

蛋糕體
無麵粉的巧克力蛋糕體麵糊
500 克（見 297 頁）

黑醋栗巧克力甘那許
吉力丁 1 片（2 克）
新鮮或解凍的黑醋栗 300 克
水 70 毫升
黑醋栗酒 80 毫升
細砂糖 25 克
檸檬汁 10 毫升
可可脂含量 70% 的黑巧克力
250 克
室溫回軟的奶油 225 克

裝飾用
修飾用巧克力甘那許 200 克
（見 283 頁）

楚奧巧克力蛋糕 Chuao

協和巧克力蛋糕
Concorde

1 前一天晚上，製作巧克力蛋白霜。烤箱預熱 120℃（熱度 4）。將糖粉和可可粉過篩。用電動攪拌器以中速攪打 4 顆蛋白至泡沫狀，並混入一半的細砂糖，持續攪打至蛋白變得光亮後再加入剩餘的糖，打發至平滑而且非常凝固，尖端成直立狀的硬性發泡蛋白霜，儘可能不要攪動以防消泡。將蛋白霜以軟抹刀快速並輕輕地混入糖粉和可可粉的混合物中，拌勻。

2 填入裝有 15 號圓口擠花嘴的擠花袋中，擠在 2 個鋪有烤盤紙的烤盤上，製作 3 個直徑 22 公分的蛋白霜圓餅（1 個烤盤上 2 個，另一個烤盤上 1 個），從中央開始擠出螺旋狀麵糊（見 294 頁）。

3 將剩餘的蛋白霜填入另一個裝有 7 號圓口擠花嘴的擠花袋中，在只有 1 個圓形餅皮的烤盤上，擠出一條條筆直的長條。

4 將 2 個烤盤放入烤箱，並用木杓卡住烤箱門，讓門保持微開。以 120℃烘烤 30 分鐘，接著調低為 100℃（熱度 3/4），圓形餅皮烘烤 1 小時 30 分鐘，長條麵糊烘烤 15 分鐘。將烤箱關掉，讓門微開 2 至 3 小時以進行乾燥，在 2 個網架上放涼。

5 當天，製作巧克力慕斯。用鋸齒刀將巧克力切碎，然後以平底深鍋隔水加熱至融化，將隔水加熱鍋移開，放涼至 45℃的微溫（以烹飪溫度計控制）。將奶油攪拌至顏色變淡，分 3 次混入 45℃的巧克力。

6 將 6 顆蛋白攪打成柔軟的泡沫狀，接著逐漸加入糖，打發成尖端下垂的濕性發泡狀態。一邊持續攪打，一邊混入蛋黃 3 顆，攪拌 30 秒。用手動攪拌器將 1/4 蛋白霜和蛋黃的混合物，混入巧克力和奶油的混合物中，以便使材料均質化（assouplir），輕輕地攪拌，接著混入剩餘的混合物成為巧克力慕斯。

7 在紙板上放上第一塊圓形的蛋白霜餅皮，鋪上比一半略少的巧克力慕斯，用軟抹刀抹平；蓋上第二塊蛋白霜餅皮，鋪上第二層等量的慕斯；再蓋上最後一塊蛋白霜餅皮。在蛋糕上面和側邊鋪上剩餘的慕斯，冷藏保存 2 小時。

8 用鋸齒刀將長條狀的蛋白霜切成長約 3 公分的小條（將無可避免地稍微破裂）。

9 將蛋糕從冰箱中取出。用吹風機加熱，讓慕斯層微微變軟，以便能夠黏上小蛋白霜條。將小條的蛋白霜不規則地鋪在蛋糕上並陷入慕斯中。將蛋糕冷藏保存，並在享用前 1 小時取出。

6-8 人份
前一天晚上開始準備
準備時間：**20 + 25 分鐘**
烹調時間：**約2小時 + 10分鐘**
乾燥時間：**2-3 小時**
冷藏時間：**2 小時**

巧克力蛋白霜
（meringue au chocolat）
糖粉 100 克
可可粉 15 克
蛋白 4 顆
細砂糖 100 克

慕斯
牛奶巧克力 270 克
室溫回軟的奶油 250 克
蛋白 6 顆
細砂糖 15 克
蛋黃 3 顆

8 人份
準備時間：40 分鐘
烹調時間：50 分鐘
冷凍時間：3 小時

蛋糕體
麵粉 20 克
馬鈴薯澱粉 20 克
可可粉 20 克
奶油 45 克 ＋ 模型用奶油 10 克
蛋白 3 個
細砂糖 100 克
蛋黃 5 個

糖漿
水 100 毫升
細砂糖 50 克
可可粉 15 克

巧克力慕斯
水 3 大匙
細砂糖 140 克
蛋黃 5 個
蛋 2 顆
可可脂含量 66% 的黑巧克力
300 克
液狀鮮奶油 500 毫升
搗碎的焦糖榛果 140 克
（見 305 頁）

裝飾用
巧克力鏡面（見 284 頁）

焦糖榛果巧克力圓頂蛋糕
Dôme au chocolat et aux noisettes caramélisées

1 烤箱預熱 180℃（熱度 6）。

2 製作蛋糕體。將麵粉、馬鈴薯澱粉和可可粉過篩。將奶油加熱至融化，放至微溫。將蛋白和 50 克的糖攪打成舀起尖端直立的硬性發泡狀。攪打蛋黃和剩餘 50 克的糖至泛白，取 2 大匙，加入融化的奶油中。將硬性發泡蛋白霜輕輕地混入剩餘的蛋黃和糖的混合物中，再加進過篩的粉類，非常輕地攪動。最後混入融化的奶油並再度混合。

3 為直徑 18 公分的環形蛋糕模塗上奶油。擺在鋪有烤盤紙的烤盤上，將蛋糕體麵糊倒入環形蛋糕模中。放入烤箱烘烤 35 至 40 分鐘。將刀身插入蛋糕體中，檢查烘烤狀態；抽出時必須保持乾燥。

4 出爐時，將環形蛋糕模移除。讓蛋糕體在網架上放涼。橫切成 2 塊圓形蛋糕片。1 塊保持完整。將另 1 塊切成直徑 14 公分的圓形蛋糕片。

5 製作糖漿。以文火將水、糖和可可粉煮沸。離火。

6 製作巧克力慕斯。將水、糖煮沸，滾 3 分鐘。當糖漿表面充滿大氣泡時（125℃），將平底深鍋離火。在大碗中攪打蛋黃和全蛋，同時從上方緩緩倒入熱糖漿。持續攪打至混合物泛白、體積膨脹 3 倍並冷卻。用鋸齒刀將巧克力切碎，然後以平底深鍋隔水加熱至融化。倒入大碗中，放涼至 45℃（以烹飪溫度計控制）。

7 將大碗冷凍冰鎮 15 分鐘。將液狀鮮奶油攪打成打發鮮奶油。將 1/4 的量混入融化的巧克力中。輕輕地混合，接著加入剩餘 3/4 的打發鮮奶油。混入蛋和糖漿的材料中，並用攪拌器以稍微舀起的方式混合。

8 製作巧克力圓頂。將直徑 12 至 14 公分的環形蛋糕模擺在直徑 18 至 20 公分的不鏽鋼盆（或半球形的沙拉盆）中。將環形蛋糕模固定以維持筆直。在鋼盆底部倒入一半的巧克力慕斯。撒上 70 克搗碎的焦糖榛果。用毛刷為 2 個蛋糕體刷上糖漿。將 14 公分的小蛋糕體擺在榛果上。倒入剩餘的巧克力慕斯。撒上 70 克搗碎的焦糖榛果並擺上第 2 塊以糖漿浸透的 18 公分蛋糕體圓餅。整個用彈性保鮮膜包起。冷凍保存 3 小時。

9 製作裝飾用鏡面。

10 將鋼盆底部浸入熱水中。將網架擺在鋼盆上，反轉將巧克力圓頂倒扣在網架上面（網架下鋪 1 張烤盤紙）。將環形蛋糕模和鋼盆移除。用大湯杓為圓頂淋上巧克力鏡面。用焦糖榛果進行裝飾。將巧克力圓頂冷藏保存。在享用前 1 小時從冰箱中取出。

克里奧羅巧克力蛋糕
Criollo

1 前一天晚上，製作打卦滋。烤箱預熱 150℃（熱度 5）。在大碗上將椰子粉、杏仁粉和糖粉過篩。將蛋白攪打成泡沫狀，並逐漸混入細砂糖，打發成尖端直立的硬性發泡。用軟抹刀輕輕地將大碗中的內容物與蛋白霜混合。

2 將上述材料填入裝有 12 號圓口擠花嘴的擠花袋中。在 2 個鋪有烤盤紙的烤盤上分別擠出直徑 22 公分的圓形餅皮，從中央開始擠出螺旋狀圓形（見 294 頁）。篩上些許糖粉，靜置 10 分鐘。再度篩上些許糖粉，靜置 10 分鐘。放入烤箱烘烤 35 分鐘。

3 出爐時，將打卦滋圓餅放在網架上，放涼，用彈性保鮮膜密封，冷藏保存。

4 當天，製作餡料。將香蕉切成 1 公分的圓形薄片，淋上檸檬汁。在平底煎鍋中以旺火將奶油加熱，加入香蕉片，撒上粗粒紅糖，讓香蕉片極快速地上色，接著在濾器中瀝乾。

5 製作巧克力慕斯。將大碗冷凍冰鎮 15 分鐘。在平底深鍋中將水和糖煮沸，滾 3 分鐘。當糖漿表面充滿大氣泡時（125℃），將平底深鍋離火。在另一個大碗中攪打蛋黃和全蛋，同時從上方緩緩倒入熱糖漿。持續攪打至混合物泛白、體積膨脹 3 倍並冷卻。用鋸齒刀將巧克力切碎，然後以平底深鍋隔水加熱至融化。取檸檬皮並切成細碎，將切碎的果皮和薑混入融化的巧克力中，為巧克力調溫（見 323 頁）。在冰鎮過的大碗中將液狀鮮奶油攪打成打發鮮奶油，混入調溫巧克力中，接著輕輕地加入糖漿和蛋的混合物中，慕斯即完成可直接使用。

6 在直徑 24 公分，並鋪有烤盤紙的環形蛋糕模中放入第一塊打卦滋圓餅，填入些許的巧克力慕斯，擺上煎過的香蕉片，再鋪上慕斯，接著以擺上第二塊打卦滋圓餅作為結束。在蛋糕上面和側邊倒入剩餘的慕斯。冷藏保存 6 小時。

7 用吹風機將環形蛋糕模稍微加熱，然後移去環形蛋糕模。在蛋糕上淋上巧克力鏡面。在側邊鋪上椰子粉，在上面疊上一片片的檸檬香蕉片，刷上榲桲（或蘋果）凍。

→ 請務必極快速地以旺火將香蕉片煎成金黃色以保持香蕉的完整。

→ 在將打卦滋麵糊放入環形蛋糕模之前，若有必要的話，請用剪刀來調整直徑大小。

6-8 人份
前一天晚上開始準備
準備時間：20 + 30 分鐘
烹調時間：約 40 分鐘
靜置時間：20 分鐘
冷藏時間：6 小時

椰子打卦滋
(dacquoise noix de coco)
椰子粉 40 克
杏仁粉 60 克
糖粉 90 克
蛋白 3 個
細砂糖 35 克
糖粉

餡料
去皮的香蕉 250 克
奶油 20 克
粗粒紅糖 25 克
檸檬汁 10 毫升

薑檸巧克力慕斯（mousse au chocolat, au citron et au gingembre）
水 30 毫升
糖 70 克
蛋黃 3 個
蛋 1 顆
可可脂含量 66% 的黑巧克力 175 克
未經加工處理的檸檬 1 顆
切成細碎的新鮮生薑 3 克
液狀鮮奶油 250 毫升

裝飾用
巧克力鏡面 300 克（見 284 頁）
椰子粉（noix de coco râpée）
香蕉 2 根
檸檬 1/2 顆
榲桲（coing）或蘋果凍

克里奧蘿巧克力蛋糕 Criollo

星絮
Flocon d'étoiles

1 提前 72 小時製作糖結晶。將水和 200 克的糖放入深鍋煮沸，並用蘸了水的毛刷仔細擦拭深鍋內壁。在大的焗烤盤（plat à gratin）中冷卻。撒上剩餘 20 克的糖。以室溫保存。

2 前一天晚上，製作巧克力碎片。用擀麵棍將鹽之花壓碎。爲巧克力調溫（見 323 頁），並混入壓碎的鹽之花。鋪在一張大的羅德紙（Feuilles de Rhodoïd）上，再蓋上第二張羅德紙，用擀麵棍擀平，以冷藏冷卻 1 小時。取出將巧克力約略敲成碎片。

3 以烤箱旋轉熱（à chaleur tournante）功能預熱 140℃（熱度 4-5）。

4 製作馬卡龍。將糖粉、可可粉和杏仁粉過篩。將蛋白打發成尖端直立的硬性發泡，用軟抹刀極快速且輕輕地混入糖粉、可可粉和杏仁粉的混合物。將麵糊倒入裝有 10 號圓口擠花嘴的擠花袋中，製作 3 個圓餅 ---1 個 12 公分、1 個 15 公分、1 個 17 公分，從中央擠出螺旋狀圓形（見 294 頁）。放入烤箱烘烤 40 分鐘，並用木杓卡住烤箱門，讓門保持微開。烤好後在網架上將烤盤紙翻面，快速地將馬卡龍取下。

5 製作焦糖碎屑。將葡萄糖和糖煮沸至獲得顏色非常深的焦糖，不停攪拌，加入兩種奶油，同時請小心濺出的滾燙液體。稍微滾一下，接著倒在鋪有烤盤紙的烤盤上，鋪上薄薄一層焦糖，將烤盤紙稍微提起。蓋上第二層烤盤紙，用擀麵棍將焦糖捲起。放涼後，以擀麵棍將變硬的焦糖搗碎，再用電動料理機快速攪拌以形成精細的碎屑，保存於乾燥處。

6 製作甘那許。用鋸齒刀將巧克力切碎。將牛奶煮沸，分 3 次混入巧克力中，加入切塊奶油，放涼。接著加入焦糖碎屑。

7 製作沙巴雍慕斯。將水和糖煮沸，滾 3 分鐘。當糖漿充滿大氣泡時（125℃），將平底深鍋離火。攪打蛋黃和全蛋，同時從上方緩慢地倒入熱糖漿，攪打至混合物泛白、體積膨脹 3 倍並冷卻。用鋸齒刀將巧克力切碎，然後以平底深鍋隔水加熱至融化，倒入大碗中，放涼至 45℃（以烹飪溫度計控制）。

8 將大碗冷凍冰鎮 15 分鐘。將液狀鮮奶油攪打成打發鮮奶油。將 1/4 打發鮮奶油的量混入融化的巧克力中，輕輕混合，接著加入剩餘的打發鮮奶油，再混入蛋和糖漿的配料中，同時用攪拌器將材料以稍微舀起的方式混合均勻。輕輕加入 120 克的巧克力碎片，完成沙巴雍慕斯，即刻使用。

9 安排蛋糕的素材。將直徑約 17 公分的不鏽鋼盆（或半球形沙拉盆），擺在環形蛋糕模下，將環形蛋糕模固定以維持筆直。在鋼盆底部倒入些許的慕斯，擺上最小塊 12 公分的馬卡龍圓餅。

---

10 人份
提前 3 天開始準備
準備時間：10 + 40 + 10 分鐘
烹調時間：約 1 小時 15 分鐘
糖結晶乾燥時間：72 小時
冷凍時間：2 小時

糖結晶（cristaux de sucre）
水 80 毫升
細砂糖 220 克

黑巧克力碎片
（éclats de chocolat noir）
鹽之花 2 克
可可脂含量 70% 的黑巧克力
120 克

巧克力馬卡龍
（macarons au chocolat）
糖粉 240 克
可可粉 20 克
杏仁粉 140 克
蛋白 4 個

焦糖碎屑
（débris de caramel）
葡萄糖（glucose 又稱水飴）
65 克（可於材料行購買）
結晶糖（sucre cristallisé）
70 克
含鹽奶油（beurre salé）25 克
無鹽奶油（beurre doux）40 克

甘那許
可可脂含量 70% 的黑巧克力
180 克
全脂牛奶 130 毫升
奶油 55 克

沙巴雍慕斯
（mousse sabayon）
礦泉水 20 毫升
細砂糖 70 克
蛋 1 顆
蛋黃 3 個
可可脂含量 70% 的黑巧克力
150 克
液狀鮮奶油 500 毫升

義式蛋白霜
（meringue italienne）
蛋白 2 個
水 40 毫升
細砂糖 120 克

10 在不鏽鋼盆中填入慕斯至 3/4 的高度，擺上第二塊中等大小 15 公分的馬卡龍圓餅，鋪上帶焦糖碎屑的甘那許，應超過模型的高度。最後擺上最後一塊馬卡龍圓餅 17 公分，在上面輕輕按壓。用彈性保鮮膜整個包起。冷凍保存 2 小時，接著冷藏保存。

11 當天製作義式蛋白霜。將蛋白攪打成泡沫狀（尖端直立的硬性發泡）。將水和糖煮沸達 120℃，將此糖漿緩緩倒入蛋白中，不停攪打至完全冷卻。

12 最後進行星架的修飾。將不鏽鋼盆的底部浸入熱水中，在不鏽鋼盆上擺上網架，然後將蛋糕倒扣，將環形蛋糕模和不鏽鋼盆移去，在整個蛋糕表面鋪上義式蛋白霜。冷藏保存並在享用前 1 小時取出。

13 用抹刀將焗烤盤中形成的糖結晶稍微提起，並將結晶掰成小塊，裝飾在蛋糕上。

〔見 88 頁 Pierre Hermé 的最愛〕

6-8 人份
前一天晚上開始準備
準備時間：15 + 20 分鐘
烹調時間：25 + 2 分鐘
冷藏時間：3 小時

可可蛋糕體
（biscuit au cacao）
可可粉 35 克
麵粉 35 克
馬鈴薯澱粉 35 克
奶油75克 + 模型用奶油15克
蛋黃 8 個
細砂糖 150 克
蛋白 6 個

糖漿
水 180 毫升
細砂糖 100 克
櫻桃酒 50 毫升

餡料
液狀鮮奶油 600 毫升
香草糖 2 包（14 克）
格里奧汀酒漬櫻桃
（Griottines®）60 顆

裝飾用
巧克力刨花（見 282 頁）

黑森林蛋糕
Forêt-Noire

1 前一天晚上，製作可可蛋糕體。烤箱預熱 180℃（熱度 6）。將可可粉、麵粉和澱粉過篩。讓奶油融化。將蛋黃和 75 克的糖攪打 5 分鐘。將蛋白打發，途中混入剩餘 75 克的糖，打發成尖端直立的硬性蛋白霜。取 1/4 的蛋白霜，放入蛋黃和糖的混合物中，用軟抹刀非常輕巧地混入，並混入可可粉、麵粉和澱粉的混合物。在融化的奶油中加入 3 匙上述的混合物，拌勻，非常輕地倒回剩餘的蛋白霜中拌勻。

2 將直徑 22 公分的環形蛋糕模塗上奶油，均勻撒上麵粉並擺在鋪有烤盤紙的烤盤上。倒入麵糊，放入烤箱，烘烤 20-25 分鐘。用刀身穿過蛋糕體以檢查烘烤狀態；抽出時必須保持乾燥。將蛋糕體連同環形蛋糕模一起放在網架上，放涼至隔天。

3 當天，將環形蛋糕模抽出，將蛋糕體切成 3 個厚度相等的圓餅。製作糖漿。將水和糖煮沸，離火。加入櫻桃酒。

4 製作餡料。將大碗冷凍 15 分鐘。將鮮奶油攪打發成鮮奶油香醍，並逐漸混入香草糖。

5 將第 1 塊圓形蛋糕體擺在餐盤上，用毛刷刷上糖漿，鋪上 1/3 的鮮奶油香醍，輕輕地放上 30 顆格里奧汀酒漬櫻桃。再蓋上第 2 塊圓形蛋糕體，刷上糖漿，鋪上 1/3 的鮮奶油香醍，再放上另外 30 顆格里奧汀酒漬櫻桃。最後擺上第 3 塊蛋糕體，刷上糖漿，在蛋糕上面和側邊鋪上剩餘的鮮奶油香醍。用巧克力刨花爲整個蛋糕進行裝飾，冷藏保存 3 小時後享用。

星絮
Flocon d'étoiles

「我在精緻的白色外衣下
藏了帶酥脆焦糖味和淡淡鹹味的
輕盈巧克力慕斯。」

Pierre Hermé
（食譜請見 86 頁）

巧克力冰島
Fraîcheur chocolat

1 製作蛋糕體。用鋸齒刀將巧克力切碎，然後以平底深鍋隔水加熱至融化。混合蛋和糖，攪打至泛白。將核桃約略切碎。將奶油切丁並放入電動攪拌器的鋼盆中，用球形攪拌器以高速攪拌至泛白，接著分 3 次加入融化的巧克力，接著是泛白的蛋和糖的混合物。將機器關掉，取出鋼盆，接著用抹刀將糊狀物以稍微舀起的方式，混入麵粉，接著是切碎的核桃。

2 烤箱預熱 170℃（熱度 5-6）。

3 將直徑 22 公分、高 3 公分的環形蛋糕模塗上奶油，擺在鋪有烤盤紙的烤盤上，倒入蛋糕體麵糊，放入烤箱烘烤 18 分鐘。放涼後，用刀身劃過環形蛋糕模周圍，移去環形蛋糕模。

4 製作黑巧克力甘那許和巧克力滑順奶油霜，並在牛奶和煮沸奶油醬的混合物中加入 3 片泡過水並瀝乾的吉力丁片。

5 將環形蛋糕模洗淨並擦乾。再套入蛋糕體，接著讓巧克力滑順奶油霜從上方流下，直至模型邊緣。放入冷藏冷卻 5 至 6 小時。

6 用軟抹刀在上方鋪上黑巧克力甘那許並仔細抹平。用吹風機加熱環形蛋糕模四周，然後將蛋糕模抽出。

7 裁出相同大小的圓形厚紙板，擺上蛋糕，冷凍 2 小時。

8 製作巧克力鏡面，鋪在蛋糕上，並用軟抹刀抹平以覆蓋至邊緣。以核桃仁進行裝飾。

6-8 人份
準備時間：1 小時
冷藏時間：5或6小時 + 2小時
烹調時間：18 分鐘

布朗尼式蛋糕體
（biscuit façon brownie）
可可脂含量 70% 的黑巧克力
70 克
蛋 2 顆
細砂糖 150 克
新鮮的胡桃（noix de pécan）或核桃（noix）100 克
奶油 125 克
麵粉 60 克

修飾用巧克力甘那許 100 克
（見 283 頁）
巧克力滑順奶油霜 800 克
（見 287 頁）
吉力丁 3 片（6 克）
巧克力鏡面 300 克（見 284 頁）

裝飾用
核桃仁 6 個

舞姬蛋糕
Gâteau Bayadère

1 製作大黃。將吉力丁泡在 1 碗冷水中軟化。將大黃莖削皮並切成 7 公釐的丁。以文火將大黃丁、檸檬汁和糖一起煮 10 分鐘，經常攪動。將吉力丁擠乾，和熱大黃混合至吉力丁溶解，放涼。

2 將百香果切成兩半。透過網篩用小湯匙過濾果肉，同時用大碗收集果汁。

3 製作白巧克力奶油醬。用鋸齒刀將巧克力切碎，然後以平底深鍋隔水加熱至融化。將大碗冷凍冰鎮 15 分鐘。取綠檸檬皮並切成細碎。將 150 毫升的鮮奶油和檸檬皮煮沸，倒入巧克力中，再攪打至冷卻。

4 在冰鎮過的大碗中攪打剩餘 500 毫升的鮮奶油，再輕輕地混入巧克力奶油醬中，完成的白巧克力奶油醬可即刻使用。

5 將直徑 22 公分的環形蛋糕模擺在圓形紙板上，在環形蛋糕模中擺上第 1 塊指形蛋糕體，用毛刷為蛋糕體刷上些許的百香果汁，鋪上大黃。

8 人份
準備時間：40 分鐘
烹調時間：15 分鐘
冷藏時間：4 小時

2 個直徑 22 公分、烤好的圓形指形蛋糕體（見 296 頁）

大黃（rhubarbe）
吉力丁 1 又 1/2 片（3 克）
新鮮大黃莖 700 克
新鮮現榨檸檬汁 60 毫升
細砂糖 50 克
冷水 60 毫升

浸透蛋糕的材料
百香果 6 個

白巧克力奶油醬
白巧克力 200 克
未經加工處理的綠檸檬 1 顆
液狀鮮奶油 650 毫升

→

→ **裝飾用**
液狀鮮奶油 500 毫升
白巧克力刨花（見 282 頁）
草莓 15 顆

6 從上方倒入一半的白巧克力奶油醬，擺上第 2 塊指形蛋糕體，刷上百香果汁，最後在蛋糕上鋪上剩餘的白巧克力奶油醬，應填至與模型邊緣齊平，冷藏保存 4 小時。

7 將大碗冷凍冰鎮 15 分鐘。用吹風機將環形蛋糕模稍微加熱，然後將環形蛋糕模移開。

8 製作裝飾。在冰鎮過的大碗中將 500 毫升的鮮奶油攪打成打發鮮奶油，用湯匙將打發鮮奶油鋪在蛋糕的上面和側邊。去掉草莓的梗，切成兩半，在蛋糕上擺成同心圓，切面朝上，和蛋糕邊緣間隔 2 公分。用白巧克力刨花裝飾邊緣。即刻品嚐。

→ 爲了節省時間，您可向蛋糕店訂購指形蛋糕體，

→ 您可用草莓庫利（coulis）或覆盆子庫利（見 306 頁）來搭配舞姬蛋糕。

---

6 人份
準備時間：25 分鐘

千層派
烤好的矩形焦糖巧克力折疊派皮 1 個（30 公分 × 40 公分）
（見 303 頁）
糖粉

餡料
香草卡士達奶油醬（crème pâtissière à la vanille）400 克
（見 288 頁）
未經加工處理的柳橙 1/4 顆
液狀鮮奶油 80 毫升
細砂糖 5 克

橙香巧克力千層派
Millefeuilles au chocolat et à l'orange

1 製作折疊派皮並加以烘烤。

2 製作餡料。將大碗冷凍冰鎮 15 分鐘。製作卡士達奶油醬。取 1/4 顆柳橙的皮，切成細碎。將大碗取出，一邊混入糖，一邊將液狀鮮奶油攪打成凝固的鮮奶油香醍。在卡士達奶油醬中混入切碎的果皮和鮮奶油香醍，輕輕地混合所有材料。

3 從長邊將矩形折疊派皮裁成 3 個相等的長方塊。擺上第一塊派皮，焦糖面朝上。用抹刀鋪上一半的香草卡士達奶油醬。擺上第二塊派皮，焦糖面朝上。在上面輕輕按壓，再鋪上剩餘的香草卡士達奶油醬。最後擺上最後一塊派皮，焦糖面朝上。在上面輕輕按壓。冷藏 30 分鐘。

4 用電動刀切成 6 個小千層派（或是直接享用整個千層派）。用抹刀將香草卡士達奶油醬向上拉至邊緣並整平。在千層派的兩端篩上寬約 2 公分的矩形糖粉。即刻品嚐。

❝ Les personnes qui font usage du chocolat sont celles qui jouissent d'une santé plus constamment égale, et qui sont le moins sujettes à une foule de petits maux qui nuisent au bonheur de la vie...

享受巧克力的人擁有始終不變的健康，而且也是最不受到病魔侵襲而損害人生幸福的一群 ...

〔布亞 ● 沙瓦杭 Brillat-Savarin，
味道生理學 *Physiologie du goût*，1825。〕 **❞**

巧克力千層派
Millefeuilles tout chocolat

1 製作折疊派皮並加以烘烤。

2 製作餡料。用鋸齒刀將巧克力切碎。準備一個裝有水和冰塊的大碗。煮卡士達奶油醬，持續加熱並混入切碎的巧克力和牛奶，不停攪拌，將卡士達奶油醬煮沸，立刻將平底深鍋底部浸入大碗中，保持攪動以便讓混合物快速冷卻。

3 將大碗冷凍冰鎮 15 分鐘。將液狀鮮奶油倒入冰鎮後的大碗中攪打成凝固的打發鮮奶油，輕輕混入巧克力卡士達奶油醬中。如 91 頁橙香巧克力千層派步驟 3，將餡料夾入派皮中。

4 用電動刀切成 6 個小千層派（或是直接享用整個千層派）。用抹刀將巧克力卡士達奶油醬的邊緣整平並往上拉。在千層派的兩端篩上寬約 2 公分的矩形可可粉。即刻品嚐。

6 人份
準備時間：**25 分鐘**

千層派
烤好的矩形焦糖折疊派皮 1 個
（30 公分 ×40 公分）
（見 303 頁）
可可粉

餡料
可可脂含量 70% 的黑巧克力
100 克
香草卡士達奶油醬（crème
pâtissière à la vanille）400 克
（見 288 頁）
全脂牛奶 60 毫升
液狀鮮奶油 100 毫升

莫札特巧克力蛋糕
Mozart

1 烤箱預熱 180℃。製作法式肉桂塔皮麵團。在大碗中攪拌奶油，接著加入糖粉、過篩的杏仁粉、麵粉和泡打粉，以及熟蛋黃、鹽、肉桂粉和蘭姆酒。請勿過度搓揉麵團，因爲這種麵團非常易碎。冷藏靜置 4 小時。擀成 2 公釐的厚度。裁成 3 塊直徑 20 公分的圓形餅皮。冷藏保存 30 分鐘，接著烤 18 至 20 分鐘。

2 製作蘋果巧克力慕斯。將蘋果削皮並切丁，和奶油、10 克的糖及肉桂一起煮 3-4 分鐘，倒入蘭姆酒並焰燒。在室溫下放涼。

3 將鮮奶油和折斷的肉桂棒煮沸，過濾。用鋸齒刀將巧克力切碎，然後以平底深鍋隔水加熱至融化。混合肉桂鮮奶油和巧克力，製成甘那許。放涼至約 40℃。

4 將蛋白和剩餘 25 克的糖攪打成舀起尖端直立的蛋白霜。在甘那許中混入 1/4 的蛋白霜，接著輕輕混合剩餘 3/4 的蛋白霜，最後加入冷卻的香煎蘋果。

5 將 1 塊烤好的法式塔皮圓餅擺在高 4 公分、直徑 20 公分的環形蛋糕模中，接著填入蘋果巧克力慕斯。擺上第二塊法式塔皮，同樣填入蘋果巧克力慕斯。最後再擺上一塊法式塔皮。冷藏 30-45 分鐘。

6 用吹風機將環形蛋糕模稍微加熱，然後移除，在蛋糕外側鋪上巧克力刨花。在上方的圓周篩上一圈可可粉花邊。將預先淋過檸檬汁的蘋果擺成扇形，再放上半顆酸漿作爲裝飾。冷藏保存，享用前 1 小時再從冰箱中取出。

6 人份
準備時間：**1 小時 30 分鐘**
烹調時間：**約 30 分鐘**
麵團靜置時間：
4 小時 + 30 分鐘
冷藏時間：**45 分鐘**

法式肉桂塔皮麵團
(pâte sablée cannelle)
室溫回軟的奶油 185 克
糖粉 40 克
杏仁粉 35 克
用網篩壓碎的熟蛋黃 2 個
精鹽 1 克
肉桂粉 8 克
棕色蘭姆酒 10 毫升
麵粉 200 克
泡打粉 1/2 包（5 克）

蘋果巧克力慕斯
蘋果 100 克（granny smith）或
寇克斯橙（cox）品種
奶油 10 克
細砂糖 35 克
肉桂粉 1/2 小匙
棕色蘭姆酒 20 毫升
液狀鮮奶油 60 毫升
折斷的錫蘭小肉桂棒 1 根
可可脂含量 70% 的黑巧克力
165 克
蛋白 120 克

裝飾用
巧克力刨花（見 282 頁）
可可粉
未削皮蘋果 1/2 顆
檸檬汁 10 毫升
酸漿（physalis）1/2 顆

莫札特巧克力蛋糕 Mozart

摩嘉多巧克力蛋糕
Mogador

1 前一天晚上，製作海綿蛋糕。烤箱預熱 220℃（熱度 7-8）。將杏仁膏擺在工作檯上，撒上糖，用掌心按壓整個杏仁膏，讓杏仁膏軟化，接著用木杓壓扁。將杏仁膏擺在大碗裡，再放入平底深鍋中隔水加熱。將香草莢剖開並取籽。在大碗中一顆顆的加入蛋，並和香草莢和香草籽一起打發。將隔水加熱的大碗取出，移去香草莢。將麵粉和可可粉過篩。將奶油加熱至融化。將麵粉和可可粉的混合物大量混入杏仁糊中，接著倒入融化的奶油，輕輕混合。

2 爲直徑 22 公分的環形蛋糕模塗上奶油並均勻撒上麵粉，擺在鋪有烤盤紙的烤盤上，填入麵糊，烘烤 10 分鐘，接著將烤箱溫度調至 170℃（熱度 5-6），再烘烤 35-40 分鐘。用刀身穿過海綿蛋糕以檢查烘烤狀態；抽出時刀身應保持乾燥。在網架上放涼。移去環形蛋糕模。

3 當天，將海綿蛋糕橫切成 2 塊厚 2 公分的圓餅。將 1 塊冷凍起來（最長可保存 1 個月）。

4 製作巧克力鮮奶油香醍。將大碗冷凍冰鎮 15 分鐘。用鋸齒刀將巧克力切碎，然後以平底深鍋隔水加熱至融化，從隔水加熱的鍋中取出，將巧克力的溫度維持在 50℃（以烹飪溫度計控制）。在冰鎮過的大碗中將液狀鮮奶油攪打成凝固的打發鮮奶油，將 1/3 混入巧克力中，同時快速並用力地攪拌。再將此混合物倒回剩餘的打發鮮奶油中，輕輕混合。

5 製作覆盆子庫利。攪打覆盆子和糖，可隨意加入櫻桃酒。

6 將直徑 22 公分的環形蛋糕模塗上奶油，擺在鋪有烤盤紙的烤盤上。擺上 1 塊海綿蛋糕圓餅，用毛刷刷上覆盆子庫利，鋪上覆盆子果醬。填入巧克力鮮奶油香醍至環形蛋糕模邊緣，用軟抹刀在上面抹平，冷藏保存 4 小時。

7 在冷卻的蛋糕上鋪上薄薄一層摻有幾滴水或櫻桃酒稀釋的覆盆子庫利，用吹風機將環形蛋糕模稍微加熱後移除。

8 搭配剩餘的覆盆子庫利享用。

→ 您可搭配新鮮覆盆子、開心果或香草冰淇淋球享用此蛋糕。

→ 爲了獲得極輕盈的巧克力鮮奶油香醍，一定得分 2 次將打發鮮奶油和 50℃的巧克力混合。

---

10 人份
前一天晚上開始準備
準備時間：**20 + 15** 分鐘
烹調時間：約 **40 + 10** 分鐘
冷藏時間：**4** 小時

巧克力海綿蛋糕
(génoise chocolat)
杏仁膏（pâte d'amande）50 克
（卷狀）
細砂糖 60 克
香草莢 1 根
蛋 3 顆
麵粉 50 克 + 模型用麵粉 10 克
可可粉 20 克
奶油 35 克 + 模型用奶油 15 克

巧克力鮮奶油香醍
(chantilly au chocolat)
可可脂含量 70% 的黑巧克力
250 克
液狀鮮奶油 360 毫升

覆盆子庫利
(coulis à la framboise)
覆盆子 70 克
細砂糖 30 克
櫻桃酒（kirsch）（隨意）

餡料
覆盆子果醬 120 克

P. Niau
Dalloyau(Paris, 8earrondissement)
達羅歐（巴黎第八行政區）

2 個蛋糕，
每個蛋糕為 8-10 人份
前一天晚上開始準備
準備時間：30 ＋ 30 分鐘
烹調時間：約 35 ＋ 15 分鐘

可可蛋糕體
（biscuit au cacao）
見 87 頁的「黑森林 Forêt-Noire」食譜（步驟 1）

焦糖糖漿（sirop au caramel）
細砂糖 50 克
含鹽奶油 10 克
熱水 100 毫升

甘那許（ganache）
軟杏桃乾（abricots moelleux）
170 克
檸檬汁 1/2 顆
黑胡椒 1 撮
可可脂含量 70% 的黑巧克力
185 克
牛奶巧克力 150 克
細砂糖 140 克
含鹽奶油 20 克
液狀鮮奶油 280 毫升
室溫回軟的奶油 335 克

裝飾用
可可粉

郊道
Pavé du faubourg

1 前一天晚上，製作可可蛋糕體。烤箱預熱 180℃（熱度 6）。

2 為直徑 30 公分的長型模（moule à cake）塗上奶油，鋪上烤盤紙。倒入蛋糕體麵糊，放入烤箱烘烤 35 分鐘。將刀身插入以檢查烘烤狀態；抽出時刀身應保持乾燥。

3 出爐後，等 3 分鐘將蛋糕體輕輕脫模，在網架上放涼。將蛋糕倒扣並輕輕地將烤盤紙移除。

4 當天，製作糖漿。以文火加熱糖，當糖融化時，用木杓攪拌至呈褐色。在焦糖中加入奶油，並請小心濺出的滾燙液體。混合奶油，接著倒入熱水，始終要小心濺出的液體。在焦糖沸騰時，離火。

5 製作甘那許。將杏桃切成約 8 公釐的小丁，加入檸檬汁和黑胡椒。用鋸齒刀將巧克力切碎，並放入大碗中。在平底深鍋中以文火加熱 50 克的糖，當糖融化時，用木杓混合至變褐色，再撒上 50 克的糖，和已經煮成焦糖的糖混合。用剩餘的糖進行同樣的步驟，直到焦糖變成深褐色，持續攪拌焦糖，加入含鹽奶油，接著是鮮奶油，始終要小心濺出的滾燙液體。持續攪拌至煮沸，離火。

6 將一半的熱焦糖淋在切碎的巧克力上，用攪拌器從中央朝邊緣輕輕攪拌。當混合物變得平滑時，以同樣方式混入剩餘的焦糖，放涼。用木杓攪拌無鹽奶油至軟化並呈現乳霜狀，再混入巧克力的混合物中，完成甘那許。

7 用鋸齒刀將蛋糕體頂端整平，切成同樣厚度的 3 片。將第一片放在一張紙板上，用毛刷刷上焦糖糖漿，鋪上 1.5 公分厚的巧克力甘那許，撒上一半的杏桃丁。輕輕壓入。

8 蓋上第二片蛋糕體，刷上焦糖糖漿，鋪上同樣厚度的甘那許，撒上剩餘的杏桃，輕輕壓入。

9 最後放上第三片蛋糕體，刷上焦糖糖漿，在蛋糕體上面和側邊鋪上薄薄一層甘那許，冷藏冷卻 30 分鐘。

10 將蛋糕沿著長邊切成 2 個方塊，在 2 個方塊的上面和側邊鋪上剩餘的甘那許。用叉齒在方塊側邊垂直劃出條紋，將 1 塊冷凍起來（最長可保存 1 個月），將另一塊冷藏。

11 品嚐前 2 小時從冰箱中將蛋糕取出，在最後一刻篩上可可粉。

金色珍珠
Perles d'or

1 前一天晚上，將水和葡萄乾煮沸離火，立刻倒入渣釀格烏茲塔明那酒，點火焰燒後倒入大碗中。

2 當天，烤箱預熱 180℃（熱度 6）。

3 製作「布朗尼式」蛋糕體麵糊，但不使用胡桃。將麵糊倒入直徑 22 公分且下方鋪有烤盤紙的烤模中，放入烤箱烘烤 10-13 分鐘。蛋糕應只有邊緣被烤至乾燥。將蛋糕放到網架上，放涼。用刀身將蛋糕從環形蛋糕模上剝離並取下。

4 製作餡料。製作卡士達奶油醬。將吉力丁放入冷水中軟化。將大碗冷凍冰鎮 15 分鐘。擠乾吉力丁，用微波爐隔水加熱 15 秒，讓吉力丁融化。將渣釀酒混入吉力丁中，接著是 1/4 的卡士達奶油醬，溫度不應超過 21℃，混入剩餘的卡士達奶油醬中。在冰鎮過的大碗中將液狀鮮奶油攪打成打發鮮奶油，輕輕地與卡士達奶油醬混合。

5 將葡萄乾瀝乾水份。在 1 張圓形紙板上擺上直徑 22 公分環形蛋糕模，擺入蛋糕，鋪上一半的卡士達奶油醬並鋪上葡萄乾。將剩餘的卡士達奶油倒在上面並抹平表面。冷凍保存 1 小時，接著冷藏。

6 沖洗新鮮葡萄並晾乾。用吹風機將環形蛋糕模稍微加熱，取出蛋糕。局部篩上可可粉，擺上新鮮葡萄，用毛刷刷上榅桲凍，冷藏凝固 15 分鐘後再享用蛋糕。

6-8 人份
準備時間：**30 分鐘**
烹調時間：**約 18 分鐘**
冷凍時間：**1 小時**

葡萄乾（raisins secs）
水 70 毫升
金黃葡萄乾 90 克
渣釀格烏茲塔明那酒（marc de gewurztraminer）或干邑白蘭地（cognac）70 毫升

布朗尼式蛋糕體
見 90 頁的「巧克力冰島 Fraîcheur chocolat」食譜，但不使用胡桃

餡料
香草卡士達奶油醬（crème pâtissière à la vanille）190 克（見 288 頁）
吉力丁 2 片（每片 2 克）
渣釀格烏茲塔明那酒（或干邑白蘭地）60 毫升
液狀鮮奶油 350 毫升

裝飾用
可可粉
新鮮白葡萄幾粒
榅桲（coing）或蘋果凍

教士蛋糕
Prélat

1 前一天晚上，將蘭姆酒和冷卻的咖啡混合。沖洗柳橙並晾乾，取下果皮並切成細碎。

2 用鋸齒刀將巧克力切碎，然後以平底深鍋隔水加熱至融化。將鮮奶油稍微打發。用電動攪拌器攪打蛋和蛋黃至顏色變淺，接著緩慢地淋上糖漿，不停地攪打至完全冷卻。混入融化的巧克力、柳橙皮和鮮奶油，混合至奶油醬均勻為止。

3 在 20×24 公分的長型模（moule à cake）中鋪上彈性保鮮膜，將指形蛋糕體填入底部，用毛刷刷上蘭姆咖啡，倒入奶油醬。擺上第二層蛋糕體，再刷上蘭姆咖啡，倒入奶油醬。重複同樣的程序直到鋪至模型頂端，最後鋪上一層刷上蘭姆咖啡的蛋糕體作為結束。冷藏保存至隔天。

4 當天，將網架擺在長型模上，將蛋糕倒扣，並將網架下鋪上一張烤盤紙。為蛋糕淋上巧克力鏡面，將蛋糕冷藏保存 2 小時後享用。

6-8 人份
前一天晚上開始準備
準備時間：**20 分鐘**
烹調時間：**3-4 分鐘**
冷藏時間：**2 小時**

白色蘭姆酒（rhum blanc agricole）70 毫升
含糖的特級濃縮咖啡（café très concentré sucré）1 公升
未經加工處理的柳橙皮 2 顆
可可脂含量 70% 的黑巧克力 300 克
濃鮮奶油（crème fraîche épaisse）750 毫升
細線狀態的糖漿（sucre cuit au filé）300 克（見 291 頁）
蛋 2 顆
蛋黃 6 個
指形蛋糕體 30 個
巧克力鏡面 360 克（見 284 頁）

金色珍珠 **Perles d'or**

甜蜜的滋味
Plaisir sucré

1 前一天晚上，製作打卦滋。烤箱預熱 150℃（熱度 5）。在鋪有鋁箔紙的烤盤上撒上榛果，放入烤箱烘烤 10 分鐘，放入布巾中，用布巾摩擦去皮，接著搗碎成小粒。

2 將烤箱溫度調至 170℃（熱度 5-6）。

3 將榛果粉和糖粉過篩。一邊逐漸加入細砂糖，一邊將蛋白打成尖端直立的硬性發泡蛋白霜，用軟抹刀在蛋白霜中輕輕混入榛果粉和糖粉至均勻。

4 將上述材料填入裝有 12 號擠花嘴的擠花袋中，在鋪有烤盤紙的烤盤上擠出邊長 22 公分、厚 1.5 公分的方塊狀，規則地撒上榛果粒。放入烤箱烘烤 30-35 分鐘，打卦滋摸起來應是硬的，在網架上放涼。

5 製作酥脆帕林內果仁糖。用鋸齒刀將巧克力切碎，然後以平底深鍋隔水加熱至融化，應剛好微溫。將法式薄脆壓成碎屑。將奶油加熱至融化後放涼。將能多益榛果巧克力醬放入沙拉盆中，混入巧克力、法式薄脆碎屑、冷卻的融化奶油，混合均勻。

6 用抹刀將帕林內果仁糖鋪在方塊打卦滋上。冷藏凝固至隔天。

7 當天，製作巧克力片。用長抹刀在 3 張羅德紙（Feuilles de Rhodoïd）上將調溫巧克力鋪成邊長 20 公分的方型片，讓巧克力冷藏凝固數秒。用刀尖劃出寬 4 公分、長 10 公分的矩形線條，冷藏保存幾分鐘。沿著線條裁下，您將獲得 24 片巧克力片。用兩片板子固定。

8 製作甘那許。用鋸齒刀將巧克力切碎。將鮮奶油煮沸，離火。分 2 次將鮮奶油加入巧克力，用攪拌器攪拌，但請勿將空氣混入其中。放涼並讓奶油醬變稠，當奶油呈現濃稠的乳霜狀時，將混合物倒入裝有 6 號圓口擠花嘴的擠花袋中。

9 用鋸齒刀將鋪有帕林內的打卦滋裁成 8 個寬 4 公分、長 10 公分的矩形。將 8 片巧克力片的平滑面朝上，在上面來回擠上甘那許，再分別蓋上 1 片巧克力片。將這些「三明治」擺在矩形打卦滋上。

10 將牛奶巧克力鮮奶油香醍倒入裝有擠花嘴的擠花袋中，在每塊糕點上擠上鮮奶油香醍，再分別蓋上 1 片巧克力片，平滑面朝上，即刻享用。

8 人份
前一天晚上開始準備
準備時間：**20 + 40 分鐘**
烹調時間：約 **35 分鐘**

打卦滋（dacquoise）
榛果（noisette）140 克
榛果粉（poudre de noisette）
70 克
糖粉（sucre glace）100 克
蛋白 3 個
細砂糖 30 克

**酥脆帕林內果仁糖
（praliné croustillant）**
牛奶巧克力 50 克
法式薄脆（crêpes dentelle）
30 克
奶油 15 克
能多益榛果巧克力醬
（Nutella®）200 克

**巧克力片
（feuilles de chocolat）**
調溫牛奶巧克力 260 克
（見 323 頁）

甘那許
牛奶巧克力 210 克
液狀鮮奶油 170 毫升

裝飾用
牛奶巧克力鮮奶油香醍
750 毫升（見 286 頁）

10 人份
前一天晚上開始準備
準備時間：1 小時 + 15 分鐘
烹調時間：約 1 小時
冷凍時間：2 小時

黑巧克力碎片
（éclat de chocolat noir）
鹽之花 4 克
可可脂含量 70% 的黑巧克力
240 克

巧克力馬卡龍
（macarons au chocolat）
糖粉 240 克
可可粉 20 克
杏仁粉 140 克
蛋白 4 個

焦糖碎屑
（débris de caramel）
見 86 頁「星絮 Flocon
d'étoiles」食譜（步驟 5）

甘那許
可可脂含量 70% 的黑巧克力
180 克
全脂牛奶 130 毫升
奶油 55 克

沙巴雍慕斯
（mousse sabayon）
礦泉水 20 毫升
細砂糖 70 克
蛋 1 顆
蛋黃 3 個
可可脂含量 70% 的黑巧克力
150 克
液狀鮮奶油 500 毫升

修飾用
巧克力鏡面（見 284 頁）

滿足
Plénitude

1 前一天晚上，製作巧克力碎片。用擀麵棍將鹽之花壓碎。為巧克力調溫，並混入壓碎的鹽，鋪在 1 張大的羅德紙（Feuilles de Rhodoïd）上，再蓋上第二張羅德紙，用擀麵棍擀平。以冷藏冷卻 1 小時。取出將巧克力約略敲成碎片。

2 烤箱預熱 140℃（熱度 4-5）。

3 製作馬卡龍。將糖粉、可可粉和杏仁粉過篩。將蛋白攪打成凝固的泡沫狀（尖端直立的硬性發泡）。用軟抹刀極快速但輕地混入糖粉、可可粉和杏仁粉，混合均勻。將此麵糊倒入裝有 10 號圓口擠花嘴的擠花袋中。在烤盤上鋪上烤盤紙。擠成 3 個圓餅---1 個 12 公分、1 個 15 公分、1 個 17 公分，從中央擠出螺旋狀圓形（見 294 頁）。放入烤箱烘烤 40 分鐘，用木杓卡住烤箱門，讓門保持微開。出爐後將紙倒扣在網架上，快速將烤好的馬卡龍剝離。

4 製作焦糖碎屑。

5 製作甘那許。用鋸齒刀將巧克力切碎。將牛奶煮沸，分 3 次混入碎巧克力中，加入塊狀奶油混合，放涼後，接著加入焦糖碎屑。

6 製作沙巴雍慕斯。將水和糖煮沸，滾 3 分鐘，當糖漿表面充滿大氣泡時（125℃），將平底深鍋離火。在大碗中攪打蛋黃和全蛋，同時從上方緩緩倒入熱糖漿，攪打至混合物的體積膨脹 3 倍並冷卻。用鋸齒刀將巧克力切碎，然後以平底深鍋隔水加熱至融化。將巧克力倒入大碗中，放涼至 45℃（以烹飪溫度計控制）。

7 將另一個大碗冷凍冰鎮 15 分鐘，倒入液狀鮮奶油攪打成打發鮮奶油。將 1/4 的打發鮮奶油混入融化的巧克力中，輕輕混合，接著加入剩餘的打發鮮奶油。再混入蛋和糖漿的材料中，並用攪拌器以稍微舀起的方式混合。在慕斯中加入一半的巧克力碎片成為沙巴雍慕斯，將剩餘的碎片擺在一旁，作為蛋糕最後的修飾用。即刻使用沙巴雍慕斯。

8 將製作蛋糕的素材組合起來。將馬卡龍大小的不鏽鋼盆（或半球形沙拉盆）擺在環形蛋糕模下。將環形蛋糕模固定以維持筆直。在鋼盆底部倒入些許的慕斯，擺上最小塊 12 公分的馬卡龍圓餅。再填入慕斯至 3/4 的高度，擺上第二塊中等大小 15 公分的馬卡龍圓餅，鋪上帶焦糖碎屑的甘那許，應超過環形蛋糕模模型的高度。最後再擺上 17 公分的馬卡龍圓餅，在上面輕輕按壓，用彈性保鮮膜整個包起。冷凍保存 2 小時，接著冷藏保存。

9 當天，製作鏡面。將不鏽鋼盆的底部浸入熱水中。在不鏽鋼盆上擺上網架，然後將蛋糕倒扣出，將環形蛋糕模和不鏽鋼盆移去。將網架擺在 1 張烤盤紙上，用大湯杓淋上鏡面。將整個表面黏上剩餘的鹽之花巧克力碎片。冷藏保存並在享用前 1 小時取出。

松果
Pomme de pin

1 第 1 天，製作鱗片。用鋸齒刀將巧克力切碎，然後以平底深鍋隔水加熱至融化，爲巧克力調溫（見 323 頁）。用小抹刀製作鱗片形狀的花樣並依序擺在羅德紙上（見 326 頁）。冷藏保存。

2 第 2 天，烤箱預熱 170℃（熱度 5-6）。

3 製作杏仁蛋糕體麵糊。將杏仁粉和 100 克的糖及麵粉混合，過篩。一邊逐漸將剩餘 75 克的糖混入蛋白中，一邊將蛋白攪打成凝固的泡沫狀（尖端直立的硬性發泡）。輕輕地混入過篩的杏仁粉等材料成爲麵糊。

4 將上述材料填入裝有 10 號圓口擠花嘴的擠花袋中。用筆在烤盤紙上描出 2 個長約 24 公分的松果形狀（橢圓形）---1 個寬 18 公分，另一個寬 14 公分。將第 2 張烤盤紙擺在第 1 張烤盤紙上，沿著形狀的輪廓擠出 3 的麵糊。放入烤箱烘烤 20-25 分鐘，並用木杓卡住烤箱門，讓門保持微開。出爐時，置於網架上冷卻。

5 製作巧克力慕斯。用鋸齒刀將巧克力切碎，然後以平底深鍋隔水加熱至融化，爲巧克力調溫（見 323 頁）。將奶油加熱至融化，分 3 次加入調溫巧克力並不停地攪打。一邊逐漸將糖混入蛋白中，一邊將蛋白攪打成凝固的泡沫狀（尖端直立的硬性發泡）。再加入蛋黃並攪打 5 秒。將此材料的 1/3 混入巧克力的混合物中，接著輕輕地混合剩餘的巧克力成爲慕斯。

6 若有必要，可將蛋糕體重新削切，讓蛋糕體呈現相當明顯的橢圓形。將巧克力慕斯填入裝有 10 號圓口擠花嘴的擠花袋中。將最大的蛋糕體擺在 1 張紙板上，並鋪上一層巧克力慕斯。再蓋上小塊的蛋糕體，用軟抹刀將剩餘的慕斯均勻地鋪在整個表面上，整體形成宛如松果的形狀。再從尖端開始斜向蓋上巧克力鱗片，冷藏保存至隔天。

7 品嚐前 1 小時，將蛋糕從冰箱中取出。篩上可可粉。以聖誕節飾品進行裝飾。

→ 您也能按照同樣的食譜，將此蛋糕製作成木柴的形狀；請爲此準備 2 個約 20 公分的矩形杏仁蛋糕體，並以同樣方式鋪上巧克力慕斯。

8-10 人份
提前 2 天開始準備
準備時間：30 + 40 分鐘
烹調時間：約 30 分鐘

約 80 片的巧克力鱗片
（écailles en chocolat）
可可脂含量 70% 的黑巧克力 400 克

杏仁蛋糕體
（biscuits aux amandes）
杏仁粉 75 克
細砂糖 175 克
麵粉 25 克
蛋白 4 個

巧克力慕斯
（mousse au chocolat）
可可脂含量 70% 的黑巧克力 275 克
室溫回軟的奶油 250 克
蛋白 6 個
細砂糖 15 克
蛋黃 2 個

裝飾用
可可粉

« Et j'accepte, pour plaire à Claudine,
des bribes de chocolat grillé, qui sent
un peu la fumée, beaucoup la praline.

為了取悅柯羅婷，我接受了散發出
微微香氣的烘烤巧克力碎片，多半是帕林內的味道。

〔柯蕾特 Colette，柯羅婷離家 *Claudine s'en va*，1903 年〕 »

松果 Pomme de pin

薩赫巧克力蛋糕
Sachertorte

1 前一天晚上，烤箱預熱 180℃（熱度 6）。

2 製作麵糊。用鋸齒刀將巧克力切碎，然後以平底深鍋隔水加熱至融化。在另一個平底深鍋中，將奶油以文火加熱至融化。打蛋，將蛋白與蛋白分開。將蛋黃加入奶油和巧克力的混合物中，一邊用攪拌器攪拌。

3 取一大碗將所有的蛋白攪打，途中逐漸混入香草糖和細砂糖，打發成尖端直立的硬性發泡蛋白霜。將麵粉過篩。將 1/3 的蛋白霜混入巧克力和蛋黃的混合物中，接著是過篩的麵粉。輕輕地加入剩餘的蛋白霜拌勻成麵糊。

4 為直徑 28 公分的蒙吉烤模（moule à manqué）刷上奶油，倒入麵糊。放入烤箱烘烤 40 分鐘。出爐時，在網架上將蛋糕脫模，放涼至隔天。

5 當天，將蛋糕橫切成 2 塊圓形餅皮，將第 1 塊擺在烤盤紙上。用攪拌器攪拌杏桃果醬並加以煮沸。將杏桃切成 3-4 公分的小丁。用毛刷為第 1 塊蛋糕餅皮刷上杏桃果醬，在上面撒上杏桃丁，再鋪上第二塊圓形蛋糕體，輕輕按壓。為第二塊蛋糕餅皮刷上剩餘的杏桃果醬。

6 將鏡面先倒在蛋糕的邊緣，接著是中央，並用抹刀抹平。冷藏保存 2 小時，讓鏡面凝固。在享用前 2 小時從冰箱中取出。

→ 提前 2 天準備的薩赫巧克力蛋糕風味更佳，因為蛋糕體更能夠充分吸收杏桃果醬。

10-12 人份
前一天晚上開始準備
準備時間：**20 + 15 分鐘**
烹調時間：**45 分鐘**
冷藏時間：**2 小時**

麵糊
可可脂含量 70% 的黑巧克力 200 克
奶油125克 + 模型用奶油15克
蛋 8 顆
蛋白 2 個
香草糖（sucre vanillé）2 包（14 克）
細砂糖 120 克
麵粉 125 克

餡料
杏桃果醬（confiture d'abricot）200 克
軟杏桃乾 100 克

裝飾用
巧克力鏡面（見 284 頁）

梨香巧克力聖托諾雷蛋糕
Saint-Honoré au chocolat et aux poires

1 烤箱預熱 200℃（熱度 6-7）。

2 製作反折疊派皮。在撒有麵粉的工作檯上擀成 2 公釐的厚度，裁出 1 塊直徑 22 公分的圓形麵皮，擺在覆有濕潤烤盤紙的烤盤上，用叉齒戳洞，冷藏保存 1 小時。

3 製作泡芙麵糊。將麵糊填入裝有 9 號圓口擠花嘴的擠花袋中，在距離反折疊派皮圓餅邊緣 1 公分處擠出環狀的泡芙麵糊，接著在整個圓形餅皮表面擠出平坦的細螺旋狀麵糊，並留意與環狀的泡芙麵糊間隔開來。

4 用剩餘的泡芙麵糊在另一個裝有烤盤紙的烤盤上，擠出 24 個直徑 2 公分的小泡芙，彼此間隔 5 公分。將兩個烤盤放入烤箱。

5 烘烤 7 分鐘後，用木杓將烤箱門卡住，讓門保持微開。讓小泡芙再烤 12 分鐘以上，而折疊派皮（連同泡芙麵糊）烤 18 分鐘。烤好取出在網架上放涼。

6-8 人份
準備時間：**30 分鐘**
靜置時間：**約 40 分鐘**

反折疊派皮（pâte feuilletée inversée）120 克（見 302 頁）
泡芙麵糊（pâte à choux）250 克（見 299 頁）
巧克力卡士達奶油醬 300 克（見 288 頁）

焦糖
細砂糖 250 克
葡萄糖（glucose 又稱水飴）60 克（可於材料行購買）
水 80 毫升

餡料
香草燉梨（poire poché à la vanille）4 顆（見 306 頁）
黑巧克力鮮奶油香醍（crème Chantilly au chocolat noir）200 克（見 286 頁）

6 製作卡士達奶油醬。用 5 號擠花嘴在環形泡芙和每個小泡芙底部都鑽出 2 公分的洞，將巧克力卡士達奶油醬填入裝有 7 號擠花嘴的擠花袋中。將擠花嘴的頂端插入預先鑽好的洞，填滿奶油醬，用剩餘的巧克力卡士達奶油醬在折疊派皮上擠成螺旋狀。

7 製作焦糖。將糖、葡萄糖和水煮沸，煮至 155℃（以烹飪溫度計控制），離火，將平底深鍋底部泡入大碗冰水中。

8 將泡芙頂端浸入焦糖中，再將泡芙擺在不沾烤盤上，蘸有焦糖的那一面朝上。待焦糖固定後，再將泡芙的另一面浸入焦糖，將泡芙旋轉，讓焦糖將泡芙整個包住。接著立刻將泡芙一一緊密地排在環狀泡芙上一周。

9 製作黑巧克力鮮奶油香醍。

10 製作燉梨。將燉梨切成兩半，去籽，在奶油醬上排成圓花飾，鼓起的一端朝上。將黑巧克力鮮奶油香醍填入裝有寬 2 公分的平口擠花嘴的擠花袋中。用鮮奶油香醍在聖托諾雷蛋糕上擠出薔薇花飾。立即享用。

---

6 人份
準備時間：**35 分鐘**
烹調時間：**40 分鐘**
冷藏時間：**20 分鐘**

麵糊
未經加工處理的柳橙 1 顆
奶油 50 克 + 模型用奶油 15 克
蛋 3 顆
細砂糖 150 克
麵粉 150 克
泡打粉 1/2 包（5 克）

餡料
未經加工處理的柳橙 1/2 顆
蛋 2 顆
可可脂含量55%的巧克力200克
奶油 100 克
細砂糖 80 克

浸透用
30℃糖漿 70 毫升（見 292 頁）
君度橙酒（Cointreau）40 毫升
水 20 毫升

裝飾用
未經加工處理的柳橙 2 顆
黑巧克力刨花（見 282 頁）

橘子托托爾
Tortel de naranja

1 烤箱預熱 180℃（熱度 6）。

2 製作麵糊。取下柳橙皮並切成細碎。將柳橙榨汁。在平底深鍋中將奶油加熱至融化，放涼。打 3 顆蛋，將蛋白和蛋黃分開。攪打蛋黃和糖至泛白，加入柳橙皮和柳橙汁，接著是融化的奶油、過篩的麵粉和泡打粉，混合至獲得相當平滑的麵糊。將蛋白攪打成凝固的泡沫狀（尖端直立的硬性發泡）蛋白霜，將蛋白霜輕輕地混入麵糊中。

3 為直徑 22 公分的蒙吉烤模（moule à manqué）塗上奶油，倒入麵糊，烘烤 40 分鐘。用刀尖檢查蛋糕的烘烤情形：抽出時尖端應保持乾燥。在網架上脫模，放涼。

4 製作餡料。取下柳橙皮並切成細碎。打 2 顆蛋，將蛋白和蛋黃分開。用鋸齒刀將巧克力切碎，然後以平底深鍋隔水加熱至融化。離火後加入奶油、糖、柳橙皮和蛋黃。將混合物攪拌至相當平滑。將蛋白攪打成尖端下垂的濕性發泡蛋白霜，混入巧克力的配料中。冷藏凝固 20 分鐘。

5 為了進行裝飾，請去除 2 顆柳橙的外皮，並切成 4 瓣。

6 將蛋糕橫切成 2 塊圓餅。將 30℃的糖漿、君度橙酒和水混合，用毛刷刷在蛋糕體上，鋪上 3/4 的巧克力餡料。再蓋上另一片刷了糖漿的蛋糕體，鋪上剩餘的巧克力餡料，用柳橙瓣在上面裝飾，用黑巧克力刨花裝飾周圍。冷藏，在非常冰涼時享用。

塔與烤麵屑 Les tartes et crumbles

極簡易塔與烤麵屑
Les tartes et crumbles
tout simples

6 人份
準備時間：**15 分鐘**
烹調時間：**17 分鐘**
麵屑靜置時間：**1 小時**

烤麵屑（pâte à crumble）
室溫回軟的奶油 50 克
細砂糖 50 克
杏仁粉 50 克
鹽之花 1 撮
麵粉 50 克

餡料
洋梨（williams 威廉品種）6 個
檸檬汁 1 顆
奶油 40 克
細砂糖 40 克
黑巧克力甘那許（ganache au chocolat noir）300 克（見289頁）

梨香巧克力烤麵屑
Crumble au chocolat et aux poires

1 製作烤麵屑。用指尖攪拌奶油、糖、杏仁粉、鹽和過篩的麵粉。應看起來像是一顆顆的粗粒麵包屑。冷藏保存 1 小時。

2 烤箱預熱 170℃（熱度 5-6）。

3 將麵屑鋪在覆有烤盤紙的烤盤上。放入烤箱烘烤 12 分鐘。

4 製作餡料。將洋梨洗淨並擦乾。不要削皮，切丁，淋上檸檬汁。在平底煎鍋中，以旺火將奶油加熱，放入洋梨丁撒上糖，輕輕混合，煎 5 分鐘，將洋梨煎成金黃色，倒出瀝乾。

5 製作黑巧克力甘那許。將一半甘那許倒入焗烤盤底部，鋪上洋梨丁。倒入剩餘的甘那許，撒上烤好的烤麵屑，即可品嚐。

→ 可以錫蘭肉桂粉或香草籽爲洋梨丁增添芳香。

6 人份
準備時間：**15 分鐘**
烹調時間：**35 分鐘**
麵屑靜置時間：**1 小時**

烤麵屑（pâte à crumble）
見上面「洋梨巧克力烤麵屑」的食譜

餡料
蘋果（玻絲酷大美人品種 belle de boskoop 或寇克斯橙 cox orange 品種）6 顆
檸檬汁 1 顆
香草莢 1 根
可可脂含量55%的巧克力200克

蘋果巧克力烤麵屑
Crumble au chocolat et aux pommes

1 製作烤麵屑，冷藏 1 小時。

2 烤箱預熱 180℃（熱度 6）。

3 製作餡料。將蘋果削皮，切成小丁，放入焗烤盤中，淋上檸檬汁。將香草莢剖開，並刮出香草籽與蘋果丁均勻混合。

4 用鋸齒刀將巧克力切碎，散佈在蘋果上，撒上烤麵屑。放入烤箱烘烤 35 分鐘。出爐時，趁熱享用焗烤盤中的糕點。

→ 您可稍微減少蘋果丁的量，並以香蕉片來取代，同樣淋上檸檬汁以免變黑。

→ 所有的烤麵屑都是在熱呼呼或微溫時最爲美味。

青檸芒果白巧克力烤麵屑
Crumble au chocolat blanc,
aux mangues et au citron vert

1 製作烤麵屑。冷藏保存 1 小時。

2 烤箱預熱 170℃（熱度 5-6）。

3 將麵屑鋪在覆有烤盤紙的烤盤上，放入烤箱烘烤 12 分鐘。

4 製作餡料。將芒果削皮，切除果核，將果肉切成大丁，放入焗烤盤。將綠檸檬洗淨並晾乾。取下檸檬皮，切成細碎，將檸檬榨汁。不要加入油脂，以旺火加熱不沾平底煎鍋，撒上粗粒紅糖和一半的檸檬皮，煎 4 分鐘並輕輕混合，再倒入焗烤盤中的芒果丁上。

5 用鋸齒刀將白巧克力切碎。將鮮奶油和 1 撮的丁香粉及剩餘的檸檬皮煮沸，分 3 次倒在巧克力上，一邊攪拌均勻。將巧克力奶油醬分裝至芒果丁上，撒上烤好的烤麵屑。在微溫時品嚐。

6 人份
準備時間：**15 分鐘**
烹調時間：約 **20 分鐘**
麵屑靜置時間：**1 小時**

烤麵屑（Pâte à crumble）
見 105 頁的「洋梨巧克力烤麵屑」的食譜（步驟 1）

餡料
充分成熟的大芒果 4 顆
未經加工處理的綠檸檬 2 顆
粗粒紅糖 40 克
白巧克力 180 克
液狀鮮奶油 150 毫升
丁香粉（clou de girofle en poudre）1 撮

巧克力巴黎布丁派
Flan parisien au chocolat

1 前一天晚上，製作餡料。用鋸齒刀將巧克力切碎。在平底深鍋中，將水、牛奶和 70 克的糖煮沸。在大碗中混合蛋、剩餘 100 克的糖和布丁粉。摻入一杓煮沸的牛奶，一邊快速攪打，再混入切碎的巧克力混合。混合均勻後再倒回平底深鍋中，再次煮沸，滾 5 分鐘，同時不停地快速攪拌。倒入大碗中，不時攪拌至完全冷卻。在大碗上鋪一張彈性保鮮膜（film étirable）。冷藏保存至隔天。

2 當天，製作油酥麵團，接著為直徑 22 公分的高邊環形蛋糕模塗上奶油（份量外）。將環形蛋糕模擺在鋪有烤盤紙的烤盤上。鋪入擀薄的油酥麵皮，以 5 克麵團按壓麵皮與模型密合，冷凍 30 分鐘。

3 烤箱預熱 170℃（熱度 5-6）。

4 將餡料倒入鋪好油酥麵團的環形蛋糕模，距離邊緣 0.5 公分的高度。放入烤箱烘烤 1 小時。出爐時，在室溫下放至微溫。將環形蛋糕模抽出，在冷卻時享用。

→ 此布丁派的成功與否，取決於 2 個重要的步驟：在前一天晚上製作餡料，因為這可避免餡料在烘烤時溢出模型；當天，將填入麵團的模型在放入烤箱前冷凍 30 分鐘。

6-8 人份
前一天晚上開始準備
準備時間：**15 + 10 分鐘**
烹調時間：約 **1 小時**
冷凍時間：**30 分鐘**

餡料
可可脂含量70%的巧克力250克
礦泉水 500 毫升
全脂牛奶 500 毫升
細砂糖 170 克
蛋 5 顆
布丁粉（poudre à flan）60 克

麵團
油酥麵團（pâte brisée）300 克
（見 298 頁）+ 模型用麵團 5 克

青檸芒果白巧克力烤麵屑
Crumble au chocolat blanc,
aux mangues et au citron vert

波特無花果巧克力塔
Tarte au chocolat, aux figues et au porto

1 前一天晚上，製作油酥麵團。將奶油切塊。將糖粉、杏仁粉、可可粉和麵粉分別過篩。用備有金屬刀的食物料理機以最高速攪拌奶油，當奶油形成乳霜狀時，一邊以最小速度攪拌，一邊加入糖粉、杏仁粉、鹽、蛋，再混入可可粉。當材料攪拌均勻後，分 3-4 次加入麵粉，只需攪拌幾秒就會形成濕軟的麵糊。從電動攪拌器中取出，收攏成團狀。分成 3 等份，將 2 塊麵團冷凍起來（可保存 1 個月），將第 3 塊以彈性保鮮膜包起，冷藏靜置至隔天。

2 同樣在前一天晚上，製作波特酒燉無花果。沖洗水果並晾乾，去梗。用刀將每顆無花果縱切成 4 塊。沖洗柳橙和檸檬並擦乾，從半顆柳橙和檸檬上取下寬帶狀的果皮。在煎炒鍋（sauteuse）中將波特酒和檸檬皮、柳橙皮、糖、胡椒及肉桂煮沸。加入無花果，以文火煮 5 分鐘，將平底深鍋離火，放涼。冷藏浸漬至隔天。

3 當天，烤箱預熱 180℃（熱度 6）。

4 將環形蛋糕模擺在鋪有烤盤紙的烤盤上，塗上奶油。在撒上麵粉的工作檯上將麵團擀成 2 至 4 公釐的厚度，邊擀邊用擀麵棍將麵皮稍微提起，並撒上麵粉以免沾黏。將麵皮放入環形蛋糕模中，用叉齒在底部戳洞，冷藏靜置 30 分鐘。在麵團上放上 1 張烤盤紙，填入乾豆粒。放入烤箱烘烤 25 分鐘。將紙連豆粒一起移除，再烘烤約 5 分鐘。塔底應變硬且呈現褐色，取出在網架上放涼。

5 製作醬汁。用漏杓取出糖漬無花果，晾乾。將糖漿煮沸，收乾至獲得約 60 毫升的糖漿，接著離火，倒入大碗中。用電動攪拌器攪拌覆盆子和糖，將果汁過篩，混入濃縮的糖漿，將醬汁保存在室溫下。

6 製作黑巧克力甘那許。

7 為了呈現出花的形狀，請另取 1 顆無花果（份量外）切成 4 瓣，保留梗將無花果打開形成花冠。將其他的無花果各切成 8 片。

8 將巧克力甘那許淋在烤好的塔底表面，只要淋上一層即可。擺上無花果片，再倒上剩餘的甘那許，讓甘那許冷藏凝固 30 分鐘。

9 享用前，讓塔置於室溫下。以花冠狀的整顆無花果裝飾中央。搭配覆盆子醬汁享用。

→ 您可使用底部可拆卸的不沾塔模來取代環形蛋糕模。

8 人份
前一天晚上開始準備
準備時間：**10 + 20** 分鐘
烹調時間：約 **50** 分鐘
冷藏時間：**1** 小時

巧克力油酥麵團（pâte brisée au chocolat）（可製成 3 個直徑 24 公分的塔底）
室溫回軟的奶油 300 克 +
環形蛋糕模用奶油 5 克
糖粉 60 克
杏仁粉 105 克
可可粉 50 克
麵粉 385 克 + 工作檯用麵粉 30 克
鹽 2 克
蛋 3 顆

**波特酒燉無花果
（figues cuites au porto）**
黑無花果（figue noire）8 個
未經加工處理的檸檬 1/2 顆
未經加工處理的柳橙 1/2 顆
紅波特酒（porto rouge）
500 毫升
細砂糖 60 克
黑胡椒 6 粒
錫蘭肉桂棒 1 根

醬汁（sauce）
覆盆子 110 克
細砂糖 30 克

餡料
黑巧克力甘那許 445 克
（見 289 頁）

8 人份
準備時間：35 分鐘
靜置時間：2 小時
烹調時間：40 分鐘

1 公斤的油酥麵團（pâte brisée）（可製成 4 個 24 或 26 公分的塔）
室溫回軟的奶油 375 克
蛋黃 1 個
牛奶（室溫）100 毫升
鹽之花平平的 2 小匙
細砂糖平平的 2 小匙
低筋麵粉（45 號麵粉）500 克

香草燉梨 6 個（見 306 頁）
可可脂含量55%的巧克力225克
糖 75 克
蛋（大型）1 顆
蛋黃 3 個
融化的奶油 150 克
杏仁片 25 克

洋梨巧克力塔
Tarte au chocolat et aux poires

1 製作油酥麵團。在大碗中將奶油分成小塊，用木杓快速攪拌。在另一個碗中混合蛋黃、牛奶、鹽和糖，倒入奶油中，規律地攪拌。混入過篩的麵粉並快速搓揉成團。將麵團擺在撒上麵粉的工作檯上，用掌心壓扁並揉捏，收攏成團狀並重複同樣的步驟。將麵團分成 4 等份，將 2 塊稍微壓扁，然後分別用彈性保鮮膜包起，冷藏靜置 2 小時。您可將用不到的 2 塊麵團包好冷凍起來（可保存約 1 個月）。

2 烤箱預熱 180℃（熱度 6）。

3 製作燉梨。切成兩半，然後挖去果核。

4 將油酥麵團擀成 2-3 公分的厚度，填入 26 公分的塔模中。蓋上 1 張直徑 30 公分的圓形烤盤紙，並放上乾豆粒，烘烤 20 分鐘。

5 用鋸齒刀將巧克力切碎，然後以平底深鍋隔水加熱至融化。用手動攪拌器混合糖、蛋和蛋黃，倒入巧克力中再加入融化的奶油。

6 將一半的混合物倒入預先烤好的塔內，然後擺上一半的洋梨，鼓起的面朝上，再蓋上剩餘的巧克力混合物，續烤 20 分鐘。

7 用杏仁片為塔進行裝飾。

6-8 人份
準備時間：20 分鐘
烹調時間：約 8 分鐘
冷藏時間：1 小時

塔底（fond de tarte）
以巧克力油酥麵團，製作直徑 24 公分的塔皮 1 個，並烘烤完成（見前頁的「波特無花果巧克力塔」食譜）

餡料
牛奶巧克力甘那許 300 克
（見 289 頁）
液狀鮮奶油 250 毫升
細砂糖 150 克
核桃仁（cerneau de noix）
200 克
鹽之花 2 撮

牛奶巧克力格勒諾伯塔
Tarte grenobloise au chocolat au lait

1 製作塔底和餡料中的牛奶巧克力甘那許。

2 再製作餡料中的核桃焦糖。將鮮奶油煮沸，離火保溫。在厚底平底深鍋中撒上 2 匙的糖，開火，當糖開始融化並變色時，用木杓攪拌至形成焦糖，1 匙 1 匙地加入剩餘的糖並重複同樣的步驟，全程都要持續攪拌，直到形成琥珀色的焦糖。請當心濺出的滾燙液體，將保溫的鮮奶油倒入並一邊攪拌。煮滾 2 分鐘，離火，立刻混入約略切碎的核桃仁和鹽，以焦糖將核桃碎包覆起來。

3 將甘那許倒入烤好的塔底，冷藏凝固 1 小時。將焦糖核仁鋪在甘那許的整個表面，用軟抹刀輕輕抹平。享用前請保存在室溫下。

娜拉塔
Tarte de Nayla

1 製作麵團。將麵粉和可可粉過篩。用備有金屬刀的食物料理機以最高速攪拌奶油，奶油變得滑順時加入糖，攪拌至均勻混合。再加入麵粉和可可粉，同時以慢速攪拌。取出用掌心收攏麵團，壓扁，讓麵團變得均勻，再整形成圓團狀。冷藏靜置 2 小時。

2 製作甘那許。用鋸齒刀將巧克力切碎，放入大碗中。將鮮奶油煮沸。將奶油切成 8 塊。在另一個大碗中，用軟抹刀將奶油攪拌成極軟的乳霜狀。用手動攪拌器輕輕混合熱的鮮奶油與巧克力，直到變得平滑且滑順。將大碗置於室溫下 5 分鐘，然後逐漸混入奶油塊，將甘那許存放在室溫下。

3 烤箱預熱 180°C（熱度 6）。

4 爲直徑 26 公分的環形蛋糕模塗上奶油，擺在鋪有烤盤紙的烤盤上。在撒有麵粉的工作檯上將麵團擀成 7 公釐的厚度，放入環形蛋糕模中，用叉齒在底部戳洞，冷藏靜置 30 分鐘。在麵皮上鋪 1 張烤盤紙並放上乾豆粒，入烤箱烘烤 30-35 分鐘，然後將紙連豆粒一起移除，在網架上放涼。

5 將甘那許倒入塔底，冷藏凝固 30 分鐘後品嚐。

8-10 人份
準備時間：**15** 分鐘
烹調時間：約 **40** 分鐘
冷藏時間：**1** 小時
麵團靜置時間：**2** 小時

麵團
麵粉 280 克 + 工作檯用麵粉 30 克
可可粉 40 克
室溫回軟的含鹽奶油 200 克 + 蛋糕模用無鹽奶油 5 克
細砂糖 100 克

甘那許
可可脂含量 70% 的黑巧克力 450 克
液狀鮮奶油 500 毫升
室溫回軟的奶油 110 克

N. Audi
Pâtissière (Beyrouth)
糕點師傅（貝洪 Beyrouth）

香蕉巧克力溫塔
Tarte tiéde au chocolat et à la banane

1 烤箱預熱 180°C（熱度 6）。製作甜酥麵團。

2 爲直徑 22 公分的環形蛋糕模塗上奶油，擺在鋪有烤盤紙的烤盤上。將麵團擀成麵皮，放入環形蛋糕模中，用叉齒在底部戳洞，冷藏靜置 30 分鐘。鋪上 1 張烤盤紙並放入乾豆粒，烘烤 15 分鐘，將紙連豆子一起移除，然後在網架上放涼。

3 製作餡料。將葡萄乾和蘭姆酒及水一起煮沸，攪拌 2 分鐘，離火。浸漬 2 小時。在烤盤上鋪上 1 張烤盤紙。將香蕉剝皮並斜切成 3 公釐厚的薄片，放入檸檬汁中。在平底煎鍋中，以旺火將奶油加熱，將香蕉片煎至金黃，撒上糖，再用胡椒粉和塔巴斯科辣椒醬調味，鋪在烤盤紙上，以吸水紙擦乾備用。

4 製作巧克力奶油醬。用鋸齒刀將巧克力切碎，然後以平底深鍋隔水加熱至融化。用另一個平底深鍋將奶油加熱至融化。

6 人份
準備時間：**25** 分鐘
烹調時間：約 **35** 分鐘
冷藏時間：**30** 分鐘
浸漬時間：**2** 小時

麵團
甜酥麵團（pâte sucrée）250 克（見 304 頁）+ 蛋糕模用奶油 5 克

餡料
金黃葡萄乾 60 克
棕色蘭姆酒 60 毫升
水 80 毫升
香蕉（大）1 根
檸檬汁 20 毫升
奶油 20 克
細砂糖 60 克
黑胡椒粉研磨器轉 2 圈
塔巴斯科辣椒水（Tabasco）4 滴

→

→ 巧克力奶油醬
(crème au chocolat)
可可脂含量 70% 的黑巧克力
140 克
奶油 115 克
蛋 1 顆
蛋黃 3 個
細砂糖 60 克

6 人份
準備時間：30 分鐘
烹調時間：約 40 分鐘
冷藏時間：30 分鐘

麵團
甜酥麵團（pâte sucrée）250 克
（見 304 頁）＋ 蛋糕模用奶油
5 克

餡料
能多益榛果巧克力醬
（Nutella®）150 克
可可脂含量 55% 的巧克力
150 克
奶油 150 克
蛋 1 顆
蛋黃 2 個
細砂糖 20 克

修飾用
柳橙柑橘醬（marmelade
d'orange）100 克
去殼榛果 60 克
能多益榛果巧克力醬
（Nutella®）80 克

F. e. Grasser-Hermé
Écrivain cuisinière (Paris)
料理作家（巴黎）

5 輕輕攪打蛋和糖，用軟抹刀混入融化的巧克力，同時不停攪拌，接著加入奶油拌勻。

6 將葡萄乾瀝乾。在預先烤好的塔底撒上葡萄乾和香蕉薄片（預留幾片作為裝飾）。從上方倒入巧克力奶油醬，放入烤箱烘烤 12 至 15 分鐘，不要烤太久，表面應變成淡褐色。將塔從烤箱中取出，移去環形蛋糕模，用預留的香蕉薄片在塔中央進行裝飾。即刻品嚐。

能多益巧克力溫塔
Tarte tiéde au chocolat et au Nutella

1 製作甜酥麵團。

2 烤箱預熱 180℃（熱度 6）。

3 為直徑 22 公分的環形蛋糕模塗上奶油，擺在鋪有烤盤紙的烤盤上。將甜酥麵團擀成麵皮，放入環形蛋糕模中，用叉齒在底部戳洞，冷藏靜置 30 分鐘。

4 鋪上 1 張烤盤紙並放入乾豆粒，烘烤 15 分鐘，將紙連豆子一起移除。在網架上放涼。

5 將烤箱溫度調為 170℃（熱度 5-6）

6 製作餡料。在冷卻的塔底鋪上 1 層 2 公釐厚的能多益榛果巧克力醬。用鋸齒刀將巧克力切碎，然後以平底深鍋隔水加熱至融化。用另一個平底深鍋將奶油加熱至融化。攪打蛋和糖，用木杓輕輕混入融化的巧克力，接著是奶油。將奶油醬倒在能多益榛果巧克力醬上，放入烤箱烘烤 10 分鐘，在室溫下放涼。

7 將烤箱溫度調為 150℃（熱度 5）。

8 在烤盤上撒上榛果，放入烤箱烘烤 10 分鐘，從烤箱中取出，放入布巾中，摩擦去皮，再搗碎成小塊。

9 將環形蛋糕模移除，將塔放入餐盤，在塔面鋪上柳橙柑橘醬，撒上烘烤過的榛果，用裝有能多益榛果巧克力醬的圓椎形紙袋，在整個塔的表面畫出線條。即可品嚐。

> **Les senteurs mêlées du chocolat, de la vanille, du cuivre chauffé et de la cannelle sont enivrantes, puissamment suggestives ; l'âcre odeur terreuse des Amériques, le brûlant résineux de la forêt tropicale.C'est ainsi que je voyage à présent, comme les Aztèques dans leurs rituels sacrés.**
>
> 巧克力、香草、加熱的銅和肉桂混雜的香氣醉人，極具魅力；
> 美洲泥土辛辣的氣味、熱帶森林炙手可熱的樹脂。
> 我目前就是為此而旅行，就如同阿茲提克人
> 進行他們神聖的儀式一樣。
>
> 〔瓊 • 哈里斯 Joan Harris，巧克力 *Chocolat*，1999 年〕

巧克力百香迷你塔
Tartelette passionnément chocolat

1 烤箱預熱 180℃（熱度 6）。

2 將甜酥麵團擀成約 2 公釐的厚度，並用碗裁成直徑 8 公分的圓形麵皮。冷藏 30 分鐘。

3 為直徑 8 公分的迷你塔模塗上奶油，鋪入甜酥麵團麵皮，在這些圓餅上蓋上直徑 12 公分，約高出模型 2 公分的烤盤紙，並放入乾豆粒。入烤箱烘烤 22 分鐘。

4 在網架上為迷你塔脫模。

5 將杏桃切成 8 公釐的小丁，以檸檬汁和黑胡椒粉調味。

6 製作百香果甘那許。用鋸齒刀將巧克力切碎，以平底深鍋隔水加熱至融化。將百香果切成兩半，在網篩上刮下果肉，下方以大碗盛接果汁。將一半的百香果汁混入半融的巧克力中，用木杓從中央開始攪拌，逐漸將動作加大，混入另一半並再度攪拌。加入奶油，讓奶油融化後再混合。

7 在迷你塔底淋上一層甘那許，接著擺上一半的杏桃丁，再蓋上第二層的甘那許，冷藏 30 分鐘。用另一半的杏桃丁進行裝飾。在室溫下享用。

8 個迷你塔
準備時間：**30 分鐘**
冷藏時間：**1 小時**
烹調時間：約 **25 分鐘**

甜酥麵團（pâte sucrée）300 克
（見 304 頁）
軟杏桃乾 160 克
檸檬汁 1 顆
黑胡椒粉

百香果甘那許（ganache au fruit de la Passion）
牛奶巧克力 300 克
百香果 6 顆
室溫回軟的奶油 50 克

覆盆子巧克力溫迷你塔
Tartelettes tièdes au chocolat et aux framboises

1 烤箱預熱 180℃（熱度 6）。

2 將甜酥麵團擀成約 2 公釐的厚度，並用直徑 8 公分的碗裁成圓形餅皮，冷藏 30 分鐘。

3 為直徑 8 公分的迷你塔模塗上奶油，鋪入甜酥麵團麵皮。在這些圓餅上鋪上直徑 12 公分，高出模型 2 公分的烤盤紙，並放入乾豆粒。入烤箱烘烤 15 分鐘。

4 製作甘那許。用鋸齒刀將巧克力切碎，然後以平底深鍋隔水加熱至融化。用手動攪拌器混合糖、蛋和蛋黃，接著加入融化的巧克力和融化的奶油。

5 在烤盤上為迷你塔脫模，並在每個迷你塔上擺 5 顆覆盆子，倒入甘那許。

6 將烤盤放入烤箱烘烤 8 分鐘。

7 出爐後為迷你塔篩上糖粉，並在每個迷你塔上擺 3 顆覆盆子。在微溫時享用。

8 個迷你塔
準備時間：**45 分鐘**
烹調時間：約 **25 分鐘**

甜酥麵團（pâte sucrée）300 克
（見 304 頁）
覆盆子 250 克
糖粉

甘那許
可可脂含量 60% 的巧克力
225 克
細砂糖 75 克
大型蛋 1 顆
蛋黃 3 個
融化奶油 150 克

巧克力百香迷你塔
Tartelette passionnément chocolat

" 令人驚豔的塔與烤麵屑
Les tartes et crumbles
pour impressionner "

番茄草莓巧克力烤麵屑
Crumble au chocolat, fraises et aux tomates

1 製作烤麵屑，同時混入可可粉。冷藏保存 1 小時。

2 烤箱預熱 170℃（熱度 5-6）。

3 將麵糊屑鋪在覆有烤盤紙的烤盤上，放入烤箱烘烤 12 分鐘。

4 將烤箱溫度調爲 180℃（熱度 6）。

5 製作餡料。將番茄洗淨並晾乾，切成兩半，在煎炒鍋（sauteuse）中，以中火熱油，煎番茄和糖。當烹飪的湯汁完全收乾時，以黑胡椒粉和紅椒粉調味。淋上醋，再煮幾分鐘，讓醋蒸發掉，混合均勻。將番茄倒入焗烤盤中。

6 將 500 克的草莓洗淨（用毛刷或吸水紙），去梗，切成兩半，撒上糖。將草莓埋入 5 的番茄裡，放入烤箱烘烤 30 分鐘。濾出收集烘烤過後所產生的湯汁，將湯汁收乾至呈現糖漿狀，倒回草莓番茄裡，放涼。

7 製作巧克力草莓泥。將吉力丁置於冷水中軟化。將 130 克的草莓洗淨、去梗。用磨泥器（moulin à légumes）將草莓磨成果泥後過濾。用鋸齒刀將巧克力切碎。將吉力丁瀝乾。將水、吉力丁和草莓泥煮沸。分 3 次倒在巧克力上，一邊攪拌。放至微溫，然後倒在番茄上。

8 冷藏保存至品嚐的時刻。在最後一刻撒上烤好的烤麵屑並篩上可可粉。

6 人份
準備時間：**30 分鐘**
烹調時間：**約 1 小時**
麵屑靜置時間：**1 小時**

烤麵屑（pâte à crumble）
見 105 頁的「梨香巧克力烤麵屑」食譜（步驟 1）＋
可可粉 10 克

餡料
成熟番茄 1.2 公斤
橄欖油 30 毫升
細砂糖 100 克
黑胡椒粉研磨器轉 7 圈
艾斯伯雷紅椒
（piment d'Espelette）粉 3 撮
陳年葡萄酒醋（vinaigre balsamique）3 大匙
草莓 500 克
細砂糖 100 克

**巧克力草莓泥
（purée de fraise au chocolat）**
吉力丁 1 片（2 克）
草莓 130 克
可可脂含量 60% 的黑巧克力 180 克
水 120 毫升

修飾用
可可粉

青檸巧克力塔
Tarte au chocolat et au citron vert

1 製作烤塔底、巧克力蛋糕體和烤麵屑。

2 在壓力鍋（Cocotte-Minute）中將水和糖煮沸，浸入檸檬，蓋上蓋子。以旺火加熱，升壓後續煮 6 分鐘。用冷水將壓力鍋冷卻，然後將檸檬取出，瀝乾，切去兩端，將檸檬冷凍 2 小時。

3 烤箱預熱 180℃（熱度 6）。

6 人份
準備時間：**25 分鐘**
烹調時間：**25 分鐘**
冷凍時間：**2 小時**

以直徑 24 公分的甜酥麵團（pâte sucrée）烘烤而成的塔底 1 個（見 304 頁）

無麵粉巧克力蛋糕體麵糊 80 克（見 297 頁）

→

→ **烤麵屑**
見 105 頁的「梨香巧克力烤麵屑」食譜（步驟 1）

軟檸檬（citron moelleux）
水 350 毫升
細砂糖 35 克
末經加工處理的黃檸檬 1 顆

青檸甘那許
（ganache au citron vert）
液狀鮮奶油 180 毫升
可可脂含量 60-64% 的巧克力
180 克
青檸檬汁 40 毫升
糖 20 克
奶油 70 克

4 製作青檸甘那許。將鮮奶油煮沸。用鋸齒刀將巧克力切碎，離火，分 3 次將鮮奶油倒入巧克力中，一邊輕輕攪打。混入青檸汁、糖和切成小塊狀的奶油，輕輕混合均勻。

5 將烤麵屑鋪在覆有烤盤紙的烤盤上，放入烤箱烘烤 15 分鐘。

6 提前 10 分鐘將檸檬從冷凍庫中取出。用蔬果刨刀（mandoline）刨成薄片。在烤好的塔底填入 1/3 的甘那許，放上幾片檸檬薄片，將剩餘的檸檬片切成細條。將巧克力蛋糕體擺在甘那許上，再蓋上剩餘的甘那許，撒上烤麵屑和檸檬條，冷藏保存。在享用前 1 小時將塔從冰箱中取出。

---

6 人份
前一天晚上開始準備
準備時間：15 ＋ 20 分鐘
烹調時間：約 35 分鐘
冷藏時間：30 分鐘

麵團
小麥麵粉（Farine de blé）
250 克 ＋ 工作檯用麵粉 20 克
鹽 1 撮
榛果粉 50 克
室溫回軟的奶油 150 克 ＋
模型用奶油 5 克
糖粉 100 克
帕林內（pralin）或杏仁膏（pâte pralinée）25 克（在烘焙材料店中購買）
蛋 1 顆

餡料
可可脂含量 66% 的黑巧克力
30 克
牛奶巧克力 110 克
全脂牛奶 100 毫升
茉莉花茶 5 克
奶油 30 克
白桃 3 顆
檸檬汁 1/2 顆
蛋 1 顆

裝飾用
覆盆子 100 克

Ch. Ferber
Maison Ferber（Niedermorschwihr）
費貝之家（莫施威爾）

茉香蜜桃巧克力塔
Tarte au chocolat, au thé au jasmin et aux pêches

1 前一天晚上，製作麵團。在工作檯上將麵粉過篩，挖出凹槽，在邊緣撒上 1 撮鹽和榛果粉。在凹槽中擺上奶油、糖粉和帕林內，用指尖混合奶油、糖粉和帕林內，直到形成滑順的奶油醬。將麵粉一點一點地帶入中央的凹槽，輕輕地摩擦這混合物，直到形成如沙子般的質地。再度挖出凹槽。在碗中攪打蛋，倒入凹槽中，輕輕搓揉麵團但別過度施力。將麵團滾成圓團狀，用彈性保鮮膜包起，冷藏保存至隔天。

2 當天，為直徑 26 公分、高 3 公分且底部可拆卸的塔模塗上奶油。將麵團擀成麵皮放入，用叉齒在底部戳洞，冷藏保存 30 分鐘。

3 製作餡料。用鋸齒刀將巧克力切碎。將牛奶煮沸，倒在茶上，浸泡 3 分鐘，將牛奶過濾再次煮沸後離火，倒在切碎的巧克力上，一邊用攪拌器輕輕混合，混入切成小塊的奶油，一邊輕輕攪拌成為巧克力甘那許。將桃子泡在沸水中 1 分鐘，瀝乾，泡在裝有冰水的容器中，再剝皮。切成小丁，淋上檸檬汁。

4 烤箱預熱 180℃（熱度 6）。將塔底放入烤箱烘烤 10 分鐘。在碗中攪打蛋。將塔從烤箱中取出，在塔底和邊緣刷上蛋汁，再烘烤約 8 分鐘。將塔脫模，置於網架上冷卻。

5 將巧克力甘那許的 1/4 倒入冷卻的塔底，撒上瀝乾的桃子丁，再倒入剩餘的甘那許，冷藏至凝固。用覆盆子在上面進行裝飾，將塔冷藏保存，並在享用前 1 小時取出。

巧克力軟心塔
Tarte moelleuse au chocolat

1 製作麵團。在裝有金屬刀的食物料理機容器中,將奶油和鹽攪拌成膏狀,混入過篩的糖粉、香草粉、蛋和蛋黃,並分 2 次加入過篩的麵粉。將麵團取出整型成團狀,冷藏保存 2 小時。

2 烤箱預熱 180℃(熱度 6)。

3 爲直徑 24 公分的環形蛋糕模塗上奶油。擺在鋪有烤盤紙的烤盤上。將麵團擀成麵皮,鋪入環形蛋糕模中,並讓麵皮超出環形蛋糕模高度 1 公分。在上面放上 1 張高出邊緣的烤盤紙,並放上乾豆粒。放入烤箱烘烤 15 分鐘。出爐時,將乾豆粒取出,並用小刀切去麵皮多餘的部分。不要關掉烤箱。

4 製作甘那許。用鋸齒刀將巧克力切碎。將鮮奶油煮沸,倒在切碎的巧克力上並輕輕混合。稍微攪打牛奶和蛋,混入巧克力鮮奶油中,巧克力鮮奶油應達 35℃(以烹飪溫度控制),混合均勻成爲甘那許。

5 將甘那許倒入熱塔底,將烤箱關掉,將塔放入已關掉但仍溫熱的烤箱烘烤 10 分鐘。取出放涼,將環形蛋糕模移除。

---

6 人份
準備時間:**15 分鐘**
烹調時間:**約 35 分鐘**
靜置時間:**2 小時**

麵團
室溫回軟的奶油 125 克 +
蛋糕模用奶油 5 克
精鹽 1 撮
糖粉 115 克
香草粉 2 克
蛋 1 顆
蛋黃 4 個
麵粉 300 克

甘那許
可可脂含量 50% 的黑巧克力 250 克
液狀鮮奶油 250 毫升
全脂牛奶 100 毫升
蛋 1 顆

Ph. Gobet
Meilleur Ouvrier de France en cuisine
「MOF 法國最佳料理職人」

陳年葡萄酒醋覆盆子巧克力塔
Tarte au chocolat, aux framboises
et au vinaigre balsamique

1 爲直徑 22 公分的環形蛋糕模塗上奶油。填入擀成麵皮的甜酥麵團,用叉齒在麵糊底部戳洞,冷藏保存 30 分鐘。

2 烤箱預熱 180℃(熱度 6)。

3 製作餡料。將鮮奶油煮沸。用果汁機將覆盆子打汁,將覆盆子煮沸。用鋸齒刀將巧克力切碎,然後以平底深鍋隔水加熱至融化,離火。將鮮奶油倒在巧克力上,混合,接著混入覆盆子汁,再次混合。當配料變得平滑時,加入切成小塊的奶油。

4 在冷卻的塔底上鋪上 1 張高出模型的烤盤紙,倒入乾豆粒,放入烤箱烘烤 17 分鐘,將紙連同乾豆粒一起取出。

5 爲塔底脫模,在網架上放涼。

6 將餡料倒入塔底。將覆盆子稍微烘烤一下,小凹洞朝上。將塔冷藏保存,並在享用前 1 小時取出。在最後一刻,用滴管或小湯匙爲覆盆子的小洞填入幾滴陳年葡萄酒醋。

---

6 人份
準備時間:**15 分鐘**
烹調時間:**20 分鐘**
冷藏時間:**30 分鐘**

甜酥麵團(pâte sucrée) 250 克
(見 304 頁)
模型用奶油 5 克

餡料
液狀鮮奶油 100 毫升
覆盆子 125 克
可可脂含量 64% 的黑巧克力 135 克
室溫回軟的奶油 35 克

修飾用
覆盆子 150 克
陳年葡萄酒醋 20 毫升

Thierry Mulhaupt
Pâtisserie Thierry Mulhaupt (Strasbourg)
第爾希 • 穆羅糕點店(史特拉斯堡)

陳年葡萄酒醋覆盆子巧克力塔
**Tarte au chocolat, aux framboises
et au vinaigre balsamique**

烤鳳梨牛奶巧克力塔
Tarte au chocolat au lait et à l'ananas rôti

1 前一天晚上，製作香草糖漿。在厚底平底深鍋中以中火將糖煮成焦糖。將香草莢剖成兩半，用刀尖取籽，將香草莢再切成兩半。將胡椒粒壓碎。30 克的香蕉壓成泥。

2 當焦糖呈現深琥珀色時，加入香草莢、籽、胡椒和新鮮薑薄片，5 秒後倒入水，將糖漿煮沸，加入 3 匙的香蕉泥，混合。再將其餘果泥倒入糖漿中並加入蘭姆酒，離火，浸泡至隔天。

3 當天，烤箱預熱 180℃（熱度 6）。為直徑 24 公分的環形蛋糕模塗上奶油，擺在鋪有烤盤紙的烤盤上。將麵團擀成麵皮，放入環形蛋糕模中，用叉齒在底部戳洞，冷藏保存 30 分鐘。在麵皮上放上 1 張高出模型的烤盤紙，並放上乾豆粒，入烤箱烘烤 20 分鐘。將紙連同乾豆粒一塊兒移除。

4 將烤箱溫度調為 230℃（熱度 7-8）。

5 製作鳳梨餡料。將鳳梨削皮並去「釘」狀的黑色籽。將香草莢切成兩半，用香草莢貫穿鳳梨，並擺在焗烤盤中。用網篩過濾香草糖漿，淋在鳳梨上。放入烤箱烘烤 1 小時，經常淋上糖漿，並再翻一次面。取出放涼。將烤盤中的湯汁濃縮至呈現糖漿狀。將鳳梨剖成兩半，去掉硬的鳳梨芯，切成半圓片，接著再將每個半片裁成 4 塊，淋上濃縮湯汁。

6 將烤箱溫度調為 240℃（熱度 8）。

7 製作裝飾。用剪刀將薄派皮（Pâte à filo）裁成 4 個長條，接著再裁成 4 塊，將每塊折疊起來，用濕潤的指尖捏緊其中一端以形成扇形，擺在覆有烤盤紙的烤盤上。篩上糖粉，放入烤箱烘烤 3 分鐘。放涼。

8 製作牛奶巧克力甘那許。將糖漬薑切成約 2 至 3 公釐的小丁，混入甘那許中。

9 將環形蛋糕模移除。將甘那許倒在塔上並加以冷藏。享用前 1 小時取出。擺上鳳梨塊，形成薔薇花的形狀，並以扇形的薄派皮進行裝飾。

〔見 120 頁 Pierre Hermé 的最愛〕

→ 若您不打算立刻享用這道塔，請於最後一刻再將鳳梨塊擺在甘那許上。

→ 為使味道和諧，請仔細遵照所指示的香草、薑和牙買加胡椒的份量製作。

---

6 人份
前一天晚上開始準備
準備時間：**10 + 30 分鐘**
烹調時間：約 **1 小時 45 分鐘**
冷藏時間：**30 分鐘**

甜酥麵團（pâte sucrée）250 克
（見 304 頁）
環形蛋糕模用奶油 5 克

焦糖香草糖漿
(sirop à la vanille)
細砂糖 125 克
香草莢 1 根
新鮮薑薄片 6 片
牙買加胡椒（piment de la
Jamaïque）3 粒
香蕉 1 根
水 220 毫升
棕色蘭姆酒 1 大匙

烤鳳梨（ananas rôti）
成熟但棻實的鳳梨 1 顆
（約 1.2 公斤）
香草莢 2 根

甘那許
裝填用牛奶巧克力甘那許
450 克（見 289 頁）
糖漬薑塊 45 克（可於亞洲食品
雜貨店中找到）

裝飾用（可隨意）
薄派皮（Pâte à filo）1 片
糖粉

牛奶巧克力酥塔
Tarte craquante au chocolat au lait

1 製作焦糖餡料。將糖倒入厚底的平底深鍋中，當糖的顏色變深時，加入葡萄糖，煮至形成帶漂亮琥珀色的焦糖。再加入奶油，接著是鮮奶油，並請當心濺出的滾燙液體。用力攪拌，煮沸時，再煮 2 分鐘，但不要超過，離火，倒入大碗中，保存於室溫下。

2 將牛軋糖敲成碎屑。用擀麵棍將花生約略壓碎。

3 製作牛奶巧克力甘那許。用鋸齒刀將巧克力切碎，將鮮奶油煮沸，分 3 次倒在巧克力上並輕輕混合。

4 將焦糖倒在烤好的塔底內，撒上牛軋糖碎片和搗碎的花生，冷藏凝固 30 分鐘。將甘那許填入塔中至與邊緣齊平，再冷藏 30 分鐘。當甘那許凝固時，將塔存放於室溫下後享用。

咖啡拉古納塔
Tarte Laguna au café

1 製作咖啡鮮奶油香醍。先將吉力丁放入裝有冷水的碗中軟化。將鮮奶油和過篩的糖粉、即溶咖啡和咖啡精煮沸。將吉力丁瀝乾，混入煮沸的奶油醬中，混合，放涼後冷藏 4 小時備用。

2 製作甜酥麵團，接著為直徑 24 公分且底部可拆卸的塔模刷上奶油。放入擀薄的甜酥麵皮，用叉齒在底部戳洞，冷藏保存 30 分鐘。

3 烤箱預熱 180℃（熱度 6）。

4 製作餡料。將鮮奶油和即溶咖啡煮沸。用鋸齒刀將巧克力切碎並放入大碗中。將鮮奶油倒入混合，再混入切成小塊的奶油，再次混合放涼。當混合物冷卻時，混入蛋，並攪拌至整體變得平滑。

5 在麵皮上鋪上 1 張高出模型的烤盤紙，倒入乾豆粒，放入烤箱烘烤 20 分鐘。

6 將紙連同乾豆粒一起取出，將塔底脫模，在網架上放涼。

7 將烤箱溫度調為 120℃（熱度 4）。

8 將餡料倒入塔底，放入烤箱烘烤 30 分鐘，在網架上脫模並放涼。

9 將另一個大碗冷凍冰鎮 15 分鐘，在冰鎮過的大碗中將準備好的 1 攪打成凝固的鮮奶油香醍。填入裝有「吉布斯特 chiboust」擠花嘴（或極大的星形擠花嘴）的擠花袋中，在塔上擠出 1 個環狀花飾。將咖啡豆搗碎，撒在鮮奶油香醍上，篩上糖粉和可可粉，立即享用。

---

8 人份
準備時間：**30 分鐘**
烹調時間：約 **10 分鐘**
冷藏時間：**1 小時**

以甜酥麵團烘烤成直徑
24 公分的塔底 1 個（見 304 頁）

軟焦糖餡料（garniture au caramel moelleux）
細砂糖 100 克
葡萄糖（glucose 又稱水飴）
20 克（於材料行購買）
半鹽奶油（beurre demi-sel）
20 克
液狀鮮奶油 100 毫升
軟牛軋糖（nougat tendre）60 克
鹽味烤花生 60 克

牛奶巧克力甘那許
牛奶巧克力 480 克
液狀鮮奶油 300 毫升

---

6 人份
準備時間：**35 分鐘**
烹調時間：**1 小時**
冷藏時間：**4 小時 + 30 分鐘**

甜酥麵團 250 克（見 304 頁）
模型用奶油 10 克

咖啡鮮奶油香醍
（chantilly au café）
吉力丁 1/2 片（1 克）
液狀鮮奶油 250 毫升
糖粉 15 克
即溶咖啡 2 大匙
咖啡精 1 大匙

餡料
液狀鮮奶油 300 毫升
即溶咖啡 3 大匙
可可脂含量 60% 的黑巧克力
350 克
奶油 20 克
蛋 3 顆

裝飾用
烘焙咖啡豆
可可粉
糖粉

F. Raimbault
Restaurant l'Oasis
(Mandelieu-la-Napoule)

綠洲餐廳與商店（曼德琉‧拉‧那波樂）

烤鳳梨牛奶巧克力塔
**Tarte au chocolat
au lait et à l'ananas rôti**
《我用鳳梨多汁的果肉，以牙買加胡椒和薑
調味，將牛奶巧克力的滑順昇華。》

Pierre Hermé（食譜請見 118 頁）

點心與小蛋糕 Les goûters et petits délices

" 極簡易點心與小蛋糕
Les goûters et petits délices
tout simples "

約 **20** 個多拿滋
準備時間：**15** 分鐘
烹調時間：每鍋 **4-5** 分鐘

麵糊
水 150 毫升
鹽 1 撮
豬油（saindoux）40 克
麵粉 100 克
蛋 3 顆
未經加工處理的檸檬 1 顆
糖粉 100 克
香草糖 1 包（7 克）
干邑白蘭地（cognac）15 毫升

炸油
葵花油或葡萄籽油 2 公升

瑞可達起司奶油醬
（crème à la ricotta）
瑞可達起司（ricotta）500 克
糖粉 125 克
牛奶（可隨意）
可可脂含量55%的黑巧克力
100 克
切丁的糖漬水果 50 克

聖約瑟夫多拿滋
Beignets de saint Joseph

1 製作麵糊。在平底深鍋中，將水、鹽和豬油煮沸，離火，一次加入過篩的麵粉，再開火，攪拌 3 分鐘，放涼。

2 打蛋，將蛋白和蛋黃分開。取下檸檬皮並切成細碎。在平底深鍋中加入蛋黃、糖粉、香草糖、干邑白蘭地和檸檬皮，用木杓攪拌。

3 將蛋白以電動攪拌器攪打成泡沫狀（尖端下垂的濕性發泡），並小心地加入混合物中。

4 將油加熱至 180℃。用湯匙舀取將等量的麵糊放入油鍋中，炸 4-5 分鐘，並在中途以漏杓翻面。

5 將多拿滋以吸水紙瀝乾並放涼。

6 製作瑞可達起司奶油醬。在大碗中混合瑞可達起司和糖粉，直到形成乳霜狀的混合物。若有必要，可加入少量的牛奶。用鋸齒刀將巧克力切碎。將巧克力碎和糖漬水果丁加入大碗中，混合。

7 用刀將多拿滋切開並填入瑞可達起司奶油醬。

8-10 人份
準備時間：**15** 分鐘
烹調時間：約 **25** 分鐘

可可脂含量 60% 的黑巧克力
140 克
麵粉 120 克
胡桃（noix de pécan）120 克
室溫回軟的奶油 220 克 +
模型用奶油 20 克
細砂糖 250 克
蛋 4 顆

胡桃布朗尼
Brownies aux noix de pécan

1 烤箱預熱 170℃（熱度 5-6）。

2 用鋸齒刀將巧克力切碎，然後以平底深鍋隔水加熱至融化。將麵粉過篩。將 2/3 的胡桃約略切碎（1/3 備用）。

3 將 220 克的奶油放入電動攪拌器的鋼盆（或大碗）中，攪拌均勻。加入融化的巧克力，接著是糖和蛋，並讓電動攪拌器保持運轉。快速混入麵粉，接著放入切碎的胡桃。

4 為約 22×24 公分的焗烤盤塗上奶油，鋪上烤盤紙，倒入約 2.5 公分厚的麵糊，放入烤箱烘烤 20 至 25 分鐘。

5 出爐時，在室溫下放涼，接著冷藏。將布朗尼裁成邊長約 5 公分的方塊。用剩下的整顆胡桃進行裝飾。

比亞里茨
Biarritz

1 烤箱預熱 150℃（熱度 5）。

2 製作麵糊。將榛果粉鋪在覆有烤盤紙的烤盤上，放入烤箱烘烤 15 分鐘，並在中途翻動，出爐後放涼。

3 將烤箱溫度調為 180℃（熱度 6）。

4 以文火將 80 克的奶油隔水加熱至融化。取下一半的柳橙薄皮並切碎。將糖粉過篩，混入切碎的柳橙皮、榛果粉和杏仁粉，加入牛奶和融化的奶油並一邊攪拌。

5 將蛋白和糖打成尖端直立的硬性發泡的蛋白霜，輕輕地混入上述配料中，一邊輕輕攪拌。

6 為烤盤塗上奶油並均勻撒上麵粉，倒扣以去除多餘的麵粉，將麵糊填入裝有 8 號圓口擠花嘴的擠花袋中，在烤盤上擠出直徑 2.5 公分的麵糊圓餅。放入烤箱烘烤 18 分鐘，出爐時，將烤盤倒扣在鋪有烤盤紙的工作檯上，將餅乾剝下放涼。再重複同樣的程序，直到麵糊用盡。

7 製作餡料。用鋸齒刀將巧克力切碎，然後以平底深鍋隔水加熱至融化。離火後加入能多益榛果巧克力醬，並以攪拌器用力攪拌。將混合物倒入圓椎形紙袋中，將圓椎形紙袋的尖端切下，形成 4 公釐的開口。在一半的餅乾平面上擠上巧克力，接著用另一片餅乾夾起。

約 50 片
準備時間：**30 分鐘**
烹調時間：每爐 **15 + 18 分鐘**

麵糊
榛果粉 75 克
奶油 80 克 + 烤盤用奶油 20 克
未經加工處理的柳橙 1 顆
糖粉 135 克
杏仁粉 85 克
牛奶 100 毫升
蛋白 5 個
細砂糖 12 克
麵粉 70 克 + 烤盤用麵粉 20 克

餡料
可可脂含量 66% 的黑巧克力 100 克
能多益榛果巧克力醬（Nutella®）200 克

開心果布朗尼
Brownies aux pistaches

1 烤箱預熱 150℃（熱度 5）。

2 用木杓以一點蛋白和鹽包覆開心果，開心果應微濕。將開心果擺在鋪有烤盤紙的烤盤上，放入烤箱。烘烤 10 分鐘，放涼，約略切碎。

3 將烤箱溫度調為 170℃（熱度 5-6）。

4 製作麵糊。用鋸齒刀將巧克力切碎，然後以平底深鍋隔水加熱至融化。將麵粉過篩。將 220 克的奶油放入電動攪拌器的鋼盆（或大碗）中，攪拌至霜狀，混入融化的巧克力，接著是糖、蛋，同時讓電動攪拌器持續運轉。快速混入麵粉，接著是切碎的開心果。

5 為約 22×30 公分的烤盤塗上奶油，鋪上烤盤紙，倒入約 2.5 公分厚的麵糊，放入烤箱烘烤 20 至 25 分鐘。

6 出爐時，在室溫下放涼，接著冷藏。將布朗尼切成邊長約 5 公分的方塊。

8-10 人份
準備時間：**15 分鐘**
烹調時間：約 **35 分鐘**

含鹽去皮開心果 80 克
蛋白 1 個
精鹽 1 克

麵糊
可可脂含量 60% 的黑巧克力 140 克
麵粉 120 克
室溫回軟的奶油 220 克 + 模型用奶油 20 克
細砂糖 250 克
蛋 4 顆

開心果布朗尼
Brownies aux pistaches

可可貓耳朵
Bugnes au cacao

1 前一天晚上,製作麵糊。將麵粉和可可粉一起過篩,放入裝有金屬刀的食物料理機中,加入蛋、花蜜,接著一邊加入弄碎的酵母,再加入鹽,攪拌至麵團變得光亮平滑。

2 在大碗中用木杓攪拌奶油至形成膏狀,混入麵團中,攪拌至麵團充分脫離容器內壁。再加入牛奶,攪拌 2 分鐘。將麵團從碗中取出。撒上一些麵粉,蓋上布巾,冷藏保存至隔天。

3 當天,將麵團等分為 2 塊。在撒上麵粉的工作檯上將第一塊麵團擀成約 4 公釐的厚度,用刀切成 8×8 公分的菱形麵皮,接著在每塊菱形中央劃出一道長 2 公分的開口。接著將菱形的一端塞入開口縫隙中,再拉出成為貓耳朵的形狀,將貓耳朵陸續擺在烤盤上,蓋上布巾,冷藏靜置 30 分鐘。第二塊麵團也重複同樣的程序。

4 在油炸盆中將油加熱。在油熱時,分幾批油炸貓耳朵,每一次油炸約 3-4 分鐘,並在油炸中途以漏杓翻面。撈起在吸水紙上瀝乾,放涼。

5 用鋸齒刀將巧克力切碎,然後以平底深鍋隔水加熱至融化。融化後將平底鍋離火。將每個貓耳朵的一半浸入巧克力中,當貓耳朵上的巧克力凝固後,在另外半邊篩上糖粉。

〔照片請見 129 頁〕

約 40 個貓耳朵
前一天晚上開始準備
準備時間:10 分鐘
靜置時間:30 分鐘
烹調時間:約 25 分鐘

麵粉 330 克 + 工作檯用麵粉 20 克
可可粉 40 克
蛋 4 顆
金合歡蜜 50 克
酵母(levure de boulanger)25 克
鹽 7 克
室溫軟化的奶油 250 克
全脂牛奶 70 毫升
炸油 1.5 公升
可可脂含量 55% 的黑巧克力 400 克
糖粉

O. Buisson
Pâtisserie Le Chardon bleu
(Saint-Just-Saint-Rambert)
藍帶糕點店(聖•茹斯特•聖•洪伯)

巧克力甘那許貓耳朵
Bugnes et ganache au chocolat

1 前一天晚上,製作麵糊。將麵粉過篩,將酵母弄碎。將奶油、糖、檸檬皮、鹽、蘭姆酒、蛋、麵粉和酵母放入裝有金屬刀的食物料理機中。將麵團攪拌至脫離容器內壁。讓麵團在室溫下發酵 1 小時 30 分鐘至 2 小時,接著用拳頭擊打麵團一下,將麵團「翻麵排氣 rompre」,並冷藏 2 小時。讓麵團再翻麵 1 次,接著冷藏保存至隔天。

2 當天,將麵團分為 2 塊。在撒上麵粉的工作檯上將其中一塊麵團擀成 2.5 公釐的厚度,用刀裁成 8-10 公分的矩形麵皮,在每塊矩形中央劃出 2 道約 6 公分的切口。第二塊麵團也重複同樣的程序。

3 在油炸深鍋中將油加熱。在油熱時,分幾批油炸貓耳朵,每次油炸約 3-4 分鐘,並在油炸中途以漏杓翻面。

4 撈起在吸水紙上瀝乾。待涼篩上可可粉,搭配室溫的巧克力甘那許享用。

約 30 個貓耳朵
前一天晚上開始準備
準備時間:10 分鐘
靜置時間:1 小時 30 分鐘至 2 小時
烹調時間:約 35 分鐘

貓耳朵麵糊(pâte à bugnes)
麵粉 500 克
酵母 6 克
室溫回軟的奶油 125 克
細砂糖 50 克
切碎的檸檬皮 1/2 顆
鹽之花 6 克
棕色蘭姆酒 20 毫升
蛋 5 顆

炸油
葵花油或葡萄籽油 1.5 公升

佐料
可可粉
黑巧克力甘那許 300 克
(見 289 頁)

8 人份
準備時間：10 分鐘
烹調時間：40-50 分鐘

麵粉 360 克
可可粉 50 克
泡打粉 8 克
食品用小蘇打粉 6 克
香草莢 1 根
天然蛋黃醬（mayonnaise）
340 克（1 罐）
細砂糖 300 克
礦泉水 320 毫升
模型用奶油 10 克
覆盆子（新鮮或快速冷凍）
200 克

F. e. Grasser-Hermé
Écrivain cuisinière (Paris)
料理作家（巴黎）

蛋黃醬可可蛋糕
Cake au cacao et à la mayonnaise

1 烤箱預熱 180℃（熱度 6）。

2 在大碗中將麵粉、可可粉、泡打粉和小蘇打粉過篩。將香草莢剖半並取籽。

3 將蛋黃醬放入電動攪拌器的鋼盆中，加入香草籽攪拌數秒，接著加入糖和大碗中過篩的粉類，攪拌並慢慢倒入水，直到麵糊變得平滑。

4 為長 28-30 公分的長型模（moule à cake）塗上奶油，鋪上烤盤紙。將 1/3 的麵糊倒入模型底部，撒上覆盆子，再蓋上剩餘的麵糊。放入烤箱烘烤 40-50 分鐘。將刀身插入蛋糕以檢查烘烤狀態；抽出時刀身應沒有麵糊沾黏。

5 出爐在網架上將蛋糕脫模，放涼，接著冷藏。在冰涼時享用。

8 人份
準備時間：15 分鐘
烹調時間：約 1 小時

麵糊
史密爾那（Smyrne）葡萄乾
50 克
棕色蘭姆酒 50 毫升
麵粉 200 克 ＋ 模型用麵粉
25 克
可可粉 50 克
泡打粉 1/2 包（5 克）
室溫回軟的奶油 265 克 ＋
模型用奶油 30 克
細砂糖 250 克
蛋 5 顆
切成小丁的糖漬橙皮 350 克

糖漿
水 150 毫升
細砂糖 140 克
棕色蘭姆酒 130 毫升

橙香可可蛋糕
Cake au cacao et à l'orange

1 前一天晚上，沖洗葡萄乾後瀝乾，在棕色蘭姆酒中浸漬至隔天。

2 當天，製作麵糊。

3 烤箱預熱 240℃（熱度 8）。

4 將麵粉、可可粉和泡打粉過篩。將 250 克的奶油放入裝有金屬刀的食物料理機中，攪拌至奶油成膏狀，接著混入糖、麵粉、可可粉和泡打粉，再攪拌 2 分鐘，加入 1 顆顆的蛋並持續攪拌。當麵糊攪拌均勻時，將電動攪拌器的金屬刀取出，用軟抹刀混入瀝乾的葡萄乾和糖漬橙皮丁。

5 為 28-30 公分的長型模（moule à cake）塗上奶油，均勻篩上麵粉，將麵糊倒入模型，放入烤箱烘烤，並立刻將烤箱溫度調為 180℃（熱度 6）。將剩餘的 15 克奶油加熱至融化。

6 烘烤 10 分鐘過後，以蘸有融化奶油的抹刀將蛋糕整個縱向切開，再烤 50 分鐘。將刀身插入以檢查烘烤狀態；抽出時刀身應保持乾燥。

7 製作糖漿。將水和糖煮沸，離火並加入蘭姆酒。

8 出爐時，在網架上將蛋糕脫模。趁熱用湯匙淋上糖漿，放涼後以彈性保鮮膜包起，冷藏保存。

→ 這類英式水果蛋糕在製作後 4 日品嚐風味最佳。冷藏可良好保存 1 星期。

牛奶巧克力蛋糕
Cake chocolait

1 在碗中將麵粉和泡打粉過篩。在另一個大碗中，用木杓攪拌 80 克的奶油至形成膏狀，加入糖，用攪拌器攪拌。再混入蛋，將所有材料和鮮奶油一起攪打。在麵糊攪拌至均勻時，加入過篩的麵粉和泡打粉，攪拌至形成平滑的麵糊。

2 爲長 22 公分的長型模塗上奶油，鋪上烤盤紙。

3 將 60 克的牛奶巧克力切成小塊備用。將剩餘的 200 克巧克力切碎並以平底深鍋隔水加熱至融化，不應超過 35℃（以烹飪溫度計控制）。在麵糊中加入巧克力小塊和融化的巧克力，加以混合。將所有材料倒入模型中，冷藏保存 2 小時。

4 烤箱預熱 190℃（熱度 6-7）。

5 放入烤箱烘烤約 40 分鐘。將刀身插入以檢查烘烤狀態；抽出時刀身應保持乾燥。在網架上將蛋糕脫模並放涼。

8 人份
準備時間：**15 分鐘**
烹調時間：約 **40 分鐘**
靜置時間：**2 小時**

麵粉 190 克
泡打粉 1/2 包（5 克）
室溫回軟的奶油 80 克 ＋
模型用奶油 20 克
細砂糖 145 克
蛋 4 顆
液狀鮮奶油 110 毫升
牛奶巧克力 260 克

P. Berger
Pâtisserie Royalty (Tarbes)
皇家糕點店（塔布）

焦糖巧克力蛋糕
Cake au chocolat et au caramel

1 烤箱預熱 180℃（熱度 6）。

2 用鋸齒刀將巧克力切碎。將兩種奶油（65 克 ＋ 65 克）切成小塊。

3 將糖倒入厚底的平底深鍋中，以中火加熱至形成紅色焦糖。

4 離火，將奶油塊混入焦糖中，請當心濺出的滾燙液體。再以中火加熱，將焦糖煮沸並立刻離火。

5 將麵粉和泡打粉過篩。打蛋，將蛋白和蛋黃分開。

6 將切碎的巧克力混入焦糖中，一邊用木杓攪拌，再加入 1 個個的蛋黃，每加入一顆都要攪拌均勻。

7 將蛋白打成尖端直立的硬性發泡蛋白霜。將 1/3 蛋白霜混入焦糖的配料中，接著小心地拌入剩餘的蛋白霜，最後加入過篩的麵粉和泡打粉拌和成麵糊。

8 爲長 22 公分的長型模塗上奶油，並均勻撒上麵粉，倒入麵糊，放入烤箱烘烤 35 分鐘。將刀身插入以檢查烘烤狀態；抽出時刀身應保持乾燥。

9 出爐時，在網架上將蛋糕脫模。在冷卻時享用。

→ 應專注地監督焦糖的製作；當焦糖呈現出漂亮的琥珀色時，請將平底深鍋離火。

8 人份
準備時間：**20 分鐘**
烹調時間：約 **45 分鐘**

可可脂含量 60% 的黑巧克力 225 克
含鹽奶油 65 克
不含鹽奶油 65 克 ＋
模型用奶油 15 克
細砂糖 150 克
麵粉 70 克 ＋ 模型用麵粉 10 克
泡打粉 5 克
蛋 4 顆

可可貓耳朵 Bugnes au cacao
〔見 126 頁的食譜〕

糖薑巧克力蛋糕
Cake au chocolat et au gingembre confit

1 用掌心將杏仁膏和糖一起壓扁混合。

2 以文火將 180 克的奶油加熱至融化，放至微溫。

3 將杏仁膏和糖的混合物放入裝有金屬刀的食物料理機中，攪拌至形成類似沙狀的質地，再混入 1 顆顆的蛋，接著是融化的奶油。在混合均勻後，以高速攪拌 8 分鐘。

4 用熱水沖洗糖漬薑，以去除硬殼糖衣。將薑切成小丁，並將巧克力切成邊長約 0.5 公分的塊狀。將麵粉、可可粉和泡打粉過篩。

5 在食物料理機中混入牛奶以及麵粉、泡打粉、可可粉的混合物，以低速攪拌至麵糊均勻。

6 烤箱預熱 240℃（熱度 8）。

7 將電動攪拌器的容器取出，用軟抹刀在麵糊中混入糖薑丁和巧克力塊。

8 為 28-30 公分的長型模（moule à cake）塗上奶油。鋪上烤盤紙。將麵糊倒入模型中。放入烤箱烘烤，並將烤箱溫度調為 180℃（熱度 6）。

9 將剩餘 15 克的奶油加熱至融化。在蛋糕烘烤 10 分鐘過後，以蘸有融化奶油的抹刀將蛋糕整個縱向切開，續烤 50 分鐘。將刀身插入以檢查烘烤狀態；抽出時刀身應保持乾燥。

10 出爐時，在網架上將蛋糕脫模。放涼，以彈性保鮮膜包起，冷藏保存。

11 隔天或之後品嚐，並提前 1 小時從冰箱取出，讓蛋糕回到室溫。享用前，用幾塊糖漬薑進行裝飾。

〔見 132 頁 Pierre Hermé 的最愛〕

8 人份
前一天晚上開始準備
準備時間：20 分鐘
烹調時間：1 小時

杏仁膏（卷狀）140 克
細砂糖 165 克
奶油 180 克 ＋ 模型用奶油
20 克 ＋ 融化奶油 15 克
蛋 4 顆
糖漬薑 135 克
可可脂含量 70% 的黑巧克力
70 克
麵粉 180 克
可可粉 40 克
泡打粉 1/2 包（5 克）
全脂牛奶 150 毫升
裝飾用的糖漬薑

乾果巧克力蛋糕
Cake au chocolat et au fruits secs

1 烤箱預熱 150℃（熱度 5）。

2 將榛果和杏仁放入烤盤中，烘烤 12-15 分鐘，中途不時翻動，取出放涼後約略搗碎。

3 將麵粉、泡打粉和可可粉過篩。

4 將杏仁膏和細砂糖放入沙拉盆或備有金屬刀的食物料理機裡，攪拌至形成類似沙狀質地。加入 1 顆顆的蛋，若您用電動攪拌機製作，請裝上球形攪拌器，攪打 8-10 分鐘，直到混合物充分均勻。

8-10 人份
準備時間：30 分鐘
烹調時間：
1 小時至 1 小時 10 分鐘

去殼榛果 55 克
去皮杏仁 60 克
麵粉 180 克 ＋
模型用麵粉 10 克
泡打粉平的 1 小匙
可可粉 40 克
杏仁膏 140 克
細砂糖 165 克
蛋 4 顆
牛奶 20 毫升

→ 去殼開心果 55 克
可可脂含量70%的黑巧克力 70克
冷卻的融化奶油（beurre fondu froid）180 克 ＋ 模型用奶油 15 克

6-8 人份
準備時間：15 分鐘
烹調時間：約 55 分鐘

可可脂含量 70% 的黑巧克力 100 克
液狀鮮奶油 200 毫升
含乾果的什錦穀片（müesli）100 克
蛋 4 顆
細砂糖 250 克
麵粉 200 克
鹽 1 撮
泡打粉 1 包（10 克）
奶油100克 ＋ 模型用奶油15克

裝飾用
糖粉
去殼的完整榛果
金黃葡萄乾

6-8 人份
準備時間：20 分鐘
烹調時間：50 分鐘

奶油175克 ＋ 模型用奶油20克
麵粉 175 克
泡打粉 1/2 包（5 克）
蛋 3 顆
細砂糖 200 克
可可粉 50 克

5 接著加入牛奶及過篩的麵粉、泡打粉和可可粉的混合物，持續攪拌至麵糊變得完全平滑。

6 用抹刀混入搗碎的榛果和杏仁、整顆的開心果、切成小塊狀的巧克力和融化的奶油。

7 將烤箱溫度調為 180℃（熱度 6）。

8 為長 28 公分的長型模塗上奶油，倒入麵糊並放進烤箱。烘烤約 1 小時。當蛋糕烤好，放涼 10 分鐘後在網架上脫模。

→ 此蛋糕以彈性保鮮膜包起，可冷藏保存數日後食用。

什錦穀片巧克力蛋糕
Cake au chocolat et au müesli

1 烤箱預熱 180℃（熱度 6）。

2 用鋸齒刀將巧克力切碎，然後以平底深鍋隔水加熱至融化。將鮮奶油加熱至微溫，加入巧克力，接著混入什錦穀片。

3 在大碗中攪打蛋和糖，在上方將麵粉、鹽和泡打粉篩入，混合。以文火將 100 克的奶油加熱至融化。當奶油融化時，加入先前的配料中並加以攪拌。最後混入 2 什錦穀片和巧克力的混合物中，再次混合。

4 為長 28 公分的長型模（moule à cake）塗上奶油，鋪上烤盤紙，倒入麵糊。放入烤箱烘烤 50 分鐘，將蛋糕置於網架上放涼。

5 在蛋糕表面篩上糖粉；以整顆榛果和葡萄乾進行裝飾。

可可大理石蛋糕
Cake marbré au cacao

1 烤箱預熱 180℃（熱度 6）。

2 以文火將 175 克的奶油加熱至融化。將麵粉和泡打粉過篩。打蛋，將蛋黃和蛋白分開。

3 攪打奶油和糖呈乳霜狀，混入蛋黃，攪拌至均勻混合。再加入過篩的麵粉。將蛋白打成尖端直立的硬性發泡蛋白霜，輕輕地混入麵糊中。將麵糊分成等量的 2 份。

4 將可可粉過篩並混入其中一份麵糊中。

5 為長 22 公分的長型模（moule à cake）塗上奶油，鋪上烤盤紙，倒入一半的可可麵糊，再倒入一半沒有添加可可粉的麵糊，交錯倒入剩餘的可可麵糊，最後倒入無可可粉的麵糊。放入烤箱烘烤 50 分鐘，將刀身插入以檢查烘烤狀態；抽出時刀尖應保持乾燥。

6 出爐時，為大理石蛋糕脫模，在網架上放涼。

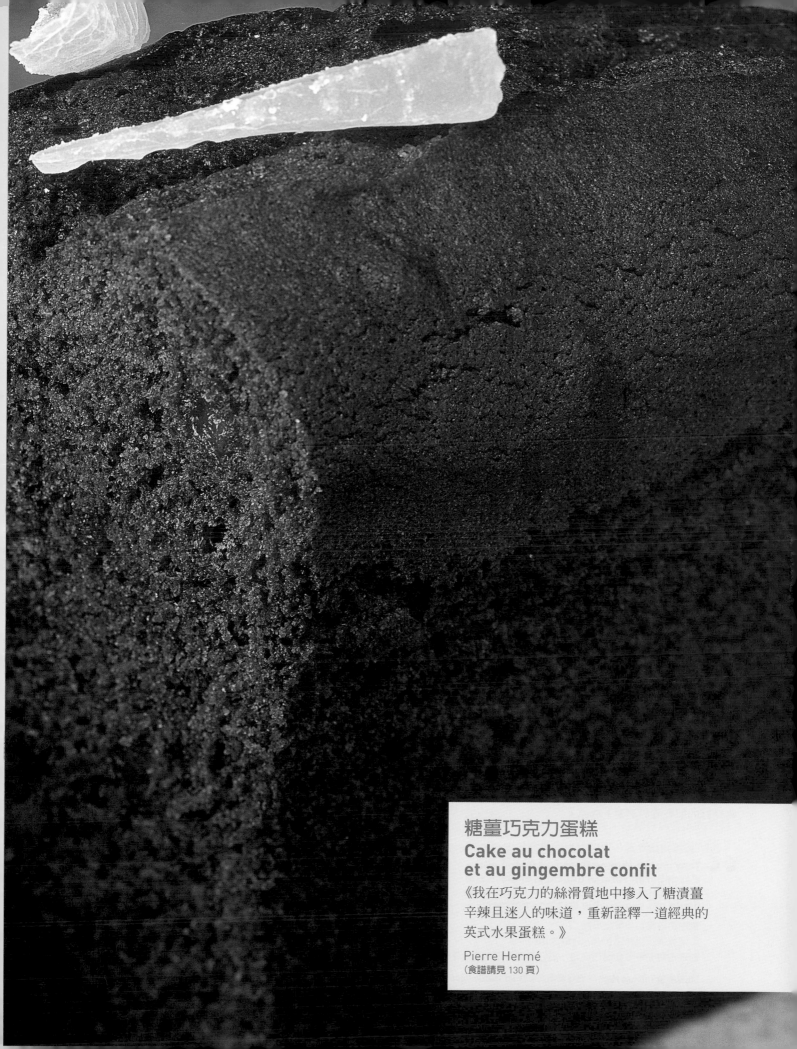

糖薑巧克力蛋糕
Cake au chocolat et au gingembre confit

《我在巧克力的絲滑質地中摻入了糖漬薑辛辣且迷人的味道，重新詮釋一道經典的英式水果蛋糕。》

Pierre Hermé
（食譜請見 130 頁）

巧克力可麗餅
Crêpes au chocolat

1 前一天晚上，在大碗中將麵粉和可可粉過篩，加入糖並加以混合。在沙拉盆中混合牛奶和蛋，接著加入啤酒和融化的奶油。將沙拉盆中的內容物倒入大碗中，攪拌至形成極細的混合物。將大碗冷藏。

2 當天，輕輕攪拌麵糊。若麵糊太濃稠（應能輕易流下），請一次加入 1 小滴的牛奶來調整稠度。

3 在碗中放一點油。在不沾可麗餅鍋中，以中火加熱，並用吸水紙巾蘸碗中的油擦在鍋內。

4 用湯杓將麵糊倒進煎鍋中，將煎鍋傾斜，讓麵糊均勻攤開在整個表面上，盡可能形成極薄的一層。

5 約 1 分鐘後用抹刀劃過可麗餅周圍，將可麗餅從鍋底剝離，接著看下面是否都煎熟了。將可麗餅翻面，將另一面煎 1 分鐘，將可麗餅放入盤中，持續煎其餘的麵糊。

6 立刻搭配巧克力醬享用這些可麗餅，或是以鋁箔紙包起保存（冷藏請別超過 1 天）。

→ 您也能為這些可麗餅填入柳橙或檸檬柑橘醬，或是混合搗碎焦糖榛果的能多益巧克力醬（見 305 頁）。

10-12 片可麗餅
前一天晚上開始準備
準備時間：10 分鐘
烹調時間：每片約 2 分鐘

麵粉 95 克
可可粉 20 克
細砂糖 20 克
全脂牛奶 250 毫升
大型蛋 2 顆
金黃啤酒（bière blonde）
60 毫升
融化奶油 30 克
平底煎鍋用油

佐料
巧克力醬 150 克（見 290 頁）

可可全麥可麗餅
Crêpes à la farine complète et au cacao

1 在平底深鍋中，以文火將奶油加熱至融化，離火。將麵粉和可可粉過篩，以手動攪拌器和牛奶混合，接著混入一顆顆的蛋，並不停地攪打。加入鹽、糖和融化的奶油，拌勻後冷藏保存 1 小時。

2 烤箱預熱 50℃（熱度 2-3）。

3 在碗中放一點油。在不沾可麗餅鍋中，以中火加熱，並用吸水紙巾蘸碗中的油擦在鍋內。

4 用湯杓將麵糊倒進煎鍋中，將煎鍋傾斜，讓麵糊均勻攤開在整個表面上，盡可能形成極薄的一層。

5 約 1 分鐘後用抹刀劃過可麗餅周圍，將可麗餅從鍋底剝離，接著看下面是否都煎熟了。將可麗餅翻面，將另一面煎 1 分鐘，將可麗餅放入盤中，持續煎其餘的麵糊。陸續將煎好的可麗餅放入微溫的烤箱（50℃）中保溫。

6 在即將享用前，在小型平底深鍋中放入可麗餅並加入可可利口酒煮沸，點火進行餤燒。即刻享用火燒可麗餅。

6 人份
準備時間：10 分鐘
烹調時間：每片約 2 分鐘
靜置時間：1 小時

奶油 20 克
全麥麵粉（farine complète）
250 克
可可粉 30 克
牛奶 500 毫升
蛋 3 顆
鹽 1 撮
細砂糖 30 克
平底煎鍋用油
可可利口酒（liqueur de cacao）160 毫升

V. Tibère
IESA, Université du chocolat (Paris)
巴黎高等文化藝術管理學院，
巧克力大學（巴黎）

可可鑽石 Diamants au cacao
〔食譜請見 138 頁〕

巧克力酥餅
Croquets au chocolat

1 烤箱預熱 180℃（熱度 6）。

2 在大碗中用木杓攪拌奶油至形成膏狀，篩入糖粉，混入粗粒紅糖、蛋、鹽，攪拌至均勻。

3 將麵粉和小蘇打粉過篩。用鋸齒刀將巧克力切碎，然後以平底深鍋隔水加熱至融化。將所有的堅果切碎並加入奶油糊中，再混入過篩的麵粉，接著是融化的巧克力，不停地攪拌。應形成相當均勻的麵糊。

4 在烤盤上鋪上 1 張烤盤紙，取 1 小匙的麵糊，用指尖撥入烤盤中。以同樣的方式保留間隔的放入所有麵糊。

5 放入烤箱烘烤 12 至 14 分鐘。出爐時，讓酥餅在網架上放涼。

10-12 人份
準備時間：**15 分鐘**
烹調時間：**12-14 分鐘**

室溫回軟的奶油 175 克
糖粉 125 克
粗粒紅糖 250 克
蛋 2 顆
精鹽 1 克
麵粉 275 克
食品用小蘇打粉 1 小匙
可可脂含量 67% 的黑巧克力 175 克
去皮開心果 25 克
去皮杏仁粒 50 克
核桃仁 25 克
榛果 25 克

早餐巧克力麵包
Croûtons au chocolat pour quatre-heures

1 將烤箱連同網架一起預熱。

2 將棍子麵包斜切成 12 片，只烘烤一面。

3 烤箱預熱 180℃（熱度 6）。

4 將磚形巧克力擺在每片麵包烘烤過的那一面上，放入烤箱續烤 1.5 分鐘（或用微波爐以最大功率微波 1 分鐘），磚形巧克力應被烤至融化。

5 在每塊麵包表面滴上 4 滴橄欖油，並擺上 3 顆鹽之花結晶，即刻享用。

4 人份
準備時間：**5 分鐘**
烹調時間：**約 3 分鐘**

法國棍子麵包（baguette de pain）1 根
磚形黑巧克力 12 小塊
橄欖油
鹽之花

F. e. Grasser-Hermé
Écrivain cuisinière (Paris)
料理作家（巴黎）

可可鑽石
Diamants au cacao

1 將麵粉、可可粉、肉桂粉和鹽過篩。

2 將奶油切塊，放入電動攪拌器的鋼盆中，攪拌至形成乳霜狀。混入糖和香草精，攪拌至麵糊均勻。混入過篩的麵粉並快速攪拌成團。將麵團取出，等分成 2 個麵團，冷藏保存 30 分鐘。

3 將每個麵團揉成直徑約 4 公分的長條：為避免酥餅的中央有洞，應用掌心將麵團壓平，接著捲成麵捲。將每個長條以彈性保鮮膜包起，冷藏 2 小時。

4 烤箱預熱 180℃（熱度 6）。

約 30 塊
準備時間：**15 分鐘**
烹調時間：**15-18 分鐘**
冷藏時間：**2 小時 30 分鐘**

麵粉 385 克
可可粉 35 克
肉桂粉 1 撮
鹽 1 撮
室溫回軟的奶油 285 克
細砂糖 125 克
香草精 1/4 小匙
蛋黃 1 個
結晶糖（sucre cristallisé）

5 將蛋黃攪打至液狀。

6 將長條麵團刷上一點蛋黃，在鋪有烤盤紙並撒上結晶糖的烤盤上，輕輕按壓，讓外層沾裹上糖，再切成厚 1.5 公分的圓形薄片。

7 在 2 個烤盤上鋪烤盤紙，以間隔 2.5 公分地擺上餅乾，將烤盤放入烤箱烘烤 15-18 分鐘，烘烤途中將兩個烤盤換位置，並翻面。在烘烤的最後，酥餅摸起來應該是硬的。出爐置於網架上放涼。

〔照片請見 137 頁〕

4-6 人份
準備時間：20 分鐘
烹調時間：1 分鐘 30 秒
冷凍時間：3 小時

可可脂含量 70% 的黑巧克力
135 克
半脂牛奶 100 毫升
能多益榛果巧克力醬
（Nutella®）50 克
薄派皮（Pâte à filo）4 片
糖粉 80 克

Ph. Conticini
Exceptions gourmandes (Paris)
美食例外（巴黎）

弗昂巧克力酥餅
Friantines au chocolat

1 製作餡料。用鋸齒刀將巧克力切碎。將牛奶煮沸，淋在巧克力上，混入能多益榛果巧克力醬，攪打至配料均勻。用漏斗倒入塑膠冰袋（或製冰盒）中，冷凍 3 小時。

2 將烤箱與網架預熱。

3 將每片薄派皮裁成約 12×9 公分的矩形。在每次操作之間，蓋上一塊濕布巾，以免派皮乾燥。在每塊矩形中央擺上 1 塊巧克力「冰」，像包禮物一樣，用派皮將冰塊包起，褶痕在下。

4 為酥餅篩上可可粉，擺在鋪有烤盤紙的烤盤上，放在上方加熱的網架上 45 秒。將烤盤取出，酥餅倒扣翻面，再以上方加熱 45 秒後取出品嚐。

約 16 塊鬆餅
準備時間：20 分鐘
烹調時間：每爐 4 分鐘

鬆餅麵糊
麵粉 300 克
泡打粉 1 包（5 克）
鹽 1 撮
細砂糖 75 克
香草糖 1 包（7 克）
可可粉 10 克
蛋 2 顆
奶油 100 克
牛奶 500 毫升

配料
可可粉
肉桂粉
黑巧克力鮮奶油香醍 300 克
（見 286 頁）

巧克力香醍鬆餅
Gaufres à la chantilly au chocolat

1 製作麵糊。在大碗中將麵粉和泡打粉過篩，和鹽、細砂糖、香草糖及可可粉混合後在中央挖出凹槽。

2 將蛋打在凹槽裡，將奶油加熱至融化，放涼後加入凹槽。

3 用手動攪拌器或電動攪拌器攪打混合物，一邊逐漸加入牛奶，直到形成流質的麵糊。

4 填入鬆餅模中，將蜂窩狀的格子填滿至與邊緣齊平，蓋上蓋子加熱烘烤約 4 分鐘。

5 當鬆餅烤好時，用抹刀剝離並擺在網架上。所有麵糊都以同樣方式進行。

6 在鬆餅還微溫時撒上混入微量肉桂的可可粉，並搭配巧克力鮮奶油香醍享用。

可可庫克洛夫
Kouglof au cacao

1 前一天晚上，製作葡萄。以文火將酒、粗粒紅糖、肉桂、1 撮的香菜粉和小荳蔻粉加熱。加入葡萄乾，煮 3 分鐘，但別煮沸，在室溫下保存至隔天。

2 當天，製作麵團。將麵粉和可可粉過篩，與剁碎的酵母、糖、鹽（不要接觸到酵母）、全蛋和蛋黃，以及牛奶一起放入裝有攪麵鉤的電動攪拌器鋼盆中，攪拌 10-15 分鐘，直到麵團脫離碗壁。混入膏狀奶油，攪拌均勻。將葡萄瀝乾並加入攪拌器中。用手揉捏。

3 將麵糊揉成團狀，蓋上布巾，在溫熱的室溫下靜置 1 小時。

4 爲直徑 24 公分的陶製庫克洛夫模塗上奶油，在每個模型凹槽裡擺上 1 顆杏仁。將麵團擺在撒有麵粉的工作檯上，用拇指在中央按穿個洞，然後套入模型中，讓麵團在溫熱的室溫下膨脹至近 2 倍體積（約 1 小時）。

5 烤箱預熱 200℃（熱度 6-7）。

6 放入烤箱烘烤 10 分鐘，接著將溫度調低爲 180℃（熱度 6），再烤 50-55 分鐘。出爐時，讓庫克洛夫在網架上脫模，放涼。享用時篩上糖粉。

準備時間：**20 分鐘**
烹調時間：**1 小時**
靜置時間：**約 2 小時**

葡萄
格烏茲塔明那酒
（gewurztraminer）200 毫升
粗粒紅糖 30 克
肉桂棒 1/2 根
香菜粉（coriandre en poudre）
1 撮
小荳蔻粉（cardamome en poudre）1 撮
金黃葡萄乾 80 克

麵團
麵粉 400 克 + 工作檯用麵粉
20 克
可可粉 50 克
酵母 30 克
細砂糖 30 克
鹽 1 撮
蛋 1 顆
蛋黃 2 個
全脂牛奶 200 毫升
室溫回軟的奶油 200 克 +
模型用奶油 20 克

去皮杏仁粒 20 克
糖粉

Y. Lefort
Macarons gourmands（Yerres）
美味馬卡龍（耶爾）

檸檬巧克力瑪德蓮蛋糕
Madeleines au chocolat et au citron

1 前一天晚上，製作麵糊。在碗中將麵粉、可可粉和泡打粉過篩，將糖和鹽倒入大碗中。沖洗檸檬並晾乾。在大碗上，用乳酪刨絲器（râpe à fromage）最小的齒，削下檸檬 1/4 的皮，一起攪拌至糖變得濕潤且呈現粗糙的粒狀。

2 用手動攪拌器像炒蛋般打蛋，倒入大碗中攪打至均勻。另外取一鋼盆用木杓攪拌奶油至形成膏狀，混入配料中攪打至充分混合，接著混入麵粉、可可粉和泡打粉，攪拌均勻成爲麵糊，覆蓋上彈性保鮮膜，冷藏保存至隔天。

3 當天，烤箱預熱 220℃（熱度 7-8）。

4 爲瑪德蓮蛋糕模塗上奶油並均勻撒上麵粉，倒扣以去除多餘的麵粉。填入麵糊至八分滿，放入烤箱烘烤 13 至 15 分鐘，用木杓卡住烤箱門，讓門保持微開。

5 出爐爲瑪德蓮蛋糕脫模，並置於網架上放涼。

12 塊瑪德蓮蛋糕
前一天晚上開始準備
準備時間：**15 分鐘**
烹調時間：**13-15 分鐘**

麵粉 70 克 + 模型用麵粉 10 克
可可粉 20 克
泡打粉 2 克
細砂糖 90 克
鹽 1 撮
未經加工處理的黃檸檬 1/4 顆
蛋 2 顆
室溫回軟的奶油 100 克 +
模型用奶油 15 克

檸檬巧克力瑪德連蛋糕
Madeleines au chocolat et au citron

巧克力鬆餅
Gaufres au chocolat

1 將麵粉和可可粉過篩。刨下半顆柳橙的皮。

2 在大碗中，用木杓攪拌奶油至形成膏狀，混入糖並加以攪拌。加入 1 顆顆的蛋，不停攪拌，再混入麵粉和可可粉的混合物，接著是柳橙皮屑。

3 依鬆餅機的使用說明，將麵糊放入鬆餅模中烘烤。

4 在鬆餅烘烤期間，用鋸齒刀將巧克力切碎，然後以平底深鍋隔水加熱至融化。當巧克力融化時，從隔水加熱的容器中取出。將每塊鬆餅一半浸入融化的巧克力中。盛盤享用。

12 塊鬆餅
準備時間：**10 分鐘**
烹調時間：**約 25 分鐘**

麵粉 170 克
可可粉 30 克
未經加工處理的柳橙 1/2 顆
室溫回軟的奶油 200 克
細砂糖 200 克
蛋 4 顆
可可脂含量 70% 的黑巧克力 150 克

J.-Ph. Darcis
Pâtisserie Darcis (Verviers, Belgique)
達西糕點店（比利時，韋爾維耶）

巧克力蛋白霜
Meringues au chocolat

1 前一天晚上，製作蛋白霜。將糖粉和可可粉過篩。用電動攪拌器以中速攪打蛋白，並從一開始先逐漸混入一半的細砂糖，持續攪打至打發蛋白變得光亮、平滑且非常凝固的硬性發泡蛋白霜。在這個時候，從上方倒入另一半的糖，並用軟抹刀將所有材料以稍微提起，盡可能不要攪拌蛋白的方式，快速並輕巧地混入糖粉和可可粉。

2 烤箱預熱 120℃（熱度 4）。

3 將一半的麵糊倒入裝有 15 號圓口擠花嘴的擠花袋中，在鋪有烤盤紙的烤盤上，間隔 3 公分地擠出直徑 6.5 公分的圓形。您應獲得 20 個蛋白霜圓餅。

4 放入烤箱烘烤 2 小時，用木杓卡住烤箱門，讓門保持微開。關掉烤箱，讓蛋白霜乾燥至少 2 小時或一整晚。

5 當天，將抹刀塞入蛋白霜圓餅下方，將蛋白霜小餅從烤盤紙上剝離。

6 製作黑巧克力鮮奶油香醍，倒入裝有 10 號星形擠花嘴的擠花袋中。將鮮奶油香醍填入每個蛋白霜圓餅的平面上，接著兩兩組合起來。

7 為了修飾，請使用擠花袋在所有的蛋白霜圓餅上擠螺旋狀的黑巧克力鮮奶油香醍。可隨意地撒上巧克力刨花，品嚐。

10 個蛋白霜
前一天晚上開始準備
準備時間：**40 分鐘**
烹調時間：**2 小時**
乾燥時間：**2-3 小時**

巧克力蛋白霜
（meringues au chocolat）
糖粉 100 克
可可粉 15 克
蛋白 4 個
細砂糖 100 克

佐料及裝飾
黑巧克力鮮奶油香醍 1 公升
（見 286 頁）
巧克力刨花（可隨意）
（見 282 頁）

約 50 塊餅
準備時間：15 分鐘
烹調時間：每爐 10-15 分鐘

奶油 85 克
糖粉 85 克
未經加工處理的柳橙 1/4 顆
蛋 1 顆 + 蛋白 1 個
麵粉 170 克
泡打粉 2 克
可可脂含量 70% 的黑巧克力
85 克

橙香巧克力餅
Palets au chocolat et à l'orange

1 烤箱預熱 190℃（熱度 6-7）。

2 將奶油攪拌成膏狀，混入過篩的糖粉，混合將空氣打入至顏色變淺。刨下 1/4 的柳橙皮屑。將蛋、蛋白和柳橙皮混入奶油中，並篩入麵粉和泡打粉，混拌均勻。

3 用鋸齒刀將巧克力切碎，然後以平底深鍋隔水加熱至融化，再混入麵糊中。然後倒入裝有 10 號圓口擠花嘴的擠花袋中。

4 在烤盤上鋪上烤盤紙，保留間隔的擠出一個個核桃大小的麵糊，放入烤箱烘烤 10-15 分鐘，依序烘烤完所有麵糊。將巧克力餅置於網架上放涼。

約 50 個迷你花式點心
準備時間：15 分鐘
烹調時間：每爐 7 分鐘

奶油 100 克
糖粉 200 克
杏仁粉 50 克
榛果粉 50 克
麵粉 25 克
可可粉 25 克
蛋白 4 個

J. Bellanger
Chocolaterie Beline (Le Mans)
巧克力專賣店（勒芒）

可可迷你花式點心
Petits fours au cacao

1 烤箱預熱 180℃（熱度 6）。

2 以中火將奶油加熱至融化，直到奶油呈現榛果色，離火後放涼。

3 在大碗中混合過篩的糖粉、杏仁粉和榛果粉。用木杓混合，接著混入蛋白（不要打發），攪拌均勻，接著加入融化的奶油，再將所有材料攪拌至均勻。

4 將材料分裝進直徑 4 公分、高 2 公分的不沾迷你花式點心模型中。放入烤箱烘烤 7 分鐘，將迷你花式點心置於網架上放涼。

約 25 顆
前一天晚上開始準備
準備時間：5 + 25 分鐘
烹調時間：10 分鐘

牛奶 100 毫升
細砂糖 100 克
椰子粉 150 克
蛋 4 顆
可可脂含量 55% 的黑巧克力
300 克
可可粉

巧克力椰子迷你酥球
Petits bouchées à la noix de coco et au chocolat

1 前一天晚上，將牛奶煮至微溫。在大碗中混合糖和椰子粉，倒入微溫的牛奶中混合，接著混入蛋至均勻，冷藏保存至隔天。

2 當天，烤箱預熱 230℃（熱度 7-8）。

3 用手將麵團揉成 20 克的球狀，陸續保留間隔的擺在鋪有烤盤紙的烤盤上，放入烤箱烘烤 7-8 分鐘。出爐時，置於網架上冷卻。

4 用鋸齒刀將巧克力切碎，然後以平底深鍋隔水加熱至融化，放涼。

5 用叉子將一顆顆的椰子酥球滾上巧克力，取出讓巧克力凝固，接著為酥球篩上可可粉。

巧克力香料麵包
Pain d'épices au chocolat

1 烤箱預熱 160℃（熱度 5-6）。

2 用鋸齒刀將巧克力切碎，然後以平底深鍋隔水加熱至融化。

3 將牛奶和八角茴香煮沸，離火加蓋並放涼，將牛奶過濾。

4 將麵粉、馬鈴薯澱粉、黑麥粉、泡打粉、肉桂粉和四香粉過篩，加入柳橙果醬並加以混合。以文火將葡萄糖和花蜜加熱至融化，加入先前的配料中，再依序混入蛋，接著是 3 的牛奶。將 130 克的奶油攪拌成膏狀，混入麵糊中攪拌均勻。最後加入融化的巧克力並加以混合。

5 為 20 公分的長型模（moule à cake）塗上奶油，鋪上烤盤紙，放入麵糊，入烤箱烘烤 1 小時至 1 小時 15 分鐘。將刀身插入以檢查烘烤狀態；抽出時刀尖應保持乾燥。將麵包置於網架上放涼。

→ 這些香料麵包在烘烤後的 1 至 2 日風味最佳。

編註：四香粉（quatre-épices）混合了丁香、肉荳蔻、肉桂、薑四種香料。

6 人份的麵包 2 個
前一天晚上開始準備
準備時間：**15 分鐘**
烹調時間：
1 小時至 1 小時 15 分鐘

全脂牛奶 140 毫升
八角茴香（badiane）9 克
麵粉 40 克
馬鈴薯澱粉（fécule de pomme de terre）40 克
黑麥粉（farine de seigle）240 克
泡打粉 16 克
肉桂粉 5 克
四香粉（quatre-épices）5 克
柑橘果醬（marmelade d'orange）320 克
葡萄糖（glucose 又稱水飴）130 克（於材料行購買）
花蜜 320 克
蛋 3 顆
室溫回軟的奶油 130 克 +
模型用奶油 25 克
可可脂含量 70% 的黑巧克力 300 克

乾果巧克力香料麵包
Pain d'épices au chocolat et aux fruits secs

1 烤箱預熱 150℃（熱度 5）。

2 將杏桃、黑李乾、杏仁和核桃約略切碎。

3 用電動攪拌器攪打蛋、花蜜和糖，直到混合物發泡。

4 在大碗上將麵粉、可可粉、泡打粉、肉桂粉和八角茴香粉過篩。

5 以文火將奶油加熱至融化。用鋸齒刀將巧克力切碎，然後以平底深鍋隔水加熱至融化。

6 在平底深鍋中混合融化的奶油和巧克力，接著將混合物混入 3 中攪拌，接著加入大碗中的粉類和所有切碎的乾果。

7 為 28 公分的長型模塗上奶油，鋪上烤盤紙，將麵糊倒入模型中。放入烤箱烘烤 1 小時至 1 小時 10 分鐘。將刀身穿過麵包，檢查烘烤狀況；抽出時刀身應保持乾燥。

8 將香料麵包在網架上脫模。放涼並等待 1 小時後再切開。

❝ **Le cacao fleurant déborde comme écume
Et se partage la fleur du tabac.
Quand le cœur est saveurs
La vie se fait ivresse !**

*《香氣四溢的可可如泡沫般泛濫瓜分了菸草花的地盤。
當味道為心之所向，生命便變得如此醉人！》*

〔哥倫布發現新大陸前時期的詩歌〕 ❞

8 人份
準備時間：**15 分鐘**
烹調時間：約 **1 小時 15 分鐘**
靜置時間：**1 小時**

軟杏桃乾 80 克
去核黑李乾（pruneau）120 克
去皮杏仁粒 50 克
核桃仁 50 克
蛋 5 顆
金合歡蜜（miel d'acacia）60 克
細砂糖 140 克
麵粉 100 克
可可粉 20 克
泡打粉 1 包（10 克）
肉桂粉 2 撮
八角茴香粉 2 撮
奶油100克 + 模型用奶油15克
可可脂含量 55% 的黑巧克力 200 克
杏仁粉 60 克

迷你橙香巧克力軟心蛋糕
Petits moelleux au chocolat et à l'orange

迷你橙香巧克力軟心蛋糕
Petits moelleux au chocolat et à l'orange

1 以文火將奶油加熱至融化，離火並放至微溫。

2 用鋸齒刀將巧克力切碎，然後以平底深鍋隔水加熱至融化。

3 烤箱預熱 230℃（熱度 7-8）。

4 在大碗上將麵粉和糖粉過篩，倒入杏仁粉和細砂糖，並一邊用木杓攪拌。

5 將蛋白打成尖端直立的硬性發泡狀，混入大碗中，再加入融化的奶油輕輕混合。倒入巧克力並加入 75 克的糖漬柳橙丁，輕輕攪拌。

6 將此麵糊分倒入 30 個防油烘烤紙模中，在表面用 150 克的糖漬柳橙丁進行裝飾。放入烤箱烘烤 10 分鐘。放涼後品嚐。

〔照片請見 145 頁〕

約 30 塊
準備時間：15 分鐘
烹調時間：約 15 分鐘

奶油 60 克
可可脂含量70%的黑巧克力60克
麵粉 60 克
糖粉 60 克
杏仁粉 75 克
細砂糖 75 克
蛋白 3 個
切成極小丁的糖漬柳橙 75 克
切成約 0.5 公分的糖漬柳橙丁 150 克

F. Piquet
Pâtisserie Piquet (Limoges)
畢傑糕點店（里摩日）

巧克力月光石
Pierre de lune au chocolat

1 烤箱預熱 170℃（熱度 5-6）。用鋸齒刀將巧克力切碎，然後隔水加熱至融化，保溫備用。

2 取下檸檬皮並切成細碎。用木杓在大碗中攪打奶油至形成膏狀，陸續加入糖、杏仁粉、蛋黃和切碎的檸檬皮。

3 將蛋白和糖一起攪打成柔軟的泡沫狀（尖端下垂的濕性發泡）。輕輕混入麵糊中，接著加入仍為液態但不熱的巧克力，混合。

4 為 8 個直徑 7 公分的一人份不沾軟模塗上奶油，並均勻撒上麵粉。填入麵糊，放入烤箱烘烤 50 分鐘，在出爐時脫模並放涼。

約 8 個
準備時間：15 分鐘
烹調時間：約 50 分鐘

可可脂含量 65% 的黑巧克力 115 克
未經加工處理的檸檬 1/2 顆
奶油55克 ＋ 模型用奶油25克
細砂糖 85 克
杏仁粉 110 克
蛋黃 5 個 ＋ 蛋白 5 個
細砂糖 50 克
模型用麵粉 15 克

E. Baumann
Pâtisserie E. Baumann(Zurich, Suisse)
艾 - 波曼糕點店（瑞士，蘇黎世）

巧克力披薩
Pizza au chocolat

1 製作麵糊。在平底深鍋中將牛奶加熱至微溫，離火，倒入弄碎的酵母。將這牛奶和橄欖油、水一起倒入電動攪拌器的鋼盆中，攪拌 15 秒。將麵粉、鹽和糖過篩，加入碗中，攪拌至麵團脫離碗壁。

2 將麵團揉成圓團狀，放入大碗中蓋上布巾，讓麵團在室溫（22℃）下體積膨脹 2 倍。

3 烤箱預熱 240℃（熱度 8）。

4 在撒有麵粉的工作檯上將麵團擀成直徑約 40 公分的圓形餅皮，在烤盤上刷上油，擺上圓形餅皮，用叉齒規則地戳洞。

6-8 人份
準備時間：20 分鐘
烹調時間：11 分鐘
靜置時間：約 3 小時

麵團
全脂牛奶 100 毫升
新鮮酵母 13 克
橄欖油 20 毫升
礦泉水 100 毫升
麵粉 350 克 ＋ 工作檯用麵粉 30 克
精鹽 1/2 小匙
細砂糖 50 克
烤盤用葵花油

→

配料

水牛莫札瑞拉乳酪（mozzarella de bufflonne）250 克

可可脂含量 70% 的黑巧克力 200 克

瑪斯卡邦奶油醬 150 克（crème de mascarpone）

F. e. Grasser-Hermé
Écrivain cuisinière (Paris)
料理作家（巴黎）

---

5 製作配料。將水牛莫札瑞拉乳酪切成稍厚的片狀，在麵皮距邊緣 2 公分處擺成花瓣狀，放入烤箱烘烤 8 分鐘。

6 用鋸齒刀將巧克力切碎，然後以平底深鍋隔水加熱至融化，離火後混入瑪斯卡邦乳酪，攪打均勻。

7 將披薩從烤箱中取出，並在距離披薩邊緣 1 公分處鋪上瑪斯卡邦巧克力醬。即可品嚐。

→ 您可在融化的巧克力上撒上糖漬柳橙丁、開心果、搗碎且經烘烤的榛果或杏仁。

→ 您可於麵包店購買 600 克現成的披薩麵團。

約 50 個酥餅
準備時間：20 分鐘
烹調時間：每爐 11-12 分鐘
靜置時間：2 小時

麵粉 175 克
可可粉 30 克
食品用小蘇打粉 5 克
可可脂含量 70% 的黑巧克力 150 克
室溫回軟的奶油 150 克
粗粒紅糖 120 克
細砂糖 50 克
鹽之花（fleur de sel）3 克
香草精（extrait de vanilla liquide）2 克

鹽之花巧克力酥餅
Sablés au chocolat et à la fleur de sel

1 在碗中將麵粉、可可粉和小蘇打粉過篩。將巧克力敲成碎塊。

2 用木杓在大碗中攪打奶油至形成膏狀，混入粗粒紅糖、糖、鹽之花和香草精攪拌，接著混入碗中的粉類和巧克力碎塊，極快速地混合所有材料，但請盡量減少攪拌的次數。

3 將形成的麵團等分，製成直徑 4 公分的長條，以彈性保鮮膜包起。冷藏保存 2 小時。

4 烤箱預熱 170℃（熱度 5-6）。

5 將長條麵團從冰箱中取出，取下彈性保鮮膜，切成厚 1 公分的圓形薄片。陸續將 1 批圓形薄片，保留間隔的擺在鋪有烤盤紙的烤盤上，放入烤箱烘烤 11-12 分鐘；這些酥餅的特色在於不需全熟。出爐時，在網架上放涼。重複同樣的程序，直到長條麵團用盡。

6-8 人份
準備時間：15 分鐘
烹調時間：3-4 分鐘
冷藏時間：2 小時

巧克力海綿蛋糕（génoise au chocolat）250 克
柳橙果醬 125 克
核桃仁 60 克
去皮開心果 40 克
金黃葡萄乾 25 克
可可脂含量 70% 的黑巧克力 220 克
糖粉

F. Granger
Pâtisserie François (Bergerac)
方索瓦糕點店（貝傑哈克）

巧克力「香腸」
«Saucisson» au chocolat

1 將海綿蛋糕切成小丁，和柳橙果醬一起放入大碗中，用木杓攪拌所有材料。將核桃仁稍微切碎加入，再放開心果和葡萄乾。

2 用鋸齒刀將巧克力切碎，然後以平底深鍋隔水加熱至融化。將融化的巧克力倒入大碗中混合，將形成的麵團揉成長條狀，以彈性保鮮膜將麵糊包起，旋轉兩端，以形成香腸狀。

3 將彈性保鮮膜取下，為香腸均勻撒上糖粉，冷藏保存 2 小時。使用料理繩像香腸一樣捆起。

葡萄燕麥巧克力酥餅
Sablés au chocolat, aux flocons d'avoine et aux raisins

1 將麵粉和泡打粉過篩。用鋸齒刀將巧克力切碎。將奶油切成小塊，在電動攪拌器的鋼盆中攪拌至形成乳霜狀，陸續混入粗粒紅糖、奶粉、花蜜、蛋、鹽之花、過篩的麵粉和泡打粉、切碎的巧克力，持續攪拌 1 分鐘。混入燕麥片和葡萄乾，再攪拌 1 分鐘。將麵團整型成圓團狀，以彈性保鮮膜包起，冷藏保存 2 小時。

2 將麵團從冰箱中取出，取下彈性保鮮膜，在烤盤紙上將麵團揉成直徑 6 公分的長條，切成厚 1 公分的薄片。擺在鋪有烤盤紙的烤盤上，再蓋上彈性保鮮膜，冷藏保存 1 小時。

3 烤箱預熱 170℃（熱度 5-6）。

4 將烤盤放入烤箱烘烤 12 分鐘，所有的麵糊都以同樣的方式進行。讓酥餅在網架上放涼。

約 50 個酥餅
準備時間：**15 分鐘**
烹調時間：**每爐 12 分鐘**
冷藏時間：**3 小時**

麵粉 110 克
泡打粉 5 克
可可脂含量 66% 的黑巧克力 300 克
室溫回軟的奶油 150 克
粗粒紅糖 80 克
奶粉 8 克
金合歡蜜 20 克
蛋 1 顆
鹽之花 2 克
燕麥片（flocons d'avoine）140 克
科林斯（Corinthe）葡萄乾 120 克

維也納可可酥餅
Sablés viennois au cacao

1 烤箱預熱 180℃（熱度 6）。

2 將麵粉和可可粉過篩。用攪拌器在大碗中拌和奶油，直到變成非常軟的乳霜狀，加入過篩的糖粉和鹽，攪打至配料均勻為止。

3 輕輕地攪打蛋白，量取 3 大匙混入配料中，一邊攪打一邊逐漸倒入過篩的麵粉和可可粉，輕輕地攪打至麵糊均勻，但請勿過度攪拌。

4 將 1/3 的麵糊倒入裝有 9 號星形擠花嘴的擠花袋中。在 2 個鋪有烤盤紙的烤盤上擠出約長 5 公分、寬 3 公分的「W」形，在每個「W」形麵糊之間預留 2.5 公分的空間。

5 將烤盤放入烤箱，烘烤約 10 至 12 分鐘，讓酥餅在網架上放涼。所有的麵糊都以同樣方式進行。

→ 很重要的是，為了獲得精緻易碎的維也納酥餅，請勿過度攪拌麵糊。

約 65 個酥餅
準備時間：**15 分鐘**
烹調時間：**每爐 10-12 分鐘**

麵粉 260 克
可可粉 30 克
室溫回軟的奶油 250 克
糖粉 100 克
鹽 1 撮
蛋白 2 個

維也納可可酥餅
Sablés viennois au cacao

" 令人驚豔的點心與小蛋糕
Les goûters et petits délices
pour impressionner "

巧克力杏桃小點
Abricotines au chocolat

1 烤箱預熱 180℃（熱度 6）。

2 將麵粉、杏仁粉、糖粉和香草粉過篩。將蛋白打成尖端直立的硬性發泡蛋白霜，混入杏仁粉等混合物中，並以輕輕將麵糊由下而上稍微舀起的方式混合。

3 將麵糊填入裝有 8 號圓口擠花嘴的擠花袋中。在第一個烤盤上鋪上 1 張烤盤紙，以彼此間隔 2 公分地空間，擠上直徑 1.5 公分的麵球，撒上杏仁片，將烤盤提起傾斜以去除多餘的杏仁片。

4 再為第 2 個烤盤鋪上 1 張瓦楞紙板，墊在第 1 個烤盤下，以免小糕點的下方過度烘烤（糕點會因此而更加柔軟）。放入烤箱烘烤 15 分鐘，用木杓卡住烤箱門，讓門保持微開。

5 將杏桃果醬倒入裝有圓口擠花嘴的擠花袋中，將烤盤上的杏桃小點取出，待涼陸續拿在手上，用食指指尖在每個小糕點的平面上挖個小洞，為 1/2 的小糕點填入杏桃果醬，然後蓋上未填果醬的小糕點。輕輕按壓，讓 2 個小糕點彼此黏合。

6 將每個杏桃小點一半浸入調溫巧克力中，陸續擺在烤盤紙上待巧克力硬化後享用。

■ 覆盆子小點與柳橙小點（Framboisines et orangines）

您可用同樣的方式製作覆盆子小點或柳橙小點。用覆盆子醬或柳橙柑橘醬來取代杏桃果醬並填入小糕點中。

約 **40** 個杏桃小點
準備時間：**20** 分鐘
烹調時間：每爐 **15** 分鐘

麵粉 15 克
杏仁粉 100 克
糖粉 100 克
香草粉 1 撮
蛋白 3 個
杏仁片 100 克
杏桃果醬
可可脂含量 55% 的調溫巧克力 150 克（見 323 頁）

蘋果魚子醬巧克力布林煎餅
Blinis au chocolat et caviar de pomme

1 烤箱預熱 50℃（熱度 2-3）。

2 製作餡料。將蘋果削皮，用挖球器（cuillère parisienne）挖成球狀。在平底煎鍋中加熱奶油，以旺火將蘋果球和所有的乾果煎 5 分鐘，並撒上粗粒紅糖，加蓋在爐上保溫。

---

6 人份
準備時間：**35** 分鐘
烹調時間：約 **25** 分鐘
冷藏時間：**2** 小時

蘋果餡料
(garniture aux pommes)
蘋果 5 顆
奶油 40 克
金黃葡萄乾 40 克

➔ 松子（pignons de pin）20 克
核桃仁 40 克
杏仁片 20 克
粗粒紅糖 40 克

巧克力醬
液狀鮮奶油 150 毫升
全脂牛奶 150 毫升
金合歡蜜 30 克
可可脂含量 70% 的黑巧克力
200 克

布林煎餅麵糊
（pâte des blinis）
可可脂含量 70% 的黑巧克力
100 克
室溫回軟的奶油 25 克 +
油煎用焦化奶油（noisette au
beurre）
蛋白 3 個
細砂糖 35 克
大蛋黃 1 個

F. Bau
École du Grand Chocolat Valrhona
(Tain-l'Hermitage)
法芙娜頂級巧克力學院
（坦恩米塔）

3 製作巧克力醬。將鮮奶油、牛奶和花蜜煮沸。用鋸齒刀將 200 克的巧克力切碎，然後以平底深鍋隔水加熱至融化，離火倒入煮沸的鮮奶油、牛奶和花蜜的混合物中，並一邊快速攪打至醬汁變得光亮平滑，蓋上蓋子保溫。

4 製作布林煎餅麵糊。用鋸齒刀將 100 克的巧克力切碎，然後以平底深鍋隔水加熱至融化，離火後混入室溫回軟的奶油中，混合至配料變得平滑。一邊逐漸加入糖，一邊將蛋白攪打成泡沫狀。將蛋黃加進巧克力和奶油的混合物中，攪拌，接著混入 1/3 的泡沫狀蛋白，快速攪拌，接著輕巧地加入剩餘的蛋白，以冷藏冷卻至少 2 小時（或冷凍 30 分鐘）。

5 以旺火加熱俄式煎餅鍋（poêle à blinis）和焦化奶油，倒入 1 小湯杓的麵糊，每面煎約 1 分半鐘。所有的麵糊都以同樣的方式進行。將布林煎餅置於爐上保溫。

6 將巧克力醬分裝至個人餐盤中，擺上熱騰騰的布林煎餅，撒上熱的乾果蘋果球。

---

12 個泡芙
前一天晚上開始準備
準備時間：5 + 25 分鐘
烹調時間：約 20 分鐘

咖啡鮮奶油香醍
（crème Chantilly au café）
吉力丁 1.5 片（1 片 = 2 克）
液狀鮮奶油 250 毫升
咖啡粉 18 克
細砂糖 10 克

泡芙麵糊 350 克（見 299 頁）
黑巧克力鮮奶油香醍 600 毫升
（見 286 頁）
糖粉

咖啡黑巧克力香醍泡芙
Choux à la chantilly au chocolat noir et au café

1 前一天晚上，開始製作咖啡奶油醬。將吉力丁放入冷水中軟化。將鮮奶油煮沸，離火，加入咖啡粉浸泡 2 分鐘。用網篩過濾咖啡鮮奶油。以吸水紙將吉力丁擦乾，讓吉力丁在咖啡鮮奶油中融化並混入糖，冷藏保存至隔天。

2 當天，烤箱預熱 190℃（熱度 6-7）。

3 製作泡芙麵糊，倒入裝有 14 號圓口擠花嘴的擠花袋中。在鋪有烤盤紙的烤盤上擠出 12 個泡芙，放入烤箱，烤箱門關上，烘烤 5 分鐘，接著用木杓卡住門，讓門保持微開，再烘 15 分鐘。出爐時，讓泡芙在網架上放涼。

4 將沙拉盆冷凍冰鎮 15 分鐘。將咖啡奶油醬倒入沙拉盆中，攪打成鮮奶油香醍，填入裝有 7 號星形擠花嘴的擠花袋中。

5 製作黑巧克力鮮奶油香醍，同樣填入裝有 7 號星形擠花嘴的擠花袋中。

6 將每顆泡芙從距底部 2/3 的高度將圓頂切去，在每顆泡芙底部填入巧克力鮮奶油香醍，然後再蓋上咖啡鮮奶油香醍，將圓頂擺在泡芙上，接著篩上糖粉。無須等待，可直接品嚐。

可可雪茄
Cigarettes au cacao

1 先從製作麵糊塑形所必需的環狀紙板開始。以卡紙或紙板裁出 1 個直徑 10 公分的圓片，再從中央裁下 1 個直徑 9 公分的圓片，形成 1 個 1 公分寬的圓環狀紙板。

2 烤箱預熱 150℃（熱度 5）。

3 將麵粉和可可粉過篩。在大碗中，用木杓攪拌奶油至形成乳霜狀，混入糖，攪打至糖與奶油混合。稍微攪打蛋白，接著一點一點地加入配料中，再倒入過篩的麵粉和可可粉，攪拌至麵糊變得平滑。

4 將環狀紙板擺在不沾烤盤上，在圓環中央倒入 1.5 小匙的麵糊，以曲型小抹刀（spatule coudée）將麵糊均勻攤開。將環狀紙板移開，並收集殘留在紙板上的麵糊。所有的麵糊都以同樣的方式進行，並請留意在每個鋪好的圓形麵糊之間留下 5 公分的間隔。

5 放入烤箱烘烤 5-6 分鐘。出爐時，將餅乾取下，並以木杓柄捲起，形成雪茄狀。若餅乾已過度冷卻而無法捲起，請再烤 1 公分以便讓餅乾軟化。

約 40 條雪茄
準備時間：20 分鐘
烹調時間：每爐 3-4 分鐘

麵粉 70 克
可可粉 30 克
室溫回軟的奶油 100 克
糖粉 100 克
蛋白 3 個

巧克力閃電泡芙
Éclairs au chocolat

1 烤箱預熱 190℃（熱度 6-7）。

2 製作泡芙麵糊。倒入裝有 14 號圓口擠花嘴的擠花袋中，在鋪有烤盤紙的烤盤上擠出 12 個長 12 公分的棍狀麵糊。放入烤箱，烤箱門緊閉地烘烤 5 分鐘，接著用木杓卡住烤箱門，讓門保持微開，烘烤 18-20 分鐘。出爐時，將閃電泡芙置於網架上放涼。

3 製作卡士達奶油醬。在奶油醬仍溫熱時混入用鋸齒刀切碎的巧克力以及 100 毫升預先煮沸的鮮奶油中，不時攪拌巧克力卡士達奶油醬至冷卻。

4 將沙拉盆冷凍冰鎮 15 分鐘。將剩餘的 100 毫升液狀鮮奶油攪打成凝固的鮮奶油香醍，輕輕地混入冷卻的巧克力卡士達奶油醬中。

5 倒入裝有 7 號圓口擠花嘴的擠花袋中，將擠花嘴在每個閃電泡芙底部戳 3 個洞：在閃電泡芙的兩端戳 2 個 1 公分的洞，在中央戳第 3 個洞。擠入巧克力卡士達奶油醬，每個閃電泡芙都以同樣方式進行。

6 製作巧克力鏡面。等鏡面微溫時（介於 35℃ -40℃ 之間），為閃電泡芙上鏡面：一手拿著泡芙，將正面浸入鏡面中，讓鏡面凝固數秒後將閃電泡芙靜置。以同樣方式處理剩餘所有的泡芙。

12 個閃電泡芙
準備時間：35 分鐘
烹調時間：20 分鐘

泡芙麵糊 375 克（見 299 頁）
香草卡士達奶油醬 800 克（見 288 頁）
可可脂含量 70% 的黑巧克力 250 克
液狀鮮奶油 200 毫升
巧克力鏡面 200 克（見 284 頁）

巧克力閃電泡芙
Éclairs au chocolat

巧克力國王烘餅
Galette des rois au chocolat

1 製作甘那許。用鋸齒刀將巧克力切碎。稍微攪打糖和蛋黃。將鮮奶油煮沸，淋在巧克力上並一邊攪打，再混入糖和蛋黃的混合物中。混合後加入奶油，將甘那許攪拌至光滑。

2 爲直徑 26 公分的蛋糕烤模鋪上彈性保鮮膜，倒入甘那許，冷藏凝固約 1 小時。

3 製作折疊派皮，切成 2 個麵塊，在撒有麵粉的工作檯上將每個麵塊擀成厚 2 公釐的麵皮。用小刀 --- 筆直地豎立在麵皮上 --- 從每塊麵塊上裁出 1 個直徑 28 公分的圓餅。「清掃」一下麵皮，以去除多餘的麵粉。

4 將第一塊圓形餅皮翻面（較平滑面朝上），擺在鋪有烤盤紙的烤盤上。用泡過冷水的毛刷，刷在麵皮上距離邊緣 1 公分處，以免水流到外面。同樣將第二塊麵皮翻面，並精準地疊在第一塊麵皮上。用指尖按壓兩塊麵皮邊緣，使邊緣密合。連同烤盤一起冷藏 30 分鐘。

5 烤箱預熱 230℃（熱度 8）。

6 用小刀的刀背尖端，刀身的切面朝上地使用，並斜斜地握著，將烘餅接合的兩邊稍微提起，將刀子在每間隔 1 公分處稍微插入以切出花飾，並以食指在麵皮的每個切口處按壓。可隨著動作轉動烤盤，讓這道程序變得更容易進行。

7 在碗中用毛刷攪打全蛋、半顆蛋黃和鹽。刷在烘餅的整個表面上，並請小心別讓蛋汁流到邊緣。以刀背尖端在麵皮上劃出規則條紋，爲烘餅表面進行裝飾；從中央開始劃條紋，並畫出間隔 2 公分的圓弧。放入烤箱烘烤，立刻將烤箱溫度調爲 180℃（熱度 6）。烘烤至少 40 分鐘。

8 爲烘餅刷上 30℃ 的糖漿，續烤 3 分鐘。在網架上放涼。

9 將完全冷卻的烘餅橫切成 2 塊圓餅。將蠶豆放入圓形的折疊派皮中，接著擺上甘那許圓餅，再蓋上第二塊圓形的折疊派皮。

10 爲了品嚐這道烘餅，必須將烘餅再度加熱。烤箱預熱 150℃（熱度 5）。放入烤箱，最多烘烤 15 分鐘。出爐時，放 20 分鐘至微溫時享用。

→ 爲防止折疊派皮變形，請充分均勻地擀開，接著小心地操作。

6-8 人份
準備時間：35 分鐘
烹調時間：45 分鐘
重新加熱時間：15 分鐘
冷藏時間：1 小時 30 分鐘

甘那許
可可脂含量 70% 的黑巧克力 240 克
細砂糖 40 克
蛋黃 4 個
液狀鮮奶油 80 毫升
室溫回軟的奶油 40 克

極冰涼的反折疊派皮（pâte feuilletée inversé）600 克（見 302 頁）
蛋 1 顆 + 蛋黃 1/2 個
30℃的糖漿 20 克（見 292 頁）
蠶豆 1 顆
工作檯用麵粉

80個小馬卡龍或20個大馬卡龍
準備時間：**30 分鐘**
烹調時間：**10-20 分鐘**
靜置時間：**15 分鐘**

麵糊

糖粉 480 克
杏仁粉 280 克
蛋白 7 個
紅色食用色素（colorant
alimentaire）3 滴
黃色食用色素 6 滴

餡料

室溫回軟的奶油 80 克
百香果 12 顆
金合歡蜜（miel d'acacia）
30 克
可可脂含量 35% 的牛奶巧克力
460 克
榛果 180 克
可可粉

百香牛奶巧克力馬卡龍
Macarons au chocolat au lait passion

1 製作麵糊。將糖粉和杏仁粉過篩。在大碗中將蛋白打成尖端微微下垂的濕性發泡蛋白霜，蛋白應剛好凝固、發亮且柔軟。快速且大量地倒入糖和杏仁粉的混合物中，接著加入幾滴紅色食用色素及黃色食用色素，形成淺橘色的狀態，用軟抹刀從大碗的中央朝邊緣繞圈攪拌。應形成像是略稀的麵糊。

2 將麵糊倒入裝有 8 號圓口擠花嘴的擠花袋中，製作直徑 4 公分的馬卡龍或用 12 號擠花嘴製作直徑 9 公分的馬卡龍。在鋪有烤盤紙的烤盤上，間隔 3 公分地擠出圓形麵糊，在室溫下靜置 15 分鐘。

3 製作餡料。將奶油切成小塊。將百香果切成兩半，在網篩上刮去果肉，並以大碗盛接果汁，再將果汁和花蜜煮沸。用鋸齒刀將巧克力切碎，然後以平底深鍋隔水加熱至半融化。將一半的果汁混入半融的巧克力中，從中央開始攪拌，再混入另一半果汁，並以同樣方式攪拌。接著逐漸加入奶油塊，混合至甘那許餡料變得平滑。保存於陰涼處至甘那許呈現乳霜狀。

4 烤箱預熱 140℃（熱度 4-5）。

5 將烤盤連同馬卡龍擺在另一個同樣大小的烤盤上，以免馬卡龍下方過度烘烤。將小馬卡龍放入烤箱，烘烤 10-12 分鐘，大馬卡龍烘烤 18-20 分鐘，並用木杓卡住烤箱門，讓門保持微開。

6 出爐時，將烤盤紙的紙角稍微提起，緩緩將少量的冷水倒入烤盤。濕潤讓馬卡龍可輕易從紙上脫離。將馬卡龍在網架上放涼。

7 將烤箱溫度調為 150℃（熱度 5）。

8 將榛果撒上鋪有烤盤紙的烤盤上，放入烤箱烘烤 15 分鐘。取出擺在 1 塊布巾上，用布巾摩擦以去皮。放涼。

9 在一半馬卡龍的平底處填入巧克力甘那許，放入 1 顆烘烤過的榛果並以另一個馬卡龍夾起。陸續將組合好的馬卡龍擺在烤盤紙上，篩上可可粉，再蓋上彈性保鮮膜並加以冷藏。

→ 為使糕點柔軟，最好將這些馬卡龍冷藏保存 2 日後品嚐。在享用前 1 小時從冰箱中取出。

〔見 156 頁 Pierre Hermé 的最愛〕

百香牛奶巧克力馬卡龍
Macarons au chocolat au lait passion

《我用甜美而柔軟的牛奶巧克力，
來緩和百香果的清爽和微酸。》

Pierre Hermé

（食譜請見 155 頁）

黑巧克力馬卡龍
Macarons au chocolat noir

1 製作麵糊。將糖粉、杏仁粉和可可粉過篩。在大碗中將蛋白攪打成泡沫狀（尖端下垂的濕性發泡），蛋白應剛好凝固、平滑且柔軟。快速且大量地倒入糖、杏仁粉和可可粉的混合物中，用軟抹刀從大碗的中央朝邊緣繞圈攪拌所有材料，應形成類似略爲流質的麵糊。

2 將麵糊倒入裝有 8 號圓口擠花嘴的擠花袋中，以製作直徑 2 公分的小馬卡龍，或是倒入裝有 12 號圓口擠花嘴的擠花袋中，以製作直徑 7 公分的馬卡龍。間隔 3 公分地在鋪有烤盤紙的烤盤上擠出圓形麵糊。在室溫下靜置 15 分鐘。

3 烤箱預熱 140℃（熱度 4-5）。

4 將烤盤連同馬卡龍擺在另一個同樣大小的烤盤上，以免馬卡龍的下方烘烤過度。放入烤箱，小馬卡龍烘烤 10-12 分鐘，大馬卡龍烘烤 18-20 分鐘，並用木杓卡住烤箱門，讓門保持微開。

5 出爐時，將烤盤紙的一角稍微提起，緩緩將少量冷水倒入烤盤中。濕潤讓馬卡龍可輕易從紙上脫離。將馬卡龍在網架上放涼。

6 製作巧克力甘那許。用甘那許將馬卡龍平坦的底部兩兩相疊。陸續將組合好的馬卡龍擺在烤盤紙上，篩上可可粉，蓋上彈性保鮮膜，冷藏 2 日後品嚐。

■ 牛奶巧克力馬卡龍 Macarons au chocolat au lait

您可使用牛奶巧克力甘那許（見 289 頁）來裝填馬卡龍，以同樣方式製作牛奶巧克力馬卡龍。

80 個小馬卡龍或
20 個大馬卡龍
準備時間：**15 分鐘**
烹調時間：**10-20 分鐘**
靜置時間：**15 分鐘**

麵糊
糖粉 480 克
杏仁粉 280 克
可可粉 40 克
蛋白 7 個

餡料
可可脂含量 55% 的巧克力甘那許 700 克（見 289 頁）
可可粉

巧克力小泡芙
Petits choux au chocolat

1 烤箱預熱 190℃（熱度 6-7）。

2 製作巧克力泡芙麵糊，倒入裝有 9 號圓口擠花嘴的擠花袋中，在鋪有烤盤紙的烤盤上製作直徑 4 公分的泡芙。放入烤箱，先關起烤箱門，烘烤 5 分鐘，接著用木杓卡住烤箱門，讓門保持微開，烘烤 15 分鐘。

3 讓泡芙在網架上冷卻。製作巧克力滑順奶油霜，並倒入裝有 6 號圓口擠花嘴的擠花袋中。將擠花嘴插入每個泡芙底部，填入巧克力滑順奶油霜。爲小泡芙篩上可可粉。

約 50 個小泡芙
準備時間：**25 分鐘**
烹調時間：**每爐 20 分鐘**

巧克力泡芙麵糊 515 克（見 299 頁）
巧克力滑順奶油霜 900 克（見 287 頁）
可可粉

24 個小麵包

前一天晚上開始準備

準備時間：1 小時

烹調時間：18 分鐘

冷凍時間：30 分鐘 3 次

冷藏時間：1 小時 2 次

柳橙鏡面

(glaçage à l'orange)

糖粉 150 克

阿拉伯樹膠粉（gomme

arabique en poudre）3 克

（於材料行購買）

全脂奶粉 3 克

新鮮柳橙汁 60 毫升

君度橙酒（Cointreau）20 毫升

皮力歐許折疊派皮

(pâte à brioche feuilletée)

55 號麵粉 750 克 ＋

工作檯用麵粉 20 克

細砂糖 50 克

鹽之花 10 克

全脂奶粉 40 克

極冰冷的水 300 毫升

極冰冷蛋 3 顆

新鮮酵母 55 克

室溫回軟的奶油 300 克

巧克力杏仁奶油醬

(crème d'amande au chocolat)

室溫回軟的奶油 70 克

糖粉 80 克

杏仁粉 80 克

玉米粉（fécule de maïs）5 克

蛋 1 顆

肉桂粉 2 克

棕色蘭姆酒 10 毫升

液狀鮮奶油 100 毫升

可可脂含量 70% 的黑巧克力

60 克

金黃葡萄乾 250 克

巧克力肉桂葡萄麵包
Pains aux raisins à la cannelle et au chocolat

1 前一天晚上，製作柳橙鏡面。在平底深鍋上將糖粉過篩，混入阿拉伯膠、奶粉和柳橙汁。在極小的火摻和並微微加熱，離火，加入君度橙酒並加以混合。冷藏保存至隔天。

2 當天，製作皮力歐許折疊派皮。將麵粉過篩，和糖、鹽之花、奶粉、水、蛋和弄碎的酵母一起放入裝有攪麵鉤的電動攪拌器鋼盆中。攪拌至麵團均勻，並立刻停止揉捏，用彈性保鮮膜將麵團包起，冷凍 30 分鐘，以便立即冷卻。

3 將麵團從冷凍庫中取出。將 300 克的奶油攪拌成膏狀。在撒有麵粉的工作檯上將麵團垂直擀開：這矩形麵皮的長應為寬的 3 倍。將一半的奶油放在麵皮下緣，用掌心將奶油向上壓開，但只壓至矩形麵皮的 2/3 處。將下面 1/3 塗奶油的部分朝上面 1/3 塗奶油的部分折起，然後將上面 1/3 的部分向下折。以彈性保鮮膜包起。冷凍 30 分鐘，接著再冷藏 1 小時。

4 將麵皮從冰箱中取出。像先前一樣擀開，然後以同樣方式處理另一半塗上奶油的麵皮。將派皮再度冷凍保存 30 分鐘，接著冷藏 1 小時。請注意，您必須在這段時間後立即使用這份派皮。

5 在派皮靜置期間，製作巧克力杏仁奶油醬。將奶油攪拌成膏狀，將糖粉、杏仁粉和玉米粉過篩，接著混入奶油中。加入蛋和肉桂，接著倒入蘭姆酒和鮮奶油。用鋸齒刀將巧克力切碎，然後以平底深鍋隔水加熱至融化，再混入先前的配料中，混合至杏仁奶油醬完全均勻。

6 在杏仁奶油醬上覆蓋 1 張保鮮膜，取 240 克作為本食譜用，並加以冷藏。將剩餘的奶油醬冷凍或冷藏可保存 36-48 小時。

7 在撒有麵粉的工作檯上將皮力歐許折疊派皮擀成長 60 公分、厚 2.5 公釐的矩形。用抹刀在矩形距邊緣 2 公分內鋪上的杏仁奶油醬，均勻地撒上葡萄乾。

8 將矩形麵皮垂直捲起，形成長條狀，裁成厚約 2 公分的塊狀。將每塊麵塊的末端接合處塞入螺旋中央，間隔 5 公分地擺在兩個鋪有烤盤紙的烤盤上，冷凍 30 分鐘。

9 烤箱預熱 180℃（熱度 6）。

10 將烤盤從冷凍庫中取出，並置於 28℃ 的室溫下，讓麵包的體積膨脹為 2 倍大。放入烤箱烘烤 18 分鐘。

11 出爐時，為巧克力肉桂葡萄麵包刷上柳橙鏡面。在微溫時享用。

巧克力麵包
Pains au chocolat

1 將酵母摻入 2/3 的水中。在大碗上將麵粉過篩，混入鹽、糖、極軟的 35 克奶油、奶粉和摻了水的酵母，非常快速地攪打所有材料。若麵團不夠軟，請加入剩餘的水。蓋上保鮮膜，保存在室溫下（理想溫度爲 22℃）1 小時至 1 小時 30 分鐘之間。麵團應膨脹爲 2 倍體積。

2 將麵團從大碗中取出，用拳頭壓扁，讓麵團回到原本的體積，再將麵團放回大碗中，蓋上保鮮膜，保存在室溫下 1 小時至 1 小時 15 分鐘之間。

3 再將麵團從大碗中取出，再度用拳頭壓扁，再蓋上保鮮膜，冷凍保存 30 分鐘。

4 將麵團從冷凍庫中取出。將 325 克的冷奶油攪拌成膏狀。將麵團在撒有麵粉的工作檯上垂直擀開：矩形麵皮的長應爲寬的 3 倍。將一半的奶油擺在麵皮下緣。用掌心將奶油向上壓開，但只壓至矩形麵皮的 2/3 處。將下面 1/3 塗有奶油的麵皮朝另外 1/3 塗有奶油的部分折起，然後再將上面的 1/3 的麵皮向下折。以保鮮膜將麵皮包起。冷凍 30 分鐘，接著冷藏 1 小時。

5 將麵皮從冰箱中取出。如同先前一樣擀開，並以同樣方式放上另一半的奶油。再度冷凍 30 分鐘，接著冷藏 1 小時。

6 在有麵粉的工作檯上，將麵皮擀成 2.5 公分的厚度。用尖銳的刀子裁成 24 塊約 13×6.5 公分的矩形，將每塊矩形麵皮的短邊朝向自己擺放，在下面的邊緣擺上 1 根 2 公分的巧克力棒，用巧克力棒將麵皮捲起，然後輕輕按壓，形成皮夾狀。

7 將巧克力麵包陸續擺在 2 個鋪有烤盤紙的烤盤上，彼此間隔 5 公分。讓麵包在室溫下發酵至少 2 小時；體積應膨脹爲 2 倍。

8 烤箱預熱 220℃（熱度 7-8）。

9 將蛋、蛋黃和鹽放入碗中，用毛刷攪打。將蛋汁刷在巧克力麵包上。將第一個烤盤放入烤箱，並立即將烤箱溫度調低爲 170℃（熱度 5-6）。烘烤 20 分鐘。

10 出爐時，讓巧克力麵包在網架上冷卻。烤箱再次預熱 200℃（熱度 6-7）。將第二個烤盤放入烤箱，立即將烤箱溫度調低爲 170℃（熱度 5-6），同樣烘烤 20 分鐘。

24 個巧克力麵包
準備時間：45 分鐘
烹調時間：每爐 20 分鐘
靜置與冷藏時間：
約 8 小時 15 分鐘

酵母 12 克
室溫的水（20℃）200 毫升
麵粉 600 克 ＋ 工作檯用麵粉
鹽之花 12 克
細砂糖 75 克
已回軟的奶油（beurre très mou）35克 ＋冷藏的奶油325克
全脂奶粉 15 克
可可脂含量 55% 的黑巧克力棒 24 根

蛋黃漿（dorure）
蛋 2 顆 ＋ 蛋黃 1 個
鹽 1 小撮

> **La fève de cacao est un phénomène que la nature n'a jamais répété : on n'a jamais trouvé autant de qualités réunies dans un aussi petit fruit.**
>
> 《可可豆是種大自然絕不會重複的奇物：我們絕對找不到在如此小的果實中積聚如此多優點的物品。》
>
> 〔亞歷山大・馮・宏博 Alexander von Humboldt，19 世紀〕

約 **90** 個杏仁餅
準備時間：**45** 分鐘
冷藏時間：**2** 小時
烹調時間：**25-27** 分鐘

甜酥麵團 400 克（見 304 頁）
糖漬橙皮 100 克
未經加工處理的柳橙 1 顆
液狀鮮奶油 500 毫升
水 90 毫升
糖 220 克
葡萄糖（glucose 又稱水飴）
10 克
奶油 120 克
液狀栗樹花蜜（miel liquide de châtaigner）100 克
杏仁片 280 克
可可脂含量 55% 的調溫巧克力
300 克（見 323 頁）

佛羅倫汀焦糖杏仁餅
Sablés florentins

1 烤箱預熱 180℃。

2 製作甜酥麵團。在撒有麵粉的工作檯上，將麵團擀成 2 公釐的厚度，形成 30×40 公分的矩形，用叉子戳洞，擺在鋪有烤盤紙的烤盤上，烘烤 15 分鐘，直到麵皮呈現金黃色。

3 將糖漬橙皮切成很小的丁。

4 取下柳橙皮並切成細碎，加入液狀鮮奶油中，煮沸。

5 在厚底平底深鍋中倒入水、糖和葡萄糖，煮至形成琥珀色的焦糖為止。

6 加入奶油、熱鮮奶油和液狀蜂蜜，用抹刀混合，並請當心濺出的滾燙液體，煮至 125℃（以烹飪溫度計控制）。

7 離火後加入糖漬橙皮丁和杏仁片，均勻混合。

8 將甜酥麵團從烤箱中取出，用抹刀在甜酥麵團上盡可能地鋪上薄薄一層焦糖杏仁片等配料。

9 將烤箱溫度調整為 230℃（熱度 7-8），再將烤盤放入烤箱，烘烤 10-12 分鐘。

10 將烤盤從烤箱中取出，放涼，接著裁成邊長約 3 公分的方形。

11 用鋸齒刀將巧克力切碎，然後以平底深鍋隔水加熱至融化，為巧克力調溫（見 323 頁），讓巧克力凝固並保持光澤。

12 將每塊佛羅倫汀杏仁餅半邊浸入巧克力中，並留下對角線。將杏仁餅陸續擺在烤盤紙上，放涼。

12 個麻花
準備時間：**20** 分鐘
烹調時間：**17** 分鐘
冷藏時間：**4** 小時

麻花（torsades）
巧克力折疊派皮 500 克
（見 301 頁）
金黃葡萄乾 100 克
結晶糖（sucre cristallisé）
50 克
工作檯用麵粉

蛋黃漿
蛋 1 顆
蛋黃 1 個
細砂糖 2 克

修飾用
細砂糖 15 克
杏仁片 40 克

巧克力麻花
Torsades au chocolat

1 製作折疊派皮，接著在撒有麵粉的工作檯上擀成 20×10 公分的矩形。撒上葡萄乾和結晶糖，將麵皮對折，再擀成 20×30 公分的矩形麵皮，冷藏 1 小時。

2 製作蛋黃漿。用毛刷攪打蛋、蛋黃和糖。

3 將麵皮從冰箱中取出，擺在撒有麵粉的工作檯上，刷上蛋黃漿，撒上細砂糖和杏仁片，用擀麵棍輕輕壓平，形成 20×36 公分的矩形麵皮。將麵皮切成 12 條寬 3 公分、長 20 公分的帶狀。將每條麵皮捲成麻花：抓著兩端，將麵皮的長邊旋轉 3 次。將麻花擺在鋪有烤盤紙的烤盤上，冷藏 3 小時。

4 烤箱預熱 170℃（熱度 5-6）。

5 將烤盤放入烤箱，烘烤 15-17 分鐘。出爐時，將麻花置於網架上放涼，在冷卻時品嚐。

巧克力杏仁瓦片餅
Tuiles au chocolat et aux amandes

1 前一天晚上，以文火將奶油加熱至融化。在大碗中，用木杓混合糖、杏仁片、香草粉、蛋白（未打發）。從上方倒入融化奶油，攪拌至混合物均勻，冷藏保存至隔天。

2 當天，將烤箱以轉動熱（à chaleur tournante）的功能，預熱 150℃（熱度 5）。

3 將麵粉過篩，混入麵糊中。在 2 個烤盤上鋪上烤盤紙，用咖啡匙舀起 1 匙麵團，然後擺在其中 1 個烤盤上，用掌心輕輕地將麵團壓成直徑 6-7 公分圓形瓦片餅，並留心讓整個表面都維持同樣的厚度。在每次的操作之間將掌心以吸水紙巾擦拭保持乾燥。每匙麵團間距 3-4 公分，以同樣的方式製作所有的麵團，讓每個烤盤冷藏靜置 15 分鐘。

4 將烤盤放入烤箱中慢慢烘烤，烘烤 12-15 分鐘。出爐時，用抹刀將瓦片餅剝離，在網架上放涼。

5 當瓦片餅冷卻時，用抹刀為每片瓦片餅的半邊塗上薄薄一層調溫巧克力。

約 75 個小瓦片餅
前一天晚上開始準備
準備時間：5 + 30 分鐘
烹調時間：每爐 12-15 分鐘
冷藏時間：每爐 15 分鐘

奶油 40 克
細砂糖 200 克
杏仁片 200 克
香草粉 1 克
蛋白 4 個
麵粉 30 克
可可脂含量 70% 的調溫黑巧克力 400 克（見 323 頁）

能多益榛果巧克力瓦片餅
Tuiles au Nutella et aux noisettes

1 烤箱預熱 150℃（熱度 5）。

2 在烤盤上撒上榛果放入烤箱，烘烤 15 分鐘。從烤箱中取出，放在布巾上摩擦去皮，搗碎成小塊。

3 以文火將奶油加熱至融化，應介於 30-35℃之間。在大碗上將糖粉和麵粉過篩，混入蛋、能多益榛果巧克力醬和融化的奶油，在麵糊混拌均勻後，冷藏靜置 1 小時。

4 將烤箱以轉動熱（à chaleur tournante）的功能，預熱 150℃（熱度 5）。

5 在 2 個烤盤上鋪上烤盤紙。用咖啡匙舀起 1 匙麵團，然後擺在其中 1 個烤盤上，用掌心輕輕地將麵團壓成直徑 6-7 公分圓形瓦片餅，並留心讓整個表面都維持同樣的厚度。在每次的操作之間將掌心以吸水紙巾擦拭保持乾燥。每匙麵團間距 3-4 公分，以同樣的方式製作所有的麵團，讓每個烤盤冷藏靜置 15 分鐘。

6 將烤盤放入烤箱中慢慢烘烤，烘烤 13-15 分鐘。出爐時，用抹刀將瓦片餅剝離，在網架上放涼。

約 60 個瓦片餅
準備時間：20 分鐘
烹調時間：約 1 小時
冷藏時間：1 小時 30 分鐘

榛果 150 克
奶油 100 克
糖粉 100 克
麵粉 35 克
蛋 2 顆
能多益榛果巧克力醬
（Nutella®）200 克

巧克力杏仁瓦片餅
Tuiles au chocolat et aux amandes

慕斯與其他熱融糕點
Les mousses et autres plaisirs fondants

" 極簡易慕斯與其他熱融糕點
Les mousses et autres plaisirs fondants
tout simple "

6 人份
準備時間：20 分鐘
烹調時間：每爐數分鐘

巧克力米布丁（riz au lait au chocolat）約 1 公斤（見 183 頁）

多拿滋麵糊（pâte à beignet）
水 250 毫升
在來米粉（farine de riz）100 克
細砂糖 90 克
精鹽 1 撮
胡椒粉
蛋黃 1 個

多拿滋
洋梨（威廉品種 williams）或帕斯卡桑梨（passe-crassane）
3 顆
檸檬汁 2 顆
新鮮薄荷 1/2 束

烹調用
葡萄籽油（或炸油）1 公升

佐料
黑巧克力醬 400 毫升
（見 290 頁）

薄荷梨香多拿滋佐巧克力米布丁
Beignets de poire à la menthe et riz au lait au chocolat

1 製作巧克力米布丁。在 6 個有握柄的杯子（或高腳杯）中鋪上彈性保鮮膜，填入冷卻的米布丁至與邊緣齊平，保存在室溫下。

2 製作多拿滋麵糊。將冰塊放入約 250 毫升的水中，當冰塊融化時，量取 250 毫升的冰水。用攪拌器混合米粉、糖、鹽、以研磨器轉 3-4 圈的胡椒粉量、蛋黃和冰水，將形成的麵糊冷藏保存。

3 將洋梨削皮，切成 6 塊，刷上檸檬汁。將一株株的薄荷剪成帶 3、4 片葉子的細枝。

4 將油加熱至 180℃。

5 將洋梨塊浸入多拿滋麵糊中，取出入鍋油炸 1-2 分鐘，炸至金黃色。陸續以漏杓取出，放在紙巾上瀝乾。以同樣方式油炸所有的洋梨塊，接著油炸薄荷葉幾秒即可。

6 將圓頂的巧克力米布丁倒扣在 6 個小餐盤上，將彈性保鮮膜移除。在周圍擺上洋梨多拿滋和油炸的薄荷葉，搭配黑巧克力醬享用。

→ 為了節省時間，您可使用以小包裝販售的現成多拿滋麵糊粉（pâte à beignet chinoise）。

→ 請在浸入麵糊前再將洋梨削皮，以免洋梨氧化。

" Quand tout cela était fini, composée expressément pour nous, [...], une crème au chocolat, inspiration, attention personnelle de Françoise, nous était offerte [...] comme une œuvre de circonstance où elle avait mis tout son talent.

當一切都完成時，這特地為我們所調配的 ...
弗朗索瓦絲以她個人的靈感和殷勤，招待我們的
巧克力奶油醬 ... 就像是她投注了全部才華的應時作品。

〔馬塞爾 ● 普魯斯特 Marcel Proust，
追憶似水年華 À la recherché due temps perdu，1913-1927〕 "

巧克力奶油布丁麵包
Bread and butter pudding, au chocolat

1 前一天晚上，用鋸齒刀將巧克力切碎，放入大碗中。將鮮奶油煮沸，淋在巧克力上並快速混合，再混入塊狀奶油，攪拌至奶油醬變得平滑。

2 在另一個大碗中攪打蛋和糖，淋上巧克力奶油醬，一邊攪打。

3 爲約 18×24 公分的焗烤盤塗上奶油，將每片皮力歐許麵包裁成 4 個矩形，以巧克力奶油醬包覆。從中央開始朝盤邊相互交疊地擺入。再淋上剩餘的巧克力奶油醬，蓋上彈性保鮮膜，冷藏保存至隔天。

4 當天，烤箱預熱 180℃（熱度 6）。

5 將彈性保鮮膜移除，將焗烤盤放入烤箱，烘烤 20 分鐘。出爐時，將布丁放涼，並搭配 1 杯高脂鮮奶油（crème faîche épaisse）品嚐。

→ 爲了讓布丁能夠完全被巧克力奶油醬所浸透，必須從前一天晚上開始準備。

6 人份
前一天晚上開始準備
準備時間：**20 分鐘**
烹調時間：**20 分鐘**

可可脂含量 60% 的黑巧克力 150 克
液狀鮮奶油 400 毫升
含鹽奶油 75 克
蛋 3 顆
細砂糖 100 克
奶油 20 克
皮力歐許麵包 6 大片

咖啡巧克力夏露蕾特
Charlotte au chocolat et au café

1 前一天晚上，製作咖啡巧克力慕斯。將液狀鮮奶油煮沸，離火混入咖啡粉浸泡，過濾後將咖啡鮮奶油放涼後冷藏。攪打糖、蛋黃和全蛋。用鋸齒刀將巧克力切碎，然後以平底深鍋隔水加熱至融化後，倒入大碗中，放涼至 45℃（以烹飪溫度計控制）。將大碗冷凍冰鎮 15 分鐘。將咖啡鮮奶油打發成咖啡鮮奶油香醍。將 1/4 量的咖啡鮮奶油香醍混入冷卻的融化巧克力中，輕輕地混合，接著混入 3/4 剩餘的咖啡鮮奶油香醍。當上述混合物均勻時，混入蛋和糖的材料中，用攪拌器將所有材料以稍微舀起的方式拌勻。冷藏保存。

2 製作夏露蕾特。爲直徑 22 公分夏露蕾特模塗上奶油並撒上糖，在底部擺上 1 張圓形的烤盤紙。在平底深鍋中，將水和 60 克的糖煮沸，離火，加入濃縮咖啡，混合並放涼成爲咖啡糖漿。將指形蛋糕體一一浸入冷卻的咖啡糖漿中，鋪在夏露蕾特模的底部和模型內壁，正面朝外。填入咖啡巧克力慕斯，最後鋪上一層浸泡過糖漿的指形蛋糕體。冷藏保存至隔天。

3 當天，在享用前，將模型底部浸入熱水中數秒。將餐盤擺在模型上，接著倒扣，爲夏露蕾特脫模。將紙取下，以黑巧克力刨花在表面進行裝飾。

8-10 人份
前一天晚上開始準備
準備時間：**25 + 5 分鐘**
烹調時間：**2-3 分鐘**

咖啡巧克力慕斯（mousse au chocolat au café）
液狀鮮奶油 550 毫升
咖啡粉 4 大匙
細砂糖 140 克
蛋黃 5 個
蛋 2 顆
可可脂含量 70% 的黑巧克力 300 克

夏露蕾特（charlotte）
模型用奶油 15 克
模型用細砂糖 15 克
水 60 毫升
細砂糖 60 克
特濃濃縮咖啡 60 毫升
指形蛋糕體約 30 個
黑巧克力刨花（見 282 頁）

咖啡巧克力夏露蕾特
Charlotte au chocolat et au café

香草巧克力夏露蕾特
Charlotte au chocolat et à la vanille

1 前一天晚上，製作巧克力慕斯。冷藏保存。

2 製作香草奶油醬。將吉力丁放入冷水中軟化，以吸水紙吸乾水份。將香草莢剖成兩半並刮出籽，將牛奶、香草莢和香草籽一起煮沸離火，加蓋浸泡 30 分鐘。

3 過濾牛奶。混合蛋黃和糖，接著淋上牛奶混合並再倒回平底深鍋。以文火煮奶油醬，但不要煮沸，並不斷用木杓攪拌。當奶油醬附著於匙背時，將鍋子底部擺入裝了冰塊鍋中，混入吉力丁，攪拌奶油醬 5 分鐘，讓奶油醬變得滑順。放涼。

4 將沙拉盆冷凍冰鎮 15 分鐘。將液狀鮮奶油攪打成打發鮮奶油，輕輕地混入完全冷卻的香草奶油醬中。

5 製作夏露蕾特。為直徑 22 公分的夏露蕾特模塗上奶油並撒上糖，在底部擺上 1 張圓形的烤盤紙。將香草莢剖成兩半並刮出籽。將水、糖、香草莢和香草籽一起煮沸，放涼成為香草糖漿。將指形蛋糕體一一浸入冷卻的香草糖漿中，鋪在夏露蕾特模的底部和模型內壁，正面朝外。填入巧克力慕斯至一半的高度，再放入香草奶油醬。最後鋪上一層浸泡過香草糖漿的指形蛋糕體。冷藏保存至隔天。

6 當天，在享用前，將模型底部浸入熱水中數秒，將餐盤擺在模型上，接著倒扣，為夏露蕾特脫模。將紙取下，篩上糖粉，以黑巧克力刨花在上面進行裝飾。

→ 若巧克力慕斯還有剩，請以高腳杯盛裝，放在一旁，和夏露蕾特一起享用。也可搭配英式奶油醬（crème anglaise）一起品嚐。

8-10 人份
前一天晚上開始準備
準備時間：**30 分鐘**
烹調時間：**約 20 分鐘**
浸泡時間：**30 分鐘**

巧克力慕斯 300 克（見 177 頁）

香草奶油醬
吉力丁 1 又 1/2 片（3 克）
香草莢 1 根
全脂牛奶 150 毫升
蛋黃 2 個
細砂糖 40 克
液狀鮮奶油 200 毫升

夏露蕾特
室溫回軟的奶油 15 克
模型用細砂糖 15 克
香草莢 1/2 根
水 100 毫升
細砂糖 60 克
指形蛋糕體約 30 個

裝飾
糖粉
黑巧克力刨花（見 282 頁）

巧克力秀
Chocolat-show

1 以文火將奶油加熱至融化，離火並放至微溫。將微溫的奶油淋在什錦穀片上，用叉子輕輕舀起以混合均勻。冷藏保存。

2 用鋸齒刀將巧克力切碎並放入沙拉盆中，將水煮沸，慢慢將沸水倒在切碎的巧克力上，一邊快速攪打。將沙拉盆浸入裝有冰塊的深盆中，放涼並不時攪拌。將沙拉盆連同巧克力冷凍 45 分鐘，攪拌 2-3 次。

3 將沙拉盆從冷凍庫中取出。用電動攪拌器在冰鎮過的沙拉盆中攪打，形成乳霜狀。

4 享用時，將全部什錦穀片的混合物分裝至 6 個高腳杯底。擺上巧克力乳霜，接著是 1 球咖啡冰淇淋。即刻品嚐。

6 人份
準備時間：**15 分鐘**
烹調時間：**3 分鐘**
冷凍時間：**45 分鐘**

奶油 20 克
什錦穀片（müesli）80 克
可可脂含量 70% 的黑巧克力 250 克
礦泉水 250 毫升
市售的咖啡冰淇淋 6 球

6 人份
準備時間：10 分鐘
烹調時間：10-12 分鐘

細砂糖 80 克
覆盆子 250 克

古斯古斯（Couscous）
預先煮好的古斯古斯 1/2 包
（75 克）
可可脂含量 70% 的黑巧克力
175 克
細砂糖 40 克

T. Deseine
Auteur culinaire
料理作家

黑巧克力古斯古斯
Couscous au chocolat noir

1 在厚底平底深鍋中將糖加熱至形成焦糖。當焦糖變紅時，將平底鍋離火。倒入 3/4 的覆盆子中，並請小心濺出的滾燙液體。搖動平底鍋，混合覆盆子和焦糖。若焦糖結塊，請再將平底鍋加熱一會兒。將平底鍋離火，接著加入剩餘的覆盆子，如此可保留一些完整的覆盆子。

2 製作古斯古斯。依包裝上的使用說明和所指示的烹煮時間進行烹調，接著將烹煮時間延長 3-5 分鐘，將占斯占斯煮至過熟。

3 用鋸齒刀將巧克力切碎，然後以平底深鍋隔水加熱至融化。倒入煮好的古斯古斯並加以攪拌。加入糖混合均勻。

4 將巧克力古斯古斯分裝至 6 個高腳杯中。搭配在室溫下放至微溫的覆盆子焦糖。

→ 您可用紅色水果（黑莓 mûre、醋栗、黑醋栗 cassis、藍莓 myrtille）來爲這些高腳杯進行裝飾。您也能搭配鮮奶油或以液狀鮮奶油加上稍微打發的瑪斯卡邦乳酪來享用。

4 人份
準備時間：10 分鐘
浸泡時間：10 分鐘
烹調時間：5 分鐘

可可脂含量 55% 的黑巧克力
125 克
液狀鮮奶油 150 毫升
全脂牛奶 150 毫升
乾燥且切碎的薰衣草 1 克
（1 小撮）
吉力丁 1 片（2 克）
蛋黃 2 個
細砂糖 30 克

薰衣草巧克力布丁
Crème au chocolat et à la lavande

1 用鋸齒刀將巧克力切碎，然後以平底深鍋隔水加熱至融化。

2 在另一個平底深鍋中將鮮奶油和牛奶煮沸，加入薰衣草，加蓋並浸泡 10 分鐘。過濾。

3 將吉力丁放入裝有冷水的大容器中軟化，以吸水紙吸乾水份。

4 在平底深鍋中以中火煮蛋黃、糖和薰衣草牛奶，不停攪拌至煮沸的第一個徵兆出現，這時停止加熱，將形成的奶油醬倒入一個大碗中，將大碗置於裝滿冰塊的沙拉盆中。立即加入吉力丁，一邊用攪拌器攪拌，讓吉力丁溶解，接著分 3-4 次加入巧克力，持續攪打材料至均勻。

5 將奶油醬分裝至 4 個高腳杯中。冷藏保存至享用的時刻。

> " Le cacao est à la fois utile
> et agréable : son utilité est
> intrinsèque et positive et ses
> inconvénients sont nuls.On n'a
> que des grâces à lui rendre
> et point de reproches à lui faire.
>
> 可可既有益又令人愉悅：其益處是固有且正面的，
> 而且沒有任何的缺點。我只能感謝它，
> 而無法對它做出任何的譴責。
>
> 〔亞瑟 ● 梅崗 Arthur Mangin，
> 可可與巧克力 *le Cacao et le chocolat*，1860 年〕 "

咖啡冰沙巧克力布丁
Crèmes au chocolat et granité au café

1 前一天晚上，製作冰沙。取下柳橙皮並切成細碎。萃取咖啡，加入糖、威士忌和切碎的柳橙皮。將材料倒入沙拉盆中，冷凍至隔天。將沙拉盆取出，攪打材料，接著再冷凍 3-4 小時。

2 當天，製作巧克力滑順奶油霜。用鋸齒刀將巧克力切碎，在平底深鍋中隔水加熱至融化。在另一個平底深鍋中將鮮奶油和牛奶煮沸，加入拌勻的蛋黃和糖，以中火加熱混合物，不停攪拌，直到煮沸的第一個跡象出現，這時停止加熱，將奶油醬倒入大碗中，而大碗置於裝滿冰塊的沙拉盆中，攪拌幾分鐘，讓混合物冷卻。分 3-4 次加入融化的巧克力，一邊攪打材料成爲滑順巧克力奶油霜。

3 將滑順巧克力奶油霜分裝至 6 個高腳杯中，冷藏保存。

4 將大碗冷凍冰鎮 15 分鐘。在冰鎮過的大碗中以電動攪拌器將液狀鮮奶油攪打成打發鮮奶油。

5 享用時，將高腳杯從冰箱中取出，並將冰沙從冷凍庫中取出。從冰沙表面刮下 1 湯匙的冰沙，然後放在巧克力奶油醬上面，再淋上打發鮮奶油並撒上爆米香。

6 人份
前一天晚上開始準備
準備時間：5 + 30 分鐘
冷藏時間：12小時 + 3-4小時

威士忌咖啡冰沙
未經加工處理的柳橙 1/4 顆
冷卻的特濃義式濃縮咖啡
（expresso）500 毫升
細砂糖 50 克
純麥威士忌 70 毫升

滑順巧克力奶油霜（crèmes onctueuse au chocolat）
可可脂含量 70% 的黑巧克力 190 克
液狀鮮奶油 250 毫升
牛奶 250 毫升
蛋黃 6 個
細砂糖 50 克

修飾用
液狀鮮奶油 250 毫升
爆米香（riz soufflé）1 大匙

覆盆子巧克力滑順奶油霜
Crèmes onctueuse au chocolat et aux framboises

1 製作巧克力滑順奶油霜。分裝至 8 個慕斯杯（verrine）（或 8 個高腳杯）中，將奶油醬冷藏凝固至少 4 小時。

2 用果汁機將 800 克的覆盆子和糖攪打至形成果泥。用精細的漏斗型網篩過濾所形成的果泥（覆盆子庫利），冷藏保存至最後一刻。

3 享用時，在滑順奶油醬上蓋上覆盆子庫利。用剩餘的覆盆子爲每個杯子進行裝飾，搭配一旁裝在高腳杯中的覆盆子庫利。即刻享用。

8 人份
準備時間：5 分鐘
冷藏時間：約 4 小時

巧克力滑順奶油霜 1.2 公斤
（見 287 頁）
覆盆子 900 克
細砂糖 100 克

覆盆子巧克力滑順奶油霜
Crèmes onctueuse au chocolat et aux framboises

祕魯布丁
Crème péruvienne

1 將半根香草莢剖成兩半並刮出籽。將牛奶、香草莢和香草籽一起煮沸。將咖啡豆放入不沾平底煎鍋中，煎 3 分鐘，並翻動平底鍋，離火，將咖啡豆加入煮沸的牛奶中，加蓋，浸泡 15 分鐘。

2 在厚底平底煎鍋中加熱 100 克的糖，煮成焦糖，當焦糖變紅色時離火，倒入水，混合至焦糖融化，接著加入牛奶，一邊過濾以去除香草和咖啡豆。用鋸齒刀將巧克力切碎，再加入焦糖牛奶中。

3 攪打蛋黃和剩餘 100 克的糖，均勻後逐漸倒入牛奶中，再倒入平底深鍋中，以文火煮至濃稠，一邊用木杓攪拌，但不要煮沸。離火，倒入大碗中，不時攪拌。放涼，接著以冷藏保存。

→ 這道奶油醬在非常清涼時可搭配蛋糕、巧克力塔、冰淇淋等享用。

6 人份
準備時間：**15 分鐘**
浸泡時間：約 **25 分鐘**
浸泡時間：**15 分鐘**

全脂牛奶 1 公升
香草莢 1/2 根
烘焙咖啡豆 50 克
細砂糖 200 克
水 70 毫升
可可脂含量 55% 的巧克力 120 克
蛋黃 8 個

黑巧克力奶油布蕾
Crèmes brûlées au chocolat noir

1 前一天晚上，製作奶油布蕾。烤箱預熱 100℃（熱度 3-4）。用鋸齒刀將巧克力切碎。混合蛋黃和糖。將牛奶和鮮奶油一起煮沸，加入切碎的巧克力，當材料均勻時，倒入蛋黃和糖的混合物中，攪拌均勻成巧克力奶油醬。

2 將巧克力奶油醬分裝至 8 個奶油布蕾盤中，放入烤箱烘烤 45 分鐘。取出放涼，接著冷藏至隔天。

3 當天，將奶油醬從冰箱中取出，撒上粗粒紅糖，用熱的烙鐵（fer à brûler）將糖稍微烤成焦糖，或將奶油布蕾置於上方加熱烤箱的熱鐵架上 1-2 分鐘。即刻品嚐。

8 人份
前一天晚上開始準備
準備時間：**15 分鐘**
烹調時間：約 **45 分鐘**

奶油布蕾（crème brûlée）
可可脂含量 70% 的黑巧克力 200 克
蛋黃 8 個
細砂糖 180 克
全脂牛奶 500 毫升
液狀鮮奶油 500 毫升

修飾用
粗粒紅糖

瑪斯卡邦黑巧克力奶油布蕾
Crèmes brûlées au chocolat noir et au mascarpone

1 烤箱預熱 100℃（熱度 3）。

2 用鋸齒刀將巧克力切碎，在平底深鍋中隔水加熱至融化。

3 混合瑪斯卡邦乳酪、蛋黃和糖，再混入融化的巧克力。將混合物倒入 6 個奶油布蕾盤中。放入烤箱烘烤 45 分鐘。放涼，接著冷藏至隔天。

6 人份
前一天晚上開始準備
準備時間：**15 分鐘**
烹調時間：**50 分鐘**

可可脂含量 70% 的黑巧克力 100 克
瑪斯卡邦乳酪（mascarpone）425 克
蛋黃 6 個
細砂糖 125 克

修飾用
細砂糖 50 克

4 當天，將奶油醬從冰箱中取出，撒上粗粒紅糖，用熱的烙鐵（fer à brûler）將糖稍微烤成焦糖，或將奶油醬置於上方加熱烤箱的熱鐵架上 1-2 分鐘。即刻品嚐。

---

8 人份
準備時間：**20 分鐘**
烹調時間：約 **10 分鐘**

香料麵包（pain d'épices）2 片

巴黎奶油醬
（crème parisienne）
薑餅 20 克（spéculos，比利時小糕點，於大賣場中販售）
全脂牛奶 160 毫升
結晶糖（sucre cristllisé）30 克
蛋黃 2 個

巧克力乳霜
（crémeux au chocolat）
全脂牛奶 90 毫升
液狀鮮奶油 90 毫升
即溶咖啡粉 3 小匙
結晶糖 20 克
蛋黃 1 個
可可脂含量 64% 的黑巧克力
70 克

Ph. Vandecappelle
Pâtisserie Mahieu（Bruxelles）
馬伊爾糕點店（布魯塞爾）

香料麵包巧克力乳霜
Crémeux de chocolat au pain d'épices

1 將香料麵包切成很小的丁，在平底煎鍋中煎烤 3 分鐘，一邊攪拌。放涼。

2 製作巴黎奶油醬。將薑餅敲成碎塊，然後用食物料理機攪打成粉。將牛奶和 15 克的糖煮沸。在沙拉盆中混合 15 克的糖和蛋黃，淋上煮沸的牛奶，一邊快速攪打。再將牛奶倒入平底深鍋中，以文火加熱，混合至煮沸的第一個跡象出現，立刻離火並混入薑餅粉末。

3 製作巧克力乳霜。將牛奶和鮮奶油煮沸，離火，加入即溶咖啡粉。混合糖和蛋黃，淋上咖啡牛奶和鮮奶油混合液。再倒入平底深鍋中，以文火煮 4-6 分鐘，直到奶油醬附著於匙上。用鋸齒刀將巧克力切碎並放入大碗中。在大碗上放上 1 個漏斗型網篩，一邊倒入奶油醬，一邊過濾，接著以攪拌器混合。放涼。

4 將巴黎奶油醬分裝至 8 個 80 毫升的平口杯（verre à bord droit）中。在表面撒上一半的香料麵包丁，淋上微溫的巧克力乳霜，再撒上剩餘的香料麵包丁。放涼後品嚐。

6-8 人份
準備時間：**30 分鐘**
烹調時間：約 **1 小時 20 分鐘**
麵團靜置時間 **4 小時 30 分鐘**
冷藏時間：**3 小時**

油酥麵團（pâte brisée）250 克
（見 298 頁）
工作檯用麵粉
模型用奶油 15 克

布丁派（flan）
全脂牛奶 370 毫升
礦泉水 370 毫升
蛋 4 顆
細砂糖 210 克
布丁粉（poudre à flan）50 克
可可脂含量 70% 的黑巧克力
150 克

巧克力布丁派
Flan au chocolat

1 製作油酥麵團，冷藏靜置 2 小時。

2 將麵團擀成 2 公釐厚度，形成直徑 30 公分的圓形麵皮，放在烤盤上冷藏靜置 30 分鐘。

3 為直徑 22 公分、高 3 公分的模型塗上奶油，放上圓形麵皮，去掉多餘的麵皮，再冷藏靜置 2 小時。

4 製作布丁派。以文火加熱牛奶和水。攪打蛋、糖和布丁粉，將此混合物緩緩倒入牛奶中，一邊不停攪拌，持續加熱。當奶油醬開始沸騰時，離火。將平底深鍋底部放入裝了冰塊的鍋中，再攪打 5 分鐘。

5 用鋸齒刀將巧克力切碎，加入熱奶油醬中，一邊攪打。將奶油醬放涼。

6 烤箱預熱 190℃（熱度 6-7）。將冷卻的奶油醬倒入裝了麵皮的模型中，放入烤箱烘烤 1 小時。出爐時，將布丁派放涼，然後再冷藏 3 小時。

苦甜巧克力風凍
Fondant au chocolat amer

1 前一天晚上，萃取咖啡並放涼。

2 製作風凍。沖洗葡萄乾，以阿爾馬涅克酒浸漬 30 分鐘。

3 打 6 顆蛋，將蛋白和蛋黃分開。將奶油切成小塊。

4 用鋸齒刀將巧克力切碎，然後以平底深鍋隔水加熱至融化。離火，將奶油塊加入融化的巧克力中，均勻混合。當巧克力變得平滑時，混入瀝乾的葡萄乾、冷卻的咖啡和蛋黃，混合至配料均勻。

5 將 8 個蛋白打成尖端直立的硬性發泡蛋白霜。將 1/3 蛋白霜混入巧克力的配料中，一邊快速混合，接著非常小心地加入剩餘的蛋白霜。

6 為 22 公分的長型模鋪上彈性保鮮膜，並讓保鮮膜超出模型邊。倒入配料，冷藏保存至隔天。

7 當天，製作巧克力醬。將鮮奶油煮沸。用鋸齒刀將巧克力切碎。離火的鮮奶油混入巧克力中，並攪打所有材料至均勻。將巧克力醬倒入小杯子中。

8 將風凍在餐盤上脫模，取下彈性保鮮膜並搭配微溫的巧克力醬享用。

6 人份
前一天晚上開始準備
準備時間：15 + 5 分鐘
烹調時間：約 4 分鐘

風凍 fondant
特濃咖啡 60 毫升
史密爾那（Smyrne）葡萄乾 100 克
阿爾馬涅克酒（armagnac）40 毫升
蛋 6 顆
蛋白 2 個
室溫回軟的奶油 300 克
可可脂含量 70% 的黑巧克力 350 克

巧克力醬
液狀鮮奶油 250 毫升
可可脂含量 70% 的黑巧克力 150 克

O. Versini
Restaurant Casa Olympe (Paris)
卡薩奧林普餐廳（巴黎）

巧克力鍋
Fondue au chocolat

1 製作火鍋。用鋸齒刀將巧克力切碎，放入沙拉盆中。將奶油切塊。將牛奶、鮮奶油和糖煮沸，淋在切碎的巧克力上，接著攪拌。加入奶油塊，將材料攪拌至平滑。

2 製作所選擇的搭配佐料。烘烤皮力歐許片。在奶油和糖中將蘋果和洋梨塊快速油煎。將草莓去梗，保留一整顆。1 次將 4 顆覆盆子串在火鍋叉（brochette à fondue）上。將鳳梨去皮並切片，接著切成三角形。

3 享用時，將極燙的巧克力混合物倒入火鍋中，然後擺在桌上的爐子保溫，同時小心且不時地攪拌巧克力鍋。在四周擺上小盤裝的水果和餅乾。添加瑪德蓮蛋糕塊或皮力歐許塊，並搭配叉在火鍋叉上的水果串來品嚐。

→ 若您沒有火鍋專用爐，您可使用小型平底深鍋來替用，不時置於爐上加熱（當巧克力開始變硬時）。

8 人份
準備時間：25 分鐘
烹調時間：2 至 3 分鐘

火鍋 fondue
可可脂含量 55% 的黑巧克力 600 克
奶油 60 克
全脂牛奶 500 毫升
高脂鮮奶油（crème fraîche épaisse）250 毫升
細砂糖 100 克

搭配建議
皮力歐許麵包片
（tranches de brioche）
蘋果和洋梨塊
奶油 30 克
細砂糖 20 克
草莓
覆盆子
鳳梨 1 顆
費南雪（Financiers）
瑪德蓮蛋糕（Madeleines）
鹽之花巧克力酥餅（見 147 頁）

巧克力鍋
Fondue au chocolat

白巧克力慕斯
Mousse au chocolat blanc

1 將大碗冷凍冰鎮 15 分鐘。

2 將 100 毫升的鮮奶油煮沸。用鋸齒刀將白巧克力切碎，然後以平底深鍋隔水加熱至融化。離火，將鮮奶油淋在巧克力上，一邊混合至均勻。

3 在冰鎮過的大碗中，以電動攪拌器將剩餘 550 毫升的液狀鮮奶油攪打成凝固的打發鮮奶油。用軟抹刀將 1/3 混入巧克力的混合物中，接著輕巧地加入剩餘的打發鮮奶油成為慕斯。將慕斯倒入高腳杯中。即刻品嚐或以冷藏保存。

6-8 人份
準備時間：**15 分鐘**
烹調時間：**2-3 分鐘**

液狀鮮奶油 650 毫升
白巧克力 185 克

青檸白巧克力慕斯
Mousse au chocolat blanc et au citron vert

1 取下 2 顆檸檬皮並切成細碎。

2 用鋸齒刀將白巧克力切碎，並放入大碗中。

3 在平底深鍋中混合鮮奶油和切碎的檸檬皮，接著煮沸。然後將混合物淋在巧克力上。

4 將 2 顆檸檬榨汁，加入鮮奶油和巧克力的混合物中。將手指浸入混合物內，溫度應為約 30℃；在此階段，我們應該感覺不到熱。

5 將蛋白和糖攪打成尖端直立的硬性發泡蛋白霜。先輕輕地將 1/4 的蛋白霜混入鮮奶油、巧克力和檸檬的混合物中，接著再混入剩餘的蛋白霜。倒入杯中，冷藏至少 6 小時。

6 享用時，切下 1 顆檸檬的外皮，切成薄片。擺在慕斯上並撒上白巧克力刨花。

6 人份
準備時間：**35 分鐘**
冷藏時間：**6 小時**

未經加工處理的綠檸檬 2 顆
白巧克力 250 克
液狀鮮奶油 150 毫升
蛋白 5 個
細砂糖 20 克

裝飾用
未經加工處理的綠檸檬 1 顆
白巧克力刨花（見 282 頁）

薑檸牛奶巧克力慕斯
Mousse au chocolat au lait, et au citron et au gingembre

1 沖洗檸檬並晾乾，取下檸檬皮並切成細碎。用鋸齒刀將牛奶巧克力切碎，然後以平底深鍋隔水加熱至融化。離火，將檸檬皮混入巧克力中。

2 將牛奶、鮮奶油和薑末煮沸，倒入融化的巧克力中，加入切塊的奶油並加以混合。

3 將蛋白攪打成凝固的泡沫狀，一邊逐漸混入糖。就在蛋白尚未變得過度凝固之前（約為尖端下垂的濕性發泡），加入蛋黃，輕輕混合。將 1/3 的混合物混入巧克中，一邊快速混合，接著加入剩餘的混合物，一邊輕輕攪拌。

4 將材料分裝至 4 個個人高腳杯中，冷藏保存至少 1 小時。

4 人份
準備時間：**20 分鐘**
烹調時間：**約 12 分鐘**

未經加工處理的檸檬 1 顆
牛奶巧克力 160 克
全脂牛奶 20 毫升
液狀鮮奶油 30 毫升
薑末 1 克
室溫回軟的奶油 20 克
蛋白 3 個
細砂糖 10 克
蛋黃 2 個

→

→ 配料

未經加工處理的檸檬 1/2 顆
水 20 毫升
檸檬糖漿 40 毫升
（於大賣場中購買）
糖漬薑丁 40 克

5 在這段時間裡，製作配料。沖洗半顆檸檬並晾乾，切成非常薄的圓形薄片。將水和檸檬糖漿煮沸，加入檸檬片，以文火糖漬 10 分鐘，放涼。

6 將高腳杯從冰箱中取出。撒上冷卻的檸檬片和糖漬薑丁。

→ 您可搭配烤過的微溫香料麵包薄片，來享用這道巧克力慕斯。

4-6 人份
準備時間：**15 分鐘**
烹調時間：**2-3 分鐘**

可可脂含量 70% 的黑巧克力
170 克
全脂牛奶 80 毫升
蛋黃 1 個
蛋白 4 個
細砂糖 20 克

黑巧克力慕斯
Mousse au chocolat noir

1 用鋸齒刀將巧克力切碎，然後以平底深鍋隔水加熱至融化。在另一個小型平底深鍋中將牛奶煮沸。將巧克力從隔水加熱的鍋中取出，倒入牛奶，一邊攪打至變得平滑，混入蛋黃至均勻。

2 一邊逐漸混入糖，一邊將蛋白打成尖端直立的硬性發泡蛋白霜。將手指浸入巧克力的混合物中，應為 40℃；在此階段，我們剛好感受到熱。用軟抹刀將 1/3 的泡沫狀蛋白霜混入巧克力中拌勻，接著小心地加入剩餘的蛋白霜。

3 將慕斯倒入高腳酒杯中。冷藏保存至少 1 小時後享用。

4 人份
準備時間：**15 分鐘**

細砂糖 90 克
液狀鮮奶油 300 毫升
半鹽奶油 30 克
可可脂含量 55% 的黑巧克力
85 克

焦糖黑巧克力慕斯
Mousse au chocolat noir au caramel

1 將大碗冷凍冰鎮 15 分鐘。

2 在冰鎮過的大碗中以電動攪拌器將液狀鮮奶油攪打成凝固的打發奶油。

3 在厚底的平底深鍋中，以中火將糖加熱至形成非常金黃色的焦糖。

4 離火，停止焦糖的烹煮，加入奶油和 2 大匙的打發鮮奶油，並請當心濺出的滾燙液體。

5 用鋸齒刀將巧克力切碎，放入大碗中。從上方分 3 次倒入焦糖和奶油的混合物，一邊用木杓攪拌。

6 放涼至（45℃），混入剩餘的打發鮮奶油，用軟抹刀輕輕將配料以稍微舀起的方式混合。

7 將慕斯倒入高腳酒杯中，蓋上彈性保鮮膜。冷藏保存 1-2 小時後享用。

〔見 178 頁 Pierre Hermé 的最愛〕

焦糖黑巧克力慕斯
Mousse au chocolat
noir au caramel
《不會太苦的黑巧克力慕斯，配上味道醇厚的
金黃焦糖，我非常喜愛這樣的組合。》
Pierre Hermé （食譜請見 177 頁）

巧克力冷湯佐薄荷凍
Soupe froide au chocolat et à la gelée de menthe

1 製作配料。先製作巧克力甘那許，讓甘那許稍微凝固，接著倒入裝有 4 號圓口擠花嘴的擠花袋中。在烤盤上鋪上 1 張烤盤紙，在烤盤上擠出甘那許球，將甘那許球冷凍 2-3 小時。

2 將吉力丁片放入冷水中軟化。沖洗薄荷葉並晾乾，約略剪碎。將水和糖煮沸，接著加入剪碎的薄荷葉，離火，浸泡最多 3 分鐘。將吉力丁片擺在吸水紙上擠乾。將略帶薄荷味的糖漿過濾，接著混入吉力丁片。將混合物分裝至 8 個湯碗中，冷藏至結凍。

3 製作巧克力湯。用鋸齒刀將巧克力切碎。在厚底平底深鍋中加熱糖，煮至焦糖，當焦糖變紅時，倒入水，並請小心液體濺出，將液狀焦糖煮沸。將切碎的巧克力、可可粉和鹽混入焦糖中，再度煮沸後離火。用手提式電動攪拌器攪拌湯 5 分鐘，湯應呈現泡沫狀。將湯置於室溫下放涼，然後冷藏至充分冷卻。

4 享用前 1 小時，將冷凍的甘那許球冷藏。沖洗薄荷葉並晾乾，做爲最後的修飾用。

5 享用時，將湯碗從冰箱中取出，在薄荷凍上擺上甘那許球。將冷卻的巧克力湯淋在上面，撒上剪成細碎的薄荷葉。即刻享用。

8 人份
準備時間：30 分鐘
浸泡時間：3 分鐘
烹調時間：約 12 分鐘
冷凍時間：2-3 小時

配料
苦甜黑巧克力甘那許 300 克
（見 289 頁）
吉力丁 3 片（9 克）
新鮮薄荷葉 80 克
礦泉水 300 毫升
細砂糖 80 克

巧克力湯 soupe au chocolat
可可脂含量 67% 的黑巧克力 110 克
細砂糖 30 克
礦泉水 220 毫升
可可粉 10 克
鹽之花 1 小撮

修飾用
新鮮薄荷葉 30 片

巧克力草莓塔塔
Tartare de fraise au chocolat

1 用鋸齒刀將巧克力切碎並放入大碗中。將水、牛奶和鮮奶油煮沸後離火，混入糖，攪拌至糖溶解，立即淋在切碎的巧克力上，以木杓攪拌。加入奶油，攪拌至醬汁變得平滑，置於室溫下冷卻。

2 將草莓去梗，依其大小切成 4-6 塊。沖洗檸檬，取下果皮並切成細碎。將果皮混入糖中，用木杓背壓碎，讓檸檬皮被糖所浸透。將草莓塊擺在檸檬糖上，輕輕地拌一拌，讓草莓爲糖所包覆。

3 將草莓塊分裝至 4 個玻璃杯中，淋上冷卻的巧克力醬。即刻享用。

4 人份
準備時間：15 分鐘
烹調時間：2 至 3 分鐘

可可脂含量 60% 的黑巧克力 150 克
水 20 毫升
全脂牛奶 80 毫升
液狀鮮奶油 100 毫升
糖 20 克
奶油 15 克

塔塔（tartare）
草莓 500 克
未經加工處理的檸檬 1 顆
細砂糖 40 克

C. Jobard
Cuisinière et journaliste
廚師兼記者

巧克力草莓塔塔
Tartare de fraise au chocolat

肉桂蘋果巧克力熱湯
Soupe chaude au chocolat, aux pommes et à la cannelle

1 製作配料。將蘋果削皮，切成約 5 公釐的小丁。在平底煎鍋中加熱奶油，當奶油變成榛果色時，加入蘋果丁、糖、葡萄乾和肉桂。煮至焦糖狀後達數分鐘。離火。

2 製作修飾用材料。將大碗冷凍冰鎮 15 分鐘，將液狀鮮奶油放入，並混入 10 克的細砂糖，打成凝固的打發鮮奶油，冷藏保存。將剩餘 30 克的糖和肉桂混合預留備用。將香料麵包切成 3 公釐的小丁。在小型平底煎鍋中加熱奶油，油煎香料麵包丁 2-3 分鐘。

3 製作巧克力湯。用鋸齒刀將巧克力切碎。加熱糖和打碎的肉桂棒，煮成焦糖，當顏色變紅時，倒水進去，並當心液體濺出。將液狀焦糖煮沸，將切碎的巧克力、可可粉和鹽之花混入焦糖中，再次煮沸。

4 將巧克力湯離火過濾，接著用手提式電動攪拌器（mixeur plongeant）攪打 5 分鐘，巧克力湯應被攪打至起泡，加入蘋果和葡萄的混合物，拌勻。將熱湯分裝至 6 個個人小杯（coupelle creuse individuelle）裡。在上面放上 1 球的打發的鮮奶油香醍，撒上肉桂糖和香料麵包丁。即刻享用。

6 人份
準備時間：**20 分鐘**
烹調時間：約 **18 分鐘**

配料
蘋果 2 顆
奶油 30 克
糖 20 克
金黃葡萄乾 40 克
肉桂粉 1 小匙

修飾用材料
液狀鮮奶油 150 毫升
細砂糖 40 克
錫蘭肉桂粉 1/2 小匙
香料麵包（pain d'épices）3 片
奶油 20 克

巧克力湯
可可脂含量 67% 的黑巧克力 170 克
細砂糖 55 克
錫蘭肉桂棒 1 根
礦泉水 330 毫升
可可粉 15 克
鹽之花 1 撮

巧克力水果天婦羅
Tempura de fruits au chocolat

1 製作天婦羅麵糊。在沙拉盆中混合過篩的馬鈴薯澱粉、麵粉和糖。將香草莢剖成兩半，刮出籽並加入材料中。輕輕攪打蛋、水和冰塊，倒入沙拉盆中並混合，再加入以研磨器轉 3-4 圈的胡椒粉。冷藏保存最多 1 小時。為了讓麵糊形成良好的濃稠度，必須不時攪拌。

2 準備水果。沖洗無花果和整串的葡萄，將無花果切成 4 塊，並將每顆葡萄從葡萄串上摘下，同時保留 1 小段的莖。剝去柳橙的外皮，切成 4 塊，然後再切半。將蘋果和桃子切丁。將香蕉剝皮並切成圓形厚片。將水果陸續擺在餐盤上。

3 製作巧克力醬。

4 將加熱器盛裝的巧克力醬、擺盤的水果、天婦羅麵糊和裝有熱油的鍋具擺上桌。在 1 個高腳杯中撒上馬鈴薯澱粉，您的賓客首先應為每塊水果稍微裹上馬鈴薯澱粉，然後在高腳杯上搖動以去除多餘的澱粉，接著浸入天婦羅麵糊中，在熱油中油炸數秒，最後將水果天婦羅浸入巧克力醬中享用。

8-10 人份
準備時間：**20 分鐘**
烹調時間：每顆水果數秒

巧克力水果
無花果 5 個
葡萄 1 串
柳橙 3 顆
蘋果 2 顆
桃子 2 個
香蕉 2 根
巧克力醬 800 克（見 290 頁）

天婦羅麵糊
馬鈴薯澱粉 60 克
麵粉 50 克
細砂糖 50 克
香草莢 1 根
蛋 2 顆
礦泉水 400 毫升
冰塊 2 個
胡椒粉

烹調用
炸油 1 公升
馬鈴薯澱粉

6 人份
前一天晚上開始準備
準備時間：25 分鐘
烹調時間：約 8 分鐘

特濃咖啡 200 毫升
蛋白 4 個
水 30 毫升
細砂糖 90 克
瑪斯卡邦乳酪 250 克
蛋黃 4 個
指形蛋糕體約 20 個
略甜的馬沙拉葡萄酒（marsala sec）（或義大利苦杏酒 amaretto）80 毫升
牛奶巧克力 150 克
可可粉

提拉米蘇
Tiramisu

1 準備咖啡並放涼。

2 用電動攪拌器將蛋白打發成柔軟的泡沫狀（尖端下垂的濕性發泡）。將水和糖煮沸，最多滾 3 分鐘。將糖漿緩緩地倒入蛋白霜中，用攪拌器攪拌至完全冷卻。

3 在大碗中混合瑪斯卡邦乳酪和蛋黃。在配料變得平滑時，輕輕地混入泡沫狀蛋白霜。

4 將指形蛋糕體稍微用咖啡浸透。在約 19×24 公分的焗烤盤底擺上第一層指形蛋糕體，灑上馬沙拉葡萄酒，再蓋上一層瑪斯卡邦乳酪的配料，在上方將一半的牛奶巧克力削成碎末。持續以同樣的順序重複進行，並以瑪斯卡邦乳酪醬做爲最後的表層。冷藏保存至隔天。

5 享用時，在提拉米蘇表面篩上可可粉。

---

4 人份
準備時間：10 分鐘
烹調時間：3 分鐘
冷藏時間：2-3 小時

礦泉水 60 毫升
糖 30 克
可可粉 10 克
冷卻的巧克力滑順奶油霜 200 克（見 287 頁）
小型原味海綿蛋糕 1 個（於大賣場購買）
鹽之花巧克力酥餅（sablés au chocolat et à la fleur de sel）4 個（見 147 頁）
液狀鮮奶油 200 毫升

巧克力疊層甜點
Trifle au chocolat

1 將大碗冷凍冰鎮 15 分鐘。

2 將水和糖煮沸，離火後快速混入可可粉。再將平底深鍋以文火續煮，將可可糖漿煮沸，接著離火。放涼。

3 製作巧克力滑順奶油霜，放涼。

4 將海綿蛋糕橫切成 4 片，分別擺在 4 個 250 毫升的平口玻璃杯杯底。以可可糖漿將海綿蛋糕浸透，用湯匙的匙背壓實，再蓋上冷卻的巧克力滑順奶油霜。將酥餅敲成小塊，分裝至奶油霜上。

5 在冰鎮過的大碗中將液狀鮮奶油攪打成凝固的打發鮮奶油。鋪在酥餅碎片上，冷藏靜置 2-3 小時後享用。

4 人份
準備時間：10 分鐘
烹調時間：2 分鐘
冷藏時間：2-3 小時

礦泉水 60 毫升
細砂糖 30 克
覆盆子蒸餾酒（eau-de-vie de framboise）10 毫升
冷卻的巧克力滑順奶油霜 200 克（見 287 頁）
小型原味海綿蛋糕 1 個（於大賣場購買）
覆盆子 100 克
奶油餅乾（petits-beurre）4 個（於大賣場購買）
液狀鮮奶油 200 毫升

巧克力覆盆子疊層甜點
Trifle au chocolat et aux framboises

1 將大碗冷凍冰鎮 15 分鐘。

2 將水和糖煮沸，離火後加入覆盆子蒸餾酒，放涼。

3 製作巧克力滑順奶油霜，放涼。

4 將海綿蛋糕橫切成 4 塊，擺在 4 個 250 毫升的平口玻璃杯杯底，以蒸餾酒糖漿將海綿蛋糕浸透，將海綿蛋糕壓實。擺上覆盆子，再蓋上冷卻的巧克力滑順奶油霜。將奶油餅乾敲成小塊，分裝至奶油霜上。

5 在冰鎮過的大碗中將液狀鮮奶油攪打成凝固的打發鮮奶油，鋪在奶油餅乾碎片上，冷藏靜置 2-3 小時後享用。

" 令人驚豔的慕斯與其他熱融糕點
Les mousses et autres plaisirs fondants
pour impressionner "

柏林油炸球
Boules de Berlin

1 從製備麵種開始。在大碗中將酵母弄碎，從上方倒水，用指尖混合，接著在大碗上放一個網篩，將麵粉篩入混合，至獲得均勻而流質的麵糊。蓋上一塊布巾，讓麵種「發」1 小時 30 分鐘至 2 小時；當表面形成小氣泡時就表示發酵完成。

2 製作麵團。將麵種倒入裝有攪麵鉤的電動攪拌機鋼盆中，加入過篩的麵粉、鹽之花、糖、蛋黃、弄碎的酵母和牛奶。以中速攪拌約 20 分鐘，在麵團脫離碗壁時就完成了，混入切丁的奶油攪拌。當麵團均勻時，將麵團取出揉圓，放入大碗中，蓋上布巾。讓麵團膨脹至兩倍體積。

3 按壓膨脹的麵團，讓麵團再回到原本的體積，分成 25 顆小球，將每顆小球揉成圓形。將小球陸續擺在略濕的布巾上，撒上麵粉，彼此間隔約 5 公分。蓋上布巾， 讓小球膨脹至兩倍體積。

4 當小球膨脹為兩倍體積時，將油鍋加熱至 160℃，將球浸入油中，並依鍋具的大小而定，一次放 3-4 球，油炸 10-12 分鐘；中途用漏杓翻面。舀出陸續擺在紙巾上瀝乾。

5 製作巧克力甘那許。倒入裝有中等大小圓口擠花嘴的擠花袋中，將擠花嘴尖端插入球的中心，填入甘那許。

6 在糖中混入肉桂粉。用肉桂糖包覆炸好的油炸球，在室溫下享用。

■ **黑巧克力奶油夾心柏林油炸球**（Boules de Berlin à la crème au chocolat noir）

將油炸球切成兩半。為每半顆球填入 1 朵擠出的巧克力滑順奶油霜（見 287 頁），接著將球重組；每球預計填入 30 克的奶油霜。

■ **黑巧克力覆盆子夾心柏林油炸球**（Boules de Berlin à la ganache au chocolat noir et à la confiture de framboise）

用裝有中等大小圓口擠花嘴的擠花袋，在每顆球的中央填入一半的覆盆子果醬和一半的黑巧克力甘那許。

---

25 個油炸球
準備時間：**40 分鐘**
烹調時間：每爐 **10-12 分鐘**
麵糊靜置時間：約 **5 小時**

麵種（levain）
酵母（levure de boulanger）5 克
20℃的礦泉水 180 毫升
麵粉 275 克

麵團
麵粉 250 克 + 料理布用麵粉
鹽之花 11 克
細砂糖 65 克
蛋黃 5 個
酵母 60 克
全脂牛奶 60 毫升
奶油 65 克

炸油
葡萄籽油（或植物油）1 公升

巧克力餡料
黑巧克力甘那許 750 克
（見 289 頁）

修飾用
錫蘭肉桂粉 3 克
細砂糖 250 克

G. Hermé
(père de P. Hermé)
(Pierre Hermé 皮耶艾曼的父親)

柏林油炸球
Boules de Berlin

日本珍珠椰奶巧克力丸
Croquettes au chocolat,
jus au lait de coco et perles du Japon

1 製作糖漬薑。將薑塊削皮，斜切成薄片，接著切絲。將水和糖煮沸，加入薑絲，將火轉至最小，煮 20 分鐘放涼。

2 製作炸丸。用鋸齒刀將巧克力切碎，然後以平底深鍋隔水加熱至融化。在另一個平底深鍋中，將奶油和塔巴斯科辣椒水加熱至融化離火。在大碗中輕輕混合蛋、蛋黃和糖，避免將空氣混入材料中。輕輕地淋上融化的巧克力，不停攪拌，接著加入融化的奶油輕輕攪拌，倒入深皿中以形成約 2.5 公分的厚度，讓材料冷藏凝固 2 小時。

3 在這段時間裡，製作椰奶。沖洗柳橙並晾乾，取下 3 條柳橙皮。將薑片削皮。將牛奶、糖、柳橙皮、薑片煮沸，大量倒入西米，不停以木杓混合。煮 10 分鐘，一邊持續攪拌。在另一個平底深鍋中，將鮮奶油煮沸混入椰奶，煮 3 分鐘，一邊不停攪拌。將這奶油醬倒入西米牛奶中，放涼並不時攪拌。將柳橙皮和薑片取出。

4 製作炸丸的包覆外衣。在大碗中打蛋，將椰子粉倒入湯盆中。將冷藏的炸丸麵糊切成邊長約 2 公分的塊狀，用叉子陸續浸入蛋汁中，接著裹上椰子粉。擺在鋪有烤盤紙的烤盤上，冷凍 2 小時。

5 在最後一刻，將百香果切成 2 半，刮下果肉，盛接果汁並分至 8 個盤子中。將油鍋加熱至 180℃，將冷凍炸丸丁 4 個 4 個浸入熱油鍋中，一批最多油炸 3 分鐘。

6 陸續以漏杓撈起，並以吸水紙瀝乾，然後裝盤。將珍珠椰奶淋在炸丸四周，撒上糖漬薑絲。即刻享用。

→ 您可提前 1 個月製作糖漬薑（並以密封罐保存），並提前 2 天製作珍珠椰奶（冷藏保存）。至於炸丸，冷凍可保存 1 個月。

→ 日本珍珠可於大賣場「含澱粉」的架上找到。

---

8 人份
準備時間：**40 分鐘**
烹調時間：**約 40 分鐘**
冷藏時間：**2 小時**
冷凍時間：**2 小時**

糖漬薑
新鮮老薑（racine de gingembre）1 塊（約 5 公分）
水 160 毫升
糖 50 克

炸丸（croquette）
可可脂含量 70% 的黑巧克力 145 克
奶油 115 克
塔巴斯科辣椒水（Tabasco）3 滴
蛋 1 顆
蛋黃 3 個
細砂糖 30 克

日本珍珠椰奶
未經加工處理的柳橙 1 顆
薑片 2 大薄片
全脂牛奶 500 毫升
細砂糖 40 克
日本珍珠（或西米 tapioca）65 克
濃鮮奶油（crème fraîche épaisse）250 毫升
罐裝椰奶 400 毫升

包裹炸丸
蛋 2 顆
椰子粉 125 克

炸油
葡萄籽油（或炸油）1 公升

修飾用
百香果 3 顆

日本珍珠椰奶巧克力丸
Croquettes au chocolat, jus au lait de coco et perles du Japon

冰涼咖啡巧克力圓頂
**Dôme au chocolat
au café froid**
《我試圖結合相反的感受：
巧克力慕斯的滑順，以及冰咖啡凍和
酥脆金黃羽翼之間的對比。》

Pierre Hermé（食譜請見 194 頁）

開心果葡萄乾鬆餅佐巧克力滑順奶油霜
Gaufres aux pistaches, raisins secs
et crème onctueuse au chocolat

1 前一天晚上，製作糖漬葡萄乾。沖洗葡萄乾。將薑片削皮，和葡萄乾、水、蜂蜜、鹽和研磨器轉 3-4 圈的胡椒粉一起放入平底深鍋中煮沸。將火轉小，以文火燉 15 分鐘。

2 將葡萄乾瀝乾，並用平底深鍋盛接糖漿。以中火加熱平底深鍋，加入番紅花。在馬鈴薯澱粉中摻入 1 小匙的水，然後加入糖漿，拌勻並煮沸。將糖漿過濾並倒入葡萄乾中，將薑片取出，放涼後將材料冷藏至隔天。

3 當天，製作鬆餅麵糊。將大碗冷凍冰鎮 15 分鐘。將蛋白攪打成泡沫狀。將麵粉和泡打粉過篩。在另一個沙拉盆中攪打蛋黃、牛奶、糖和鹽。在冰鎮過的大碗中，用電動攪拌器將液狀鮮奶油攪打成打發鮮奶油。將開心果搗碎成小塊。以文火將奶油加熱至融化。

4 用軟抹刀輕輕地將泡沫狀蛋白混入牛奶、蛋黃和糖的混合物中，接著一樣輕輕地加入打發鮮奶油，再加入過篩的麵粉和泡打粉，接著是融化的奶油，最後撒上開心果並輕輕地混合。將麵糊冷藏靜置 1 小時。

5 製作巧克力滑順奶油霜，冷藏保存。

6 烤箱預熱 95℃（熱度 2-3）。依您鬆餅機的使用方式，陸續烘烤鬆餅，並擺在烤箱網架上保溫。

7 享用時，在熱呼呼的鬆餅上篩糖粉，將每塊鬆餅斜切成 2 塊。將一半擺在 1 個餐盤上，在中央放上 1 球冰涼的巧克力滑順奶油醬，將另一半鬆餅蓋在奶油醬上。在周圍擺上幾粒葡萄乾，淋上番紅花糖漿。所有的鬆餅都以同樣方式盛盤。

6 人份
前一天晚上開始準備
準備時間：10 ＋ 15 分鐘
烹調時間：每塊鬆餅 18 ＋ 4-5
分鐘
冷藏時間：1 小時

糖漬葡萄乾
（raisins secs au sirop）
金黃葡萄乾 60 克
新鮮薑片 3 薄片
水 330 毫升
蜂蜜 1 又 1/2 大匙
精鹽 1 撮
胡椒粉
番紅花 3-4 根
馬鈴薯澱粉 1 小匙

鬆餅麵糊（pâte à gaufres）
蛋白 1 個
麵粉 100 克
泡打粉 5 克
蛋黃 3 個
全脂牛奶 40 毫升
細砂糖 70 克
鹽 1 撮
液狀鮮奶油 170 毫升
去皮開心果 80 克
奶油 70 克
糖粉

巧克力滑順奶油霜 600 克
（見 287 頁）

檸檬黑巧克力沙巴雍慕斯
Mousse sabayon au chocolat noir et au citron

1 將吉力丁放入裝了冷水的大容器中軟化，以吸水紙擠乾。

2 取下半顆檸檬的皮並切成細碎。

3 用鋸齒刀將兩種巧克力切碎，並和切碎的檸檬皮一起隔水加熱至融化。

4 在厚底的平底深鍋中，將水和糖煮至 131℃（以烹飪溫度計控制）。

8 人份
準備時間：20 分鐘
烹調時間：5 分鐘

吉力丁 2 片（4 克）
未經加工處理的檸檬 1/2 顆
可可脂含量 55% 的黑巧克力
120 克
可可脂含量 70% 的黑巧克力
160 克
水 40 毫升
細砂糖 100 克
蛋 2 顆
蛋黃 4 個
液狀鮮奶油 400 毫升

5 在大碗中，以電動攪拌器攪打蛋和蛋黃，至顏色變淺，緩緩將糖漿倒入，一邊攪打至體積膨脹。加入吉力丁，持續攪打至完全冷卻。

6 將大碗冷凍冰鎮 15 分鐘，加入液狀鮮奶油以電動攪拌器攪打成打發鮮奶油。

7 將 1/4 的打發鮮奶油和融化的巧克力混合，接著再混合剩餘的鮮奶油。最後加入冷卻的蛋、糖和吉力丁的混合物，用抹刀輕輕地混合所有材料。

8 將慕斯倒入大碗或杯子，冷藏保存 1-2 小時後享用。

→ 爲了控制煮糖的溫度，要知道煮沸 3 分鐘後便會到達 131℃。

---

6 人份
準備時間：**25 分鐘**
烹調時間：約 **12 分鐘**

醬汁
未經加工處理的綠檸檬 1/4 顆
香蕉 1 又 1/2 根
酪梨 1 顆
現榨檸檬汁 140 毫升
現榨柳橙汁 60 毫升
細砂糖 40 克

蛋糕（les gâteaux）
奶油115克 ＋ 模型用奶油20克
塔巴斯科辣椒水(Tabasco)3滴
可可脂含量 70% 的黑巧克力
300 克
蛋 2 顆
蛋黃 4 個
細砂糖 25 克 ＋ 模型用細砂糖
20 克

餡料
香蕉 2 根
現榨檸檬汁 50 毫升
奶油 15 克
細砂糖 25 克

巧克力的誘惑
Tentation chocolat

1 製作醬汁。取下 1/4 顆綠檸檬皮並切成細碎。將香蕉和酪梨去皮（將果核擺在一旁），切塊，和檸檬汁、柳橙汁、糖和切碎的綠檸檬皮一起用果汁器攪打。將醬汁倒入沙拉盆中，將酪梨核泡入（可防止醬汁氧化）。蓋上彈性保鮮膜，冷藏保存。

2 烤箱預熱 180℃（熱度 6）。

3 製作蛋糕。爲 6 個小舒芙蕾模（ramequin）塗上奶油並撒上糖。115 克奶油擺在烤箱網架上加熱，讓奶油連同幾滴塔巴斯科辣椒水一起融化，取出。用鋸齒刀將巧克力切碎，以平底深鍋隔水加熱至融化。在大碗中，輕輕混合蛋、蛋黃和糖，以免混入空氣。當糖充分混入蛋中時，逐漸倒入融化的巧克力混合。當配料變得平滑時，逐漸加入融化的奶油攪拌，拌勻後分裝至舒芙蕾模中，放入烤箱，最多烘烤 12 分鐘。

4 在這段期間，製作配料。將香蕉剝皮，斜切成厚約 7 公釐的薄片，立即淋上檸檬汁。以旺火加熱奶油，放入香蕉，撒上糖，將兩面快速煎成焦糖狀，離火。

5 出爐時，將每個舒芙蕾模倒扣在大抹刀上，擺至小餐盤中央，將舒芙蕾模移除。在一旁擺上扇形的香蕉薄片，淋上一道醬汁，搭配一旁剩餘的醬汁享用。

→ 享用時，請檢查酪梨香蕉醬汁的滑順度與流動性，有必要的話，可再加入些許的檸檬汁或柳橙汁。

陳年蘭姆酒巧克力溫蛋
Œufs tièdes au chocolat et au rhum vieux

1 前一天晚上，製作空蛋殼。用針穿至蛋 3/4 的高度，用剪刀的尖端插入穿好的洞中，將圓頂剪下。將蛋黃蛋白倒入沙拉盆中，用冷水沖洗蛋殼，接著放入一盆醋水中，除去內裡的白膜，再度以冷水沖洗。將蛋殼倒扣在布巾上，晾乾至隔天。

2 隔天，製作鮮奶油香醍。將大碗冷凍冰鎮 15 分鐘，將液狀鮮奶油倒入以電動攪拌器攪打成凝固的打發奶油，混入蘭姆酒，再攪打 2 秒。將鮮奶油香醍倒入裝有圓口擠花嘴的擠花袋中，冷藏保存。

3 烤箱預熱 180℃（熱度 6）。

4 製作甘那許。將奶油緩緩加熱至融化，在奶油融化時離火。用鋸齒刀將巧克力切碎，以平底深鍋隔水加熱至融化。混合蛋、蛋黃和糖，倒入在 45℃ 融化的巧克力（以烹飪溫度計控制）中，輕輕混合，再倒入融化的奶油，輕輕地攪拌至配料變得平滑。

5 在烤盤上擺上 10 張捏皺鋁箔紙，以便在烘烤時將蛋固定。在鋁箔紙上放上 10 個蛋殼，填入甘那許至 3/4 的高度，放入烤箱烘烤 8 分鐘。

6 在這段時間裡製作沙巴雍。將蛋黃、蘭姆酒、糖和水放入小型平底深鍋中，進行隔水加熱。用電動攪拌器攪打至混合物變得滑順。離火，以電動攪拌器持續攪打 2 分鐘。

7 出爐時，將蛋殼擺在蛋杯（coquetier）上（或擺在盤子中央的餐巾環上），填入鮮奶油香醍至與邊緣齊平，然後在中央擺上 1 大滴的沙巴雍，以模仿蛋黃。即刻品嚐巧克力蛋。

→ 您可用皺的薄派皮（Pâte à filo）來取代蛋杯，撒上糖粉並預先以預熱 250℃（熱度 8-9）的烤箱烘烤數分鐘。

10 顆蛋
前一天晚上開始準備
準備時間：**10 + 20 分鐘**
烹調時間：約 **10 分鐘**

蛋殼
特鮮蛋 10 顆
醋 1 小匙

陳年蘭姆酒鮮奶油香醍
液狀鮮奶油 250 毫升
陳年棕色蘭姆酒 40 毫升

甘那許
奶油 115 克
可可脂含量 55% 的黑巧克力 140 克
蛋 1 顆
蛋黃 3 個
細砂糖 40 克

蘭姆酒沙巴雍
蛋黃 1 個
陳年棕色蘭姆酒 40 毫升
細砂糖 40 克
水 20 毫升

陳年蘭姆酒巧克力溫蛋
Œufs tièdes au chocolat
et au rhum vieux

列日巧克力
Chocolat liégeois

1 製作巧克力冷飲。將水和糖煮沸。用鋸齒刀將巧克力切碎。將切碎的巧克力和可可粉加入沸水中，一邊以手動攪拌器快速攪打。再次煮沸，接著離火。用電動攪拌器攪拌混合物 3 分鐘，接著倒入大碗中，將巧克力飲料放涼後冷藏。

2 將大碗冷凍冰鎮 15 分鐘，放入液狀鮮奶油攪打成凝固的打發鮮奶油。放入裝有星形擠花嘴的擠花袋中。

3 享用時，爲每人製作 2 球的巧克力冰淇淋，放入高腳杯中，倒入巧克力冷飲，最後擺上以打發鮮奶油製成的薔薇花飾，撒上巧克力刨花。立刻用吸管並搭配 1 匙的冰淇淋享用。

6 人份
準備時間：10 分鐘

1.5 公升的巧克力冷飲
水 1.2 公升
細砂糖 100 克
可可脂含量 67% 的黑巧克力 250 克
可可粉 50 克

黑巧克力冰淇淋 750 毫升（見 207 頁）
液狀鮮奶油 200 毫升
黑巧克力刨花（282 頁）

冰杯薄荷黑巧克力
Coupes glacées au chocolat noir et à la menthe

1 前一天晚上，製作冰淇淋所需的薄荷奶油醬。沖洗薄荷葉，預留 15 克冷藏，並將其他的約略剪碎。將牛奶和鮮奶油煮沸，離火後加入碎薄荷葉，混合加蓋，浸泡 5 分鐘，不要超過。將碎薄荷葉過濾並保留。將奶油醬隔著裝有冰塊的盆中冷卻。

2 用電動攪拌器攪打蛋黃和糖 3 分鐘。將浸泡過薄荷葉的奶油醬緩緩倒入混合物中，並持續攪打，放入平底深鍋中。另外準備 1 大碗的冰塊。將平底鍋以中火加熱，燉煮奶油醬，不停攪拌至奶油醬變稠，但不要煮沸。將平底鍋底部泡入裝有冰塊的盆中，攪拌奶油醬 5 分鐘至稠化，加入碎薄荷葉。用電動攪拌棒攪拌。加蓋，並以冷藏浸泡至隔天。

3 當天，將薄荷奶油醬放入雪酪機中。將另外存放的 15 克薄荷葉剪得非常細碎。當冰淇淋開始凝固時，加入薄荷以及巧克力刨花，撒上胡椒。將冰淇淋冷凍至最後一刻。

4 製作薄荷凍。將吉力丁放入冷水中軟化。沖洗薄荷葉並約略剪碎。將水和糖煮沸，接著離火，加入碎薄荷葉。混合加蓋，浸泡 5 分鐘，不要超過。將吉力丁擠乾，加入熱糖漿中，攪拌並過濾。將混合物倒入湯盆中，以冷藏凝結成凍。

5 將薄荷凍分裝至 6 個個人杯中，在每個杯中加 1 球的巧克力雪酪和 2 球的薄荷冰淇淋。在冰鎮過的大碗中，倒入液狀鮮奶油攪打成凝固的打發鮮奶油，裝入放有星形擠花嘴的擠花袋中。在每個杯中擠上 1 朵以鮮奶油香醍製成的薔薇花飾，放上薄荷葉碎。即刻享用。

6 人份
準備時間：35 + 10 分鐘
浸泡時間：5 + 5 分鐘
烹調時間：約 20 + 4 分鐘
冷凍時間：約 30 分鐘
冷藏時間：2 小時

新鮮薄荷巧克力冰淇淋
新鮮薄荷葉 55 克
牛奶 500 毫升
液狀鮮奶油 120 毫升
蛋黃 6 個
細砂糖 100 克
可可脂含量 70% 的黑巧克力刨花 100 克（見 282 頁）
黑胡椒粉

薄荷凍
吉力丁 1 又 1/2 片（3 克）
新鮮薄荷葉 80 克
水 300 毫升
細砂糖 80 克

黑巧克力雪酪（見 210 頁）1/2 公升
液狀鮮奶油 200 毫升

冰杯薄荷黑巧克力
**Coupes glacées au chocolat noir
et à la menthe**

馬爾塞布杯
Coupe Malesherbes

1 製作焦糖冰淇淋、巧克力雪酪和巧克力滑順奶油霜。

2 烤箱預熱 180℃（熱度 6）。在烤盤上撒上夏威夷果仁，放入烤箱烘烤 15 分鐘。出爐時，立刻擺在布巾上，用布巾摩擦去皮。在製作糖漿期間，以布巾為果仁保溫。

3 在平底深鍋中放入 100 克的糖、水和 1/4 根剖成兩半並刮出籽的香草莢，煮沸，接著繼續保持沸滾，最多 3 分鐘，立刻加入熱的夏威夷果仁。煮至焦糖色並不停攪拌，當焦糖變成明亮的金黃色時，將果仁倒在 1 張抹上油的烤盤紙上，並將香草莢移除。放涼，接著約略切碎。

4 將大碗冷凍冰鎮 15 分鐘。在冰鎮過的大碗中，並陸續混入剩餘 15 克的糖，將液狀鮮奶油攪打成凝固的鮮奶油香醍。填入裝有星形擠花嘴的擠花袋中。

5 準備 6 個個人杯，在每個杯中擺上 1 球的焦糖冰淇淋、1 球的巧克力雪酪、1 球的巧克力滑順奶油霜。在上面加上鮮奶油香醍的薔薇花飾，撒上焦糖夏威夷果仁。即刻享用。

6 人份
準備時間：**10 分鐘**
烹調時間：**15 分鐘**

半鹽奶油焦糖冰淇淋 1 公升（見 203 頁的香蕉船食譜，步驟 1-8）
黑巧克力雪酪 1 公升（見 210 頁）
黑巧克力滑順奶油霜 600 克（見 287 頁）

夏威夷果仁
（noix de macadamia）
夏威夷果仁 200 克
細砂糖 115 克
水 60 毫升
香草莢 1/4 根
液狀鮮奶油 200 毫升

牛奶巧克力冰淇淋
Glace au chocolat au lait

1 用鋸齒刀將巧克力切成細碎。

2 在平底深鍋中，將牛奶和鮮奶油煮沸。在大碗中混合蛋黃和糖，淋上煮沸的牛奶與鮮奶油並不停攪拌。再混入 2/3 切碎的巧克力。

3 將材料倒入平底深鍋中，以極小的火燉煮，不停攪拌至混合物附著於湯匙上。以電動攪拌棒攪打，接著以網篩過濾。

4 讓材料完全冷卻後倒入雪酪機中。當冰淇淋開始凝固時，混入剩餘切碎 1/3 的巧克力。

5 將冰淇淋以容器冷凍至最後一刻。

4-6 人份
準備時間：**10 分鐘**
烹調時間：約 **10 分鐘**
冷凍時間：約 **30 分鐘**

牛奶巧克力 180 克
全脂牛奶 500 毫升
蛋黃 4 個
細砂糖 30 克
液狀鮮奶油 70 毫升

焦糖胡桃白巧克力冰淇淋
Glace au chocolat blanc
et aux noix de pécan caramélisées

1 前一天晚上，用鋸齒刀將巧克力切碎並放入大碗中。將牛奶煮沸，加入粗粒紅糖，再度煮沸。將煮沸的牛奶淋在巧克力上，一邊快速攪拌至當奶油醬變得平滑後放涼，以冷藏保存至隔天。

4-6 人份
前一天晚上開始準備
準備時間：**10 + 10 分鐘**
烹調時間：約 **3 + 5 分鐘**
冷凍時間：約 **30 分鐘**

白巧克力冰淇淋
白巧克力 250 克
半脂牛奶 500 毫升
粗粒紅糖 40 克

→

→ 焦糖胡桃
（noix de pecan caramélisées）
水 30 毫升
細砂糖 100 克
胡桃（Noix de pécan）60 克

4-6 人份
（約 1 公升的冰淇淋）
準備時間：10 分鐘
烹調時間：約 4-5 分鐘
冷凍時間：約 30 分鐘

可可脂含量 64% 的黑巧克力
240 克
全脂牛奶 750 毫升
奶粉 30 克
細砂糖 80 克

2 當天，製作白巧克力冰淇淋，依機器的使用說明，讓奶油醬在雪酪機中凝固。

3 製作焦糖胡桃。將水和糖煮沸，在保持煮沸 3 分半鐘後（糖漿爲 131℃），加入胡桃，一邊燉煮一邊攪拌，直到煮成焦糖。這時倒在鋪有烤盤紙的烤盤上，放涼後約略搗碎。

4 在白巧克力冰淇淋稍微凝固時，混入焦糖胡桃，再攪拌 2 分鐘。將冰淇淋倒入容器中，冷凍至享用的時刻。

黑巧克力冰淇淋
Glace au chocolat noir

1 用鋸齒刀將巧克力切碎。

2 將全脂牛奶、奶粉和糖煮沸，混入切碎的巧克力中，一邊快速攪打。再度煮沸，最多煮 1 分鐘。

3 準備 1 個裝了冰塊的大碗，在大碗中擺入一個較小的碗，倒入巧克力奶油醬。在冰塊盆中放涼，不時攪拌。

4 將完全冷卻的黑巧克力奶油醬倒入雪酪機中，依機器的使用說明，讓奶油醬在雪酪機中凝固。將冰淇淋冷凍至享用的時刻。

4-6 人份
（約 1 公升的冰淇淋）
準備時間：5 分鐘
烹調時間：約 20 分鐘
冷凍時間：約 30 分鐘

可可脂含量 64% 的黑巧克力
140 克
蛋黃 3 個
細砂糖 110 克
全脂牛奶 500 毫升

黑巧克力蛋冰淇淋
Glace au chocolat noir et aux oeufs

1 用鋸齒刀將巧克力切碎。放入大碗中。

2 在厚底的平底深鍋中混合蛋黃和糖。倒入冷的牛奶，攪打 3 分鐘，將牛奶以及蛋黃和糖的混合物攪拌至均勻。將平底鍋以中火燉煮，用木杓以「8」字形攪拌，並請小心地攪拌至鍋子邊緣。用手指劃過木杓的平面，檢查奶油醬的濃稠度；當手指劃過的痕跡清晰地留在木杓上時，就表示奶油醬已經煮好了（85℃）。奶油醬不應煮沸。

3 立刻將奶油醬倒入切碎的巧克力中，一邊攪打。準備一大碗的冰塊。在大碗中放入較小的碗，倒入奶油醬，持續攪拌 3-4 分鐘至奶油醬變得滑順。將奶油醬隔著冰塊盆中冷卻並不時攪拌。

4 將完全冷卻的奶油醬倒入雪酪機中，依機器的使用說明讓奶油醬凝固成冰淇淋。將冰淇淋冷凍至享用的時刻。

天堂冰塊
Ice cube paradise

1 在平底深鍋中將水和糖煮沸。淋在可可上，攪打混合物。將熱巧克力倒入有倒出口的容器中，放涼。

2 依個人喜好選擇2個小的軟製冰盒（心形、海豚…），將上述材料倒入至製冰盒的3/4高度。將2個製冰盒冷凍3小時，並小心地預先將製冰盒擺在含有冰塊的較大深皿中，以便將製冰盒固定。

3 當巧克力冰塊幾乎固化時，撒上彩色糖球。

4 當巧克力冰塊完全凝固時，輕巧地一個個脫模。

→ 在炎熱的時節裡，孩子們喜愛讓這些巧克力冰塊融在嘴裡。

20 顆冰塊
準備時間：**5 分鐘**
烹調時間：**2 分鐘**
冷凍時間：**3 小時**

礦泉水 500 毫升
糖 50 克
可可（cacao）100 克

裝飾用
彩色糖球
（confettis de couleur sucrés）

F. e. Grasser-Hermé
Écrivain cuisinière
料理作家

巧克力小泡芙
Profiteroles au chocolat

1 製作香草冰淇淋。將香草莢剖成兩半並刮出籽。將牛奶、鮮奶油、香草莢和香草籽煮沸。在大碗中混合蛋黃和糖，倒入煮沸的牛奶，快速攪拌。將材料倒入平底深鍋中，以文火燉煮，用木杓以「8」字形攪拌，並請小心地攪拌至平底鍋的邊緣。用手指劃過木杓的平面，檢查奶油醬的濃稠度；當手指劃過的痕跡清晰地留在木杓上時，就表示奶油醬已經煮好了（85℃）。奶油醬不應煮沸。

2 準備一大碗的冰塊。在大碗中放入較小的碗，倒入奶油醬，持續攪拌 3-4 分鐘，攪拌至奶油醬變得滑順。將奶油醬隔著碗放入冰塊盆中冷卻並不時攪拌，將香草莢移去。

3 將完全冷卻的奶油醬倒入雪酪機中，依機器的使用說明讓奶油醬凝固成冰淇淋。

4 烤箱預熱 190℃（熱度 6-7）。

5 製作泡芙麵糊，並將還溫熱的麵糊倒入裝有 9 號圓口擠花嘴的擠花袋中。在鋪有烤盤紙的烤盤上，間隔5公分地擠出直徑4-4.5公分的泡芙，放入烤箱烘烤7分鐘。用木杓卡住烤箱門，讓門保持微開，接著烘烤約 13 分鐘。出爐時，讓泡芙在網架上放涼。

6 製作熱巧克力醬。

7 享用時，將每顆泡芙從 3/4 的高度橫切，爲所有的泡芙填入 1 小球的香草冰淇淋。在每個盤子上擺上 5 顆小泡芙，淋上熱巧克力醬（約 45℃）並立即享用。

10 人份
準備時間：**25 分鐘**
烹調時間：**約 20 分鐘**
冷凍時間：**約 30 分鐘**

香草冰淇淋
香草莢 2 根
全脂牛奶 700 毫升
液狀鮮奶油 300 毫升
蛋黃 8 個
細砂糖 200 克
泡芙麵糊 750 克（見 299 頁）

佐料
熱巧克力醬（sauce au chocolat chaude）500 克（見 290 頁）

巧克力小泡芙
Profiteroles au chocolat

巧克力冰沙
Granité au chocolat

1 製作巧克力冷飲。將水和糖煮沸。用鋸齒刀將巧克力切碎，在沸水中加入切碎的巧克力和可可粉，一邊以手動攪拌器快速攪打。再度煮沸，接著離火。

2 用電動攪拌棒攪拌混合物 3 分鐘，接著倒入大碗中，將巧克力冷飲放至完全冷卻後冷藏。

3 將水和糖煮沸，離火後加入巧克力冷飲，混合並放涼後倒入 2 個大碗中，將大碗冷凍 1 小時 30 分鐘。

4 將大碗從冷凍庫中取出，用湯匙的邊緣在表面刮下一片片的冰，再將冰沙冷凍至最後一刻。裝在雞尾酒杯中享用。

6 人份
準備時間：**10 分鐘**
烹調時間：**約 2-3 分鐘**
冷凍時間：**約 30 分鐘**

1.5 公升的巧克力冷飲
水 1.2 公升
細砂糖 100 克
可可脂含量 67% 的黑巧克力 250 克
可可粉 20 克

水 400 毫升
細砂糖 60 克

糖漬蜜梨佐冰淇淋
Poires Belle-Hélène

1 製作燉梨，接著切成大丁。

2 製作巧克力醬，在平底深鍋中以隔水加熱保溫，不時攪拌（您也能以微波爐再加熱）。

3 製作香草冰淇淋。

4 將大碗冷凍冰鎮 15 分鐘。在大碗中用電動攪拌器將液狀鮮奶油攪打成凝固的打發鮮奶油。

5 享用時，準備 6 個個人杯，並在每個杯中擺上 2-3 球中等大小的香草冰淇淋，在上面加上洋梨丁，接著以打發鮮奶油擠出的薔薇花飾作爲裝飾。搭配 1 杯仍溫熱的巧克力醬，即刻享用。

→ 爲了節省時間，您也可使用市售的香草冰淇淋。

6 人份
準備時間：**5 分鐘**

香草燉梨 6 顆（見 306 頁）
巧克力醬 200 克（見 290 頁）
香草冰淇淋 1 公升（見 208 頁「巧克力小泡芙」的食譜步驟 1-3）
液狀鮮奶油 200 毫升

黑巧克力雪酪
Sorbet au chocolat noir

1 用鋸齒刀將巧克力切碎。將水和糖煮沸，煮沸時加入巧克力，一邊快速攪拌，續滾 2-3 分鐘，並不停攪拌。

2 準備一大碗的冰塊。在大碗中放入較小的碗，倒入巧克力等配料。在冰塊盆中放涼並不時攪拌。

3 將完全冷卻的巧克力配料倒入雪酪機中，依機器的使用說明讓奶油醬凝固成冰淇淋。將冰淇淋冷凍至享用的時刻。

6 人份
（約 1 公升的雪酪）
準備時間：**10 分鐘**
烹調時間：**約 6 分鐘**
冷凍時間：**約 30 分鐘**

可可脂含量 70% 的黑巧克力 200 克
礦泉水 500 毫升
細砂糖 200 克

4-6 人份
準備時間：**20 分鐘**
烹調時間：**約 22 分鐘**
冷凍時間：**約 30 分鐘**

榛果碎片
整顆榛果 160 克
水 20 毫升
細砂糖 60 克

巧克力雪酪
可可脂含量 70% 的黑巧克力
100 克
水 400 毫升
細砂糖 125 克

É. Vergne
Pâtisserie Vergne (Audincourt
et Belfort)
維儂糕點店（歐丹庫爾與貝爾福）

黑巧克力雪酪佐榛果碎片
Sorbet au chocolat noir et aux éclats de noisette

1 烤箱預熱 180℃（熱度 6）。

2 製作榛果碎片。將榛果撒在烤盤上，放入烤箱烘烤 15 分鐘。出爐時，將榛果擺在布巾上，摩擦布巾以去皮。

3 將水和糖煮沸。加入榛果，和糖漿混合，煮至焦糖。當榛果開始形成金黃的琥珀色時，離火。倒在烤盤紙上，放涼切碎。

4 製作巧克力雪酪。用鋸齒刀將巧克力切碎。將水和糖煮沸離火，將切碎的巧克力加入糖漿中，攪拌至材料變得平滑。放涼，接著放入雪酪機中，攪拌至形成乳霜狀。

5 將大碗冷凍冰鎮 15 分鐘。快速混入榛果碎片與巧克力雪酪一起攪拌，並以容器冷凍保存至享用的時刻。

6-8 人份
準備時間：**20 分鐘**
烹調時間：**約 6 分鐘**
冷凍時間：**約 30 分鐘**

市售海綿蛋糕（génoise）1 個

咖啡糖漿
非常濃的濃縮咖啡 350 毫升
細砂糖 100 克
咖啡利口酒 50 毫升

瑪斯卡邦奶油醬
(crème de mascarpone)
水 50 毫升
細砂糖 150 克
蛋黃 4 個
瑪斯卡邦乳酪 200 克
馬沙拉葡萄酒（marsala）
80 毫升
液狀鮮奶油 250 毫升

配料
可可脂含量 64% 的黑巧克力
100 克
可可粉

提拉米蘇冰淇淋
Tiramisu glacé

1 將海綿蛋糕橫切成 3 塊圓餅。

2 將大碗冷凍冰鎮 15 分鐘。

3 製作咖啡糖漿。在熱的濃縮咖啡中加入糖和咖啡利口酒，放涼。

4 製作瑪斯卡邦奶油醬。將水和糖煮沸，接著繼續滾，最多滾 3 分鐘。在大碗中用電動攪拌器攪打蛋黃，一邊倒入煮沸的糖漿，用攪拌器攪拌，再加入瑪斯卡邦乳酪拌勻。在冰鎮過的大碗中用電動攪拌器將液狀鮮奶油攪打成凝固的打發鮮奶油，加入酒混合再輕輕地混入瑪斯卡邦奶油醬。

5 將第一塊海綿蛋糕鋪在直徑 18-20 公分的舒芙蕾模中，刷上 1/3 冷卻的糖漿，淋上一半的瑪斯卡邦奶油醬。用刨刀（couteau éplucheur）在奶油醬上將一半的黑巧克力削成碎末，再蓋上第二塊海綿蛋糕，刷上 1/3 的糖漿，再蓋上剩餘的瑪斯卡邦奶油醬。在上面將剩餘的巧克力刨成碎末，最後放上海綿蛋糕，並刷上剩餘的糖漿。冷凍保存至少 3-4 小時。

6 享用前半小時，將提拉米蘇從冷凍庫中取出，用熱的刀尖將提拉米蘇從模型中取出，篩上可可粉。

巧克力舒芙蕾凍糕
Soufflés glacé au chocolat

1 在平底深鍋中將牛奶和 150 克的糖煮沸。在大碗中混合蛋黃和 100 克的糖，將煮沸的牛奶倒入大碗中，不停攪拌。

2 將上述材料倒入平底深鍋中，以極小的火燉煮，不斷攪拌，直到混合物附著於木杓的杓背。以漏斗型網篩過濾，接著用電動攪拌器攪打至完全冷卻。

3 用鋸齒刀將巧克力切碎，在平底深鍋中隔水加熱至融化。

4 將大碗冷凍冰鎮 15 分鐘。在大碗中用電動攪拌器將液狀鮮奶油攪打成凝固的打發鮮奶油。

5 將 1/3 的打發鮮奶油混入融化的巧克力中，接著加入蛋黃、糖和牛奶的配料，接著加入剩餘的打發鮮奶油，一邊攪拌。

6 將 22 公分的舒芙蕾模用三張重疊的鋁箔紙圍起來，讓紙高出模型 3 公分，然後以繩子或膠帶固定。倒入配料，應達鋁箔紙的高度。冷凍 45 分鐘。

7 享用前 30 分鐘將舒芙蕾從冷凍庫中取出。將鋁箔紙移除後上桌。

6-8 人份
準備時間：20 分鐘
冷凍時間：45 分鐘

牛奶 250 毫升
糖 250 克
蛋黃 8 個
可可脂含量 70% 的黑巧克力 375 克
液狀鮮奶油 450 毫升

F. Daubos
Pâtisserie-chocolaterie Daubos (Versailles)
道伯巧克力糕點店（凡爾賽）

咖啡白松露巧克力冰淇淋
Truffes glacées au chocolat blanc et au café

1 前一天晚上，製作松露巧克力。在平底深鍋中加熱鮮奶油，在第一次煮沸時（95℃）離火，混入咖啡粉浸泡 20 分鐘。用精細的網篩過濾，並將浸泡的鮮奶油保留在平底深鍋中。

2 用鋸齒刀將巧克力切碎。以中火將咖啡鮮奶油稍微加熱，加入切碎的巧克力，一邊攪拌。當巧克力融化時，將奶油醬離火，混入奶油，攪拌至平滑，接著倒入大碗中，以冷藏冷卻至隔天。

3 當天，用電動攪拌機攪打 2 的咖啡巧克力鮮奶油，倒入裝有 12 號圓口擠花嘴的擠花袋，在烤盤紙上擠出約 3 公分的奶油球，冷凍至少 4-5 小時。

4 製作松露糖衣。用鋸齒刀將巧克力切碎，在平底深鍋中隔水加熱至融化，離火接著放涼。

5 將冷凍奶油球以叉子浸入融化的巧克力中，在巧克力上瀝乾幾秒，並用叉子下方擦過平底鍋的邊緣。在 1 個盤子撒上可可粉，用叉子滾動，爲冰松露裹上可可粉。以同樣方式處置所有的冷凍奶油球。即刻品嚐。

約 25 顆
前一天晚上開始準備
準備時間：30 分鐘
烹調時間：約 5 分鐘
冷凍時間：最少 4 至 5 小時

松露內部
液狀鮮奶油 300 毫升
極細的咖啡粉 65 克
白巧克力 250 克
奶油 30 克

松露糖衣
可可脂含量 64% 的黑巧克力 250 克
可可粉

M. Moreno
Pâtisserie Mallorca (Madrid)
馬洛卡糕點店（馬德里）

咖啡白松露巧克力冰淇淋
**Truffes glacées au chocolat
blanc et au café**

令人驚豔的冰點
Les desserts glacés
pour impressionner

巧克力冰淇淋蛋白霜
Meringue glacées au chocolat

1 製作巧克力蛋白霜。將糖粉和可可粉過篩。用電動攪拌器以中速攪打蛋白，並從一開始便逐漸混入一半的細砂糖，持續攪打至打發蛋白變得光亮、平滑，在這個時候，大量倒入另一半的細砂糖，打發至尖端直立的硬性蛋白霜。用手動攪拌器快速但輕巧地混入篩過的糖粉和可可粉，用軟抹刀將所有材料以稍微舀起的方式混合，並盡量不要過度攪拌。

2 烤箱預熱 120℃（熱度 4）。

3 將蛋白霜填入裝有 15 號圓口擠花嘴的擠花袋中，在 2 個烤盤上鋪上烤盤紙。在每個烤盤上擠出約長 8 公分、寬 4-5 公分的蛋白霜麵殼。將 2 個烤盤放入烤箱，用木杓卡住烤箱門，讓門保持微開。以 120℃烘烤 30 分鐘，接著將溫度調低為 100℃（熱度 3-4），烘烤 1 小時 30 分鐘。將烤箱關掉，門保持微開，讓蛋白霜乾燥 2-3 小時。取出讓蛋白霜在網架上放涼。

4 製作黑巧克力冰淇淋和黑巧克力鮮奶油香醍。

5 將黑巧克力鮮奶油香醍，填入裝有星形擠花嘴的擠花袋中。在蛋白霜麵殼的基底上放上 1 球冰淇淋，擺上第二塊蛋白霜麵殼，平的一面接觸冰淇淋，兩兩夾起。將冰淇淋蛋白霜橫放上甜點盤，在上面擠出螺旋狀的黑巧克力鮮奶油香醍。其他的蛋白霜都以同樣方式進行。即刻享用。

→ 將 6 個甜點盤冷凍 15-20 分鐘後，再擺上冰淇淋蛋白霜。

→ 您可用焦糖冰淇淋或僅用香草冰淇淋來取代黑巧克力冰淇淋。

---

6 人份
準備時間：**20 ＋ 30 分鐘**
烹調時間：**2 小時**
乾燥時間：**2 或 3 小時**

巧克力蛋白霜
（meringue au chocolat）
糖粉 100 克
可可粉 15 克
蛋白 4 個
細砂糖 100 克

黑巧克力冰淇淋 1 公升
（見 207 頁）
黑巧克力鮮奶油香醍 200 毫升
（見 286 頁）

巧克力冰淇淋蛋白霜
Meringue glacées au chocolat

冰杯肉桂巧克力
Coupes glacées au chocolat et à la cannelle

1 將大碗冷凍冰鎮 15 分鐘。

2 先從製作焦糖開始製備肉桂焦糖冰淇淋。在平底深鍋底部均勻地鋪上 20 克的糖，以極小的火加熱平底鍋，讓糖融化，接著再鋪上 20 克的糖，讓糖融化，以同樣方式持續至您已用了 175 克的糖；中途混入弄碎的肉桂棒。當焦糖呈現漂亮的深琥珀色時，就表示已經煮好了。

3 在這段時間裡，在冰鎮過的大碗中，用電動攪拌器將 50 毫升的液狀鮮奶油攪打成打發鮮奶油。當焦糖煮好時，將平底鍋離火，將奶油塊放入焦糖中，用木杓以「8」字形攪拌。混入打發鮮奶油並加以攪拌，靜置 1 小時。

4 在第二個平底深鍋中，混合蛋黃和剩餘 85 克的糖。在第三個平底深鍋中，將牛奶和剩餘 100 毫升的鮮奶油煮沸。將肉桂焦糖過濾，接著倒入裝有牛奶和鮮奶油的平底深鍋中，一邊用攪拌器攪拌。再將這焦糖牛奶緩緩倒入裝有蛋黃和糖等材料的平底深鍋中，一邊攪打。將平底深鍋以文火加熱，以「8」字形攪拌所有材料，並請小心地攪拌至鍋邊。用手指劃過木杓的平面，檢查奶油醬的濃稠度；當手指劃過的痕跡清晰地留在木杓上時，就表示奶油醬已經煮好了（85℃）。奶油醬不應煮沸。

5 準備一大碗的冰塊。在大碗中放入較小的碗，倒入奶油醬，持續攪拌 3-4 分鐘，攪拌至奶油醬變得滑順。將奶油醬隔著碗放入冰塊盆中冷卻並不時攪拌。

6 將完全冷卻的肉桂奶油醬倒入雪酪機中，依機的使用說明將材料凝結成冰淇淋。將冰淇淋冷凍保存。

7 烤箱預熱 180℃（熱度 6）。

8 製作酥頂麵屑麵團。用指尖攪拌奶油、糖、杏仁粉、鹽、麵粉和肉桂粉。麵團應呈現粗粒狀，冷藏保存 1 小時。

9 將酥頂麵屑撒在鋪有烤盤紙的烤盤上，放入烤箱中烘烤 15 分鐘。出爐時放涼。

10 製作無花果醬。將無花果剖開成兩半，用小湯匙取下果肉，接著攪打成精緻的果泥。將果泥、糖和檸檬汁一起倒入平底深鍋中，煮沸持續煮 2 分鐘，並一邊攪拌。放涼。

11 享用時，將大碗冷凍冰鎮 15 分鐘。在冰鎮過的大碗中用電動攪拌器將液狀鮮奶油 200 毫升攪打成凝固的打發鮮奶油。填入裝有星形擠花嘴的擠花袋中。將冷卻的無花果醬分裝至 8 個個人杯中，擺上 1 球焦糖肉桂冰淇淋和 2 球的巧克力雪酪，撒上酥頂麵屑。最後擠上 1 朵打發鮮奶油的薔薇花飾。即刻享用。

---

8 人份
準備時間：**40 分鐘**
烹調時間：約 **40 分鐘**
麵團靜置時間：**1 小時**
冷凍時間：約 **30 分鐘**

肉桂焦糖冰淇淋
細砂糖 260 克
弄碎的肉桂棒 5 克
液狀鮮奶油 150 毫升
奶油 35 克
蛋黃 3 個
全脂牛奶 500 毫升

酥頂麵屑麵團
(pâte à streusel)
室溫回軟的奶油 25 克
細砂糖 25 克
杏仁粉 25 克
鹽之花 1 克
麵粉 25 克
肉桂粉 1 大撮

無花果醬 (sauce aux figues)
紫無花果（figues violettes）
500 克
細砂糖 50 克
檸檬汁 20 毫升

修飾用
液狀鮮奶油 200 毫升
黑巧克力雪酪 1 公升
（見 210 頁）

6 人份
準備時間：**30 分鐘**
烹調時間：約 **30 分鐘**
冷凍時間：約 **30 分鐘**

含鹽奶油焦糖冰淇淋 1 公升
細砂糖 260 克
半鹽奶油 35 克
液狀鮮奶油 150 毫升
蛋黃 3 個
全脂牛奶 500 毫升

焦糖碎屑
葡萄糖（glucose 又稱水飴）
50 克（可至材料行購買）
細砂糖 50 克
半鹽奶油 50 克

黑巧克力雪酪 1 公升
（見 210 頁）
搗碎的焦糖榛果（見 305 頁）
巧克力蛋白霜小棍 60 根（見
82 頁的「協和巧克力蛋糕
Concorde」食譜，步驟 1-4 製
作長條形的巧克力蛋白霜，以
及步驟 8）
液狀鮮奶油 200 毫升

冰杯法布
Coupes glacées Faubourg

1 將大碗冷凍冰鎮 15 分鐘。

2 先從製作焦糖開始製備焦糖冰淇淋。在平底深鍋底部均勻地鋪上 20 克的糖，以極小的火加熱平底鍋，讓糖融化，接著再鋪上 20 克的糖。讓糖融化，以同樣方式持續至您已用了 175 克的糖。當焦糖呈現漂亮的深琥珀色時，就表示已經煮好了。

3 在這段時間裡，在冰鎮過的大碗中，用電動攪拌器將 50 毫升的液狀鮮奶油攪打成凝固的打發鮮奶油。當焦糖煮好時，將平底鍋離火。將半鹽奶油塊放入焦糖中，用木杓以「8」字形攪拌。冷卻後混入打發鮮奶油並混合。

4 在第二個平底深鍋中，混合蛋黃和剩餘 85 克的糖。在第三個平底深鍋中，將牛奶和剩餘 100 毫升的鮮奶油煮沸。將焦糖倒入裝有牛奶和鮮奶油的平底深鍋中，一邊用攪拌器攪拌。再將這焦糖牛奶緩緩倒入裝有蛋黃和糖等材料的平底深鍋中，一邊攪打。將平底深鍋以文火加熱，以「8」字形攪拌所有材料，並請小心地攪拌至鍋邊。用手指劃過木杓的平面，檢查奶油醬的濃稠度；當手指劃過的痕跡清晰地留在木杓上時，就表示奶油醬已經煮好了（85℃）。奶油醬不應煮沸。

5 準備一大碗的冰塊。在大碗中放入較小的碗，倒入奶油醬，持續攪拌 3-4 分鐘，攪拌至奶油醬變得滑順。將奶油醬隔著碗放入冰塊盆中冷卻並不時攪拌。

6 將完全冷卻的焦糖奶油醬倒入雪酪機中，依機器的使用說明將材料凝結成冰淇淋。將冰淇淋冷凍保存。

7 製作焦糖碎屑。將葡萄糖加熱至融化，加入糖，煮成焦糖，直到焦糖呈現深琥珀色。立刻加入奶油，快速混合，再度煮沸，接著將焦糖倒在矽膠墊（tapis siliconé）（或抹上油的烤盤紙）上。將墊子傾斜，讓焦糖流動至形成均勻的一層。放涼，接著將焦糖敲碎成小塊。

8 在焦糖冰淇淋開始凝固時，混入焦糖碎屑。在冰淇淋凝固後加以冷凍。

9 製作黑巧克力雪酪、搗碎的焦糖榛果和帶狀的巧克力蛋白霜；再將蛋白霜切成 3 公分的小棍狀。

10 將大碗冷凍冰鎮 15 分鐘。在冰鎮過的大碗中將液狀鮮奶油攪打成凝固的打發鮮奶油，填入裝有星形擠花嘴的擠花袋中。

11 享用時，將 60 根棍狀蛋白霜分裝至 6 個個人杯中，擺上 1 球焦糖冰淇淋和 2 球的巧克力雪酪。最後放上漩渦狀的打發鮮奶油，撒上搗碎的焦糖榛果。

〔見 218 頁 Pierre Hermé 的最愛〕

冰杯法布
Coupes glacées Faubourg
《我選擇巧妙地搭配不同質地的組合：
以酥脆的蛋白霜來呼應巧克力雪酪的
濃郁以及含鹽奶油焦糖冰淇淋的甜美。》

Pierre Hermé
（食譜請見 217 頁）

椰香黑巧克力冰淇淋打卦滋
Dacquoise glacée au chocolat noir et à la noix de coco

1 前一天晚上，製作打卦滋麵糊。烤箱預熱 150℃（熱度 5）。將杏仁粉和糖粉過篩；加入椰子粉。將蛋白攪打成泡沫狀，並逐漸混入細砂糖，打發至尖端下垂的濕性發泡狀態。用軟抹刀輕輕混合椰子粉的混合物及泡沫狀蛋白霜。將此糊狀物倒入裝有 12 號圓口擠花嘴的擠花袋中。在鋪有烤盤紙的烤盤上製作 3 個直徑 16 公分的圓餅，從中央開始擠出螺旋狀麵糊（見 293 頁），篩上些許糖粉，靜置 10 分鐘，再次篩上糖粉，靜置 10 分鐘。放入烤箱烘烤 35 分鐘。

2 將打卦滋圓餅擺到網架上，放涼。以彈性保鮮膜密封包起，冷藏保存。

3 當天，製作巧克力芭菲。沖洗檸檬，取下檸檬皮並切成細碎，將牛奶和檸檬皮煮沸。在大碗中混合蛋黃和 150 克的糖，將煮沸的牛奶倒入，一邊快速攪拌，再將配料倒回平底深鍋中，以文火煮。用木杓以「8」字形攪拌，並小心地攪拌至鍋子邊緣。用手指劃過木杓的平面，檢查奶油醬的濃稠度；當手指劃過的痕跡清晰地留在木杓上時，就表示奶油醬已經煮好了（85℃）。要特別注意的是，奶油醬不應煮沸。

4 準備一大碗的冰塊。在大碗中放入較小的碗，倒入奶油醬，持續攪拌 3-4 分鐘，攪拌至奶油醬變得滑順。將奶油醬隔著碗在冰塊盆中冷卻並不時攪拌。

5 將大碗冷凍冰鎮 15 分鐘。在冰鎮過的大碗中將液狀鮮奶油攪打成凝固的打發鮮奶油。將蛋白攪打成凝固的泡沫狀，並在途中逐漸混入剩餘 100 克的糖，持續攪打至蛋白變得非常凝固且發亮的硬性發泡狀態。

6 用鋸齒刀將巧克力切碎，在平底深鍋中隔水加熱至融化，離火放涼 3 分鐘後，混入 1/3 的打發鮮奶油，接著加入剩餘的打發鮮奶油。將這混合物混入完全冷卻的奶油醬中，接著加入 1 大匙的泡沫狀蛋白霜，混合所有材料，接著輕輕混入剩餘的泡沫狀蛋白霜。

7 將巧克力芭菲倒入直徑 18 公分的舒芙蕾模底部至約 1.5 公分的厚度。擺上第一塊打卦滋圓餅。蓋上 1/3 的巧克力芭菲，用抹刀將上面抹平。擺上第二塊打卦滋圓餅，再蓋上 1/3 的巧克力芭菲，用抹刀抹平，再蓋上第三塊打卦滋圓餅，用 3 張重疊的鋁箔紙圍住模型，讓鋁箔紙超出模型 3 公分，並用細繩或膠帶固定。最後鋪上剩餘的巧克力芭菲來完成舒芙蕾，將表面抹平。冷凍 4-6 小時。

8 享用時，在平底煎鍋中將椰子粉煎炒 2-3 分鐘，待冷卻後撒在冰淇淋舒芙蕾上。將鋁箔紙抽離，直接享用。

6-8 人份
前一天晚上開始準備
準備時間：20 + 30 分鐘
烹調時間：約 35 + 15 分鐘
冷凍時間：約 30 分鐘

椰子打卦滋（dacquoise à la noix de coco）
椰子粉 25 克
杏仁粉 35 克
糖粉 55 克
蛋白 2 個
細砂糖 20 克
點綴用糖粉

巧克力芭菲（parfait au chocolat）
未經加工處理的綠檸檬 1 顆
全脂牛奶 250 毫升
蛋黃 8 個
細砂糖 250 克
液狀鮮奶油 440 毫升
蛋白 2 個
可可脂含量 70% 的黑巧克力 350 克

修飾用
椰子粉 1 大匙

椰香黑巧克力冰淇淋打卦滋
Dacquoise glacée au
chocolat noir et à la noix de coco

冰杯蘭姆葡萄巧克力
Coupes glacées au chocolat, au rhum et aux raisins

1 前一天晚上，在平底深鍋中以文火煮葡萄乾和蘭姆酒 10 分鐘，離火，用火柴點燃蘭姆酒燄燒。離火後浸漬至隔天。

2 當天，製作蘭姆葡萄冰淇淋。將香草莢剖成兩半並刮出籽。將牛奶、鮮奶油、香草莢和香草籽一起煮沸。在大碗中混合蛋黃和糖，倒入煮沸的牛奶並快速攪拌。再將材料倒回平底深鍋中，以文火燉煮，用木杓以「8」字形攪拌，並小心地攪拌至平底深鍋邊緣。用手指劃過木杓的平面，檢查奶油醬的濃稠度；當手指劃過的痕跡清晰地留在木杓上時，就表示奶油醬已經煮好了（85℃）。奶油醬不應煮沸。

3 準備一大碗的冰塊。在大碗中放入較小的碗，倒入奶油醬，持續攪拌 3-4 分鐘，攪拌至奶油醬變得滑順。將奶油醬隔著碗在冰塊盆中冷卻並不時攪拌。將香草莢移除。

4 將完全冷卻的奶油醬倒入雪酪機中，依機器的使用說明，讓奶油醬在雪酪機中凝固。途中加入瀝乾的葡萄乾，讓雪酪機續攪拌 3 分鐘，冰淇淋從雪酪機中取出。將冰淇淋以冷凍保存。

5 製作巧克力鮮奶油香醍和巧克力蛋冰淇淋。

6 享用時，將蘭姆芭芭蛋糕切成兩半，鋪在大杯子的底部。擺上 1 球的巧克力蛋冰淇淋、2 球的蘭姆葡萄冰淇淋。蓋上巧克力鮮奶油香醍擠出的薔薇花飾後即刻享用。

6 人份
準備時間：約 **25** 分鐘
烹調時間：約 **30** 分鐘
冷凍時間：約 **30** 分鐘

蘭姆葡萄冰淇淋
金黃葡萄乾 100 克
棕色蘭姆酒 50 毫升
香草莢 1 根
全脂牛奶 350 毫升
液狀鮮奶油 150 毫升
蛋黃 4 個
細砂糖 100 克

冰杯
黑巧克力鮮奶油香醍 200 毫升
（見 286 頁）
黑巧克力蛋冰淇淋 1/2 公升
（見 207 頁）
瓶塞狀的蘭姆芭芭蛋糕 3 個
（於糕點店購買）

香辣巧克力焦糖杏仁冰淇淋
Glace au chocolat aux amandes caramélisées et piment d'Espelette

1 製作香辣巧克力焦糖杏仁和黑巧克力冰淇淋。

2 將香辣巧克力焦糖杏仁約略切碎。當雪酪機中的黑巧克力冰淇淋幾乎凝固時，混入香辣巧克力焦糖杏仁。再讓機器轉動 2 分鐘。倒入容器中，將冰淇淋冷凍至享用的時刻。

→ 您可搭配鹽之花巧克力酥餅（見 147 頁）或可可鑽石（見 138 頁）來享用這道冰淇淋。

6-8 人份
準備時間：**5** 分鐘

香辣巧克力焦糖杏仁 150 克
（見 238 頁）
黑巧克力冰淇淋 1 公升
（見 207 頁）

40 個小馬卡龍
準備時間：**25 分鐘**
烹調時間：**約 6 分鐘**
冷凍時間：**約 30 分鐘**

黑巧克力小馬卡龍 80 個
（見 158 頁）

薰衣草巧克力雪酪
可可脂含量 70% 的黑巧克力
200 克
細砂糖 180 克
礦泉水 1 公升
薰衣草或醒目薰衣草
（lavandin）2 撮
（最好是新鮮的）

馬卡龍夾薰衣草巧克力雪酪
Macarons glacés, sorbet au chocolat et fleurs de lavande

1 製作黑巧克力馬卡龍。

2 製作巧克力雪酪。用鋸齒刀將巧克力切碎。將水、糖和薰衣草煮沸，煮沸時加入巧克力，一邊快速攪拌，續煮 2-3 分鐘，不停攪拌，因為混合物會大量起泡。

3 準備 1 個裝冰塊的大碗。在大碗中擺入一個較小的碗，倒入巧克力的配料，在冰塊盆中放涼，不時攪拌。

4 將完全冷卻的巧克力配料倒入雪酪機中，依機器的使用說明將材料凝結成冰淇淋，倒出以冷凍保存。

5 在馬卡龍平的一面上放上 1 小球的雪酪，與另一塊馬卡龍的平面相疊。陸續擺盤，以冷凍保存。

6 約在享用前 1 小時，將冷凍的馬卡龍改以冷藏保存。

6-8 人份
準備時間：**20 分鐘**
冷藏時間：**3-4 小時**

杏仁 30 克
榛果 30 克
液狀鮮奶油 500 毫升
可可脂含量 55% 的黑巧克力
160 克
水 1 大匙
液狀蜂蜜 60 克
細砂糖 40 克
蛋白 6 個
切丁的軟杏桃乾 50 克
約略搗碎的開心果 30 克

巧克力牛軋糖雪糕
Nougat glacé au chocolat

1 將大碗冷凍冰鎮 15 分鐘。

2 烤箱預熱 150℃（熱度 5）。在烤盤上撒上杏仁和榛果，放入烤箱烘烤 15 分鐘並不時翻動。出爐，放涼後搗碎成小塊。

3 在冰鎮過的大碗中，用電動攪拌器將液狀鮮奶油攪打成凝固的打發鮮奶油。

4 用鋸齒刀將巧克力切碎，在平底深鍋中隔水加熱至融化。

5 在小型平底深鍋中，倒入水、蜂蜜和糖，以文火煮沸 1 分鐘。

6 在另一個大碗中將蛋白攪打成泡沫狀（尖端下垂的濕性發泡），當蛋白凝固時，將 5 的熱糖漿淋在上面，將所有材料攪打至完全冷卻的蛋白霜。將 1/3 蛋白霜混入融化的巧克力中，接著輕輕地加入剩餘的蛋白霜，加以攪拌。

7 加入杏桃丁、烤杏仁和榛果碎塊，以及搗碎的開心果，接著加以混合。

8 在 22 公分的長型模內鋪上彈性保鮮膜，倒入配料，冷凍 3-4 小時。

9 在模型上擺上 1 個矩形盤，倒扣，為牛軋糖雪糕脫模。將彈性保鮮膜取下，將牛軋糖雪糕切片，即刻享用。

巧克力冰淇淋芭菲
Parfait glacé au chocolat

1 前一天晚上，將牛奶煮沸。在大碗中混合蛋黃和糖，倒入煮沸的牛奶並快速攪拌。將配料倒入平底深鍋中，以文火燉煮，用木杓以「8」字形攪拌，並小心地攪拌至平底深鍋邊緣。用手指劃過木杓的平面，檢查奶油醬的濃稠度；當手指劃過的痕跡清晰地留在木杓上時，就表示奶油醬已經煮好了（85℃）。要特別注意的是，奶油醬不應煮沸。

2 準備一大碗的冰塊。在大碗中放入較小的碗，倒入奶油醬，持續攪拌 3-4 分鐘，攪拌至奶油醬變得滑順。將奶油醬隔著碗在冰塊盆中冷卻並不時攪拌。

3 將大碗冷凍冰鎮 15 分鐘。

4 用鋸齒刀將巧克力切碎，在平底深鍋中隔水加熱至融化。

5 在冰鎮過的大碗中，用電動攪拌器將液狀鮮奶油攪打成凝固的打發鮮奶油。

6 製作蛋白霜。將水和糖煮沸，接著續煮最多 3 分鐘。離火。將蛋白攪打成凝固的泡沫狀（硬性發泡狀態），接著將煮沸的糖漿以流狀倒入，同時不停地用電動攪拌器攪打至蛋白霜冷卻。

7 製作芭菲。檢查融化巧克力的溫度；應為 40℃。混入 1/3 的打發鮮奶油，接著是冷卻的蛋黃奶油醬。混合，接著輕輕地加入剩餘的打發鮮奶油和蛋白霜成為芭菲。

8 製作焦糖杏仁。預留 8 顆完整的杏仁，將剩餘的約略搗碎。

9 將直徑 22 公分的舒芙蕾模用三層重疊的鋁箔紙圍起來，讓紙大大超出模型的高度，以繩子固定。倒入 1/3 的芭菲，用抹刀抹平，撒上一半的搗碎杏仁。最後倒入剩餘 1/3 的芭菲，用抹刀抹平，冷凍至隔天。

10 當天，製作黑巧克力鮮奶油香醍。

11 將冰淇淋芭菲從冷凍庫中取出，將鋁箔紙移除。將巧克力鮮奶油香醍填入裝有星形擠花嘴的擠袋中，在芭菲周圍擠出 8 個鮮奶油香醍製成的薔薇花飾，在每個花飾上擺上 1 顆完整的焦糖杏仁，將芭菲冷藏 1 小時後享用。也可依喜好撒上巧克力刨花（見 280 頁）裝飾。

8-10 人份
前一天晚上開始準備
準備時間：40 + 5 分鐘
烹調時間：約 20 分鐘
冷凍時間：約 30 分鐘

全脂牛奶 200 毫升
蛋黃 6 個
細砂糖 150 克
可可脂含量 70% 的黑巧克力 280 克
液狀鮮奶油 350 毫升
焦糖杏仁 150 克（見 305 頁）
黑巧克力鮮奶油香醍 100 毫升（見 286 頁）

蛋白霜（meringue）
水 20 毫升
細砂糖 60 克
蛋白 1 個

> **❝** [...] Ces nonchalants,
> Qui en juin et en juillet
> Et les jours de canicule
> Se goinfrent de chocolat
> Gelé, glacé,
> Et l'avalent goulûment
> En petits bouts de glace [...]
>
> ... 這些在六、七月及酷熱日子裡無精打采的人，
> 大口吃著巧克力凍、巧克力冰淇淋，
> 並貪婪地吞著一份一份的冰涼甜點 ...
>
> 〔法蘭西斯科 • 阿瑞西 Francesco Arisi，1736 年，
> 據坎波瑞西 P. Camporesi 所述。〕 **❞**

巧克力冰淇淋芭菲
Parfait glacé au chocolat

巧克力挪威蛋捲
Omelette norvégienne au chocolat

1 製作巧克力冰淇淋，並冷藏 30 分鐘。將大碗冷凍冰鎮 15 分鐘。

2 製作冰淇淋芭菲。在平底深鍋中，將水和糖煮沸。將混合物倒入蛋黃中，一邊攪拌。在冰鎮過的大碗中，用電動攪拌器將液狀鮮奶油攪打成凝固的打發鮮奶油。在隔水加熱的平底深鍋中，以中火燉煮蛋黃和糖漿的混合物，不停輕輕地攪拌，直到混合物變稠。離火，以電動攪拌器攪打至完全冷卻，這時混入香橙干邑甜酒、所有的水果丁和打發鮮奶油。

3 製作糖漿。在平底深鍋中，將水和糖煮沸，離火後加入香橙干邑甜酒。爲指形蛋糕體刷上這糖漿。

4 在 28 公分的長型模內鋪上彈性保鮮膜，接著在模型的四邊鋪上被糖漿所浸透的指形蛋糕體。將巧克力冰淇淋攪拌至均勻，接著鋪在模型底部。

5 立刻將芭菲倒入模型，倒在巧克力冰淇淋上，然後冷凍。

6 製作法式蛋白霜。

7 在模型上擺 1 個餐盤，倒扣，然後將模型和彈性保鮮膜移除。上方均勻地鋪上法式蛋白霜，用金屬抹刀的末端在上面輕拍，形成小尖角作爲裝飾，再冷凍 1 小時。

8 享用時，將烤箱的網架預熱，然後將巧克力挪威蛋捲放入烤箱 1-2 分鐘，將蛋白霜烤至微微上色。

10-12 人份
準備時間：35 分鐘
冷凍時間：約 30 分鐘

黑巧克力冰淇淋 750 毫升
（見 207 頁）

冰淇淋芭菲（parfait glacé）
水 90 毫升
細砂糖 90 克
蛋黃 4 個
液狀鮮奶油 500 毫升
香橙干邑香甜酒（liqueur Grand Marnier®）40 毫升
軟杏桃乾切 1 公分丁 50 克
糖漬橙皮切 1 公分丁 50 克
糖漬水果切 1 公分丁 50 克

糖漿
水 70 毫升
細砂糖 70 克
香橙干邑甜酒 70 毫升

指形蛋糕體 30 個
法式蛋白霜 200 克（見 295 頁）

綠荳蔻小泡芙佐巧克力醬
Profiteroles à la cardamome et sauce au chocolat

1 製作綠荳蔻冰淇淋。將綠荳蔻粒切成兩半，在不沾平底煎鍋中將綠荳蔻焙炒 2-3 分鐘。將牛奶和鮮奶油煮沸，加入焙炒過的綠荳蔻粒和以胡椒研磨器轉 2-3 圈的胡椒粉，離火加蓋浸泡 30 分鐘，過濾。將浸泡牛奶再加熱至煮沸。

2 在大碗中混合蛋黃和糖，倒入煮沸的牛奶，快速攪拌。將材料倒入平底深鍋中，以文火燉煮，用木杓以「8」字形攪拌，並請小心地攪拌至平底鍋的邊緣。用手指劃過木杓的平面，檢查奶油醬的濃稠度；當手指劃過的痕跡清晰地留在木杓上時，就表示奶油醬已經煮好了（85°C）。奶油醬不應煮沸。

3 準備一大碗的冰塊。在大碗中放入較小的碗，倒入奶油醬，持續攪拌 3-4 分鐘，攪拌至奶油醬變得滑順。將奶油醬隔著碗在冰塊盆中冷卻並不時攪拌。

10 人份
準備時間：25 分鐘
烹調時間：約 40 分鐘
浸泡時間：30 分鐘
冷凍時間：約 30 分鐘

綠荳蔻（cardamome verte）
8 粒
全脂牛奶 500 毫升
液狀鮮奶油 130 毫升
黑胡椒
蛋黃 6 個
細砂糖 100 克

50 顆小泡芙
泡芙麵糊 750 克（見 299 頁）
約略切碎的去皮杏仁 60 克
大顆結晶糖（sucre cristallisé）
100 克

佐料
熱巧克力醬 500 毫升
（見 290 頁）

4 將奶油醬倒入雪酪機中，依機器的使用說明讓奶油醬凝固成冰淇淋。當綠荳蔻冰淇淋凝固時，取出並加以冷凍。

5 製作泡芙麵糊。烤箱預熱 190℃（熱度 6-7）。

6 將還溫熱的麵糊倒入裝有 9 號圓口擠花嘴的擠花袋中，在鋪有烤盤紙的烤盤上，間隔 5 公分地擠出直徑約 4-4.5 公分的泡芙。

7 立即撒上切碎的杏仁碎片，放入烤箱烘烤 7 分鐘。用木杓卡住烤箱門，讓門保持微開，接著再烘烤約 13 分鐘。出爐後，讓泡芙在網架上放涼。

8 製作熱巧克力醬。

9 享用時，將每顆泡芙從 3/4 的高度橫切，爲所有的泡芙填入 1 小球的綠荳蔻冰淇淋。在每個盤子上擺上 5 顆小泡芙，淋上熱巧克力醬（約 45℃）並立即享用。

6-8 人份
準備時間：30 分鐘
烹調時間：約 2 小時
冷凍時間：約 30 分鐘

法式蛋白霜 300 克（見 295 頁）

1 公升的黑巧克力雪酪
可可脂含量 70% 的黑巧克力 200 克
礦泉水 500 毫升
細砂糖 200 克

黑巧克力鮮奶油香醍 200 毫升（見 286 頁）
黑巧克力刨花（見 280 頁）

巧克力冰淇淋維切林
Vacherin glacé au chocolat

1 製作法式蛋白霜。

2 烤箱預熱 120℃（熱度 4）。

3 將蛋白霜填入裝有 10 號圓口擠花嘴的擠花袋中。在烤盤上鋪上烤盤紙，從中央開始擠出螺旋形的麵糊，製作 2 個直徑 18 公分的圓餅（見 293 頁）。放入烤箱烘烤，用木杓卡住烤箱門，讓門保持微開。以 120℃烘烤 30 分鐘，接著再將溫度調低爲 100℃（熱度 3-4），烘烤 1 小時 30 分鐘。將烤箱關掉，將門保持微開，讓蛋白餅乾燥 2-3 小時。出爐後，讓蛋白餅置於 1-2 個網架上放涼。

4 製作巧克力雪酪。用鋸齒刀將巧克力切碎。將水和糖煮沸，混入巧克力，一邊快速攪拌，續滾 2-3 分鐘，不停攪拌。準備 1 大碗的冰塊。在大碗中擺入較小的碗，倒入巧克力等材料，置於放有冰塊的盆中冷卻，並不時攪拌。將完全冷卻的材料倒入雪酪機中，依使用說明讓材料凝固成冰淇淋。將冰淇淋冷凍保存。

5 在 1 張烤盤紙上擺 1 個高 6 公分、直徑 22 公分的環形蛋糕模。在環形蛋糕模中填入第一塊蛋白霜圓餅，蓋上一半的巧克力雪酪。再擺上第二塊蛋白霜圓餅，填入剩餘的巧克力雪酪至模型邊緣。冷凍保存 2 小時。

6 製作巧克力鮮奶油香醍，填入裝有星形擠花嘴的擠花袋中。將維切林從冷凍庫中取出，待 2-3 分鐘後將環形蛋糕模移除。以鮮奶油香醍擠出的薔薇花飾爲維切林的側邊和表面進行裝飾。撒上巧克力刨花，再將維切林冷凍 30 分鐘後享用。

糖果和小點 Les bonbons et friandises

" 極簡易糖果和小點
Les bonbons et friandises
tout simples "

約 **20** 串
準備時間：**15** 分鐘
冷藏時間：**2** 小時

覆蓋用黑巧克力甘那許 200 克
（見 289 頁）
檸檬 2 顆
香蕉 4 根

竹籤 20 根

巧克力香蕉串
Brochettes de banane au chocolat

1 製作甘那許。將 1 個無底的塔模擺在鋪有烤盤紙的盤子上，將甘那許倒入至 1.5 公分的厚度，冷藏凝固 2 小時。

2 將檸檬榨汁，倒入大碗中。將香蕉剝皮並切成厚 1.5 公分的圓形薄片，泡入檸檬汁中。

3 在另一張烤盤紙上爲甘那許脫模。將第一張烤盤紙抽離，將甘那許裁成邊長約 1.5 公分的小塊。

4 製作巧克力香蕉串。在每根竹籤上交錯串上 1 片香蕉片，接著是 1 塊甘那許。冷藏保存至享用的時刻。

---

375 克的罐子 3 罐
前一天晚上開始準備
準備時間：**20 + 20** 分鐘
冷藏時間：約 **10 + 10** 分鐘

成熟的洋梨（威廉 williams 品種）1.2 公斤
結晶糖（sucre cristallisé）750 克
未經加工處理的柳橙 1 顆
檸檬汁 50 毫升
可可脂含量 60% 的黑巧克力 250 克

密封罐（pot à vis）3 個

Ch. Ferber
Maison Ferber（Niedermorschwihr）
費貝之家（莫施威爾）

糖漬蜜梨醬
Confiture Belle-Hélène

1 前一天晚上，將洋梨削皮，切成兩半，去核切成薄片。和糖一起放入深盆中。將柳橙皮切成細碎，將柳橙榨汁。在盆中加入檸檬汁和柳橙汁，以及柳橙皮。煮沸，接著輕輕倒入大碗中。

2 用鋸齒刀將巧克力切碎。加入 1 的大碗中，攪拌至巧克力融化，在表面蓋上 1 張烤盤紙，保存於陰涼處至隔天。

3 當天，將 2 的果醬倒入深鍋中，再次煮沸，以旺火續煮 5 分鐘，輕輕地但不停地攪拌，撈去浮沫。以煮糖溫度計控制濃度（當溫度到達 105°C時，停止烹煮），用湯杓和漏斗將煮沸的果醬倒入殺菌罐中；填至與邊緣齊平，因爲果醬的體積總是會隨著冷卻而減少。仔細地擦拭每個罐子的邊緣和側邊。立刻將蓋子旋緊，接著將罐子倒扣至完全冷卻，以創造出眞空。

→ 在果醬還溫熱時以螺旋蓋緊閉提供了絕佳的保存條件，尤其是在果醬並不是很甜的時候。

→ 爲了將罐子和蓋子殺菌，浸入沸水中幾分鐘，或是放入預熱110°C的烤箱裡 5 分鐘。

肉桂巧克力香蕉醬
Confiture de banane au chocolat et à la cannelle

1 將柳橙切成兩半並榨汁。檢查獲得的量，您應收集到 200 毫升的果汁。將香蕉剝皮，接著秤重。您應使用 800 克的香蕉肉。將香蕉切成圓形薄片。

2 將香蕉片、柳橙汁、糖和肉桂粉一起放入果醬盆中。以旺火煮沸，接著續滾約 5 分鐘。在烹煮途中經常撈去浮沫。

3 用鋸齒刀將巧克力切碎，大量投入盆中。立即用電動攪拌棒打成泥。不停攪拌，讓果醬再煮沸 5 分鐘。以煮糖溫度計來控制溫度（當溫度到達 105℃時，停止烹煮）。

4 用湯杓和漏斗將煮沸的果醬倒入殺菌罐中；填滿至與邊緣齊平，因為果醬的量總是隨著冷卻而減少。仔細擦拭每個罐子的邊緣和側邊。立刻將蓋子旋緊，接著將罐子倒扣至完全冷卻，以形成真空。

→ 含有巧克力的果醬就如同其他各種果醬，可搭配皮力歐許片，在早餐、下午茶時刻，或甚至是作為甜點享用。

375 克的罐子 4-5 罐
準備時間：15 分鐘
烹調時間：約 20 分鐘

柳橙 400 克
香蕉 1.3 公斤
結晶糖（sucre cristallisé）
700 克
錫蘭肉桂粉平平的 1/2 小匙
可可脂含量 70% 的黑巧克力
100 克

密封罐（pot à vis）4-5 個

Ch. Ferber
Maison Ferber（Niedermorschwihr）
費貝之家（莫施威爾）

巧克力覆盆子醬
Confiture de framboise au chocolat

1 前一天晚上，用附有精細濾網的蔬果榨汁機將覆盆子打成果泥。

2 用鋸齒刀將巧克力切碎。將覆盆子泥和糖、檸檬汁一起倒入果醬盆中。煮沸並滾 5 分鐘，輕輕但不停地攪拌。用漏杓仔細地撈去浮沫。

3 離火後混入切碎的巧克力並加以混合。將果醬倒入大碗中，在果醬表面蓋上 1 張烤盤紙。於陰涼處保存至隔天。

4 當天，將果醬倒回盆中，再度煮沸，以旺火煮 5 分鐘並不停攪拌。有需要的話就撈去浮沫，再煮沸最後一次。以煮糖溫度計來控制溫度（當溫度達 105℃時便停止烹煮）。用湯杓和漏斗將煮沸的果醬倒入殺菌罐中；填滿至與邊緣齊平，因為果醬的量總是隨著冷卻而減少。仔細擦拭每個罐子的邊緣和側邊。立刻將蓋子旋緊，接著將罐子倒扣至完全冷卻，以形成真空。

→ 果醬始終在製成數日後風味最佳。

375 克的罐子 5 罐
前一天晚上開始準備
準備時間：15 + 20 分鐘
冷藏時間：約 10 + 10 分鐘

覆盆子 1.2 公斤
可可脂含量 68% 的黑巧克力
250 克
結晶糖 750 克
檸檬汁 50 毫升

密封罐（pot à vis）5 個

Ch. Ferber
Maison Ferber（Niedermorschwihr）
費貝之家（莫施威爾）

6 人份
準備時間：25 分鐘
烹調時間：3-4 分鐘

草莓 500 克
白巧克力 200 克
牛奶巧克力 200 克
新鮮薄荷葉 1 束
胡椒粉

牛奶巧克力與白巧克力草莓
Fraises au chocolat blanc et au chocolat au lait

1 拿著草莓的綠柄，用乾毛刷將草莓一一刷淨，然後將綠柄移除。

2 用鋸齒刀將兩種巧克力分別切碎。各別以平底深鍋隔水加熱至融化，將大碗從隔水加熱鍋中取出。

3 小心沖洗薄荷葉並晾乾。選擇較小片的葉子，保留較大的作為他用。

4 將每顆草莓的底部插在竹籤上，一半浸入白巧克力，一半浸入牛奶巧克力。立刻在仍溫熱的巧克力上放 2 小片的薄荷葉，將竹籤移除。將草莓陸續擺在防油紙上。冷藏保存 1 小時後享用。在最後一刻，用胡椒研磨器轉 1 圈，為每顆草莓撒上胡椒粉。

約 40 個香橙條
前一天晚上開始準備
準備時間：45 分鐘
烹調時間：3-4 分鐘

糖漬柳橙條 40 條
可可脂含量 60% 的黑巧克力
500 克
搗碎的玫瑰帕林內
(pralines roses) 100 克

H. Pouget
Restaurant Guy Savoy (Paris)
吉薩瓦餐廳(巴黎)

玫瑰帕林內香橙條
Orangette à la praline rose

1 前一天晚上，若有必要的話，將柳橙條置於大碗上的網架瀝乾，以去除多餘的糖漿。

2 當天，用鋸齒刀將巧克力切碎，在平底深鍋中隔水加熱至融化。

3 將搗碎的玫瑰帕林內擺入湯盤中。

4 用叉子將柳橙條浸入融化的巧克力中，並將叉子刮過平底深鍋邊緣，去除流下的巧克力，接著將柳橙條放入玫瑰帕林內的盤中沾裹。以同樣方式處理所有的柳橙條。陸續擺在鋪有烤盤紙的盤子上。

5 在巧克力凝固時品嚐柳橙條。

約 30 顆
準備時間：40 分鐘
烹調時間：2-3 分鐘
冷藏時間：1 小時

去皮杏仁 150 克
去殼榛果 100 克
金黃葡萄乾 70 克
可可脂含量 60% 的黑巧克力
150 克 (或牛奶巧克力)

美味球
Rochers gourmands

1 烤箱預熱 150℃ (熱度 5)。

2 在鋪有烤盤紙的烤盤，撒上杏仁和榛果，放入烤箱烘烤 15 分鐘並不時翻動。取出擺在布巾上，摩擦布巾以去除榛果皮，接著約略搗碎。

3 將葡萄乾、烤過的杏仁和榛果碎放入大碗中。

4 用鋸齒刀將巧克力切碎，在平底深鍋中隔水加熱至融化。將融化的巧克力倒入大碗中並加以混合。

5 用冰淇淋匙在烤盤紙上舀成「球」。冷藏 1 小時，讓巧克力凝固。

椰香白松露巧克力
Truffes au chocolat blanc et à la noix de coco

1 用鋸齒刀將巧克力切碎，在平底深鍋中隔水加熱至融化。

2 取下 1/4 顆的綠檸檬皮並切成細碎。將鮮奶油和檸檬皮放入小型平底深鍋中，煮沸。將平底鍋離火，加入蘭姆酒並加以攪拌。

3 將融化的巧克力放入大碗中，淋上蘭姆鮮奶油，接著攪拌至形成均勻的混合物。在室溫下放涼，接著將大碗冷藏 1 小時。

4 將椰子粉倒入湯盆中。用湯匙取適量冷藏後 3 的巧克力糊，揉成球狀，並裹上椰子粉。就這樣製作所有的松露巧克力，並以密封罐冷藏保存。

約 **40** 顆松露巧克力
準備時間：**45** 分鐘
烹調時間：**2-3** 分鐘
冷藏時間：**1** 小時

白巧克力 300 克
未經加工處理的綠檸檬 1/4 顆
液狀鮮奶油 100 毫升
棕色蘭姆酒 40 毫升
椰子粉 50 克

軟杏桃乾黑松露巧克力
Truffes au chocolat noir et aux abricots moelleux

1 將軟杏桃乾切成約 3 公釐的小丁，放入杏桃蒸餾酒中。

2 用鋸齒刀將巧克力切碎。

3 沖洗新鮮杏桃並晾乾，切開成兩半，去核接著切成小塊。以文火煮 5 分鐘，離火打成果泥，接著再放回平底深鍋中，以中火燉煮。在杏桃泥中加入鮮奶油，煮沸接著離火。

4 立刻分 3 次混入切碎的巧克力，不停攪拌，再加入奶油和瀝乾的杏桃丁，攪拌均勻成爲甘那許。

5 在 28×30 公分的盤上鋪上 1 張烤盤紙，倒入甘那許冷藏 2 小時至凝固。

6 取出將甘那許倒扣脫模，去除烤盤紙，切成約 1.5×3 公分的矩形。

7 在凸邊盤上鋪上過篩的可可粉。用叉子爲松露巧克力一一沾裹上可可粉。在網篩或濾器中輕輕搖動，以去除多餘的可可粉。以密封罐冷藏保存。

約 **50** 顆松露巧克力
準備時間：**35** 分鐘
烹調時間：約 **12** 分鐘
冷藏時間：**2** 小時

柔軟的杏桃乾 50 克
杏桃蒸餾酒（eau-de-vie d'abricot）20 毫升
可可脂含量 55% 的黑巧克力 240 克
新鮮杏桃 150 克
液狀鮮奶油 80 毫升
室溫回軟的奶油 30 克
可可粉

軟杏桃乾黑松露巧克力
**Truffes au chocolat noir
et aux abricots moelleux**

開心果白松露巧克力
Truffes au chocolat blanc et à la pistache

1 烤箱預熱 150℃。

2 在鋪有烤盤紙的烤盤上撒上開心果，放入烤箱烘烤 15 分鐘。出爐時，留在網架上放涼。

3 用鋸齒刀將巧克力切碎。用食物理機將 50 克的烘烤開心果打成粉末。將鮮奶油和開心果粉煮沸，離火，立刻分 3 次混入切碎的巧克力，不停攪拌。再加入奶油、苦杏仁精，均勻混合。將形成的甘那許倒入大碗中，冷藏 30 分鐘，讓甘那許稍微凝固。

4 將甘那許填裝入有 8 號圓口擠花嘴的擠花袋。在 1 個盤子上鋪烤盤紙，擠出並排的甘那許球，冷藏凝固 2 小時。

5 將剩餘 150 克的烘烤開心果切得非常細碎，放入凸邊盤中。將甘那許球從烤盤紙上剝離，用叉子一一以滾動的方式裹上開心果碎屑。將松露巧克力以密封盒冷藏保存。

約 **40** 顆松露巧克力
準備時間：**40** 分鐘
烹調時間：約 **17** 分鐘
冷藏時間：**2** 小時 **30** 分鐘

去皮開心果 200 克
白巧克力 340 克
液狀鮮奶油 160 毫升
室溫回軟的奶油 75 克
苦杏仁精 2-3 滴

焦糖黑松露巧克力
Truffes au chocolat noir et au caramel

1 將 2 種巧克力一起用鋸齒刀切碎，放入大碗中。將鮮奶油煮沸，離火。

2 在平底鍋中以中火加熱 50 克的糖。當糖融化時，加入 50 克的糖，以同樣的方式進行至用了 190 克的糖。當糖形成漂亮的琥珀色焦糖時，加入奶油，並請當心濺出的滾燙液體。混合均勻，接著倒入煮沸的鮮奶油，再攪拌 1-2 分鐘。

3 將焦糖鮮奶油淋在切碎的巧克力上，不停攪拌至甘那許變得平滑。將 1 個無底方形模擺在鋪有烤盤紙的盤子上，然後將甘那許鋪在模型中，冷藏凝固 2 小時。

4 在另一張烤盤紙上將甘那許脫模，將第一張烤盤紙抽離。將甘那許裁成邊長約 3 公分的方塊。在您的手上撒上糖粉，用您的掌心將甘那許塊滾成球狀，擺在鋪有烤盤紙的盤子上，再冷藏凝固 1 小時。

5 在凸邊盤上鋪上過篩的可可粉，用叉子以滾動的方式為松露巧克力一一裹上可可粉。將松露巧克力放入網篩或濾器中，輕輕搖動，以去除多餘的可可粉。以密封罐冷藏保存。

約 **80** 顆松露巧克力
準備時間：**45** 分鐘
烹調時間：約 **10** 分鐘
冷藏時間：**3** 小時

可可脂含量 55% 的黑巧克力 300 克
牛奶巧克力 180 克
液狀鮮奶油 260 毫升
細砂糖 190 克
半鹽奶油 40 克
糖粉
可可粉

約 50 顆松露巧克力
準備時間：45 分鐘
烹調時間：約 3-4 分鐘
冷藏時間：2 小時

可可脂含量 70% 的黑巧克力
330 克
液狀鮮奶油 250 毫升
室溫回軟的奶油 50 克

包覆糖衣
可可粉

黑松露巧克力
Truffes au chocolat noir

1 用鋸齒刀將巧克力切碎。

2 將鮮奶油煮沸。離火。

3 立即分 3 次混入切碎的巧克力並不停攪拌。當巧克力在鮮奶油中融化時，加入奶油。攪拌均勻。

4 在 1 個 28×30 公分的盤子上鋪上 1 張烤盤紙。倒入甘那許。冷藏凝固 2 小時。

5 在另 1 張烤盤紙上為甘那許脫模。將第一張烤盤紙抽離。將甘那許裁成約 1.5×3 公分的矩形。

6 在凸邊盤上鋪上過篩的可可粉。用叉子為 1 顆顆的松露巧克力滾上可可粉。在漏斗型網篩或濾器中輕輕搖動，以去除多餘的可可粉。以密封罐冷藏保存。

約 60 顆松露巧克力
準備時間：1 小時
烹調時間：4-5 分鐘
靜置時間：1 小時 30 分鐘
冷藏時間：2 小時

陳年香檳白蘭地（vieux marc
de Champagne）40 毫升
金黃葡萄乾 30 克
可可脂含量 70% 的黑巧克力
235 克
牛奶巧克力 120 克
液狀鮮奶油 120 毫升
細砂糖 25 克
奶油 35 克

修飾用
可可脂含量 70% 的黑巧克力
400 克
可可粉

V. Dallet
Pâtisserie-chocolaterie
Florence et Vincent Dallet
(Épernay)
巧克力糕點店（埃佩爾奈）

陳年香檳白蘭地黑松露巧克力
Truffes au chocolat noir et au vieux marc de Champagne

1 在平底深鍋中，以中火加熱 10 毫升的陳年香檳白蘭地和葡萄乾 2 分鐘。燄燒，再放至冷卻。

2 用鋸齒刀將 2 種巧克力一起切碎。

3 在另一個平底深鍋中，將鮮奶油和糖煮沸，淋在切碎的巧克力上，用攪拌器攪拌至形成滑順的混合物。再加入小塊的奶油，接著加入剩餘的白蘭地。

4 將葡萄乾切碎，混入上述混合物中。置於室溫下 1 小時 30 分鐘，讓混合物稍微凝固。

5 將材料填入裝有 8 號圓口擠花嘴的擠花袋中，在烤盤上鋪上 1 張烤盤紙，並排地擠出松露巧克力。冷藏凝固 2 小時。

6 製作修飾用配料。用鋸齒刀將巧克力切碎，在平底深鍋中隔水加熱至融化，不要超過 32℃（以烹飪溫度計控制）。

7 在湯盆中放入過篩的可可粉，用叉子將松露巧克力一一浸入融化的巧克力中，接著輕輕地滾上可可粉。讓巧克力硬化 15 分鐘，接著在網篩或濾器中輕輕搖動，以去除多餘的可可粉。以密封罐冷藏保存。

威士忌黑松露巧克力
Truffes au chocolat noir et au whisky

1 將鮮奶油煮沸，離火。倒入威士忌，再以文火加熱鮮奶油，但請務必不要到達煮沸的階段。

2 用鋸齒刀將黑巧克力和牛奶巧克力一起切碎，分 3 次混入威士忌鮮奶油中。用木杓輕輕攪拌，從中央開始繞出越來越大的同心圓。

3 將所形成的甘那許倒入大碗中，冷藏 30 分鐘，讓甘那許稍微凝固。

4 當甘那許開始凝固時，將甘那許填入裝有 8 或 9 號圓口擠花嘴的擠花袋中。在盤子上鋪上 1 張烤盤紙，並排地擠出甘那許球。冷藏凝固 2 小時。

5 在凸邊盤上篩上糖粉。用叉子爲松露巧克力一一滾上糖粉，在網篩或濾器中輕輕搖動，以去除多餘的糖粉。將松露巧克力以密封罐冷藏保存。

約 **40** 顆松露巧克力
準備時間：**40** 分鐘
烹調時間：**3-4** 分鐘
冷藏時間：約 **3** 小時

液狀鮮奶油 70 毫升
純麥威士忌 20 毫升
可可脂含量 55% 的黑巧克力 250 克
牛奶巧克力 60 克
糖粉

巧克力糖漬葡萄柚皮
Zestes de pamplemousse confits au chocolat

1 製作糖漬葡萄柚皮並以冷藏加以冷卻。

2 用鋸齒刀將巧克力切碎，在平底深鍋中隔水加熱至融化。當巧克力在 35℃ 融化時（以烹飪溫度計控制），用叉子將每條葡萄柚皮幾乎完全浸入巧克力中（留下一小段），接著用叉子刮過碗邊，以去除多餘的巧克力。將裹上巧克力的葡萄柚皮陸續擺在鋪有烤盤紙的烤盤上。冷藏凝固 1 小時。

3 在凸邊烤盤上將可可粉過篩。用叉子爲葡萄柚皮滾上可可粉。在篩子或濾器中輕輕搖動，以去除多餘的可可粉。當天品嚐。（右圖爲未沾裹上可可粉的巧克力糖漬葡萄柚皮）

4 顆葡萄柚
準備時間：**25** 分鐘
烹調時間：約 **3** 至 **4** 分鐘
冷藏時間：**1** 小時

糖漬葡萄柚皮 4 顆（見 307 頁）
可可脂含量 55% 的黑巧克力 300 克
可可粉 100 克

> " « Ferme les yeux et ouvre la bouche», lui
> dit-il.Elle obéit, et il posa sur sa langue
> une tablette de chocolat magique
> d'Oaxaca. [...] Elle apprécia ses vertus et,
> revenue de tout, le préféra à tout.
>
> 《閉上眼睛，然後把嘴張開》他說。她照做了，
> 而他用舌頭遞上一片瓦哈卡（**Oaxaca**）的神奇巧克力。
> ... 她領略著它的功效，然後想起了一切，喜愛它更勝於一切。
>
> 〔蓋布列 • 賈西亞 • 馬奎斯 Gabriel García Márquez，
> 關於愛與其他惡魔 De l'amour et autres démons，1994 年〕 "

巧克力糖漬葡萄柚皮
**Zestes de pamplemousse
confits au chocolat**

" 令人驚豔的糖果和小點
Les bonbons et friandises
pour impressionner "

香辣巧克力焦糖杏仁
Amandes caramélisées au chocolat
et au piment d'Espelette

1 烤箱預熱 150℃（熱度 5）。

2 在鋪有烤盤紙的烤盤上撒上杏仁，放入烤箱烘烤 12-15 分鐘。

3 將 1/4 根香草莢剖開成兩半並刮出籽。將水、糖、香草莢和香草籽煮沸，煮至 118-120℃（以烹飪溫度計控制），將仍溫熱的烘烤杏仁浸入。將平底鍋離火，攪拌至杏仁外層形成「結晶沙」。

4 再將平底鍋加熱，不停攪拌，直到杏仁變成深琥珀色，立刻倒入鋪有烤盤紙的烤盤中。將每粒杏仁分開。放涼。

5 將可可粉與所有其他的香料混合。用鋸齒刀將巧克力切碎，然後以平底深鍋隔水加熱至融化。用叉子將杏仁浸入融化的巧克力中，接著將叉子刮過平底鍋邊，去除流下的巧克力。就這樣處理所有的杏仁。

6 將裹有巧克力的杏仁晾乾。用叉子以滾動的方式為杏仁一一裹上香料粉，在網篩或濾器中輕輕搖動以去除多餘的香料粉。以密封盒保存。

6-8 人份
準備時間：**30 分鐘**
烹調時間：約 **30 分鐘**

去皮的整顆杏仁 200 克
香草莢 1/4 根
水 30 毫升
細砂糖 100 克
可可粉 100 克
艾斯伯雷紅椒（piment d'Espelette）粉 1 小匙
錫蘭肉桂粉 1 小匙
新鮮黑胡椒粉 1/2 小匙
可可脂含量 66% 的黑巧克力 150 克

檸檬白巧克力糖
Bonbons au chocolat blanc et au citron

1 沖洗檸檬並晾乾，取下檸檬皮並切成細碎，和糖混合，在 1 張大的烤盤紙上用您的掌心摩擦。

2 將 3 顆檸檬榨汁。和糖、果皮、半鹽奶油和無鹽奶油一起倒入平底深鍋中，煮沸並煮至 118℃（以烹飪溫度計控制）。

3 用鋸齒刀將 2 種巧克力切碎，放入大碗中，將糖漿與奶油緩緩倒入大碗中，一邊攪拌。將 1 個無底塔模擺在 1 張烤盤紙上，將上述材料倒入模型至 2 公分的厚度。

65 顆巧克力糖
準備時間：**35 分鐘**
烹調時間：約 **8-10 分鐘**
靜置時間：**6 小時**

未經加工處理的檸檬 3 顆
細砂糖 500 克
半鹽奶油 65 克
無鹽奶油 60 克
白巧克力 250 克
牛奶巧克力 100 克

4 將糖果放涼並放至硬化約 5-6 小時。在砧板上爲糖脫模。將烤盤紙移除，裁成 2 公分的方塊，爲糖果包上玻璃紙。

約 **60** 顆巧克力糖
提前 **3** 天開始準備
準備時間：**15 + 45** 分鐘
烹調時間：約 **35** 分鐘

蕎麥（sarrasin）粒 130 克
液狀鮮奶油 350 毫升
可可脂含量 64-66% 的黑巧克力 400 克
室溫回軟的半鹽奶油 20 克
葡萄籽油
可可脂含量 60% 的黑巧克力 600 克

H. Le Roux
Chocolaterie Le Roux（Quiberon）
勒洪巧克力專賣店（基伯龍）

蕎麥巧克力糖
Bonbons en chocolat au sarrasin

1 提前 72 小時製作糖果。烤箱預熱 180℃。

2 將 100 克的蕎麥粒鋪仕烤盤上，放入烤箱烘烤 30 分鐘，中途翻動 2-3 次。

3 在平底深鍋中將鮮奶油煮沸，加入烘烤過的蕎麥，加蓋浸泡 3 分鐘。將鮮奶油過濾；應盛接 270 毫升的鮮奶油，不足請加入鮮奶油補充。

4 用鋸齒刀將 400 克可可脂含量 64-66% 的巧克力切碎，預留在大碗中。將熱鮮奶油淋在巧克力上，輕輕攪拌。加入室溫回軟的奶油，攪拌至形成相當平滑的甘那許。

5 在 30×15 公分的焗烤盤底部擦上一點油，鋪上 1 張烤盤紙。將甘那許倒入盤中至 1.5 公分的厚度，在室溫下保存 1 個晚上。

6 隔天，在砧板上脫模，將烤盤紙抽離。裁成邊長 2 公分的方塊。保存在室溫下。

7 第 3 天，爲 600 克可可脂含量 60% 的巧克力調溫（見 323 頁）。用叉子將巧克力糖一一浸入調溫巧克力中，接著將叉子刮過平底鍋邊，去除流下的巧克力。將巧克力糖擺在烤盤紙上，在每塊糖果上放上 1 粒蕎麥（份量外）。待凝固後品嚐。

約 **40** 塊酥片
準備時間：**30** 分鐘
烹調時間：**15** 分鐘
靜置時間：**30** 分鐘

水 40 毫升
細砂糖 40 克
杏仁片 250 克
橙花水幾滴
糖漬橙皮 50 克
可可脂含量 60% 的黑巧克力 100 克

S. Glacier
Meilleur ouvrier de France
en pâtisserie
法國最佳糕點職人

糖橙黑巧克力酥片
Croustilles au chocolat noir et aux oranges confites

1 烤箱預熱 180℃（熱度 6）。

2 在平底深鍋中，將水和糖煮沸，混入杏仁片，接著是橙花水。將杏仁片鋪在覆有烤盤紙的烤盤上，放入烤箱烘烤 15 分鐘後放涼。

3 將糖漬橙皮切成細碎，和冷卻的杏仁片混合。

4 爲巧克力調溫（見 323 頁）。混入杏仁片和糖漬橙皮的混合物中。

5 用小湯匙在烤盤紙上堆成一份份的薄片狀，在室溫下放涼並硬化，接著冷藏 30 分鐘。將酥片從烤盤紙上剝離，品嚐。

黑巧克力軟焦糖
Caramels mous au chocolat noir

1 用鋸齒刀將巧克力切碎。

2 以極小的火加熱葡萄糖，當葡萄糖開始融化時，加入細砂糖，煮至形成深琥珀色的焦糖。

3 將鮮奶油煮沸，淋在琥珀色的焦糖上，並請當心濺出的滾燙液體。

4 加入奶油並加以混合，將焦糖煮至 113℃（以烹飪溫度計控制），離火，混入切碎的巧克力混合。

5 將 22 公分的無底塔模擺在鋪有烤盤紙的烤盤上，倒入巧克力焦糖。放至完全冷卻。

6 將烤盤紙抽離。將焦糖塊擺在砧板上，切成方塊。用玻璃紙（Cellophane）將每塊焦糖包起來，以密封盒保存。

約 **70** 顆軟焦糖
準備時間：**45** 分鐘
烹調時間：約 **15** 分鐘

可可脂含量 60% 的黑巧克力
120 克
葡萄糖（glucose 又稱水飴）
280 克（可至材料行購買）
細砂糖 280 克
液狀鮮奶油 450 毫升
半鹽奶油 40 克

含鹽奶油黑巧克力軟焦糖
Caramels mous au chocolat noir et au beurre salé

1 前一天晚上，在大碗中混合半鹽奶油和精鹽。分成 2 份，一份 15 克，另一份 85 克。

2 用鋸齒刀將巧克力切碎，然後以平底深鍋隔水加熱至融化。

3 在平底深鍋中，以極小的火加熱葡萄糖和水。加入糖並加以混合，煮至形成金黃色的焦糖。離火後加入 15 克的含鹽奶油，以「中止」糖的烹煮。將鮮奶油加熱至微溫，然後緩緩倒入焦糖中，一邊攪拌。

4 持續烹煮並加入 85 克的半鹽奶油。當溫度達 118℃（以烹飪溫度計控制）時，離火加入融化的巧克力，輕輕攪拌至混合物變得平滑。在冷藏過的餐盤底部擺上幾滴焦糖，以檢查焦糖的濃稠度；焦糖應是柔軟的。

5 在 32×15 公分的焗烤盤底部鋪上烤盤紙，倒入巧克力軟焦糖。應達 1.5 公分的厚度。在室溫下保存至隔天。

6 當天，將裝在焗烤盤中的巧克力軟焦糖取出，將烤盤紙抽離，然後將軟焦糖擺在砧板上。爲刀子上油，然後將軟焦糖裁成邊長 2 公分的方塊，每塊軟焦糖包上玻璃紙。

約 **35** 顆軟焦糖
前一天晚上開始準備
準備時間：**10** 分鐘 + **1** 小時
烹調時間：約 **22** 分鐘

半鹽奶油 100 克
精鹽 3 克
可可脂含量 99% 的黑巧克力
50 克
水 20 毫升
葡萄糖（glucose 又稱水飴）
100 克（可至材料行購買）
細砂糖 250 克
液狀鮮奶油 200 毫升
葡萄籽油

H. Le Roux
Chocolaterie Le Roux (Quiberon)
勒洪巧克力專賣店（基伯龍）

含鹽奶油黑巧克力軟焦糖
Caramels mous au chocolat
noir et au beurre salé

黑巧克力奴軋汀塊
Carré de nougatine au chocolat noir

1 烤箱預熱 150℃。將杏仁切成小塊，撒在鋪有烤盤紙的烤盤上，放入烤箱烘烤 15 分鐘。

2 以極小的火加熱葡萄糖，但不要煮沸。當葡萄糖開始融化時，加入細砂糖，煮至 165℃（以烹飪溫度計控制）。加入仍溫熱的杏仁，用木杓攪拌，讓杏仁被焦糖所包覆，加入奶油並攪拌。

3 立刻將熱杏仁焦糖倒在抹上了一點點油的不沾烤盤上，放至微溫，接著用擀麵棍均勻擀開。一邊擀一邊對折重疊，將奴軋汀片對折幾次。奴軋汀對折數次後，擀成非常薄的薄片。

4 用大刀裁成 3×3 公分的方塊。將方塊並排地擺在烤盤紙上。

5 用鋸齒刀將巧克力切碎，在平底深鍋中隔水加熱至融化。用叉子將奴軋汀塊浸入融化的巧克力中，接著將叉子刮過平底鍋邊，去除流下的巧克力。就這樣處理所有的奴軋汀。

6 將覆有巧克力的奴軋汀塊陸續擺在烤盤紙上。冷藏凝固 1 小時。以密封盒冷藏保存。

約 30 塊
準備時間：**45 分鐘**
烹調時間：約 **30 分鐘**

去皮的整顆杏仁 100 克
葡萄糖（glucose 又稱水飴）
100 克（於材料行購買）
細砂糖 120 克
室溫回軟的半鹽奶油 5 克
玉米油
可可脂含量 70% 的黑巧克力
200 克

黑巧克力櫻桃
Cerises au chocolat noir

1 提前 2 小時在大碗上將櫻桃瀝乾，並盛接蒸餾酒。鋪在布巾上 2 小時，細心地晾乾。

2 在翻糖中混入 1 匙的櫻桃蒸餾酒，使翻糖軟化。在隔水加熱的平底深鍋中，加熱至 60℃（以烹飪溫度計控制），不停攪拌。應柔軟至可浸入櫻桃。

3 拿著梗，將 1 顆櫻桃浸入翻糖中，務必要讓梗的周圍留下一小圈不碰到翻糖。就這樣陸續將所有櫻桃浸入翻糖，不時將翻糖隔水加熱，讓翻糖保持柔軟；若有需要的話就加入一些櫻桃蒸餾酒。將覆有糖衣的水果陸續擺在烤盤紙上；乾燥並硬化幾分鐘。

4 用鋸齒刀將巧克力切碎，然後以平底深鍋隔水加熱至融化。將裹上翻糖的櫻桃一一輕輕地浸入融化的巧克力至梗，小心不應形成氣泡產生糖衣破洞。不要擦拭底部巧克力，可作為保護層擺在防油紙上。

40-50 顆櫻桃
提前 **4 小時準備**
準備時間：**1 小時**
烹調時間：約 **20 分鐘**

帶梗的蒸餾酒漬櫻桃（cerises à l'eau-de-vie）40-50 顆
原味翻糖（fondant nature 又稱風凍）250 克（於優質食品雜貨店中購買）
可可脂含量 60% 的黑巧克力
250 克

5 隔天，檢查巧克力糖衣，上面不能有任何的洞，否則就該立即食用這些櫻桃。

→ 將這些櫻桃以密封盒冷藏保存。在保存 8 日後風味最佳。

45 顆糖
準備時間：**45 分鐘**
烹調時間：**約 15 分鐘**
冷藏時間：**2 小時 15 分鐘**

蒸餾酒漬覆盆子（framboises à l'eau-de-vie）45-50 顆
可可脂含量 60% 的黑巧克力 400 克
原味翻糖（fondant nature 又稱風凍）125 克（於優質食品雜貨店中購買）

黑巧克力酒漬覆盆子
Framboises à l'eau-de-vie et au chocolat noir

1 在大碗上將覆盆子瀝乾，並以大碗盛接蒸餾酒。小心地鋪在布巾上晾乾。

2 用鋸齒刀將 300 克的巧克力切碎，在平底深鍋中隔水加熱至融化。將融化的巧克力從隔水加熱的鍋中取出，放涼。

3 再度隔水加熱，直到溫度達 31℃（以烹飪溫度計控制）。

4 用毛刷在 1-2 個聚碳酸脂材質的小模型板（蜂窩狀的糖果專用板）上刷上 1 層融化的巧克力，以冷藏冷卻 30 分鐘。請確認巧克力層上沒有任何的洞，否則就要再刷上第 2 層。

5 在每個蜂窩狀的格子中擺上 1 顆覆盆子，若覆盆子太大顆，就切成兩半，並將切面朝下。

6 為翻糖淋上 1-2 匙的覆盆子蒸餾酒，讓翻糖軟化。在平底深鍋中，將翻糖隔水加熱至融化，不停地攪拌。檢查溫度：應達 28℃（以烹飪溫度計控制）。

7 用小湯匙取些許的翻糖，淋在覆盆子上，但不要到達格子的高度，以便再接著蓋上巧克力，冷藏凝固 15 分鐘。

8 用鋸齒刀將剩餘 100 克的巧克力切碎，在平底深鍋中隔水加熱至融化。用小湯匙在每個格子中加入 1 層的融化巧克力，冷藏凝固 2 小時。

9 輕巧地為糖果脫模，以密封盒冷藏保存。

→ 如同黑巧克力櫻桃，這些黑巧克力酒漬覆盆子，在保存 8 日後食用風味最佳，因為翻糖將在酒精的作用下融化。

黑巧克力水晶薄荷葉
Feuilles de menthe cristallisées au chocolat noir

1 前一天晚上，將大片薄荷葉從莖上取下，並保留一小段莖。將較小的葉片留作其他用途。沖洗所挑選的葉片並瀝乾。以數張吸水紙巾，將水份吸乾。

2 在大碗中極輕地攪打蛋白至起泡。將一些糖鋪在餐盤上，厚度最多 5 公釐。拿著薄荷葉的莖，將薄荷葉浸入蛋白中，在另一個餐盤上瀝乾。用糖將薄荷葉完全包覆，擺在鋪有烤盤紙的盤子上。就這樣一一為薄荷葉在餐盤中裹上糖，讓葉子在室溫下乾燥直到隔天。

3 當天，用鋸齒刀將巧克力切碎，在平底深鍋中隔水加熱至融化，接著調溫（見 323 頁）。。

4 將每片結晶葉片一半浸入融化巧克力中。陸續擺在 1 張新的烤盤紙上。冷藏凝固 15 分鐘。

5 將葉片置於密封盒中，冷藏可保存 24 小時。

2 束新鮮薄荷葉
前一天晚上開始準備
準備時間：45 分鐘
烹調時間：2 至 3 分鐘

新鮮薄荷葉 2 束
蛋白 2 個
細砂糖 150 克
可可脂含量 70% 的黑巧克力 150 克

巧克力杏仁球
Rochers au chocolat et aux amandes

1 烤箱預熱 150℃（熱度 5）。

2 將杏仁片撒在鋪有烤盤紙的烤盤上，放入烤箱烘烤 5 分鐘，不時翻動。

3 混合杏仁粉、糖粉和冷卻的杏仁片。將蛋白和 30 克的糖攪打成泡沫狀，在凝固時加入剩餘的糖，持續攪打成尖端直立的硬性發泡蛋白霜。用軟抹刀輕輕混入杏仁的混合物中。

4 將形成的麵糊倒入裝有 8 號圓口擠花嘴的擠花袋中，在鋪有烤盤紙的烤盤上，擠出直徑 3-4 公分的麵糊球。放入烤箱烘烤 25 分鐘，用木杓卡住烤箱門，讓門保持微開。檢查烘烤狀態：杏仁球的中心應為淺褐色，尤其不應為白色。在網架上放涼。

5 用鋸齒刀將巧克力切碎，以平底深鍋隔水加熱至融化，接著調溫（見 323 頁）。

6 將每顆杏仁球以叉子尖端浸入融化的巧克力，接著將叉子刮過平底鍋邊，去除流下的巧克力。將球擺在鋪有烤盤紙的烤盤上。冷藏凝固 1 小時。以密封罐冷藏保存。

約 40 顆的巧克力球
準備時間：45 分鐘
烹調時間：約 32 分鐘
冷藏時間：1 小時

杏仁片 70 克
杏仁粉 65 克
糖粉 65 克
蛋白 4 個
細砂糖 125 克
可可脂含量 70% 的黑巧克力 400 克

黑巧克力水晶薄荷葉
**Feuilles de menthe
cristallisées au chocolat noir**

黑巧克力糖薑
Gingembre confit au chocolat noir

1 前一天晚上，在熱水下沖洗糖漬薑，以去除周圍的糖衣，放入濾器中瀝乾至隔天。

2 當天，用鋸齒刀將巧克力切碎，在平底深鍋中隔水加熱至融化，接著調溫（見 323 頁）。

3 將薑塊切成 4 公釐的薄片。將薑片放在叉子上，浸入融化的巧克力中，接著將叉子刮過平底鍋邊，去除流下的巧克力。就這樣處理所有的薑片。

4 陸續將包有巧克力糖衣的薑片擺在鋪有烤盤紙的盤子上，冷藏凝固 30 分鐘。以密封盒冷藏保存。

250 克的糖薑
前一天晚上開始準備
準備時間：5 + 30 分鐘
烹調時間：2 或 3 分鐘
冷藏時間：30 分鐘

糖漬薑 250 克
可可脂含量 60% 的黑巧克力
300 克

黑巧克力棉花糖
Guimauves au chocolat noir

1 將吉力丁放入冷水中浸泡 20 分鐘，用吸水紙將水份吸乾。

2 將水和糖煮沸，煮至 142℃（以烹飪溫度計控制）。

3 用電動攪拌器將蛋白攪打成不會過硬的泡沫狀（尖端下垂的濕性發泡），接著緩緩淋上糖漿，將吉力丁混入熱蛋白霜中，持續以中速攪打 10 分鐘。

4 用鋸齒刀將巧克力切碎，在平底深鍋中隔水加熱至融化。用軟抹刀將融化的巧克力和 15 克過篩的可可粉混入打發蛋白霜中，攪拌均勻。

5 在兩個長 28 公分的矩形盤上各鋪上 1 張鋁箔紙，刷上一點油。將巧克力蛋白霜分裝至 2 個盤子每盤均 3 公分的高度。在室溫下靜置 3 小時。

6 將凝固好的棉花糖切成 3 公分的方塊，一個個滾上過篩的可可粉。

→ 棉花糖在室溫下可保存 2 天。

850 克的棉花糖
準備時間：35 分鐘
烹調時間：約 8 分鐘
靜置時間：3 小時

吉力丁 8 片 + 1/4 片（16.5 克）
水 150 毫升
細砂糖 375 克
蛋白 4 個 + 1/2 個
可可脂含量 70% 的黑巧克力
50 克
可可粉 15 克
玉米油
可可粉（沾裹用）

A. Larher
Pâtisserie-chocolaterie Arnaud-Larher (Paris)
阿諾拉黑糕點店（巴黎）

糖栗
Marrons déguisés

1 混合奶油、栗子糊和糖栗碎。將形成的栗子麵團分成 2 團。

2 在工作檯上撒上玉米粉，接著將每個麵團揉成長條狀。每個長條切成大小相等的 10 塊麵塊（請使用刻度尺測量）。

20 顆糖栗
準備時間：45 分鐘
烹調時間：約 15 分鐘
冷凍時間：1 小時 30 分鐘

室溫回軟的奶油 50 克
罐裝甜栗糊 200 克

→ 糖栗碎 60 克
工作檯用玉米粉 15 克

糖衣
水 100 毫升
細砂糖 25 克
葡萄糖（glucose 又稱水飴）
50 克（可於材料行購買）
可可脂含量 70% 的黑巧克力
50 克
半鹽奶油 5 克

3 將每一塊麵塊揉成球狀，並以指尖捏每顆球的頂端，形成栗子的形狀。

4 在工作檯上擺 2 個長型模。在模型的長邊，平行地擺上 2 根間隔開來的長木棍。將每顆「栗子」的底部叉在叉子上，斜斜地將這 20 根叉子間隔地擺在木棍上。整個冷凍保存 1 小時 30 分鐘。

5 製作栗子糖衣。在平底深鍋中將水、糖和葡萄糖緩緩煮沸。用鋸齒刀將巧克力切碎，隔水加熱至融化。將巧克力從隔水加熱的鍋中取出。將煮沸的糖漿非常緩慢地淋在融化的巧克力上，不停快速攪打，再倒入平底深鍋中，加入奶油，煮 10 分鐘至煮沸，始終不停地攪拌。混合物將變得濃稠、冒煙、沸騰，大氣泡滾至鍋邊。在煮至 150℃時（以烹飪溫度計控制），將平底鍋離火。擺在折好的毛巾上，讓鍋子保持傾斜。

6 將 1 顆插叉子上的「栗子」，尖端在前，浸入巧克力的材料中至 4／5 的高度；不一定都要使用叉子來進行浸入的動作。栗子尖端將形成 1 條細線，待細線硬化後用剪刀剪下。就這樣為所有栗子裹上糖衣。

7 陸續將叉子交錯地擺在盤上，讓裹上糖衣的栗子懸空在外面。放涼並硬化後將叉子移去，並將栗子放入有皺褶的防油小紙杯中。

→ 當糖和巧克力的混合物開始變稠時，再將平底深鍋以文火加熱幾分鐘，讓材料形成良好的濃稠度。

→ 這些栗子以冷藏可保存 24 小時。24 小時過後，巧克力糖衣就會開始融化。

約 **50 個乾果拼盤**
準備時間：**35 分鐘**
烹調時間：約 **2-3 分鐘**

可可脂含量 60% 的黑巧克力
450 克
綜合乾果和糖漬果皮 140 克
（依您個人喜好所選擇：金黃葡萄乾、無花果乾、櫻桃乾、榛果、腰果（noix de cajou）、杏仁、胡桃、核桃仁、開心果、糖漬薑、糖漬橙皮）

黑巧克力乾果拼盤
Mendiants au chocolat noir et aux fruits secs

1 用鋸齒刀將巧克力切碎，在平底深鍋（casserole）中隔水加熱至融化，接著調溫（見 323 頁）。

2 將所選擇的乾果和糖漬果皮切成小塊。

3 在 2 個烤盤上各鋪上 1 張烤盤紙。

4 取 1.5 小匙的調溫巧克力，以湯匙尖端讓融化巧克力緩緩地滴在烤盤紙上；巧克力將被攤開成直徑約 7.5 公分的圓形。立即在每塊圓形巧克力片上撒上切碎的小乾果及水果塊。

5 冷藏凝固 15 分鐘。在乾果拼盤之間以烤盤紙間隔，密封盒冷藏保存。

→ 這些巧克力乾果拼盤可保存 3 周。

黑巧克力櫻桃杏仁糖
Pâte d'amande au chocolat noir et aux Griottines

1 將杏仁膏切得非常小塊。將酒漬櫻桃瀝乾並約略切碎。用手攪拌杏仁膏塊和切碎的酒漬櫻桃，直到所有材料變得均勻且柔軟。

2 將形成的團塊分成 2 團。在工作檯上撒上糖粉，接著將每團搓揉成直徑約 2-3 公分的長條，將每個長條切成厚 2 公分的圓餅。

3 用您的掌心將每個圓餅揉成櫻桃大小的球狀。

4 用鋸齒刀將巧克力切碎，以平底深鍋隔水加熱至融化，接著調溫（見 323 頁）。

5 將巧克力米放入碗中。將 1 小球的櫻桃杏仁糖叉在叉子尖端，浸入融化的巧克力中，接著將叉子刮過平底鍋邊，去除流下的巧克力。將包有巧克力糖衣的球放入巧克力米中，加以滾動，讓球完全被巧克力米所覆蓋。所有的櫻桃杏仁糖都以同樣方式進行。

6 將包有糖衣的櫻桃杏仁糖陸續擺在鋪有烤盤紙的盤子上。冷藏保存 15 分鐘。擺在防油紙盒（caissette en papier）中。以密封盒保存。

約 **20** 顆
準備時間：**35** 分鐘
烹調時間：**2-3** 分鐘

杏仁膏（捲）200 克
格里奧汀酒漬櫻桃
（Griottines）100 克
工作檯用糖粉
可可脂含量 60% 的黑巧克力
200 克
細巧克力米 70 克

檸檬巧克力焦糖棒
Sucettes au caramel, au chocolat et au citron

1 準備 12 個直徑 8 公分的舒芙蕾模。在底部和邊緣鋪入 1 張鋁箔紙，刷上極少量的油。

2 將檸檬皮取下並切成細碎。在平底深鍋中，將鮮奶油和檸檬皮煮沸。

3 在另一個平底深鍋中倒入葡萄糖，以極小的火加熱，再加入細砂糖。煮至形成深琥珀色的焦糖。混入切成小塊的奶油，不停攪拌。倒入鮮奶油，始終不停地攪拌，煮至 115-116℃（以烹飪溫度計控制）。

4 用鋸齒刀將巧克力切碎，加入平底鍋中，一邊極輕地混合，以免濺出。當巧克力焦糖變得均勻時，分裝至舒芙蕾模中至 1.5 公分的厚度。放涼。

5 脫模並將鋁箔紙抽離。將每根糖棒的一半插入 1 根長竹籤中，以玻璃紙包起。以密封盒保存。

12 根棒棒糖
準備時間：**35** 分鐘
烹調時間：約 **10** 分鐘

玉米油
檸檬 1 顆
液狀鮮奶油 450 毫升
葡萄糖（glucose 又稱水飴）
280 克（於材料行購買）
細砂糖 280 克
半鹽奶油 40 克
可可脂含量 70% 的黑巧克力
120 克

長竹籤 12 根

沙勞越胡椒黑松露巧克力
Truffes au chocolat noir et au poivre de Sarawak

約 **50** 顆松露巧克力
準備時間：**45** 分鐘
烹調時間：約 **3-4** 分鐘
冷藏時間：**2** 小時

可可脂含量 **70%** 的黑巧克力
330 克
沙勞越（Sarawak）黑胡椒粒
15 克
液狀鮮奶油 250 毫升
室溫回軟的奶油 50 克

沾裏用
可可粉
沙勞越（Sarawak）黑胡椒

1 用鋸齒刀將巧克力切碎，用杵或擀麵棍將黑胡椒粒搗成細碎。

2 將液狀鮮奶油和搗碎的胡椒粒一起煮沸，離火，蓋上蓋子浸泡 10 分鐘。

3 在另一個平底深鍋上過濾鮮奶油，再度煮沸。將平底深鍋離火，立即分 3 次混入切碎的巧克力，不停地攪拌。巧克力在鮮奶油中融化時，加入奶油，均勻混合成爲胡椒甘那許。

4 在 28×30 公分的烤盤上鋪上 1 張烤盤紙，倒入胡椒甘那許。冷藏凝固 2 小時。

5 在另一張烤盤紙上爲甘那許脫模，將第一張紙抽離。將甘那許切成約 1.5×3 公分的矩形。

6 將過篩的可可粉鋪在凸邊深盤上，在上方以胡椒粉研磨器轉 4-5 圈，混合均勻。用叉子爲 1 顆顆的甘那許滾上胡椒可可粉。在漏斗型網篩或濾器中將松露巧克力輕輕搖動，以去除多餘的胡椒可可粉。以密封盒冷藏保存。

開心果抹茶白松露巧克力
Truffes au chocolat blanc,
au thé vert matcha et à la pistache

約 **50** 顆松露巧克力
準備時間：**40** 分鐘
烹調時間：**5 至 6** 分鐘
冷藏時間：**2** 小時 **30** 分鐘

室溫回軟的奶油 100 克
白巧克力 450 克
液狀鮮奶油 200 毫升
抹茶粉 20 克

沾裏用
白巧克力 450 克
鹹味去皮開心果 250 克
糖粉 80 克
抹茶粉 20 克

1 在大碗中將奶油分割成榛果大小。用鋸齒刀將巧克力切碎，等分成 3 份。

2 將鮮奶油煮沸，接著離火，加入綠茶粉，攪打至混合物均勻。陸續加入 3 份切碎的巧克力。每加入一份，就用木杓輕輕混合。再加入奶油，以攪拌器攪拌至平滑。倒入大碗中，蓋上彈性保鮮膜，冷藏凝固 30 分鐘。

3 在甘那許凝結後，放入裝有 9 號圓口擠花嘴的擠花袋中。爲烤盤鋪上烤盤紙，在上面擠出 50 幾顆甘那許。以冷藏冷卻 2 小時。

4 製作沾裏外層。將白巧克力隔水加熱融化，將每顆甘那許底部插在叉子尖端，浸入融化的白巧克力，接著將叉子刮過平底鍋邊，去除流下的巧克力。將甘那許球擺在鋪有烤盤紙的烤盤上。冷藏凝固 1 小時。將開心果切成小塊，混入過篩的糖粉及抹茶粉。用叉子爲甘那許滾上開心果與糖粉、抹茶粉的外層。在漏斗型網篩或濾器中輕輕搖動，以去除多餘的糖粉及抹茶粉。以密封盒冷藏保存。

〔見 250 頁 Pierre Hermé 的最愛〕

開心果抹茶白松露巧克力
**Truffes au chocolat blanc,
au thé vert matcha et à
la pistache**

《我結合了白巧克力奶油般的甜味和
烘烤鹹開心果的酥脆，
馴服了綠茶獨特的草味。》

Pierre Hermé （食譜請見 249 頁）

飲品 Les boissons

極簡易飲品
Les boissons toutes simples

1 個馬丁尼杯
準備時間：5 分鐘

蔗糖糖漿
可可粉
棕可可香甜酒（crème de cocoa
brune）20 毫升
干邑白蘭地（cognac）40 毫升
液狀鮮奶油 20 毫升
冰塊 2 顆

亞歷山大
Alexandra

1 在 2 個湯盤中分別放入肉桂糖漿和可可粉。輕巧地將馬丁尼杯的杯緣浸入糖漿中，接著蘸些可可粉。

2 將可可香甜酒、干邑白蘭地和鮮奶油倒入調酒器（shaker）內，加入 2 顆冰塊。將調酒器的蓋子蓋緊，快速搖動 8-10 秒。在馬丁尼杯上用濾器過濾冰塊。即刻享用。

→ 最好將這含一般酒精量的雞尾酒，作爲餐後酒飲用。

4 人份
準備時間：15 分鐘
烹調時間：3-4 分鐘

可可脂含量 55% 的黑巧克力
50 克
液狀鮮奶油 180 毫升
礦泉水 250 毫升
一般的含糖黑咖啡 300 毫升

比切林咖啡
Café bicerin

1 將大碗冷凍冰鎮 15 分鐘。

2 用鋸齒刀將巧克力切碎。

3 在冰鎮過的大碗中，用電動攪拌器將液狀鮮奶油攪打成打發鮮奶油。冷藏保存。

4 在平底深鍋中將水煮沸，混入切碎的巧克力並快速攪打，離火。在另一個大碗中以冷藏冷卻。

5 享用時，準備咖啡。將滾燙的咖啡分裝至 4 個杯中，淋上冷巧克力，接著用湯匙放上打發鮮奶油。即刻享用。

4 人份
準備時間：10 分鐘
烹調時間：4-6 分鐘

可可脂含量 67% 的黑巧克力
125 克
礦泉水 500 毫升
細砂糖 50 克
可可粉 25 克

傳統熱巧克力
Chocolat chaud à l'ancienne

1 用鋸齒刀將巧克力切碎並放入大碗中。

2 在平底深鍋中將水和糖煮沸，加入可可粉並快速攪打，再度煮沸，接著離火。

3 將混合物分 3 次倒入切碎的巧克力中。用木杓輕輕地攪拌，並從中央開始繞出越來越大的同心圓。

4 用電動攪拌棒攪拌 5 分鐘。

5 將熱巧克力倒入 4 個杯中，即刻享用。

巴西熱巧克力
Chocolat chaud à la brésilienne

1 用鋸齒刀將巧克力切碎。

2 在平底深鍋中將牛奶和糖煮沸。

3 在另一個平底深鍋中將水煮沸，離火。混入切碎的巧克力並快速攪打。

4 淋在含糖的牛奶上，加入咖啡並再次攪打。

5 將熱的材料分裝至 4 個杯中。即刻享用。

4 人份
準備時間：**10 分鐘**
烹調時間：**4-5 分鐘**

可可脂含量 55% 的黑巧克力
100 克
全脂牛奶 500 毫升
細砂糖 70 克
礦泉水 250 毫升
特濃縮咖啡 100 毫升

克里奧熱巧克力
Chocolat chaud à la créole

1 沖洗檸檬並晾乾，取下檸檬薄皮。將香草莢剖成兩半並刮出籽。

2 在平底深鍋中，以文火將半脂牛奶、一半的濃縮乳、香草莢和籽、肉桂棒以及檸檬皮煮沸。在牛奶剛開始微滾時離火；牛奶不應煮沸。浸泡 30 分鐘。

3 用置於另一個平底深鍋上的網篩，過濾浸泡的牛奶。

4 將可可粉和剩餘 80 毫升的濃縮乳混合。在玉米粉中摻入幾滴冷水調和，並加入可可粉和濃縮乳的混合物中。將上述材料混入浸泡牛奶中，一邊快速攪打。

5 再以文火加熱平底深鍋，攪打至第一次全滾；材料應變得滑順。

6 將熱巧克力倒入 4 個杯中，即刻享用。

4-6 人份
準備時間：**15 分鐘**
烹調時間：**4-6 分鐘**
浸泡時間：**30 分鐘**

未經加工處理的綠檸檬 1 顆
香草莢 1 根
半脂牛奶 1 公升
無糖濃縮乳（Le lait concentré non sucré）160 毫升
錫蘭肉桂棒 2 根
可可粉 70 克
玉米粉 1 小匙

威士忌巧克力雞尾酒
Cocktail whisky-chocolat

1 製作冷巧克力。用鋸齒刀將巧克力切碎，放入大碗中。在平底深鍋中將水和糖煮沸，加入可可粉，一邊攪打至材料再度煮沸。離火後分 3 次淋在切碎的巧克力上。用木杓輕輕混合，並從中央開始繞出越來越大的同心圓。用電動攪拌棒攪拌 5 分鐘，放涼後冷藏。

2 享用時，將 100 毫升的冷巧克力、20 毫升的可可利口酒、20 毫升的威士忌、20 毫升的愛爾蘭奶酒和 3 匙的碎冰倒入調酒器內。將調酒器的蓋子蓋緊，用力搖動。在馬丁尼杯上用濾器過濾碎冰。

3 以同樣方式再製作另外 3 杯。立刻用吸管享用，並以由上往下吸的方式飲用雞尾酒。

4 人份（4 個馬丁尼杯）
準備時間：**10 分鐘**
烹調時間：**3 至 4 分鐘**

冷巧克力
可可脂含量 67% 的黑巧克力
63 克
礦泉水 350 毫升
細砂糖 25 克
可可粉 12 克

可可利口酒 80 毫升
純麥威士忌 80 毫升
愛爾蘭奶酒（Irish cream）
80 毫升（貝禮詩 Bailey's）
碎冰（glace pilée）12 大匙

威士忌巧克力雞尾酒
Cocktail whisky-chocolat

伯爵熱巧克力
Chocolat chaud au thé earl grey

1 在平底深鍋中將牛奶煮沸，離火加入茶並浸泡 4 分鐘。

2 用置於另一個平底深鍋上的網篩過濾浸泡的牛奶。

3 用鋸齒刀將 2 種巧克力切碎，加入浸泡牛奶中並快速攪打。

4 再以中火加熱平底深鍋，將配料攪打至剛開始微滾的階段。

5 將熱巧克力倒入 4 個杯中，即刻享用。

→ 這道食譜的成功與否，取決於在步驟 4 中是否遵循加熱的溫度：不應超過 95℃（以烹飪溫度計控制）。

4 人份
準備時間：**10 分鐘**
烹調時間：**5-6 分鐘**

全脂牛奶 500 毫升
上等伯爵茶粉 12 克
可可脂含量 66% 的黑巧克力 100 克
牛奶巧克力 135 克

F. Jouvaud
Pâtisserie Jouvaud (Avignon)
朱佛糕點店（亞維農）

維也納熱巧克力
Chocolat chaud viennois

1 將大碗冷凍冰鎮 15 分鐘。

2 用鋸齒刀將巧克力切碎，然後放入另一個大碗中。

3 在平底深鍋中將水和糖煮沸。加入可可粉，快速攪打，再次煮沸，一邊攪打，接著離火。

4 將混合物分 3 次倒入切碎的巧克力中。用木杓輕輕混合，並從中央開始繞出越來越大的同心圓。

5 用電動攪拌棒攪拌 5 分鐘。

6 在冰鎮過的大碗中，用電動攪拌器將液狀鮮奶油攪打成凝固的鮮奶油香醍，在途中混入過篩的糖粉。

7 將熱巧克力倒入 4 個大杯中至 3/4 的高度，用湯匙擺上鮮奶油香醍。篩上一點可可粉，即刻享用。

4 人份
準備時間：**15 分鐘**
烹調時間：**4-5 分鐘**

可可脂含量 67% 的黑巧克力 125 克
礦泉水 500 毫升
細砂糖 50 克
可可粉 25 克
液狀鮮奶油 150 毫升
糖粉 10 克
可可粉

可樂冰巧克力
Chocolat glacé au cola

1 用鋸齒刀將巧克力切碎。

2 在平底深鍋中將牛奶和糖煮沸，混入切碎的巧克力，快速攪打至再次煮沸。離火加入咖啡並加以攪拌。將混合物倒入大碗或長頸大肚玻璃瓶（carafe）中。放涼，接著冷藏保存。

3 享用時，在 4、5 或 6 個個人杯中分裝冰塊。將冰可樂加入先前冷藏的大碗中並加以混合。將混合液倒在冰塊上。在每個杯中擺上 1 球的香草冰淇淋。用吸管和小湯匙即刻享用。

4-6 人份
準備時間：**10 分鐘**
烹調時間：**3-4 分鐘**

可可脂含量 55% 的黑巧克力 120 克
全脂牛奶 500 毫升
細砂糖 30 克
特濃縮咖啡 150 毫升
冰塊約 12 塊
冰可樂 300 毫升
市售香草冰淇淋 4-6 球

4 人份
準備時間：**10 分鐘**

未經加工處理的綠檸檬 1/2 顆
半脂牛奶（lait demi-écrémé）
500 毫升
椰奶 300 毫升
碎冰 4 大匙
細砂糖 40 克
可可粉 40 克
可可粉

1 人份
準備時間：**15 分鐘**

巧克力冷飲（**200 毫升**）
可可脂含量 67% 的黑巧克力
40 克
礦泉水 150 毫升
細砂糖 15 克
可可粉 8 克

全脂牛奶 50 毫升
市售黑巧克力冰淇淋 1 球（或
依本書 207 頁的食譜製作）
黑巧克力磚 1 條

4 人份
準備時間：**15 分鐘**
烹調時間：**約 10 分鐘**
冷凍時間：**約 2 小時**

可可脂含量 70% 的黑巧克力
60 克
香草莢 1/2 根
全脂牛奶 500 毫升
粗粒紅糖 10 克

白巧克力冰淇淋 **1 公升**
白巧克力 325 克
全脂牛奶 650 毫升
奶粉 30 克
細砂糖 50 克

F. Bellanger
Fauchon（New York）
弗尚（紐約）

可可椰奶
Coco-cacao

1 沖洗綠檸檬並晾乾。用柑橘削皮器（zesteur）或刨刀（couteau éplucheur）取下檸檬皮並切成細碎後榨汁。

2 將半脂牛奶和椰奶倒入電動攪拌器（Mixeur / Blender）的碗中，攪打 30 秒。加入碎冰、半顆綠檸檬的果汁和切碎的果皮、糖，以及 40 克的可可粉。攪打 5 分鐘；混合物應呈現乳霜狀。

3 將材料分裝至 4 個杯中，篩上可可粉。即刻享用。

巧克力奶昔
Milk-shake au chocolat

1 製作巧克力冷飲。用鋸齒刀將巧克力切碎，放入大碗中。在平底深鍋中將水和糖煮沸，加入可可粉並快速攪打。再度煮沸，接著離火。將材料分 3 次倒入切碎的巧克力中。用木杓輕輕混合，從中央開始繞出越來越大的同心圓。用電動攪拌棒攪打 5 分鐘。將飲料放涼，接著冷藏。

2 攪打全脂牛奶、巧克力冷飲和巧克力冰淇淋，直到材料呈現乳霜狀。倒入平口高杯中。用刨刀在杯子上將巧克力磚削出碎末。即刻享用。

加州漂浮巧克力
Tout chocolat « california float »

1 用鋸齒刀將巧克力切碎。將香草莢剖成兩半並刮出籽。

2 將牛奶、香草莢和籽煮沸。煮沸時，加入粗粒紅糖和切碎的巧克力，一邊快速攪打。再度煮沸，不停地攪打，離火將材料倒入大碗中。讓飲料冷卻，接著冷藏。

3 製作白巧克力冰淇淋。用鋸齒刀將巧克力切碎。將全脂牛奶、奶粉和糖煮沸。混入切碎的巧克力，一邊快速攪打，再度煮沸，最多滾 1 分鐘。準備一大碗的冰塊，在大碗中放入較小的碗，倒入白巧克力牛奶，在冰塊盆中冷卻並不時攪拌。將完全冷卻的白巧克力牛奶倒入雪酪機中，依機器的使用說明讓白巧克力牛奶凝固成冰淇淋。將冰淇淋冷凍保存至享用的時刻。

4 將 2 的巧克力飲分裝至 4 個高杯中，舀上 2 球的白巧克力冰淇淋「漂浮」在上。即刻以吸管和冰淇淋匙享用。

" 令人驚豔的飲品
Les boissons
pour impressionner " "

橙香牛奶巧克力佐小荳蔻鮮奶油香醍
Chocolat au lait et à l'orange, chantilly à la cardamome

1 製作鮮奶油香醍。將大碗冷凍冰鎮 15 分鐘。沖洗柳橙並晾乾。用柑橘削皮器（zesteur）或刨刀（couteau éplucheur）取下柳橙皮，並切成細碎。在冰鎮過的大碗中，用電動攪拌器將液狀鮮奶油混入切碎的果皮、小荳蔻粉和糖，攪打成凝固的鮮奶油香醍。

2 製作巧克力。沖洗柳橙並晾乾，取下柳橙皮並切成細碎。在平底深鍋中將牛奶和鮮奶油煮沸，加入柳橙皮混合，接著離火並加蓋。浸泡 15 分鐘。用鋸齒刀將巧克力切碎，加入浸泡牛奶中，快速攪打。再以文火加熱平底鍋，煮 5 分鐘，一邊攪拌。再用網篩過濾巧克力。

3 將熱巧克力倒入 4 個大杯中至 3/4 的高度，在每個杯中擺上鮮奶油香醍。即刻享用。

4 人份
準備時間：20 分鐘
烹調時間：4-6 分鐘
浸泡時間：15 分鐘

鮮奶油香醍
未經加工處理的柳橙 1/2 顆
液狀鮮奶油 400 毫升
小荳蔻粉（cardamome en poudre）2 克
細砂糖 20 克

巧克力
未經加工處理的柳橙 2 顆
全脂牛奶 500 毫升
液狀鮮奶油 300 毫升
牛奶巧克力 350 克

H. Pouget
Restaurant Guy Savoy (Paris)
吉薩瓦餐廳（巴黎）

錫蘭紅茶熱巧克力佐香草香醍冰塊
Chocolat chaud au thé de Ceylan,
glaçon de chantilly à la vanille

1 前一天晚上，製作鮮奶油香醍冰塊。將大碗冷凍冰鎮 15 分鐘。將香草莢剖成兩半並刮出籽。將糖粉過篩。將香草籽放入鮮奶油中並加以混合，倒入冰鎮過的大碗中，加入花蜜，以電動攪拌器打發並逐漸混入過篩的糖粉，攪打成凝固的香草鮮奶油香醍。

2 將鮮奶油香醍分裝至 8 格的製冰盒中，不要混入氣泡。冷凍至隔天。

3 當天，製作熱巧克力。將牛奶煮沸，離火，接著浸入茶包。浸泡 5 分鐘。將茶包在平底深鍋中仔細擠乾取出。

4 用鋸齒刀將巧克力切碎，加入浸泡好的奶茶中並加以混合。再以中火加熱平底鍋，快速攪打。從煮沸開始，續滾 2 分鐘，一邊攪打，接著離火。

5 將熱巧克力倒入 4 個大杯中，每杯加入 2 顆鮮奶油香醍冰塊，即刻享用。

4 人份
前一天晚上開始準備
準備時間：10 + 5 分鐘
烹調時間：約 6-8 分鐘

鮮奶油香醍冰塊
(glaçon de chantilly)
香草莢 1/2 根
糖粉 20 克
液狀鮮奶油 150 毫升
金合歡花蜜 10 毫升

熱巧克力
半脂牛奶（lait demi-écrémé）
1/2 公升
錫蘭紅茶 2 小包
牛奶巧克力 105 克

Y. Brys
Dalloyau (Paris, 8ᵉ arrondissement)
達羅歐（巴黎第 8 區）

橙香牛奶巧克力佐小荳蔻鮮奶油香醍
**Chocolat au lait et à l'orange,
chantilly à la cardamome**

克洛伊冷巧克力
Chocolat froid Chloé

1 製作覆盆子泡沫。將吉力丁放入冷水中軟化 20 分鐘。將覆盆子放入蔬果榨汁機中，打成泥並將榨出的果泥過濾。將水和糖煮沸，接著離火。將吉力丁置於吸水紙上瀝乾，加入滾燙的糖漿和過濾的覆盆子汁，混合放涼，接著冷藏。

2 製作冷巧克力。用鋸齒刀將巧克力切碎，放入大碗中。將覆盆子放入蔬果榨汁機中，打成泥並將榨出的果泥過濾。在平底深鍋中，將水和糖煮沸，加入可可粉，攪打至材料開始煮沸。分 3 次倒入切碎的巧克力。用木杓緩緩攪拌，從中央開始繞成越來越大的同心圓。當材料變得平滑時，加入過濾的覆盆子汁並加以混合。放涼，接著冷藏。

3 在充氣瓶中裝入 3/4 的覆盆子泡沫慕斯。轉入氣彈，冷藏保存。

4 享用時，再度攪拌冷巧克力，然後分裝至4個高杯（或威士忌杯）中。巧克力應達杯子的 3 / 5 高度，用兩手將充氣瓶上下快速搖動，然後將覆盆子泡沫慕斯擠在巧克力上。即刻用吸管或小湯匙享用，用吸管從高處往低處吸的方式來飲用巧克力，並用小湯匙來品嚐泡沫。

〔見 262 頁 Pierre Hermé 的最愛〕

4 人份（4 個 250 毫升的高杯 verre highball）
準備時間：25 分鐘
烹調時間：約 4-5 分鐘

覆盆子泡沫慕斯 (écume de framboise)
吉力丁 3/4 片（1.5 克）
新鮮覆盆子 135 克
礦泉水 80 毫升
細砂糖 10 克

冷巧克力（chocolat froid）
可可脂含量 67% 的黑巧克力 125 克
新鮮覆盆子 160 克
礦泉水 700 毫升
細砂糖 50 克
可可粉 25 克

異國冷巧克力
Chocolat froid exotic

1 製作椰奶泡沫。將吉力丁放入冷水中軟化 20 分鐘。將水和糖煮沸，接著離火。將吉力丁置於吸水紙上瀝乾，加入煮沸的糖漿中，再加入椰奶混合。放涼，接著冷藏。

2 製作冷巧克力。用鋸齒刀將巧克力切碎，放入大碗中。在平底深鍋中，將水和糖煮沸，加入可可粉，攪打至材料開始煮沸。分 3 次倒入切碎的巧克力，用木杓緩緩攪拌，從中央開始繞成越來越大的同心圓。當材料變得平滑時，加入椰奶並加以混合。放涼，接著冷藏。

3 在充氣瓶中裝入 3/4 的椰奶泡沫慕斯，轉入氣彈。冷藏保存。

4 享用時，再度攪拌冷巧克力，然後分裝至4個高杯（或威士忌杯）中。巧克力應達杯子的 3 / 5 高度，用雙手將充氣瓶上下快速搖動，然後將椰子泡沫慕斯擠在巧克力上。即刻用吸管或小湯匙享用，用吸管從高處往低處吸的方式來飲用巧克力，並用小湯匙來品嚐泡沫。

4 人份（4 個 250 毫升的高杯 verre highball）
準備時間：25 分鐘
烹調時間：約 4-5 分鐘

椰奶泡沫慕斯 (écume de noix de coco)
吉力丁 1/2 片（1 克）
礦泉水 60 毫升
細砂糖 20 克
無糖椰奶（罐裝）150 毫升

冷巧克力（chocolat froid）
可可脂含量 67% 的黑巧克力 125 克
礦泉水 700 毫升
細砂糖 50 克
可可粉 25 克
無糖椰奶（罐裝）150 毫升

4 人份（4 個 250 毫升的高杯
verre highball）
準備時間：25 分鐘
烹調時間：約 4-5 分鐘

**百香果泡沫慕斯（écume de
fruit de la Passion）**

吉力丁 1 片（2 克）

礦泉水 80 毫升

細砂糖 23 克

百香果 8 顆

冷巧克力（chocolat froid）

可可脂含量 67% 的黑巧克力
125 克

礦泉水 500 毫升

細砂糖 125 克

可可粉 25 克

百香果 8 顆

摩嘉多冷巧克力
Chocolat froid Mogador

1 製作百香果泡沫慕斯。將吉力丁放入冷水中 20 分鐘，讓吉力丁軟化。將水和糖煮沸，接著離火。用吸水紙將吉力丁瀝乾，加入煮沸的糖漿中，混合。將百香果切成兩半，在網篩上刮下果肉，並用大碗盛接果汁，加入糖漿中並加以混合。放涼，接著冷藏。

2 製作冷巧克力。用鋸齒刀將巧克力切碎，放入大碗中。在平底深鍋中，將水和糖煮沸，加入可可粉，一邊攪打至配料開始沸騰。分 3 次淋在切碎的巧克力上，用木杓輕輕攪拌，從中央開始繞出越來越大的同心圓。當配料變得平滑時，加入與先前步驟一樣過濾的百香果汁，加以攪拌。放涼，接著冷藏。

3 將 3/4 的百香泡沫慕斯裝入充氣瓶中，轉入氣彈。冷藏保存。

4 享用時，再度攪拌冷巧克力，分裝至4個高杯（或威士忌杯）中，巧克力應達杯子的3 / 5高度。用雙手將充氣瓶上下快速搖動，然後將百香泡沫慕斯擠在巧克力上，即刻用吸管或小湯匙享用。用吸管從高處往低處吸的方式來飲用巧克力，並用小湯匙來品嚐泡沫慕斯。

4 人份
（4 個 250 毫升的馬丁尼杯）
準備時間：15 分鐘
烹調時間：4-5 分鐘

**白巧克力泡沫慕斯
（écume de chocolat blanc）**

吉力丁 3/4 片（1.5 克）

白巧克力 85 克

礦泉水 100 毫升

細砂糖 5 克

蛋白 2 個

液狀鮮奶油 160 毫升

瑪莉白莎香甜酒（Marie
brizard）80 毫升

白可可香甜酒（crème de cacao
blanche）80 毫升

碎冰（glace pilée）12 大匙

F. e Grasser-Hermé
Écrivain cuisinière (Paris)
料理作家（巴黎）

白熊
Ours blanc

1 製作白巧克力泡沫慕斯。將吉力丁放入冷水中軟化 20 分鐘。用鋸齒刀將白巧克力切碎，放入大碗中。在平底深鍋中將水和糖煮沸，接著離火。用吸水紙將吉力丁瀝乾，加入煮沸的糖漿，混合。將材料分 3 次倒入切碎的巧克力中，用木杓輕輕攪拌，並從中央開始繞出越來越大的同心圓。混入蛋白。放涼，接著冷藏。

2 將 3/4 的白巧克力泡沫慕斯裝入充氣瓶中，轉入氣彈。冷藏保存。

3 享用時，將 40 毫升的液狀鮮奶油、20 毫升的瑪莉白莎香甜酒、20 毫升的白可可香甜酒和 3 匙的碎冰倒入調酒器（shaker）內。將調酒器的蓋子蓋緊，用力搖動。在馬丁尼杯上用濾器過濾碎冰。用兩手將充氣瓶上下快速搖動，然後將白巧克力泡沫慕斯擠在酒杯上。

4 以同樣方式製作另外 3 杯，即刻用吸管或小湯匙享用。用吸管從高處往低處吸的方式來飲用巧克力，並用小湯匙來品嚐泡沫。

克洛伊冷巧克力
Chocolat froid Chloé
《我將輕盈的覆盆子泡沫
擺在厚而滑順的維也納巧克力表面，
讓覆盆子泡沫的酸變得溫和。》

Pierre Hermé
（食譜請見 260 頁）

巧克力全餐 Un repas tout chocolat

4 人份（約 **20** 顆小糖）
前一天晚上開始準備
準備時間：**15 + 30** 分鐘
烹調時間：約 **20** 分鐘

肥肝醬
家禽白湯 50 毫升
（或家禽高湯塊／粉還原）
生鴨肝 100 克
二砂／金細砂糖（vergeoise
blonde）10 克
陳年葡萄酒醋 1 小匙
鹽之花
胡椒粉

熱可可
家禽白湯 200 毫升
可可脂含量 55% 的黑巧克力
40 克
可可粉平平的 1 小匙
咖哩粉平平的 1/2 小匙
鹽之花 2 撮

香醋焦糖
（caramel balsamique）
陳年葡萄酒醋 200 毫升
細砂糖 50 克

外層
薄派皮（feuilles de filo 如果沒
有的話就使用薄餅或春捲皮
feuilles de brik）4 片
烤盤用橄欖油

修飾用
核桃油
陳年葡萄酒醋
鹽之花
胡椒粉

Ph. Conticini
Exceptions gourmandes（Paris）
美食例外（巴黎）

肥肝醬佐熱可可
Bonbons au foie gras et au cacao chaud

1 前一天晚上，製作肥肝醬。將家禽白湯加熱，將熱湯和生鴨肝、二砂／金細砂糖、醋、鹽之花及用胡椒粉一起倒入食物料理機的容器中，攪拌至形成平滑的醬。

2 用咖啡匙為蜂窩狀的塑膠製冰盒填滿肥肝醬，為製冰盒蓋上彈性保鮮膜。冷凍至隔天。

3 當天，製作熱可可。用鋸齒刀將巧克力切碎。將家禽白湯加熱，加入可可粉、切碎的巧克力、咖哩粉和鹽之花。均勻混合並以文火煮 2 分鐘，以隔水加熱鍋保溫。

4 製作香醋焦糖。將陳年葡萄酒醋和糖一起倒入小型的平底深鍋中，以中火煮約 10-12 分鐘，煮至形成糖漿。

5 烤箱預熱 160℃（熱度 5-6）。為烤盤鋪上 1 張烤盤紙，抹上些許的油。

6 用剪刀將薄派皮剪成邊長 6 公分的方形。估算冷凍肥肝醬所需的方塊（數量依冰塊的大小而定）。將肥肝醬從製冰盒中取出。無須等待，即刻將 1 塊方形薄派皮擺在濕潤的布巾上，在中央擺上冷凍肥肝醬，再包成 1 小包，褶痕在下，擺在烤盤上。以同樣方式處置所有的冷凍肥肝醬。

7 將烤盤置於一半的高度，烘烤 3-4 分鐘。薄派皮應正好烤成金黃色。

8 將烤箱調為以上方加熱。

9 以毛刷為每顆肥肝方塊刷上陳年葡萄酒醋。讓肥肝方塊在網架下方烤至呈焦糖色約 1-2 分鐘，並就近在一旁監視。將上方的熱度關掉，用木杓卡住烤箱門，讓門保持微開。再將烤盤置於烤箱一半的高度，將肥肝方塊置於熄火的烤箱中 1 分鐘。

10 將熱可可從隔水加熱鍋中取出，分裝至 4 個小的無腳杯（goblet）中。在每個杯中加入幾滴核桃油和陳年葡萄酒醋。撒上鹽之花粒和胡椒粉。

11 將熱肥肝塊擺在折好的餐巾上。從熱肥肝塊開始品嚐，接著喝一點熱巧克力。

鴨肝裹可可酥粒佐巧克力汁
Foie gras de canard en croûte de grué de cacao et jus au chocolat

1 爲鴨肝片撒上鹽並在一面撒上艾斯伯雷紅椒粉。

2 製作麵包粉。用食物料理機將可可、可可粒、粗粒麵包粉和茴香約略攪打。爲鴨肝片的一面撒上上述的混合物。冷藏保存。

3 製作巧克力汁。用鋸齒刀將巧克力切碎。在平底深鍋中，以文火加熱花蜜、可可粉和艾斯伯雷紅椒粉至溶化。倒入鴨汁並加以攪拌，當稠度變得平滑時，加入切碎的巧克力。攪拌至巧克力融化，保溫。

4 製作生菜沙拉。清洗所有的生菜並瀝乾，和較細小的菜混合（香葉芹和細香蔥），加入椰子粉。用檸檬汁、橄欖油、艾斯伯雷紅椒粉和鹽拌勻製作成酸醋醬。

5 以旺火加熱不沾平底煎鍋，不要加入任何油質。當鍋子開始冒煙時，從未撒上麵包粉的一面，將鴨肝片放入平底鍋中，煎 2 分鐘。小心地將鴨肝片翻面，將撒上麵包粉的一面再煎 2 分鐘。

6 用酸醋醬爲生菜沙拉調味。在每個盤中擺上 1 片鴨肝，撒上幾粒鹽之花。在周圍淋上一道巧克力汁，將沙拉擺在鴨肝片旁。即刻享用。

8 人份
準備時間：15 分鐘
烹調時間：約 6 分鐘

朗德生鴨肝（Landes cru）8 片
精鹽、艾斯伯雷紅椒粉

麵包粉（panure）
可可粉 5 克
可可粒（grué de cacao）30 克
粗粒麵包粉（chapelure）60 克
綠茴香粉或搗碎

巧克力汁（le jus au chocolat）
可可脂含量 70% 的黑巧克力 30 克
金合歡蜜 30 克
可可粉 5 克
艾斯伯雷紅椒粉 1 克
鴨汁（jus de canard）200 毫升（調味湯汁）

生菜沙拉（salade d'herbes）
綜合生菜（mesclun）40 克
芥菜芽 10 克
芝麻葉（roquette）10 克
香葉芹（cerfeuille）的葉片 1 枝
細香蔥 切成 5 公分長 4 段
新鮮椰子絲 15 克
綠檸檬汁 1/2 顆
橄欖油 10 毫升
鹽、艾斯伯雷紅椒粉、鹽之花

H. Darroze
Restaurant Hélène Darroze (Paris)
艾蓮娜達宏斯餐廳（巴黎）

可可薑汁鴨肝
Foie gras de canard au galanga et au cacao

1 將鴨肝置於室溫下 30 分鐘，讓鴨肝軟化。在布巾上瀝乾，小心地將 2 片肝葉分開，稍微將肝葉內部切開，去筋。

2 將高良薑片、香豆、胡椒粒放入磨豆機（moulin à café）（或研缽）中。加入黑糖／紅糖、可可粉和鹽，攪拌均勻。將這混合物撒在鴨肝上，將鴨肝放入符合其大小的方形凍派（terrine）容器中。

3 烤箱預熱 110℃（熱度 3-4）。

4 將溫水倒入焗烤盤中。將加蓋的方形凍派容器放入焗烤盤中。烘烤 45 分鐘。

5 出爐時，將方形凍派容器從焗烤盤中取出。放涼整整 1 小時，然後冷藏 2-3 天。

6 品嚐當天，提前 30 分鐘將裝有鴨肝的容器從冰箱中取出。搭配烘烤過且溫熱的鄉村麵包片享用。

4-6 人份
提前 3 天開始準備
準備時間：25 分鐘
烹調時間：45 分鐘

生鴨肝 1 塊 500-550 克
乾燥高良薑片 1.5 克（源自塊莖的香料，用於東南亞的料理中）
香豆（tonka 或稱薰草豆）1 顆
長胡椒（poivre long）1 粒
黑糖／紅糖（vergeoise brune）2 克
可可粉 4 克
鹽 6 克

J.-P. Clément
Fauchon (Paris, 8ᵉ arrondissement)
弗尚（巴黎第 8 區）

鴨肝裹可可酥粒佐巧克力汁
**Foie gras de canard en croûte de
grué de cacao et jus au chocolat**

新鮮山羊乳酪開心果白巧克力通心粉
Macaroni au chocolat blanc, pistaches et mascarpone au chèvre frais

1 將洋蔥去皮並切成細碎。在煎炒鍋中以中火熱油，放入洋蔥煎炒約 5 分鐘，不停地攪拌，應維持透明但不要上色。加入通心粉，攪拌 2 分鐘，倒入白酒。當酒精蒸發後，倒入牛奶；加鹽。煮沸，並依通心粉包裝說明上的時間烹煮。

2 將開心果打成粉末。用鋸齒刀將白巧克力切碎，放入大型的平底深鍋中，隔水加熱至融化。將融化的巧克力從隔水加熱鍋中取出，加入瑪斯卡邦乳酪、山羊乳酪和牛奶，混合。

3 將通心粉瀝乾。倒入裝有白巧克力乳酪醬的平底深鍋中，混合。加入開心果粉，以中火加熱，攪拌 1 分鐘。將通心粉分裝至 4 個熱湯盤中。即刻撒上黑巧克力碎屑搭配享用。

4 人份
準備時間：10 分鐘
烹調時間：約 15 分鐘

白色甜洋蔥 60 克
橄欖油 2 大匙
通心粉（macaroni）250 克
不甜的白酒 50 毫升
全脂牛奶 300 毫升
精鹽平平的 1 小匙

配料用
去皮開心果 50 克
白巧克力 80 克
瑪斯卡邦乳酪 100 克
濾壓的新鮮山羊乳酪 50 克
牛奶 200 毫升
可可脂含量 70% 的黑巧克力 60 克削成碎屑

F. e. Grasser-Hermé
Écrivain cuisinière (Paris)
料理作家（巴黎）

巧克力豆腐佐嫩韭蔥黑線鱈
Simili tofu au chocolat et haddock tiède aux jeunes poireaux

1 前一天晚上，製作「仿豆腐」。將魚高湯、番紅花粉和剖成兩半的小荳蔻粒煮沸，離火後加蓋浸泡 5 分鐘，加入洋菜和鮮奶油。混合後再度加熱並煮沸，離火。用鋸齒刀將巧克力切碎，放入大碗中，淋上煮沸的鮮奶油混合液，一邊快速攪打，過濾。倒入湯盤中至 2.5 公分的厚度，冷藏保存至隔天。

2 當天，讓黑線鱈在牛奶中脫鹽（dessalage）3-4 小時，瀝乾後切成 6 段。

3 清洗迷你韭蔥並去外皮。將 1 鍋的鹽水煮沸，投入韭蔥，煮 8 分鐘，瀝乾。

4 製作醬汁。混合醬油、水、油和檸檬汁，不要加鹽。

5 將「仿豆腐」切成方形。

6 將鱈魚塊蒸 5 分鐘，和「仿豆腐」丁、韭蔥一起擺至 6 個盤中，撒上粉紅胡椒和辣椒粉，在周圍淋上 1 道醬汁後享用。

6 人份
前一天晚上開始準備
準備時間：10 + 15 分鐘
烹調時間：4-5 + 13 分鐘
脫鹽時間：4 小時

《仿豆腐 Simili tofu》
魚高湯 450 毫升
番紅花粉 1 撮、小荳蔻 5 粒
洋菜（Agar-agar）4 克（於亞洲食品雜貨店販售的藻類萃取）
液狀鮮奶油 150 毫升
可可脂含量 72% 的黑巧克力 150 克

黑線鱈去骨脊肉 500 克
全脂牛奶 700 毫升
迷你韭蔥 20 根（或韭蔥白 4 根，每根切成 4 段）
鹽

醬汁
醬油 50 毫升、水 20 毫升
葡萄籽油 100 毫升
檸檬汁 20 毫升
粉紅胡椒（baies roses）1 小匙
辣椒粉 4 撮

F. Bau
École du Grand Chocolat Valrhona
(Tain-L'Hermitage)
法芙娜頂級巧克力學院
（塔芙爾米塔日）

6 人份
準備時間：25 分鐘
烹調時間：約 2 小時 30 分鐘
醃漬時間：12 小時

醃漬
大型洋蔥 1 顆
初榨橄欖油 50 毫升
阿爾馬涅克酒（Armagnac）30 毫升
百里香（thym）3 枝

野兔 1 隻 1.5-2 公斤切塊
野豬醃肉（lard gras de porc）250 克（如果沒有的話，就用新鮮豬胸肉）
奶油 40 克
大型洋蔥 2 顆
胡蘿蔔 2 根
大蒜 1 瓣
紅酒 500 毫升
細砂糖 1 大匙
調味香料 1 束
鹽
胡椒粉
可可粉 1 大匙

醬汁
紅酒 250 毫升
波特酒（porto）100 毫升
可可脂含量 65% 的黑巧克力 50 克
醋栗（groseille）凍 1 小匙

（編註：調味香料束是將韭蔥葉、洋蔥、紅蘿蔔、巴西利、月桂葉、西洋芹、百里香…等以料理繩束起，有時也將丁香插在洋蔥上，方便在熬煮後整束取出。）

V. Ferniot
Auteur et journaliste gastronomique
(Paris)
美食作家兼記者（巴黎）

可可野兔肉燥佐巧克力醬
Rilles de lièvre au cacao, sauce au chocolat

1 製作醃料。將 1 顆洋蔥剝皮並切成細碎。在大碗中倒入油、阿爾馬涅克酒、百里香和切碎的洋蔥。加入野兔肉塊，於陰涼處醃漬 12 小時（不要超過）；不時攪拌。

2 將野豬醃肉切成小丁。在燉鍋中加熱 20 克的奶油，放入野豬醃肉丁，炒至金黃色，約炒 8 分鐘，一邊攪拌。將洋蔥、胡蘿蔔和大蒜剝皮。將洋蔥片切成細薄片，將胡蘿蔔切成 4 塊。

3 將醃肉丁從燉鍋中取出，放在餐盤中預留備用。在原燉鍋中加入洋蔥片和醃漬材料中的洋蔥，混合並煮至金黃色，約煮 5 分鐘。將燉鍋離火，和醃肉丁一起擺在一邊備用。

4 取出醃漬的野兔肉塊，仔細用布巾壓乾。

5 在燉鍋中加入剩餘 20 克的奶油。當奶油變熱時，將野兔肉塊的每面煎至金黃色，約煎 8 分鐘。倒入紅酒、糖，加入胡蘿蔔塊、大蒜、洋蔥片、整束的調味香料和金黃色的醃肉丁。撒上鹽和胡椒，將燉鍋加蓋。以極小的火燉 1 小時。

6 在燉煮 1 小時後，取 1 杓的湯汁。倒入大碗中，摻入可可粉拌勻，再倒回燉鍋中，混合，仍是以極小的火加蓋續燉煮 1 小時。

7 將野兔塊從燉鍋中取出，放至微溫。

8 將湯汁煮沸，將湯汁濃縮至原來份量的一半，再將濃縮湯汁過濾。

9 用叉子將野兔肉塊鬆一鬆，將鬆開的肉塊放入大碗中，淋上些許的濃縮湯汁，並用叉子整個壓碎，直到形成濃稠而柔軟的肉醬。試一下味道。

10 製作醬汁。將紅酒和波特酒倒入小型平底深鍋中，煮沸，濃縮至原先份量的 2/3。用鋸齒刀將巧克力切碎，離火，和醋栗凍一起混入濃縮醬汁中。將醬汁攪打至平滑，如果有必要的話，就以食物料理機攪拌。

11 搭配放在一旁的微溫醬汁和烤過的鄉村麵包（pain de campage）享用這道野兔肉燥。

→ 肉燥（rilles）為口感較粗粒的肉醬（rillettes）。

草莓芒果炸蝦天婦羅佐巧克力醬
Tempura de crevette, fraise et mangue, sauce au chocolat

1 將蝦子去殼，有必要的話就去掉黑色的腸泥。用刀子在每隻蝦的腹部斜切出 5 道切口，以便讓蝦子在烹煮時維持筆直而不會彎曲。

2 用濕布將草莓擦乾淨。將半顆芒果去皮並切成大的條狀。

3 製作巧克力醬。用鋸齒刀將巧克力切碎。將薑削皮並切成小塊。將味酥和鮮奶油煮沸，離火後加入薑塊，淋在切碎的巧克力上，一邊快速攪打。將巧克力醬置於隔水加熱的鍋中保溫。

4 製作天婦羅麵糊。將非常冰涼的啤酒和室溫下的蛋放入大碗中，攪打至混合物變得平滑。在大碗上將麵粉過篩加入，一邊攪打。

5 在鍋中熱油，應達 185-190℃。

6 將蝦子、草莓和芒果條稍微裹上麵粉，陸續浸入天婦羅麵糊中，接著放進熱油鍋中，油炸 2-3 分鐘至變成金黃色。

7 以漏杓取出，擺在折成 4 褶的紙巾上。撒上鹽之花粒和抹茶粉，即刻搭配 1/4 顆綠檸檬上桌。在品嚐時，淋上幾滴綠檸檬汁。

4 人份
準備時間：**15 分鐘**
烹調時間：**每爐 2-3 分鐘**

馬達加斯加明蝦 16 隻
草莓 8 顆
芒果 1/2 顆（100 克）

巧克力醬
可可脂含量 70% 的黑巧克力 100 克
新鮮薑 50 克
味酥 200 毫升（於亞洲食品雜貨店中購買）
液狀鮮奶油 100 毫升

天婦羅麵糊
非常冰涼的日本啤酒 200 毫升
室溫蛋 1 顆
麵粉 100 克

製作用
葵花油 1 公升
麵粉 15 克
鹽之花
抹茶粉 1 小匙
綠檸檬 1 顆切成 4 塊

H. Takeuchi
Kaiseki (Paris)
葛塞奇（巴黎）

巧克力韭蔥舒芙蕾
Soufflés au poireau et au chocolat

1 清洗韭蔥葉，切成薄片，蒸 2 分鐘，立刻放入 1 盆冰水中，用掌心按壓，將所有的水份壓出。打成細泥，在平底深鍋中過篩，以去除細纖維，然後放涼。在玉米粉中摻入些許的水，混入冷韭蔥泥中。

2 以中火加熱平底深鍋。加入過篩的麵粉和奶粉，一邊快速攪打，煮 5 分鐘。分 3 次混入蛋黃，在每加入 1 顆蛋黃時一邊攪打，加入奶油塊，持續攪打，接著放涼。

3 烤箱預熱 235℃（熱度 7-8）。為 6 個個人舒芙蕾模塗上奶油。用鋸齒刀將巧克力切碎。將蛋白和鹽攪打成尖端下垂，濕性發泡的蛋白霜，將 1/3 蛋白霜混入韭蔥泥中，混合，接著小心地加入剩餘的泡沫狀蛋白霜成為舒芙蕾麵糊。將舒芙蕾麵糊填入模型至一半的高度，鋪上一層切碎的巧克力，加上一層舒芙蕾麵糊，並請留意不要超過模型高度的 3/4。將模型在工作檯上輕敲，麵糊內不要有大空隙。放入烤箱烘烤 12 分鐘。即刻享用。

6 人份
準備時間：**25 分鐘**
烹調時間：**約 20 分鐘**

韭蔥葉（vert de poireau）500 克
水 100 毫升
玉米粉 30 克
麵粉 50 克
奶粉 40 克
蛋黃 10 個
奶油 60 克 + 模型用室溫回軟的奶油 25 克
可可脂含量 70% 的黑巧克力 50 克
蛋白 10 個
精鹽 1 撮

F. e. Grasser-Hermé
Écrivain cuisinière (Paris)
inspirée d'une recette d'Alain Passard
料理作家（巴黎）
受到 Alain Passard 食譜的啟發

4 人份
準備時間：20 分鐘
烹調時間：約 12 分鐘

菊芋（topinambour）800 克
瓜納拉巧克力（guanaja）65 克
（或可可脂含量70%的黑巧克力）
水 130 毫升
細砂糖 25 克
濃鮮奶油 60 毫升
艾斯伯雷紅椒粉
橄欖油少量
鹽之花

P. Mikanowski
Auteur culinaire（Paris）
料理作家（巴黎）

4 人份
準備時間：15 分鐘
烹調時間：約 1 小時 5 分鐘

巧克力雪酪
可可脂含量 72% 的黑巧克力
100 克
礦泉水 250 毫升
細砂糖 50 克
可可粉 40 克
全脂牛奶 150 毫升
糖漬橙皮 2 塊

胡蘿蔔濃湯
（Velouté de carotte）
分蔥（或稱紅蔥頭）1 顆
胡蘿蔔 350 克
新鮮薑 15 克
葵花油 1 大匙
松露油 1 大匙（可隨意）
礦泉水 400 毫升
歐石南（bruyère）花蜜 1 小匙
（最佳）
柳橙汁 1 顆
奶油 30 克
原味甘草粉（réglisse naturelle
en poudre）1 撮（於草藥店購
買，可隨意）
高良薑粉（galanga）1 撮
（可隨意）
液狀鮮奶油 100 毫升

I. Astier
Écrivain cuisinière（Paris）
料理作家（巴黎）

菊芋沙拉佐瓜納拉醬
Salade de topinambour, sauce guanaja

1 將菊芋去皮，切成厚 0.5 公分的圓形薄片。將一鍋的鹽水煮沸，投入菊芋片。當再次煮沸時，再續滾 8-10 分鐘。用刀尖檢查烹煮狀況；應能輕易地穿透食材。

2 用鋸齒刀將巧克力切碎。將水倒入平底深鍋中，加入糖、鮮奶油、切碎的巧克力和 1 撮的艾斯伯雷紅椒粉。以文火加熱，煮沸，不斷以木杓攪拌至巧克力醬可附著於木杓，且變得滑順。

3 將菊芋片瀝乾，在餐盤上擺成環形。小心地將巧克力醬倒在四周。為菊芋片淋上些許的橄欖油，依個人喜好撒上鹽之花和艾斯伯雷紅椒粉。即刻享用。

胡蘿蔔濃湯佐巧克力雪酪球
Velouté de carotte et sa quenelle de sorbet au chocolat

1 製作巧克力雪酪。用鋸齒刀將巧克力切碎。將水和糖煮沸，微滾 2-3 分鐘，離火後篩上可可粉，攪打，接著混入切碎的巧克力。繼續攪打至混合物變得平滑，接著倒入冷牛奶，持續攪打。

2 放涼後，依雪酪機的使用方式，讓材料凝固成雪酪。

3 將糖漬橙皮切成小丁，在雪酪開始凝固時加入。將雪酪冷凍保存。

4 製作胡蘿蔔濃湯。將分蔥去皮並切成細碎。將胡蘿蔔削皮，切成圓形薄片。將薑塊去皮。在平底深鍋中以中火熱 2 種油，加入剁碎的分蔥，淋上些許的礦泉水，混合，務必不要黏鍋。混入胡蘿蔔片、花蜜和柳橙汁。將薑放入蒜蓉鉗（presse-ail）中，在胡蘿蔔上用力壓出薑蓉。將奶油切丁，加入平底深鍋中，輕輕攪拌。倒入剩餘的礦泉水，以極小的火煮 1 小時。監督烹煮的情形，胡蘿蔔應始終被水淹沒。在烹煮的最後加入甘草粉和高良薑粉（不要加鹽和胡椒）。將平底鍋離火。加蓋靜置 20 分鐘。

5 用食物料理機攪打濃湯，一邊混入冷的液狀鮮奶油。將微溫或冷的濃湯分裝至杯中，在中央擺上 1 小球的雪酪。即刻搭配義式麵包棒（gressin）享用。

" 主菜
Plats principaux "

野兔腿佐巧克力普洱茶醬
Noisettes de lièvre, sauce au thé yunnan et au chocolat

1 提前 12 小時（不要超過），將野味的骨架子和野兔腿肉放入大碗中。將胡蘿蔔、洋蔥和芹菜莖去皮，切成小丁，和半顆蒜頭（未去皮）、百里香、月桂葉、粗粒胡椒粉、幾滴葡萄酒醋和紅酒一起放入大碗中。醃漬 12 小時。

2 用置於大碗上的濾器過濾醃漬物。將野兔腿肉取出並晾乾，冷藏。

3 製作醬汁。在燉鍋中加熱 2 大匙的花生油。油煎野味的骨架子，煎約 10 分鐘，將骨架煎至金黃色並不時翻動。加入剩餘的醃漬物並混炒數秒，倒入醃漬的湯汁。以中火煮至湯汁濃縮爲原來的一半，最後加入小牛肉湯。加鹽並撒上胡椒，用文火燉 2 小時 30 分鐘；用漏杓經常撈去浮沫。在平底深鍋中過濾燉煮的湯汁，加入幾匙的普洱茶，蓋上蓋子，浸泡 7 分鐘。再度過濾燉煮的湯汁，以中火煮，用鋸齒刀將巧克力切碎，加入並加以混合。當醬汁變得平滑時，加入奶油並快速攪打。

4 將野兔腿肉從冰箱中取出，加鹽並撒上胡椒。在平底煎鍋中以旺火加熱剩餘的奶油。冒煙時，將野兔腿肉每面煎 30 秒，擺在熱盤上，並在周圍淋上一道醬汁。即刻享用。

編註：野兔腿肉 noisettes de lièvre 指的是野兔後腿上方，一塊形狀類似榛果型的肌肉，因爲此處是跳躍運動的部位，格外鮮嫩美味。

4 人份
準備時間：25 分鐘
烹調時間：約 3 小時
醃漬時間：最多 12 小時

野兔腿肉（noisettes de lièvre 榛果形狀部份)12 個（每個 30 克）
花生油 1 大匙
鹽與胡椒粉

醃漬
野味的骨架子 1 公斤
胡蘿蔔 1 根、洋蔥 1 顆
西洋芹菜 1 枝、蒜頭 1/2 顆
百里香 1 枝、月桂葉 1/2 片
粗粒胡椒粉 1 撮
葡萄酒醋
醇厚風味的紅酒 1/2 瓶

醬汁
花生油 2 大匙
小牛肉湯（或摻水還原的小牛肉高湯粉）250 毫升
普洱茶（thé yunnan 產於雲南）粉 4 小匙
可可脂含量 70% 的黑巧克力 20 克
奶油 15 克
鹽、胡椒粉

J.-P. Clément
Fauchon (Paris, 8ᵉ arrondissement)
弗尚（巴黎第 8 區）

苦苣干貝佐可可粒
Pétoncles aux endives et au grué de cacao

1 將苦苣的底部切除，將葉片切成長條。將百香果切成兩半，在漏斗型網篩上方刮下果肉，並以大碗盛接果汁。將條狀苦苣和柳橙汁、百香果的果汁、蜂蜜一起放入煎炒鍋（sauteuse）中混合，以文火煮約 20 分鐘，並請監督烹煮的狀況。在烹煮的最後加入可可粒。離火，保溫。

2 沖洗干貝並晾乾。在平底煎鍋中以中火加熱奶油至變成榛果色，將干貝每面煎約 1 分鐘。淋上幾滴陳年葡萄酒醋，將干貝和苦苣擺在 4 個熱餐盤中，立即享用。

4 人份
準備時間：10 分鐘
烹調時間：約 25 分鐘

嫩的苦苣（jeune endive）3 個
百香果 1 又 1/2 顆
柳橙汁 2 顆
蜂蜜（最好為歐石南花蜜)2 小匙
可可粒（grué de cacao）1 小匙
干貝（pétoncle）20 個
奶油 40 克
陳年葡萄酒醋

I. Astier
Écrivain cuisinière (Paris)
料理作家（巴黎）

苦苣干貝佐可可粒
Pétoncles aux endives
et au grué de cacao

巧克力燉煮珠雞腿
Cuisses de pintade au chocolat façon civet

1 前一天晚上，製作醃料。將珠雞腿放入大碗中。將胡蘿蔔和洋蔥去皮，切成薄片。和調味香料束、杜松子一起放入大碗中，倒入酒和醋，於陰涼處醃漬至隔天。

2 當天，將珠雞腿取出，仔細地用吸水紙擦乾。用置於大碗上的濾器過濾醃漬的醃汁。

3 在燉鍋中熱油。用鹽和胡椒爲珠雞腿調味，接著在燉鍋中將珠雞腿兩面都煎成金黃色。

4 將珠雞腿從燉鍋中取出。將留在濾器中的醃漬材料（保存湯汁）放入燉鍋中，混合並煮 5-8 分鐘，一邊攪拌；食材應稍微上色。將燉鍋傾斜，用湯匙將烹煮出的油脂取出。再將醃汁倒入燉鍋中，煮沸，並以旺火滾至湯汁的體積濃縮爲原來的一半。

5 烤箱預熱 180℃（熱度 6）。

6 當湯汁濃縮足夠時，將酒點燃焰燒。將家禽高湯塊弄碎，撒在湯汁中，加以攪拌。再將雞腿放回燉鍋中，加蓋，放入烤箱烘烤 1 小時 30 分鐘。

7 用鋸齒刀將巧克力切碎。出爐時，以文火加熱燉鍋，並將蓋子移開。將雞腿瀝乾，放入湯盤中保溫。

8 將血（或弄碎的血腸）加入燉鍋中，快速攪打。務必不要煮沸。加入切碎的巧克力並加以攪拌。

9 以置於大碗上的精細濾器過濾烹煮的湯汁。加入切塊的奶油，一邊快速攪打。醬汁應變得平滑光亮。試一下味道，立刻淋在雞腿上。即刻享用。

---

8 人份
前一天晚上開始準備
準備時間：10 + 15 分鐘
烹調時間：約 2 小時 10 分鐘
醃漬時間：約 12 小時

醃漬
胡蘿蔔 1 根
洋蔥 1 顆
調味香料 1 束（巴西利、百里香、月桂、芹菜枝）
杜松子（baie de genièvre）5 顆
醇厚風味的紅酒 1 瓶（西南部，syrah 品種釀製）
覆盆子醋 40 毫升

珠雞腿 8 隻
花生油 2 大匙
家禽高湯塊 1 塊
可可脂含量 70% 的黑巧克力 60 克
血 1/2 杯（於肉店購買）或黑血腸（boudin noir）150 克
奶油 50 克
鹽
胡椒

A. Cordel
Pâtisserie-chocolaterie Au palet d'or (Bar-le-Duc)
金磚巧克力糕點店（巴勒迪克）

巧克力班努斯煨牛頰
Daube de joue de bœuf au banyuls et au chocolat

1 前一天晚上，將牛頰肉切成邊長約 5 公分的塊。將洋蔥、分蔥、大蒜和胡蘿蔔去皮，將洋蔥切成 4 塊，爲每 1/4 塊的洋蔥插入 1 顆丁香。將分蔥和大蒜切成兩半，胡蘿蔔切成圓形厚片。將所有材料和柳橙皮塊、調味香料束一起放入大碗中。倒入紅酒和班努斯酒，撒上胡椒。於陰涼處醃漬至隔天。

2 當天，將烤箱預熱 180℃（熱度 6）。

3 將牛肉塊從醃料中取出，放在紙巾上擦乾。將醃料倒入平底深鍋中，以中火加熱。

---

6 人份
前一天晚上開始準備
準備時間：25 + 15 分鐘
醃漬時間：12 小時
烹調時間：約 2 小時

牛頰肉 1.5 公斤
洋蔥 1 顆
分蔥（échalotte 又稱紅蔥頭）1 顆
大蒜 1 瓣
胡蘿蔔 1 根
丁香 4 顆
未經加工處理的柳橙皮 1/8 顆
調味香料 1 束（百里香、月桂、芹菜枝、韭蔥的蔥白、平葉巴西里 persil plat）

→

→ 胡希雍紅酒（Roussillon）
400 毫升（或朗格多克
Languedoc）
班努斯酒（banyuls）250 毫升
煙醺豬五花肉（ventrèche
de porc）150 克（或胸肉乾
poitrine séchée）
新白洋蔥（oignons blancs
nouveaux）4 束
鴨油 50 克
麵粉 10 克
可可脂含量 60% 的黑巧克力
20 克
鹽
胡椒粉

V. Ferniot
Auteur et journaliste gastronomique
(Paris)
美食作家兼記者（巴黎）

4 將煙醺豬五花肉的皮取下，將豬皮及肉切成小丁。將新白洋蔥去皮，並預留 2 根綠莖，沖洗，接著縱切成兩半。

5 在燉鍋中加熱鴨油，以旺火油煎豬皮丁及肉。當豬皮開始變成金黃色時，加入新白洋蔥混合並煎成金黃色，將燉鍋離火。

6 將麵粉過篩，將牛肉丁稍微裹上麵粉，再以中火加熱燉鍋，油煎牛肉塊的每一面。再將洋蔥和豬肉放回燉鍋中，倒入熱醃料，加鹽並撒上胡椒，取出橙皮，為燉鍋加蓋。

7 放入烤箱烘烤 1 小時 45 分鐘。在烘烤 1 小時後，將烤箱溫度調低為 160℃（熱度 5-6）。

8 烘烤的最後，將燉鍋從烤箱中取出。取出調味香料束和鑲有丁香的洋蔥。用置於平底深鍋上的濾器過濾湯汁，將肉和配料保存在加蓋的燉鍋中。

9 用鋸齒刀將巧克力切碎。以文火加熱湯汁，加入切碎的巧克力，攪打至混合物變得平滑。

10 將肉和配料擺入餐盤中，倒入巧克力醬汁。

→ 可搭配蒸熟的馬鈴薯來享用這道牛頰肉。

---

4 人份
準備時間：**15 分鐘**
烹調時間：**6-8 分鐘**

新鮮扇貝 12 顆
（請魚販為您去殼）
龍眼 40 顆（原產於印度和中國
的水果，於亞洲食品雜貨店中
販售）

沙巴雍
白巧克力 50 克
柚子皮 1/8 顆（如果沒有的話，
就使用柑橘皮）
蛋黃 3 個
味醂 60 毫升（於亞洲食品雜貨
店中購買）
柚子汁 60 毫升（於日本食品雜
貨店中購買，如果沒有的話，
就用綠檸檬汁）
鹽之花
胡椒粉

H. Takeuchi
Kaiseki (Paris)
葛塞奇（巴黎）

焗烤扇貝佐柚香白巧克力沙巴雍
Gratin de noix de saint-jacques, sabayon au chocolat blanc et au yuzu

1 以涼水沖洗扇貝，去掉扇貝的內臟。在平底深鍋中將水煮沸，撒上鹽並將扇貝泡入水中 5 秒，瀝乾後分裝至 4 個湯盆中。將龍眼去殼，加入盤中。

2 製作沙巴雍。用鋸齒刀將巧克力切碎。取下 1/8 顆的柚子皮並切成細碎。將蛋黃和味醂放入大碗中，然後隔水加熱，邊以中火加熱邊用電動攪拌器攪打至形成濃稠的慕斯質地。撒上鹽並以胡椒研磨器轉 4 圈的胡椒粉調味。將大碗從隔水加熱的鍋中取出，持續攪打 1 分鐘。混入切碎的巧克力、柚子皮和柚子汁。攪拌均勻。

3 將烤箱的網架預熱。

4 將沙巴雍鋪在扇貝和龍眼肉上。當網架非常熱時，放入烤箱，焗烤 1 分鐘。即刻享用。

聖羅莎修道院波布拉諾魔力雞
Mole poblano du couvent de Santa Rosa

1 將火雞塊放入雙耳蓋鍋（faitout）中。將洋蔥、胡蘿蔔、芹菜、大蒜和韭蔥去皮，切成大塊，加入雙耳蓋鍋中。倒入冷水，直到蓋過材料。以文火煮沸，撈去浮沫，撒上鹽和胡椒。將蓋子蓋上一半，以文火煮 2 小時。

2 製作魔力醬。在研缽中用杵將莫拉多辣椒和巴西拉辣椒壓碎，倒出在盤中備用。將玉米餅和麵包弄碎。將大蒜和洋蔥去皮，切成薄片。在研缽中用杵將南瓜籽、杏仁、莫拉多辣椒豆和茴香籽壓碎。

3 在燉鍋中加熱豬油，將壓碎的辣椒及果仁煎 2 分鐘，將燉鍋離火。將 1/2 公升的水煮沸，將 2 種辣椒碎浸入 2 分鐘略軟化，瀝乾並擺在一旁。用鋸齒刀將巧克力切碎。以中火加熱燉鍋，以熱豬油煎玉米餅和麵包碎、搗碎的香料、胡椒、丁香、肉桂，以及一半的芝麻粒。混合並加入番茄果肉及 4 湯杓的火雞高湯。以文火燉 30 分鐘，不時攪拌。混入擺在一旁備用的辣椒和切碎的巧克力，混合並再煮 2 分鐘。

4 將火雞塊瀝乾，放入煎炒鍋（sauteuse）中。在平底深鍋上過濾火雞高湯，加熱至體積濃縮為一半，將濃縮高湯倒入魔力醬中。魔力醬應形成略稠的稠度。以電動攪拌器攪打，並在雞肉塊上過濾，攪拌均勻並煮沸。將魔力醬倒入湯盤中的火雞塊上，撒上剩餘的芝麻粒。

10-12 人份
準備時間：30 分鐘
烹調時間：約 2 小時 30 分鐘

切塊火雞 1 隻約 3 公斤
大洋蔥 2 個、胡蘿蔔 2 個
西洋芹菜（céleri）2 支
大蒜 2 瓣、完整韭蔥 1 棵
粗鹽、黑胡椒 5 粒

魔力醬（mole）
莫拉多辣椒（mulato）250 克
（可於優質食品雜貨店中找到）
巴西拉辣椒（pasilla）375 克
變硬的玉米餅（tortillas de maïs rassies）2 個（在室溫下乾燥）
變硬的麵包 125 克
大蒜 3 瓣、洋蔥 1 顆
南瓜籽（pépins de citrouille）75 克
去皮杏仁粒 125 克
莫拉多辣椒豆 125 克
茴香籽 1 小匙
豬油 150 克
可可脂含量 65% 的黑巧克力 200 克
胡椒 3 粒、丁香 3 個
肉桂棒 15 克、芝麻粒 75 克
番茄果肉（罐裝）175 克

M. C. Zamudio
Cuisinière (Londres)
廚師（倫敦）

巧克力雞
Poulet au chocolat

1 為雞肉塊稍微加一點鹽、撒上胡椒並裹上麵粉。在燉鍋中以中火熱油，將雞肉的每面煎成黃色，約煎 6 分鐘。

2 將洋蔥和大蒜去皮並剁碎。將辣椒切碎。將番茄投入沸水中數秒，如此可輕鬆地去皮，將籽取出，將果肉切成小丁。

3 將雞肉塊從燉鍋中取出。將洋蔥、大蒜和辣椒的混合物放入燉鍋中，攪拌 2 分鐘，再放入雞肉塊，倒入家禽高湯，以文火燉 25 分鐘。在燉煮途中加入番茄丁和杏仁粉。將胡椒研磨器轉幾圈，以胡椒粉和香菜粉進行調味。

4 將雞肉塊從燉鍋中取出，以熱網架將雞肉塊的皮烤至酥脆。用鋸齒刀將巧克力切碎，加入烹煮的湯汁中，一邊攪拌。再將烤過的雞肉塊放入湯汁中，以文火燉約 15 分鐘。趁熱享用。

4 人份
準備時間：15 分鐘
烹調時間：約 50 分鐘

雞肉 1 隻 1.7 公斤切成 8 塊
麵粉 10 克
花生油 2 大匙
洋蔥 1 顆
大蒜 2 瓣
鳥椒（piment oiseaux）4 根
番茄 3 個
家禽高湯 250 毫升
杏仁粉 50 克
香菜（Coriandre）粉 3 撮
可可脂含量 70% 的黑巧克力 50 克
鹽、胡椒

F. Simon
Journaliste gastronomique
美食記者

聖羅莎修道院波布拉諾魔力雞
**Mole poblano du couvent
de Santa Rosa**

苦甜巧克力烤鱈魚，佐奶油韭蔥及馬鈴薯魚肉泥
Dos de cabillaud rôti au chocolat amer, brandade de morue aux poireaux

1 前一天晚上，在盤子上鋪上一層粗海鹽，擺上新鮮鱈魚肉，蓋上粗鹽，就這樣放置 6 小時。將鱈魚肉從鹽中取出，以涼水沖洗，放入 1 盆涼水中脫鹽 6 小時，中間換水 2-3 次。

2 當天，將其中 1 塊魚肉切成 6 塊，用吸水紙將水份吸乾。

3 烤箱預熱 170℃（熱度 5-6）。

4 製作馬鈴薯魚肉泥。清洗馬鈴薯並晾乾，將未去皮的馬鈴薯放入烤盤中，視大小而定，烘烤約 20-25 分鐘。用刀尖刺穿以檢查烘烤狀況；應能毫無困難地刺穿。

5 將洋蔥和大蒜去皮並切成薄片，和牛奶、調味香料束一起放入雙耳蓋鍋中，以文火加熱鍋子，加入第二塊完整的鱈魚肉，煮約 8-10 分鐘；當牛奶表面出現泡沫時，就煮好了。將魚肉撈起放在紙巾上晾乾。將魚肉鬆開成小碎塊。

6 加熱鮮奶油。將熱馬鈴薯去皮，和碎鱈魚肉放入裝有刀片的食物料理機容器中，攪打所有材料，並緩緩倒入熱的鮮奶油，接著是橄欖油。將馬鈴薯魚肉泥保存在加蓋且溫熱的隔水加熱鍋（bain-marie）中。

7 製作奶油韭蔥。將蔥白切成 4 段，清洗並晾乾，切成很薄的薄片。以文火加熱奶油和油，加入蔥白，加鹽並撒上胡椒混合，煮約 10 分鐘；湯汁應該已經煮乾，蔥白不應上色，仍保持透明，保溫。

8 製作巧克力醬。用鋸齒刀將巧克力切碎。將馬德拉葡萄酒倒入平底深鍋中，將湯汁濃縮至只剩下 100 毫升，加入家禽高湯，煮沸 7 分鐘。離火後，在醬汁中混入切碎的巧克力，當醬汁變得平滑時，以文火加熱，加入奶油塊，一邊攪打。絕對不要煮沸。加蓋保存在熱的隔水加熱鍋中。

9 烤箱預熱 180℃（熱度 6）。

10 用胡椒研磨器轉幾圈，以胡椒粉和咖哩粉爲 6 塊鱈魚肉調味。在不沾平底煎鍋中以旺火加熱橄欖油，將鱈魚塊每面煎 1 分鐘，擺盤。放入烤箱，視厚度而定，烘烤 5-8 分鐘。

11 享用時，在 6 個熱餐盤中央擺上奶油韭蔥，蓋上馬鈴薯魚肉泥，最後擺上烤過的鱈魚塊。在周圍淋上 1 道熱巧克力醬。即刻享用。

---

6 人份
前一天晚上開始準備
準備時間：55 分鐘
烹調時間：約 70 分鐘

帶皮的新鮮鱈魚肉 2 塊 2-2.5 公斤
粗海鹽
咖哩粉 4 撮
橄欖油 1 大匙
胡椒粉

馬鈴薯魚肉泥（brandade）
馬鈴薯 600 克
洋蔥 1 顆
蒜頭 4 瓣
全脂牛奶 3 公升
調味香料 1 束
液狀鮮奶油 100 毫升
橄欖油 300 毫升
胡椒粉

奶油韭蔥（fondue de poireau）
韭蔥白 400 克
奶油 30 克
花生油 1 大匙
鹽
胡椒粉

巧克力醬
可可脂含量 55% 的黑巧克力 250 克
馬德拉葡萄酒（madère）1 瓶 750 毫升
家禽高湯 100 毫升
半鹽奶油 100 克
鹽
胡椒粉

X. Mathieu
Hôtel Le Phébus (Joucas)
勒菲比大飯店（茹卡）

4 人份
準備時間：**35 分鐘**
烹調時間：**4 小時**

鴿子 2 隻每隻 450-500 克
鴨油 500 克
新鮮百里香 1 枝
大蒜 5 瓣
鹽之花
胡椒粉

榅桲蘋果鴨肝醬（charpie de pomme au coing）
蘋果 500 克（golden 金黃品種）
榅桲 500 克
生鴨肝 50 克
大蒜 1 瓣
青蘋果 1 顆
（granny smith 品種）
檸檬汁 10 毫升

可可野味醬
（sauce salmis cacaotée）
鴨油 20 克
分蔥（échalotte 又稱紅蔥頭）
1 顆
大蒜 2 瓣
新鮮百里香 1 枝
雪莉酒醋（vingaigre de xérès）
10 毫升
紅酒 300 毫升
生鴨肝 50 克
可可脂含量 70% 的黑巧克力
50 克
鹽之花

J.-F. Piège
Hôtel de Crillon (Paris)
格昂大飯店（巴黎）

榅桲蘋果乳鴿佐可可野味醬
Pigeonneau en aiguillettes, pommes aux coings, sauce salmis cacaotée

1 要求肉店老闆準備鴿子，並將腿和翅膀分開取下；應紮成船形，折在胸下；心和肝應另外放。

2 在燉鍋中加熱 480 克的鴨油、百里香和未剝皮的完整大蒜瓣。鴿子腿上撒鹽和胡椒，以文火燉煮，讓鴿子浸泡在油脂中 45 分鐘。

3 烤箱預熱 150℃（熱度 5）。

4 製作榅桲蘋果鴨肝醬。將蘋果和榅桲削皮，去籽。用 1 張鋁箔紙將水果、生鴨肝和未剝皮的完整大蒜瓣包起，接著整個擺在焗烤盤中，放入烤箱烘烤 2 小時。烤箱持續開著。刮下果肉，用湯匙連同煮熟的鴨肝和大蒜一起壓碎，混合。將青蘋果削皮並切成小丁，淋上檸檬汁。擺在一旁。

5 製作可可野味醬。在燉鍋中以旺火加熱 20 克的鴨油，將鴿子肉煮 6 分鐘，接著放入烤箱烤 6 分鐘。靜置 5 分鐘後將胸肉割下，保溫。盛接流下的烹煮湯汁。

6 將取下胸肉的烤鴿子骨頭搗碎。將分蔥剝皮並切成薄片。用刀將大蒜壓碎。將分蔥、大蒜和百里香放入熱燉鍋中，攪拌 2 分鐘，接著加入搗碎的骨頭，炒 10 分鐘至變成金黃色。

7 去掉烹煮炒出的油脂，在燉鍋中倒入雪莉酒醋，讓醋蒸發，接著倒入紅酒，將湯汁收乾約 20 分鐘，直到湯汁形成糖漿狀。加入盛接下預留的鴿子湯汁，再煮 20 分鐘。在烹煮途中撈去浮沫，以去除表面的油脂。離火，靜置 15 分鐘。

8 在平底深鍋上過濾醬汁，煮沸。將鴿子的心、肝和生鴨肝切成細碎，加入醬汁中。用鋸齒刀將巧克力切碎，放入平底深鍋中隔水加熱融化。過濾醬汁，再倒入融化巧克力的平底深鍋中拌勻，以文火保溫。

9 享用時，將鴿子胸肉切成肉片，撒上胡椒粉。在餐盤上將榅桲蘋果鴨肝醬排成圓餅狀，在上面擺上青蘋果丁、鴿子肉片和腿肉。搭配一旁的熱可可野味醬享用，

→ 為了擺盤，您可油炸一些新鮮的草本植物、香葉芹（cerfeuil）、平葉巴西里（persil plat）、甜菜葉等，然後撒在盤子上。

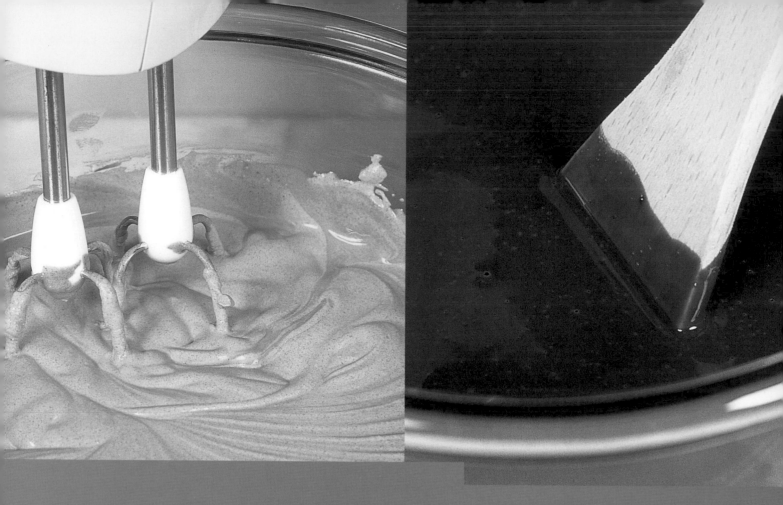

基礎製作 Les préparations de base

"製作巧克力的基本動作與裝飾
Le chocolat, gestes
de base et décors"

巧克力磚 200 克
準備時間：10 分鐘
烹調時間：2 或 3 分鐘

將巧克力隔水加熱融化
Fondre le chocolat au bain-marie

1 將巧克力擺在夠寬的砧板上。用鋸齒刀將巧克力切成很細的碎片：一手握著刀柄，另一隻手的掌心平放在刀背上，輕輕地由上往下動作。用刀身將切碎的巧克力從砧板上倒入耐熱的大碗中。

2 將熱水倒入平底深鍋中，平底深鍋的大小必須小到讓大碗放在鍋子上時，不會碰到鍋子底部。將裝有切碎巧克力的大碗擺在平底深鍋上，以文火加熱。水不應煮滾，應在微滾時就馬上熄火。

3 當巧克力開始融化時，輕輕地用木杓攪拌；切成細碎片的巧克力會在 2 或 3 分鐘內融化。當巧克力融化時，將大碗從鍋子上移開，攪拌讓巧克力均勻。

→ 為了可以方便使用微波爐來融化鋸齒刀切碎的巧克力，請放入適當的容器中，即非玻璃也非金屬的容器。以中等功率加熱，讓巧克力微波 1 分鐘。攪拌，接著再放入微波 30 秒；再度攪拌，重複同樣的步驟至巧克力完全融化。

巧克力刨花
Copeaux de chocolat

黑巧克力、牛奶巧克力或白巧
克力磚 100 克
準備時間：10 分鐘

1 為使塊狀巧克力軟化，最好使用吹風機；將巧克力磚平滑面朝上，擺在 1 張烤盤紙上。用吹風機來回移動，將巧克力的表面稍微加熱。

2 接著讓巧克力置於室溫下 2 分鐘後，再開始製作刨花。為此請使用刀片固定的刨刀。一手抓著傾斜的巧克力磚，另一手用刀尖輕輕按壓，刮下巧克力刨花。

3 用抹刀前端陸續將巧克力刨花擺在另一張烤盤紙上，再蓋上另一張紙，冷藏保存至使用的最後一刻。

■ 巧克力細麵（Vermicelles au chocolat）

為了獲得巧克力細麵，同樣用吹風機使巧克力軟化。待 2 分鐘後，用擺在 1 張烤盤紙上的乳酪刨絲器的洞來削巧克力磚。用抹刀前端收集巧克力細麵。冷藏保存至使用的最後一刻。

400 克的甘那許
準備時間：**15 分鐘**
烹調時間：**2 分鐘**

可可脂含量 70% 的黑巧克力
150 克
可可粉 10 克
液狀鮮奶油 150 毫升

修飾用巧克力甘那許
Ganache au chocolat pour masquer

1 用鋸齒刀將巧克力切碎並放入大碗中。將可可粉過篩。

2 將鮮奶油倒入小型平底深鍋中，加入過篩的可可粉。攪打以混合所有材料。將鮮奶油煮沸，接著離火。

3 緩緩倒入大碗中切碎巧克力的中央。用木杓輕輕攪拌，以小同心圓的方式繞圈。緩緩倒入剩餘的鮮奶油，持續緩慢地攪拌，並繞成越來越大的圈。當巧克力變得平滑時，用電動攪拌棒攪打 2 分鐘。

4 將形成的甘那許在室溫下放涼。當甘那許形成柔軟的稠度時，用金屬抹刀的尖端攤開。

→ 修飾用甘那許用來覆蓋或裝飾各種的大小型糕點。為了可以鋪均勻，其質地應如膏狀般柔軟且平滑。若甘那許過於堅硬，可放入熱的隔水加熱鍋中再加熱：將大碗或平底深鍋的底部放入隔水加熱鍋中 1 分鐘，接著從隔水加熱鍋中取出，輕輕地從外緣朝中央攪拌，接著再重複同樣的程序 1-2 次，直到形成適當的稠度。請務必要一直緩慢地攪拌甘那許，盡量不要混入氣泡，以免不利於保存。

→ 若您沒有將所有的甘那許用完，可將剩餘的以冷藏保存 2-3 日或加以冷凍；這樣可保存 1 個月。

■ **修飾用肉桂巧克力甘那許**（Ganache au chocolat à la cannelle pour masquer）
在烤盤紙上將肉桂棒弄成碎屑，將碎屑倒入 150 毫升的鮮奶油中，加入過篩的可可粉。煮沸，立刻離火。讓肉桂浸泡 10 分鐘。用網篩過濾調味的鮮奶油，接下來的步驟同上面的食譜。

巧克力鏡面
Glaçage au chocolat

1 先製作巧克力醬。用鋸齒刀將巧克力切碎，和水、糖及鮮奶油一起放入厚底的平底深鍋中，以文火煮沸，接著用木杓攪拌，煮至巧克力醬變得滑順且附著於木杓上，離火並擺在一旁。接著製作鏡面淋醬。同樣用鋸齒刀將巧克力切碎。將鮮奶油倒入厚底的平底深鍋中，煮沸。

2 將平底鍋離火，逐漸混入切碎的巧克力，用木杓從中央朝鍋邊非常緩慢地攪拌。以同樣的方式，分數次加入剩餘切碎的巧克力。放至微溫，達 60℃ 以下。

3 在這個時候，加入切塊奶油，盡量不要攪拌，接著混入巧克力醬，一樣盡量不要過度攪拌。材料應均勻。

→ 巧克力鏡面在微溫時（介於 35-40℃ 之間）使用。可用小湯杓淋在蛋糕上。若過度冷卻，請以裝有溫水的隔水加熱鍋（或用微波爐）加熱至微溫，不要過度攪拌。

可使用在 **8** 人份的蛋糕 **1** 個
準備時間：**20** 分鐘
烹調時間：約 **8** 分鐘

巧克力醬 100 克
可可脂含量 70% 的黑巧克力
25 克
水 50 毫升
細砂糖 15 克
濃鮮奶油（crème fraîche
épaisse）25 毫升

巧克力鏡面淋醬
nappage au chocolat
可可脂含量 70% 的黑巧克力
100 克
液狀鮮奶油 80 毫升
室溫回軟的奶油 20 克

奶油醬、慕斯和醬汁
Les crèmes, les mousses et les sauces

10 人份
前一天晚上開始準備
準備時間：**5 + 15 分鐘**
烹調時間：約 **20 分鐘**

全脂牛奶 500 毫升
液狀鮮奶油 500 毫升
香草莢 2 根
蛋黃 12 個
細砂糖 200 克

香草英式奶油醬
Crème anglaise à la vanille

1 前一天晚上，將牛奶和鮮奶油倒入平底深鍋中。將香草莢剖開成兩半刮出籽，一起放入煮沸，接著將平底鍋離火。放涼後將平底鍋冷藏，浸泡至隔天。

2 當天，將平底鍋加熱，再度煮沸，並將香草莢移除。將蛋黃和糖放入大碗中，攪打 3 分鐘。將牛奶和香草鮮奶油的混合物緩緩倒入蛋黃和糖的混合物中，一邊攪打。

3 將材料倒入平底鍋中，以中火燉煮，不停攪拌至溫度達 85℃。用手指劃過浸泡過英式奶油醬的木匙平面，檢查奶油醬的濃稠度；當手指在木匙上留下清晰可辨的痕跡時，奶油醬便煮好了。

4 將平底鍋離火，非常緩慢地攪拌奶油醬 4-5 分鐘，讓奶油醬變得滑順。用置於小碗上的精細濾器過濾。準備 1 大碗的冰塊，並立刻在大碗中擺入較小的碗。讓英式奶油醬冷卻並小心地不時攪拌。冷藏保存至隔天，這是讓蛋的味道和全脂鮮奶乳酸菌之間互相滲透所必需的時間。

黑巧克力鮮奶油香醍
Crème Chantilly au chocolat noir

1 將糖秤重並擺入盤中。用鋸齒刀將巧克力切碎並放入大碗中。將鮮奶油倒入平底深鍋中並加入糖，用木杓均勻混合，將平底鍋以文火加熱，將混合物煮沸後離火。

2 立刻將熱鮮奶油淋在切碎的巧克力上，一邊以手動攪拌器快速攪打。

3 放涼後蓋上彈性保鮮膜，將大碗冷藏保存 6-8 小時。在打發成鮮奶油香醍前，巧克力鮮奶油應爲 4℃。

4 將另一個大碗冷凍冰鎮 15 分鐘。將冷卻的巧克力鮮奶油倒入冰鎮過的大碗中，用電動攪拌器以中速攪打至幾乎凝固，但仍然如雪般柔軟的黑巧克力鮮奶油香醍。

→ 若您有時間的話，可在前一天進行 1-3 個步驟。爲巧克力鮮奶油蓋上彈性保鮮膜（以免表面形成硬皮），並冷藏保存至隔天。

■ 牛奶巧克力鮮奶油香醍（Crème Chantilly au chocolat au lait）

您可使用 210 克的牛奶巧克力、300 毫升的鮮奶油和 50 克的糖，以同樣方式製作牛奶巧克力鮮奶油香醍。別忘了要先放涼至 4℃，才能打發成鮮奶油香醍。

500 毫升的鮮奶油香醍
準備時間：**10 分鐘**
烹調時間：**2 或 3 分鐘**
冷藏時間：**6-8 小時**

細砂糖 50 克
可可脂含量 70% 的黑巧克力
100 克
液狀鮮奶油 500 毫升（最好經巴氏殺菌 pasteurisée）

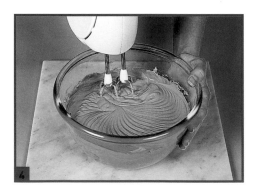

750 毫升的奶油霜
準備時間：**15 分鐘**
烹調時間：**約 15 分鐘**
冷藏時間：**3 小時**

蛋黃 6 個
細砂糖 125 克
全脂牛奶 250 毫升
液狀鮮奶油 250 毫升
可可脂含量 70% 的黑巧克力
170 克

巧克力滑順奶油霜
Crème onctueuse au chocolat

1 在大碗中混合蛋黃和糖。

2 以文火將牛奶和鮮奶油煮沸。離火，將一些倒入蛋黃和糖的混合物中，一邊快速攪打。持續緩慢地倒入牛奶和鮮奶油的混合物，不停攪拌。

3 將上述材料倒入平底深鍋中，以中火加熱平底鍋，不停地攪拌，煮至溫度達 85℃。將平底鍋離火，非常緩慢地攪拌所形成的奶油醬 4-5 分鐘，讓奶油醬變得滑順。

4 用鋸齒刀將巧克力切碎並放入大碗中，倒入一半的熱奶油醬，一邊輕輕攪拌，當混合物均勻時，倒入剩餘的奶油醬。

5 將材料放涼，並小心地不時攪拌。冷藏 3 小時，凝固成滑順奶油霜後使用。

750 毫升的奶油霜
準備時間：**20 分鐘**
烹調時間：**約 15 分鐘**
冷藏時間：**3 小時**

百香果 7 顆
蛋黃 6 個
細砂糖 125 克
全脂牛奶 100 毫升
液狀鮮奶油 250 毫升
可可脂含量 70% 的黑巧克力
170 克

百香巧克力滑順奶油霜
Crème onctueuse au chocolat et aux fruits de la Passion

1 將百香果切成兩半，在網篩上刮下果肉，並用大碗盛接果汁。

2 在大碗中混合蛋黃和糖，混入百香果汁。

3 以文火將牛奶和鮮奶油煮沸。離火，將一些倒入蛋黃、糖和百香果汁的混合物中，一邊快速攪打。持續緩慢地倒入牛奶和鮮奶油的混合物，不停攪拌。

4 將上述材料倒入平底深鍋中。以中火加熱平底鍋，不停地攪拌，煮至溫度達 85℃。將平底鍋離火，非常緩慢地攪拌所形成的奶油醬 4-5 分鐘，讓奶油醬變得滑順。

5 用鋸齒刀將巧克力切碎並放入大碗中，倒入一半的熱奶油醬，一邊輕輕攪拌。當混合物均勻時，倒入剩餘的奶油醬。

6 將材料放涼，並留意要不時攪拌。冷藏 3 小時，凝固成滑順奶油霜後使用。

香草卡士達奶油醬
Crème pâtissière à la vanille

400 克的卡士達奶油醬
準備時間：**25** 分鐘
烹調時間：約 **8** 分鐘

玉米粉 40 克
細砂糖 100 克
全脂鮮奶 500 毫升
香草莢 1 根
蛋黃 3 個
室溫回軟的奶油 25 克

1 在厚底的平底深鍋中，用攪拌器混合玉米粉、30 克的糖和牛奶。將香草莢剖成兩半，用刀尖刮出籽。將香草莢和籽加入先前的材料中。以文火煮沸，一邊攪打。

2 在大碗中，攪打蛋黃和剩餘的糖 3 分鐘，緩緩倒入熱的香草牛奶，一邊攪打。再將材料倒回平底深鍋中，以中火加熱，煮至第一次沸騰，不停地攪拌。立刻離火，再將卡士達奶油醬倒入小碗中。將香草莢取出。

3 準備一大碗的冰塊，立刻放小碗。

4 在盤子上將奶油分成核桃般大小的塊狀。當卡士達奶油醬只剩下 60℃時（以烹飪溫度計控制），加入奶油塊，一邊快速攪拌。為了避免表面形成膜，請在卡士達奶油醬放至完全冷卻期間在上面蓋上彈性保鮮膜。冷卻後即刻使用。

■ 巧克力卡士達奶油醬（Crème pâtissière au chocolat）

為了製作巧克力卡士達奶油醬，請用鋸齒刀將 125 克的黑巧克力切碎。分 3 次加入微溫的香草卡士達奶油醬中（在步驟 4 的最後），每加入 1 次巧克力，就輕輕攪拌。充分攪拌至奶油醬變得平滑且滑順。

320 克的甘那許
準備時間：10 分鐘
烹調時間：約 2 分鐘

室溫回軟的奶油 150 克
可可脂含量 70% 的黑巧克力
160 克（或牛奶巧克力 180 克）
全脂牛奶 110 毫升

裝填用巧克力甘那許
Ganache au chocolat pour garnir

1 將奶油放入大碗中。用叉齒將奶油壓碎，攪拌至完全柔軟且滑順。

2 用鋸齒刀將巧克力切碎，並放入大碗中。將牛奶煮沸，倒一點在切碎的巧克力中央。用木杓緩緩攪拌，並以小同心圓的方式繞圈。

3 慢慢倒入剩餘的牛奶，持續緩慢地攪拌，並繞出越來越大的圈。

4 當混合物不到 60℃時，慢慢加入小塊的軟奶油，輕輕攪拌，不要過度攪拌材料，以保留柔軟的質地。

→ 若甘那許在冷卻時變得太結實，請以平底深鍋或微波爐緩緩隔水加熱至融化，讓甘那許稍微回復至柔軟的質地；盡量不要攪拌。

■ **裝填用肉桂巧克力甘那許**（Ganache au chocolat et à la cannelle pour garnir）

在烤盤紙上將 1 根肉桂棒敲成碎屑，將碎屑倒入 110 毫升的牛奶中。將牛奶煮沸，立即離火。讓肉桂浸泡 10 分鐘。用網篩將牛奶過濾後，再次煮沸。倒一點在切碎的巧克力中央，用木杓緩緩攪拌，並以小同心圓的方式繞圈。持續如上面的食譜進行（步驟 3 和 4）。

黑巧克力沙巴雍慕斯
Mousse sabayon au chocolat noir

1 在平底深鍋中將水和糖煮沸，再滾 3 分鐘，不要超過。立刻將平底鍋離火。

2 在大碗中攪打蛋和蛋黃，緩緩地倒入熱糖漿。持續攪打至混合物的體積膨脹 3 倍並冷卻。

3 用鋸齒刀將巧克力切碎，然後以平底深鍋隔水加熱至融化。將融化的巧克力放入大碗中，放涼至 45℃。

4 將大碗冷凍冰鎮 15 分鐘，將液狀鮮奶油倒入攪打成打發鮮奶油。將 1/4 的打發鮮奶油混入融化的巧克力中，輕輕地混合，接著加入剩餘 3/4 的打發鮮奶油。

5 加入打發的蛋及糖漿混合物中，並用攪拌器將所有材料以稍微舀起的方式混合。在黑巧克力沙巴雍慕斯拌均勻後立即使用。

→ 巧克力沙巴雍慕斯是一種混入沙巴雍的巧克力慕斯，即蛋黃與糖漿緩慢隔水加熱的的混合物。可用來裝填蛋糕，如夏露蕾特。

可製作約 **900** 克的慕斯
準備時間：**20** 分鐘
烹調時間：約 **8** 分鐘

水 20 毫升
細砂糖 70 克
蛋 1 顆
蛋黃 3 個
可可脂含量 70% 的黑巧克力
150 克
液狀鮮奶油 500 毫升

巧克力醬
Sauce au chocolat

1 用鋸齒刀將巧克力切碎，和水、糖和鮮奶油一起放入厚底的平底深鍋中，用木杓攪拌均勻。

2 用木杓不停地攪拌，以中火將醬煮沸。以文火將醬收乾，不停用木杓攪拌，煮至醬汁變得滑順並附著於木杓上。離火。

3 即刻使用熱巧克力醬或是置於室溫下放涼，不時攪拌。將巧克力醬倒入大碗中，冷藏保存。

→ 這巧克力醬以密封罐冷藏可保存 2 周。

→ 若您想再加熱，請放入隔水加熱鍋中，以文火加熱，不時攪拌。

約 **500** 毫升
準備時間：**10** 分鐘
烹調時間：約 **12** 分鐘

可可脂含量 70% 的黑巧克力
130 克
水 250 毫升
細砂糖 70 克
濃鮮奶油（crème fraîche épaisse）125 毫升

煮糖 La cuisson du sucre

在溫度升高時，糖更容易溶於水：舉例來說，1 公升的水在 19℃時可以溶解 2 公斤的糖，在 100℃時可以溶解將近 5 公斤的糖。乾煮的話，糖在將近 160℃時開始融解；從 170℃開始 變成焦糖，在將近 190℃時會燒焦。

煮糖必須以文火開始，接著在糖溶解時加溫，小心地監督，因為不同的階段之間非常相近， 而且每一個都對應到特殊的用途。

可使用刻度達 200℃的煮糖溫度計來進行烹煮的控管。但也能用手進行，因為在稍具經驗的 情況下，可從糖表面形成的物理特性來判定所到達的溫度（見 292 頁圖示）。

■ **鏡面 NAPPÉ（100℃）**糖漿，完全半透明，開始沸騰；當我們非常迅速地浸入漏杓時， 會在表面延展成鏡面。用於芭芭蛋糕、沙弗林（savarin）和糖漿水果（fruits au sirop）。

■ **細線 PETIT FILÉ（103-105℃）**在此溫度下，糖漿更為濃稠。若我們將湯匙泡入冷水中， 再迅速放入糖漿，接著用湯匙盛起，會在指間形成 2 至 3 公釐、非常細的線，而且很容易斷 裂。用於糖漬水果。

■ **粗線或拔絲 GRAND FILÉ OU LISSÉ（106-110℃）**指間獲得更結實、達 5 公釐的線。 用於製作鏡面。

■ **小珠 PETIT PERLÉ（110-112℃）**糖漿表面被圓形氣泡所覆蓋；用湯匙盛起，拿在指間， 會形成大而堅固的線。

■ **大珠或吹動 GRAND PERLÉ OU SOUFFLÉ（113-115℃）**指間拉長的糖絲可達 2 公分。 用於糖栗（marron glacé）、果醬用糖漿。

■ **軟球 PETIT BOULÉ（116-125℃）**當擺在濕潤的指尖時，糖漿形成平坦而柔軟的球。用 於法式奶油霜（crème au beurre）、馬卡龍、義式蛋白霜和牛軋糖（nougat）。

■ **硬球 GRAND BOULÉ（126-135℃）**形成的糖漿球不會塌下、較硬。用於焦糖、糖飾的 糖漿。

■ **小破碎 PETIT CASSÉ（140-150℃）**柔軟的糖；會在指間輕易地彎曲，但此階段的糖不 能使用，因為會黏牙。

■ **大破碎 GRAND CASSÉ（155℃）**被壓扁在濕潤的指間，糖漿球堅硬、易碎、無黏性。糖 變為明亮的草黃色。用於糖煮糖果、糖花和細線糖漿裝飾。

■ **淺色焦糖 CARAMEL CLAIR（160-170℃）**幾乎不含水份的糖漿轉化成明亮的焦糖；一 開始是黃色，接著變成金黃色和褐色。用來為模型上焦糖，並為點心和布丁增添芳香。

■ **褐色或深色焦糖 CARAMEL BRUN OU FONCÉ（180-190℃）**糖變成褐色，喪失強烈 的焦糖味和甜度。用來為奶油醬、慕斯和冰淇淋調味。

煮糖的溫度控制
Contrôler le degreé de caisson du sucre

在量少時，即使是專業人士也經常以手指來測試烹煮的溫度：將您的手指浸入平底深鍋旁裝有冰水的碗中，然後用您濕潤的大拇指和食指迅速取一些糖漿，接著再立刻將糖漿浸入裝有冰水的碗中。將兩根手指拉開，以檢驗堅實度。這項手指測試可執行至「大破碎」階段；超過的話可能會很危險。

1 當糖漿輕易地在您指間拉成細絲；我們稱這糖煮成了「線狀 GRAND FILÉ」。

2 當您將糖漿在指間壓扁，糖漿形成平坦而柔軟的小珠；我們稱這糖煮成了「軟球狀 PETIT BOULÉ」（如圖）。當形成較堅硬、不再塌陷的小珠時；我們稱這糖煮成了「硬球狀 GRAND BOULÉ」。

3 當您在濕潤的指間將它折彎時，糖漿可非常輕易地彎曲；我們稱這糖煮成了「小破碎 PETIT CASSÉ」。

4 當您在濕潤的指間拉扯，糖漿會輕易折斷：我們稱這糖煮成了「大破碎 GRAND CASSÉ」。

糖度 30°B 的糖漿
Sirop à 30°Be

1 將水和糖倒入平底深鍋中。攪拌至糖完全溶於水中，以中火煮沸。

2 當糖漿開始煮沸時便離火。在室溫下放涼。冷藏保存。

約 1 公升的糖漿
準備時間：幾分鐘

水 450 毫升
細砂糖 500 克

"
麵糊、蛋糕體和蛋白霜
Les pâtes, les biscuits
et les meringues
,,

約 250 克的麵團 1 個
準備時間：10 分鐘

將麵皮套入塔模中
Garnir un moule à tarte de pâte

1 在撒上些許麵粉的工作檯上，用擀麵棍將麵團擀開。將模型擺在麵皮上。用小刀在距離模型邊緣 3 公分處，沿著模型周圍將麵皮裁下。將模型移開並為模型內側塗上些許的奶油。

2 用抹刀將擀開的圓形麵皮輕輕提起一半，然後擺在擀麵棍上。將麵皮提起並擺在模型上。讓麵皮慢慢落入模型中，一邊轉動模型；如此可避免麵皮在烘烤時收縮。

3 用食指按壓，讓麵皮貼著模型邊緣。為了去除多餘的麵皮，以擀麵棍擀過模型邊緣，並在上面輕輕按壓。移去切下的麵皮。

4 沿著模型的周圍，用拇指和食指輕捏麵皮的邊緣，以形成皺褶。將套入麵皮的模型冷藏 30 分鐘後填餡，或依模型的大小和麵皮的厚度而定，在 180℃ 預熱的烤箱中空烤 20-25 分鐘。

→ 這種套模的方式 (專業人士稱為模型：墊底 foncer) 亦適用於油酥麵團、甜酥麵團和法式塔皮麵團。

製作圓形餅皮
Façonner des disques de biscuit

1 製作打卦滋麵糊。在工作檯上鋪上 1 張烤盤紙，在精細的漏斗型網篩中放入杏仁粉（或榛果粉）和糖粉，一起在紙上過篩。

2 將蛋白放入大碗中，用電動攪拌器以低速攪打，當蛋白呈現大泡沫狀時，分 3 次混入細砂糖。

3 當打發成尖端微微下垂的濕性發泡蛋白霜，加入含糖的杏仁粉（或榛果粉），大量地倒入，並輕輕地用橡皮軟抹刀將所有材料以稍微舀起的方式拌勻。

4 將這麵糊倒入裝有 12 號圓口擠花嘴的擠花袋中。將 1 張烤盤紙擺在烤盤上，用鉛筆在紙上描出您想要的圓餅直徑，從中央開始擠出螺旋狀的麵糊，製作 2 個圓餅。

5 烘烤前，用糖罐或精細的網篩，在圓餅上稍微篩上一點糖粉。靜置 10 分鐘，再篩上糖粉。再靜置 10 分鐘後烘烤。放入預熱 170℃的烤箱中，依大小而定，烘烤 15-20 分鐘。

→ 打卦滋麵糊在調配後的 24 小時風味最佳。圓餅的直徑可依食譜而改變。

→ 您可使用同樣的方式，用擠花袋製作蛋白霜圓餅（見 295 頁）、蛋糕麵糊、馬卡龍麵糊，擠花嘴的形狀和開口直徑則依食譜而定。

500 克的打卦滋麵糊
前一天晚上開始準備
準備時間：**25 分鐘**
烹調前的靜置時間：**20 分鐘**

杏仁粉 135 克（或榛果粉）
糖粉 150 克
蛋白 5 個
細砂糖 50 克
點綴用糖粉

750 克的蛋白霜
準備時間：約 10 分鐘

蛋白 8 個
細砂糖 500 克
天然香草精 1 小匙（或剖成兩半取籽的香草莢 2 根）

法式蛋白霜
Meringue française

1 一顆一顆地打蛋，將蛋白擺在一旁的大碗裡。注意別在蛋白裡留下任何殘餘的蛋黃，因為會造成打發上的困難。加入天然香草精（或香草籽），用手提式電動攪拌器以低速攪打蛋白，從一開始便混入一半的糖。

2 持續以中速攪打至蛋白的體積膨脹為 2 倍。不停攪打，這時輕輕但大量地再倒入剩餘 125 克一半份量的糖。持續攪打至蛋白變得凝固、平滑且光亮（濕性發泡狀態）。

3 加入剩餘的糖，並不斷地攪打至蛋白變得非常凝固；蛋白牢牢地附著於攪拌器的支架上而不會下垂滴落（硬性發泡狀態）。

4 將打發蛋白霜填入裝有圓口擠花嘴的擠花袋中，在烤盤上鋪上烤盤紙，並依所選擇的食譜擠出蛋白霜。可將圓形的蛋白霜放入預熱 120℃的烤箱中，依其大小烘烤 30 分鐘至 1 小時 15 分鐘。

→ 為了製作直徑 8 公分的蛋白霜小圓餅，請將蛋白霜填入裝有 14 或 16 號圓口擠花嘴的擠花袋中。

→ 為了製作直徑 20 或 22 公分的蛋白霜圓餅，請使用裝有 9 號星形擠花嘴的擠花袋中，並從中央開始擠出螺旋狀麵糊（見 294 頁的照片）。

→ 為了製作「仙女手指 doigts de fée」，即形成 8 公分長的棍狀，請將麵糊填入裝有 10 或 12 號圓口擠花嘴的擠花袋中，在烤盤紙上擠出直線的棍狀麵糊。

→ 為了檢查蛋白霜是否烤好，可將其中一塊折斷：內部中央的顏色應為淡淡的金黃色。

指形蛋糕體
Biscuits à la cuillère

300 克的麵糊
準備時間：**15 分鐘**
烹調時間：約 **15 分鐘**

45 號麵粉 55 克
蛋黃 6 個
細砂糖 85 克
蛋白 3 個

1 在大碗上將麵粉過篩。在另一個大碗中攪打蛋黃和 50 克的糖，直到材料泛白。

2 用電動攪拌器將蛋白打成凝固的泡沫狀，一邊混入剩餘 35 的糖，打發成尖端直立的硬性發泡蛋白霜。

3 倒入蛋黃和糖的混合物中，用軟刮刀以一邊繞圈一邊拌勻，由下往上將材料稍微舀起的方式混合。加入麵粉，以同樣方式混合。

4 在 30×40 公分的烤盤上鋪上烤盤紙。

5 將蛋糕體麵糊倒入裝有 7 號圓口擠花嘴的擠花袋中。沿著烤盤的長邊，並排地擠出長 4 公分、寬 1.5 公分的小型條狀麵糊，在預熱 220℃的烤箱中烤蛋糕體約 15 分鐘。

→ 您還可以擠出約 10 公分長的指型蛋糕體。

指形蛋糕體圓餅
Disques de biscuit à la cuillère

300 克的麵糊
準備時間：**15 分鐘**
烹調時間：約 **15 分鐘**

45 號麵粉 55 克
蛋黃 6 個
細砂糖 85 克
蛋白 3 個
糖粉

1 在大碗上將麵粉過篩。在另一個大碗中攪打蛋黃和 50 克的糖，直到材料泛白。

2 用電動攪拌器將蛋白打成凝固的泡沫狀，一邊混入剩餘 35 的糖，打發成尖端直立的硬性發泡蛋白霜。

3 倒入蛋黃和糖的混合物中，用軟刮刀以一邊繞圈一邊拌勻，由下往上將材料稍微舀起的方式混合。加入麵粉，以同樣方式混合。

4 在 30×40 公分的烤盤上鋪上烤盤紙。

5 用鉛筆在烤盤紙上描出 2 個直徑 22 公分的圓。將蛋糕體麵糊倒入裝有 7 號圓口擠花嘴的擠花袋中。將擠花嘴對準圓圈中央，擠出螺旋狀圓形至圓圈的邊緣。接著製作第二個圓形餅皮。篩上糖粉，等 5 分鐘。再篩上一次糖粉。在預熱 220℃的烤箱中烘烤圓形麵皮約 15 分鐘。

600 克的麵糊
準備時間：10 分鐘

麵粉 100 克
可可粉 100 克
奶油 45 克
蛋白 3 個
細砂糖 100 克
蛋黃 5 個

含麵粉巧克力蛋糕體麵糊
Pâte à biscuit au chocolat avec farine

1 在大碗中用手指混合麵粉和可可粉，過篩至另一個大碗中。

2 在平底深鍋中以文火將奶油加熱至融化。在融化時將平底鍋離火，放至微溫。

3 用電動攪拌器將蛋白打成凝固的泡沫狀，並在途中分 2 次混入共 50 克的糖，打發成尖端直立的硬性發泡蛋白霜。

4 用電動攪拌器將剩餘 50 克的糖和蛋黃攪打至混合物泛白。

5 取 2 大匙蛋黃和糖的混合物，加入仍溫熱的融化奶油中，混合，接著將蛋白霜混入材料中，並用軟抹刀輕輕地將配料以稍微舀起的方式混合。

6 當麵糊均勻時，加入麵粉和可可粉，輕輕地混入。再加入剩餘蛋黃和糖的混合物，一邊輕輕地攪拌至均勻。

500 克的麵糊
準備時間：25 分鐘

可可脂含量 66% 黑巧克力
90 克
蛋黃 8 個
細砂糖 240 克
蛋白 6 個

無麵粉巧克力蛋糕體麵糊
Pâte à biscuit au chocolat sans farine

1 用鋸齒刀將巧克力切碎，以隔水加熱的平底深鍋加熱至融化。從隔水加熱鍋中取出。

2 用電動攪拌器攪打蛋黃和一半的糖。

3 將蛋白打成凝固的泡沫狀，並分 3 次大量地倒入剩下的糖，打發成尖端直立的硬性發泡蛋白霜。

4 用軟刮刀將 1/3 的蛋白霜混入蛋黃和糖的混合物中，加入融化的巧克力，快速攪拌。

5 當材料變得均勻時，加入剩餘的蛋白霜，並用軟抹刀小心地將配料以稍微舀起的方式混合。

6 將材料填入裝有 8 號圓口擠花嘴的擠花袋中。依所想要的形狀擠在鋪有烤盤紙的烤盤上。

→ 這蛋糕體麵糊在烘烤時會稍微攤開；因此，請在一開始擠出比想要的形狀略小的大小。

→ 一旦烤好以後，蛋糕體應呈現出乾燥的外觀，但在室溫下，蛋糕體又會變得稍微濕潤；請等到蛋糕體完全冷卻後再撕掉烤盤紙。

油酥麵團
Pâte brisée

1 將奶油切成小塊並放入大碗中，用木杓壓碎並快速攪拌，讓奶油軟化。

2 在小碗中，混合牛奶、鹽和糖，攪拌均勻，將混合物逐漸倒在奶油上，並規律地攪拌。在大碗上將麵粉過篩。分幾次並大量地倒入小碗中。極快速地揉捏麵糊及半顆蛋黃。

3 將麵糊擺在撒有麵粉的工作檯上，用掌心壓扁並推開，再收攏成團狀，然後再重複同樣的程序。揉成圓團狀並稍微壓扁，以彈性保鮮膜包起，冷藏靜置至少 2 小時。

4 使用時，在工作檯上撒上麵粉，以擀麵棍將麵團擀平。

→ 很重要的是必須極迅速地揉捏材料，以形成細緻的沙狀質地。

→ 您可用電動攪拌器製作油酥麵團。將奶油塊、鹽、糖、蛋黃和牛奶放入裝有刀鋒的食物料理機容器中，攪拌至形成均勻的乳霜狀。再加入過篩的麵粉，攪拌至形成團狀時便停止。取出以彈性保鮮膜包覆，冷藏靜置至少 2 小時。

→ 油酥麵團非常經得起冷凍。在靜置的時間過後，您可將油酥麵團整個或部分以彈性保鮮膜密封包起冷凍。使用前，先以冷藏的方式讓麵團慢慢解凍，然後再擀開，無須再搓揉，因為這會使麵團喪失柔軟的質地。

500 克的麵團
準備時間：**15 分鐘**
冷藏時間：**至少 2 小時**

室溫回軟的奶油 185 克
全脂牛奶 50 毫升
鹽平平的 1 小匙
細砂糖平平的 1 小匙
麵粉 250 克
蛋黃 1/2 個

750 克的麵糊
製作時間：10 分鐘

水 130 毫升
全脂牛奶 130 毫升
細砂糖平平的 1 小匙
鹽平平的 1 小匙
奶油 110 克
麵粉 140 克
蛋 5 顆

泡芙麵糊
Pâte à choux

1 將水、牛奶、糖和鹽倒入平底深鍋中，攪拌至材料溶解。再加入奶油塊煮沸，並以木杓攪拌。當液體煮沸時，一次倒入所有的麵粉，用木杓快速攪拌，直到麵糊變得平滑且均勻，持續攪拌麵糊 2 至 3 分鐘，讓麵糊變得乾燥並脫離鍋壁和鍋底。

2 立刻將麵糊倒入大碗中，將蛋打在小的舒芙蕾模中（或杯中），然後混入麵糊；就這樣加入一顆顆的蛋，務必要在第一顆完全混入後再加入之後的蛋。

3 持續快速地攪打麵糊，不時稍微提起木杓查看：當麵糊落下並形成緞帶狀時，表示麵糊已經完成了。

4 在此階段，應將麵糊烤好並立刻進行加工。將麵糊放入裝有圓口擠花嘴的擠花袋中，依您想要的形狀擠在烤盤上，例如長條狀的閃電泡芙。

→ 泡芙麵糊總是以牛奶和水等量的比例進行製作。若您只用水，麵糊便會太乾。

→ 為了泡芙麵糊的味道和質地，在水和牛奶中加鹽和糖是必須的。

■ 巧克力泡芙麵糊（Pâte à choux au chocolat）

為了製作巧克力泡芙麵糊，請將 15 克過篩的可可粉混入水、牛奶、糖和鹽中（上述食譜的步驟 1）。

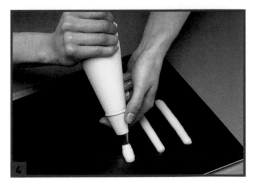

折疊派皮
Pâte feuilletée

1 讓鹽在 1 杯冷水中溶解。在小型平底深鍋中將 75 克的奶油加熱至融化。將上等麵粉放入大碗中，先混入鹽水，接著是融化的奶油，規律地攪拌，但不要過度搓揉麵團。將這基本揉和麵團（détrempe）收攏成團狀，用掌心稍微壓平，以彈性保鮮膜包覆，冷藏保存 2 小時。

2 將剩餘 425 克的奶油切成小塊；放入大碗中，用木杓攪拌至形成和基本揉和麵糰同樣的軟硬度，再整形成方形片。在麵團靜置 2 小時後，在工作檯上撒上些許的麵粉，並用擀麵棍將基本揉和麵團擀成約 2 公分的厚度，同時讓中央保留比邊緣厚的厚度。

3 將麵團擀成正方形，並將軟化的奶油片擺在正方形的中央。

4 將麵團的每個角朝奶油折起，形成方形的「麵塊」。

5 將麵團擀成長度為寬度三倍的矩形。

6 將麵皮折疊成 3 折，如同製作一個矩形信封：您已經完成了第一「折（tour）」。讓麵團冷藏靜置 2 小時。

7 將麵團旋轉 90 度，擀成和先前同樣大小的矩形，然後和第一次一樣折疊成 3 折：您剛剛執行了第二折。再度讓麵皮冷藏靜置至少 1 小時。以同樣方式進行，直到兩兩折疊成 6 折為止，而且每次都讓麵皮冷藏靜置 2 小時。

8 在每次折疊時，用手指在麵皮上按壓作為標示，以便記得折疊的次數。將麵團冷藏保存直到使用的時刻。

約 1 公斤的派皮
準備時間：**30 分鐘**
靜置時間：約 **10 小時**

精鹽 1 大匙（14 克）
冷水 200 毫升
室溫回軟的奶油 500 克
上等麵粉（farine de gruau）
400 克
工作檯用麵粉

約 1.2 公斤的派皮
前一天晚上開始準備
準備時間：40 分鐘
靜置時間：約 10 小時

基本揉和麵糰（détrempe）
奶油 70 克
麵粉 420 克
水 180 毫升
鹽平平的 2 小匙

第二階段
室溫回軟的奶油 425 克
可可粉 50 克

巧克力折疊派皮
Pâte feuilletée au chocolat

1 製作基本揉和麵糰。將奶油加熱至融化。在大碗上將麵粉過篩，在中央挖出凹槽，逐漸將鹽與水倒入凹槽中，接著是融化的奶油，並加以混合。揉捏基本揉和麵糰 1 分鐘，放在撒有麵粉的工作檯上，擀成邊長 15 公分的方形片，以彈性保鮮膜包覆。冷藏保存 2 小時。

2 製作第二階段。用抹刀攪拌大碗中的奶油至變得滑順，在大碗上將可可粉過篩並加以混合。當配料均勻時，製成邊長 12 公分的方形。以彈性保鮮膜包覆，冷藏保存 2 小時。

3 將基本揉和麵糰和可可奶油塊從冰箱中取出。在撒有麵粉的工作檯上擀成厚 1 公分、約 30×18 公分的矩形。擺上可可奶油塊，讓可可奶油塊覆蓋基本揉和麵糰的下半部，並用指尖均勻地推開。將基本揉和麵糰的上半部朝可可奶油塊的方向折起，按壓邊緣以密封，以彈性保鮮膜包覆。冷藏保存 1 小時。

4 將麵團從冰箱中取出，進行第一折。擀成長爲寬 3 倍的矩形（18-20 公分 ×52-58 公分）。將下面的 1/3 朝矩形中央的 1/3 折起，並將上面的 1/3 朝中央的 1/3 折起，並小心地將邊緣疊在一起。以彈性保鮮膜包覆。冷藏保存 1 小時。

5 將麵團從冰箱中取出。以先前同樣的方式進行第 2「折」。再冷藏保存 1 小時。就這樣再進行 4 折。並非一定得在每個折之間將麵團冷藏，但在擀麵團之前，麵團不應太軟。一旦完成所有的折疊作業後，將麵團冷藏至少 6 小時再行使用。

反折疊派皮
Pâte feuilletée inversée

1 製作基本揉和麵團。在小型平底深鍋中，將奶油加熱至融化，接著放涼。將水、醋和鹽混合。

2 在大碗中將 2 種麵粉和融化的奶油混合，逐漸淋上加鹽的醋水。麵糊應柔軟，但不會過軟；依麵粉的吸水度而定，可能不需要用上所有的水。

3 將麵糊收攏成團狀，接著稍微壓成方形，以彈性保鮮膜包起，冷藏靜置 2 小時。

4 製作第二接段（油酥）。在大碗中將 2 種麵粉和奶油混合至形成油酥。將麵團擀成厚 2 公分的圓形麵皮，以彈性保鮮膜包起，冷藏靜置 2 小時。靜置的時間過後，在撒有麵粉的工作檯上將麵皮擀成厚 1 公分的圓形麵皮。

5 將方形的基本揉和麵糰擺在圓形麵皮中央，將麵皮的圓弧向上折起，將基本揉和麵糰完全包住。用拳頭輕拍麵團的整個表面，以便將麵團形成均勻的厚度。

6 用撒有麵粉的擀麵棍，將麵團從中央開始擀成長為寬三倍長度的矩形。小心別壓到麵皮的邊緣。

7 將下面的 1/4 朝麵皮的中央折起，接著將上面 1/4 朝中央折起，並與之前折起的麵皮並排。

8 將麵皮從中央對折。您完成了「皮夾折 tour en portefeuille」，亦稱為「雙折 tour double」。將麵塊轉 90 度，讓褶痕位於您的前方，並重複同樣的程序。將麵皮稍微壓平，用彈性保鮮膜包起，冷藏靜置 1 小時。

9 將麵皮擺在撒有麵粉的工作檯上，褶痕位於左邊。再度用拳頭將麵團稍微壓扁，接著用擀麵棍擀成長為寬三倍長度的矩形。再如同第一次一樣，將麵皮折成「皮夾折」。再麵塊轉 90 度，讓褶痕位於您的前方，並重複同樣的程序。去除麵皮上多餘的麵粉，用彈性保鮮膜將麵皮包起，冷藏靜置 1 小時。

10 最後一折，即所謂的「單折 tour simple」，是在使用麵皮時才進行的。褶痕在左，將麵團如先前一樣擀成矩形。將下面的部分朝中央折起，上面亦朝中央折起，並與先前折起的麵皮並排。方形麵皮完成，以彈性保鮮膜包起，冷藏靜置 30 分鐘。

11 依您想製作的食譜，將派皮切割成適當的大小。

→ 您可將此派皮以冷藏或冷凍保存 48 小時。

→ 當您在切割折疊派皮時，不論是矩形還是圓形派皮，總是會有麵皮剩下來。不要搓揉，只要收集並疊起；在上方用力壓平，接著用擀麵棍壓扁。可用來製作鹹或甜的迷你酥盒。

1.2 公斤的派皮
準備時間：**30 分鐘**
靜置時間：**約 8 小時**

基本揉和麵糰（détrempe）
室溫回軟的奶油 110 克
水 150 毫升
葡萄酒醋 1/2 小匙
鹽之花 15 克
45 號麵粉 175 克
55 號麵粉 175 克

第二階段（油酥）
45 號麵粉 75 克
55 號麵粉 75 克
室溫回軟的奶油 375 克
擀派皮所需的麵粉

400 克的派皮
準備時間：5 分鐘
靜置時間：18-20 分鐘

準備要烤的反折疊派皮 400 克
（見 302 頁）
細砂糖 40 克
糖粉 20 克

焦糖折疊派皮
Pâte feuilletée caramélisée

1 烤箱預熱 230℃（熱度 7-8）。在烤盤上鋪上烤盤紙，用刷子蘸水將烤盤紙稍微濕潤。放上派皮，用叉子在表面戳洞，均勻地撒上細砂糖，放入烤箱中，立即將溫度調低至 190℃（熱度 6-7），烘烤 8 分鐘，接著蓋上網架，以免派皮過度膨脹；繼續烘烤 5 分鐘。

2 將派皮從烤箱中取出，移去網架，蓋上 1 張烤盤紙，接著蓋上和第一個烤盤同樣大小的另一個烤盤。將 2 個烤盤一起翻轉，並維持密合。擺在工作檯上，移去上面的烤盤和第一張烤盤紙；撒上糖粉。將派皮放入 250℃（熱度 8）的烤箱中，烘烤 5-7 分鐘。糖會融化，變黃，然後烤成焦糖。

→ 焦糖折疊派皮最適合用來製作大或小的千層派，因為焦糖可避免奶油醬讓派皮軟化。

→ 為了烘烤反折疊派皮，必須濕潤烤盤紙，這也能避免派皮在烘烤過程中收縮。

400 克的派皮
準備時間：10 分鐘
烹調時間：約 25 分鐘
冷藏時間：1 小時

準備要烤的巧克力折疊派皮
400 克（見 301 頁）
細砂糖 30 克
工作檯用麵粉

巧克力焦糖折疊派皮
Pâte feuilletée caramélisée au chocolat

1 在烤盤上鋪烤盤紙，用刷子蘸水將烤盤紙稍微濕潤。在撒有麵粉的工作檯上將巧克力折疊派皮擀成約 30×40 公分、厚約 4 公釐的矩形。用擀麵棍將矩形麵皮捲起，接著在鋪有濕潤烤盤紙的烤盤上將麵皮展開。為麵皮蓋上彈性保鮮膜，冷藏整整 1 小時。

2 烤箱預熱 230℃（熱度 7-8）。

3 將烤盤從冰箱中取出，拿掉保鮮膜。在折疊派皮上均勻地撒上細砂糖，放入烤箱中，立即將溫度調低至 190℃（熱度 6-7），烘烤 8-10 分鐘。派皮將開始膨脹並烤成淺褐色。

4 將烤盤從烤箱中拉出一半，立刻蓋上網架，以免派皮過度膨脹。再將烤盤放回烤箱中，再烘烤派皮 10 分鐘。將烤盤從烤箱中取出，將烤箱溫度調高為 245℃（熱度 8-9）。

5 將派皮上的網架移除，為派皮蓋上 1 張烤盤紙，在紙上放上另一個烤盤，一起翻轉。將上面的烤盤移去，接著移除烤盤紙，再入烤箱烘烤 3-5 分鐘，直到表面烤成均勻的焦糖。將焦糖折疊派皮放到網架上，放涼至少 1 小時後再分切。

甜酥麵團
pâte sucrée

1 將 1/4 根香草莢剖成兩半並刮出籽。將奶油切塊。

2 在碗中混合香草籽（或香草粉）和糖粉。

3 在工作檯上將麵粉過篩，撒上鹽和奶油塊，用掌心摩擦奶油和麵粉至不再有奶油塊殘留；您應獲得沙狀的混合物。

4 將這混合物收攏在一起，在中央挖出凹槽，在中央打蛋，接著倒入香草糖和杏仁粉。用指尖混合所有材料，但不要過度攪拌。

5 用您的掌心一邊推麵團並壓扁再收攏，重覆搓揉，最後形成圓團狀，然後以彈性保鮮膜包起。冷藏靜置至少 4 小時。

→ 使用手工製作甜酥麵團，最好使用大理石板或木板，而且盡可能長時間地搓揉。

→ 麵團的冷藏靜置時間是不可缺少的。麵團將放鬆、軟化，不會在擀開時龜裂，也不會在烘烤時收縮。

■ 椰子甜酥麵團（Pâte sucrée à la noix de coco）

遵照同樣的食譜，您可用 30 克的椰子粉取代 30 克的杏仁粉來製作椰子甜酥麵團。

■ 芝麻甜酥麵團（Pâte sucrée au sésame）

遵照同樣的食譜，亦可製作芝麻甜酥麵團。烤箱預熱 150℃。在烤盤上鋪上 40 克的芝麻粒，放入烤箱烘烤約 10 分鐘，並在烘烤途中以木杓翻攪，就近監看烘烤過程；芝麻粒應烤成金黃色。出爐時，放涼後按上面的食譜，在步驟 4 時混入麵團中。

■ 香料甜酥麵團（Pâte sucrée aux épices）

遵照同樣的食譜，您也能製作香料甜酥麵團。在上面食譜的步驟 4 時，以刀尖加入綠荳蔻粉和 2 撮的四香粉（quatre-épices）。

編註：四香粉（quatre-épices）混合了丁香、肉荳蔻、肉桂、薑四種香料。

約 **600** 克的麵團
準備時間：**15** 分鐘
冷藏時間：至少 **4** 小時

香草莢 1/4 根
（或香草粉 1/2 摩卡匙）
室溫回軟的奶油 150 克
糖粉 95 克
麵粉 250 克
鹽 2 撮
蛋 1 顆
杏仁粉 30 克

"以水果為基底的配料
Les préparations
à base de fruits "

準備時間：**20 分鐘**
烹調時間：約 **25 分鐘**

皮耶蒙榛果（noisette
Piémont）200 克
（或杏仁 200 克）
大溪地香草莢 1/4 根
水 40 毫升
細砂糖 125 克

焦糖杏仁或榛果
Amandes ou noisettes caramélisées

1 烤箱預熱 150℃。

2 將榛果（或杏仁）鋪在烤盤上，放入烤箱，烘烤 15 分鐘，並在烘烤中途用木杓翻拌。

3 出爐時，將榛果（或杏仁）倒在 1 塊布巾中央，用掌心滾壓布巾中的榛果（或杏仁）以去皮。為使榛果維持熱度，請再放入烤盤中，並置於熄火但仍溫熱的烤箱內保溫。

4 將 1/4 根香草莢剖成兩半，刮出籽。將水和糖倒入厚底的平底深鍋中，加入 1/4 根香草莢和籽。煮沸，煮至溫度達 118-120℃（以烹飪溫度計控制）。

5 將平底深鍋離火，放入還溫熱的榛果（或杏仁），在糖漿中用木杓攪拌，直到乾果周圍結晶。

6 將平底深鍋以中火繼續加熱，直到形成深琥珀色的焦糖，立刻倒入不沾烤盤上。將香草莢取出並放涼。將焦糖堅果以密封罐保存。

→ 您可以同樣方式製作焦糖松子、胡桃（pacane）、開心果或核桃。

→ 焦糖堅果可用來裝填蛋糕、作為可麗餅的餡料，或是作為冰杯、牛軋糖雪糕（Nougat glacé）等的材料。

■ 鹽之花焦糖杏仁或榛果（Amandes ou noisettes caramélisées à la fleur de sel）

在進行步驟 6 焦糖變為琥珀色時，將平底深鍋離火。加入 10 克的奶油，並請小心濺出的滾燙液體，在焦糖和杏仁（或榛果）中混合奶油，撒上 1 撮的鹽之花粒，並再次攪拌。

覆盆子庫利
Coulis à la framboise

1 將覆盆子鋪在 1 張烤盤紙上,仔細揀選。和糖一起放入大碗中,用電動攪拌棒打成泥。

2 將覆盆子泥放入置於大碗上的網篩中過濾。用軟抹刀的尖端按壓,接著刮下網篩的底部,以收集所有的細緻果泥。將庫利冷藏至少 8 小時後享用。

■ 草莓或杏桃庫利(Coulis de fraise ou d'abricot)

您可以攪打 500 克的草莓和 80 克的糖,以同樣方式製作草莓庫利。接著加入 40 毫升的現榨檸檬汁。

製作杏桃庫利,請攪打 600 克充分成熟的杏桃和 100 克的糖。接著加入 40 毫升的現榨檸檬汁。

→ 前一天晚上開始準備,這些庫利會更滑順且美味。

→ 水果庫利非常經得起冷凍;可考慮在水果盛產的季節時製作,以預留至冬季。

500 毫升的覆盆子庫利
準備時間:**5 分鐘**

覆盆子 500 克
細砂糖 100 克

香草燉梨
Poires pochées à la vanille

1 將整顆的洋梨削去皮,保留梗。

2 放入大碗中,淋上 50 毫升的檸檬汁,洋梨外層都蘸覆上檸檬汁。

3 將半根香草莢剖成兩半並刮出籽。將水倒入平底深鍋中,加入糖、剩餘的檸檬汁、半根香草莢和籽。煮沸。

4 加入洋梨。再度煮沸,離火,將平底鍋加蓋,讓洋梨浸泡糖漿至隔天。

1 公斤的燉梨
前一天晚上開始準備
準備時間:**15 分鐘**
烹調時間:幾分鐘

成熟的洋梨(williams 威廉品種)1.2 公斤
檸檬汁 100 毫升
香草莢 1/2 根
水 1 公升
細砂糖 500 克

前一天晚上開始準備
準備時間：**20 分鐘**
烹調時間：**1 小時 40 分鐘**
浸漬時間：**1 個晚上**

未經加工處理的葡萄柚 4 顆（最好是紅寶石 ruby 品種，否則就用薔薇 rose 品種）
或未經加工處理的檸檬 8 顆
或未經加工處理的無籽柳橙 6 顆

糖漿
沙勞越（Sarawak）黑胡椒粒 10 顆
水 1 公升
細砂糖 500 克
檸檬汁 4 大匙
八角茴香（étoile de badiane）1 個
完整的香草莢 I 根（或已用於其他食譜且已刮去籽的香草莢 5-6 根）

糖漬柑橘皮
Zestes d'agrumes confits

1 刷洗所選擇的水果並晾乾。在砧板上將兩端切去，用鋒利的刀從上往下切下寬帶狀的果皮，並在果皮上保留整整 1 公分厚的果肉。

2 將果皮塊放入一鍋的沸水中。當水再度煮沸時，再滾 2 分鐘，接著將果皮瀝乾。以沖冷水的方式冷卻，再重複同樣的程序連續 2 次。將果皮瀝乾。

3 製作糖漿。將香草莢剖成兩半並刮出籽。在研缽中用研杵將胡椒粒搗碎，和水、糖、檸檬汁、八角茴香、香草莢和籽一起放入平底深鍋中，以文火煮沸。加入果皮，用蓋子蓋住平底鍋的 3/4 不蓋滿，以文火微滾 1 小時 30 分鐘。將果皮和糖漿倒入大碗中，放涼。蓋上彈性保鮮膜，冷藏保存至隔天。

4 當天，用置於大碗上的網篩將果皮瀝乾 1 小時，再裁成 1 公分的細條狀。可不調味也可滾上結晶糖。

→ 理想上，這道食譜最好使用 3 個裝有沸水的平底深鍋，因爲果皮必須連續在沸水中燙煮 3 次。

→ 您可提前 1 星期調配糖漿並以冷藏保存。

巧克力的實用知識
Le savoir-faire
du chocolat

選擇適當的材質和用具
Bien choisir son matériel et ses ustensiles

巧克力是種精緻的食品，無論使用的材質(矽膠、聚碳酸脂)，
還是一般器具的精準度，都有助提升製作的技術。

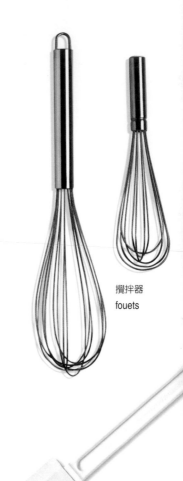

攪拌器
fouets

用具、配件和測量儀器
Les ustensiles, accessoires
et instruments de mesure

除了基本的用具以外，糕點和巧克力的製作需要特定的器具和設備。

基本小用具 Les petits ustensiles de base

攪拌碗 **Bol mélangeur**。玻璃製，廣口、深底，以便使用電動攪拌器來攪拌麵糊或
讓麵團發酵。

大碗 **Jatte**。無邊也無腳的圓形碗，彩陶或鋼化玻璃製。在製作糕點時，我們經常用
來混合數種食材。應預先以冷凍冷卻，以免鮮奶油在打發時變質。

木杓和刮杓 **Cuillère et spatule en bois**。前者可用於混合和攪拌；後者為三角狀，
用於刮鍋底而不會將鍋具刮傷。木頭不導熱，讓我們在使用時不會燙傷手。

橡皮或矽膠刮刀 **Spatule en caoutchouc ou en silicone**。(專業人士稱為「maryse」)。
其柔軟與其一邊圓一邊筆直的形狀，可用來將容器刮乾淨。

攪拌器 **Fouets**。具不鏽鋼金屬絲，用於打發鮮奶油或打蛋。

網架 **Grille à pâtisserie**。可讓蛋糕或巧克力糖冷卻，在有必要時還能將材料瀝乾。

平刷 **Pinceau plat**(以天然動物毛為佳)。用來為模型塗上奶油、為麵團塗上蛋汁、
為海綿蛋糕或指形蛋糕體刷上糖漿。

果皮削刀 **Zesteur**。有金屬刀身的小用具，用來將柑橘類果皮削成細長條。

漏斗型濾器 **Chinois**。有柄的圓椎形濾器，用來過濾醬汁、庫利、糖漿等等。

麵粉篩 **Tamis à farine**。金屬或塑膠製，具有柄和細金屬網，用來過篩麵粉、泡打粉
或可可粉以去除結塊。

橡皮或矽膠刮刀
maryse

糕點專用物品 Les articles spécialisés pour la pâtisserie

擀麵棍 **Rouleau à pâtisserie**。通常為木製，也有覆蓋上一層不沾材質。以「法式」
擀麵棍為首選，無把手、簡單，而且有效率。

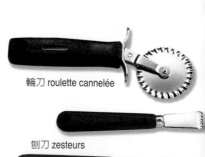

輪刀 roulette cannelée

刨刀 zesteurs

擠花袋
poche à
douille

輪刀 **Roulette cannelée à pâtisserie**。用來裁出規則的麵皮。

擠花袋 **Poche à douille**。以可回收織物或軟塑膠所製成的袋子，再裝上金屬或聚碳酸脂製、不同口徑的擠花嘴，具有各種形狀（圓口、星形、鋸齒形或吉布斯特 chiboust 專用花嘴）。擠花袋用於裝填糕點（如小泡芙）、製作打卦滋或蛋白霜圓餅、製作巧克力糖、用巧克力或鮮奶油香醍裝飾或畫圖 ... 本著作中最常使用的口徑爲 6、7、8、9、10、12、14 和 16。

壓模 **Emporte-pièce**。金屬或塑膠製，用來將麵團做各種形狀的切割（幾何圖形、心形、冷杉 ......）。

矽膠墊 **Tapis siliconé**。這不沾材質的工作墊可以海綿清洗，可放入烤箱、微波爐和冷凍庫中。

有利於製作巧克力或專用器具
Les articles utiles ou spécialisés pour le travail du chocolat

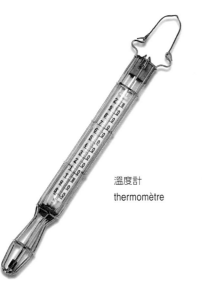

溫度計
thermomètre

鋸齒刀 **Couteau-scie**。主要用於切碎巧克力，應具有緊密且堅硬的短齒。

巧克力叉 **Fourchette à tremper**。2 或 3 齒的長叉，可在包覆糖衣時將巧克力糖叉在叉子上，然後浸入巧克力中。

鋼盆 **Cul-de-poule**。有不同的大小，這金屬製的專業深碗可導熱，用於將巧克力隔水加熱至融化；不鏽鋼金屬盆被擺在尺寸較大的平底深鍋中，並裝滿用來加熱的水。

刮板 **Spatules**。三角形、梯形或片狀，用來將調溫時的巧克力推開。

食品用羅德紙 **Feuilles de Rhodoïd® alimentaire**。PVC（聚氯乙烯）材質，半硬且半透明，有兩種格式（40 公分 ×60 公分和 30 公分 ×40 公分）。我們用來塑形或讓調溫巧克力硬化；就此獲得的物體可輕易剝離並呈現出光亮的外觀。可於專門店中取得。

大理石（或花崗岩）板 **Marbre (ou granit) à pâtisserie**。平滑而冰冷的石板，最適合用來製作調溫巧克力。

測量儀器 Les instruments de mesure

鋼盆 cul-de-poule

鋸齒刀 couteau-scie

量杯 **Verre mesureur**。金屬、塑膠或玻璃材質，容量從 0、10 至 2 公升。用來測量液體體積，含有數種量表（液體、麵粉、糖、米）。至於極小的量，可利用湯匙或咖啡匙（見 11 頁的等量表）。

料理秤 **Balances de cuisine**。具有 1 個碗或盤，最大測量約爲 2-5 公斤重。彈簧秤以鐘面上移動的針標示出重量，精確度可從 5 至 10 克。數位顯示電子秤，可讓重量精準至「克」。

溫度計 **Thermomètres**。傳統烹飪溫度計（thermomètre de cuisson）的刻度從 0 至 120℃。煮糖或糖果溫度計（thermomètre confiseur）的刻度從 80 到 200℃，這是因爲煮糖的溫度較高；而煮巧克力的溫度則較溫和，巧克力溫度計是設計用來測量 0 至 70℃的刻度。專業的電子探測溫度計，可精準地測量各種食材的溫度，其中也包含巧克力。

定時器 **Minuteur**。可控管材料烹煮、靜置的時間等。

多功能攪拌機、小型電子器具和無火器具
Les robot ménagers, le petit matériel électrique et à flamme nue

電動攪拌器 Batteur électrique。糕點製作上不可或缺，可不費力地將蛋白打成泡沫狀或用以製作打發鮮奶油，有多種性能的攪拌器可加裝。

食物調理機 Mixeur / Blender。單腳且具螺旋刀片的手提式食物調理攪拌器（mixeur plongeant）可插入攪拌碗中。食物調理機由 1 個凹槽容器所構成，螺旋刀片會在凹槽底部轉動。這兩種器具都用於攪拌液態材料，或將水果搗碎以製作如庫利等食品。

攪拌機 Robot。多功能，包含 1 個容量 1.25-4.8 公升的碗和許多配件：麵團勾（crochet à pétrir les pâtes）、切割用金屬刀（couteau métallique pour trancher）、乳化盤（disque pour émulsionner）、刨絲器（râpes），有時也具有柑橘榨汁器（presse-agrumes）和離心機。價格會依機器的性能和品牌而有很大的差異。

沙弗林模
moule à savarin

雪酪機 Sorbetière。含有 1 個由馬達發動的攪拌機和 1 個可拆卸的集冷凹槽，使用前至少要冷凍 12 小時。要價不菲，但非常有效，攪拌製冰功能可在 30 分鐘內製作好冰淇淋。

電子巧克力機 Chocolatière électrique。由電子加熱盆和溫度調節器所組成的多功能用具，用來製作巧克力鍋，或融化巧克力和爲巧克力保溫，以便製作糖果或進行澆鑄。

巧克力鍋具組 Service fondue à chocolat。通常含有 1 個陶瓷起司鍋、幾根叉子和 1 個可放 1 根蠟燭保溫的爐。

裝飾用紙 Les papiers et décors

「烘焙專用」烤盤紙 Papier sulfurisé «spécial cuisson»。抗熱處理，用來墊在模型裡或鋪在烤盤上。

鋁箔紙 Feuille d'aluminium。爲了防止食材在烘烤過程中過於上色，或用來維持材料的熱度。

彈性塑膠保鮮膜 Film plastique étirable。超薄，用來在冷藏時維持食品的味道並預防表面乾燥（生麵糊、蛋糕）。也有「微波專用」的保鮮膜。

玻璃紙 Papier cristal。透明，用來包覆焦糖（牛奶糖）或其他糖果並防止光線穿透。

防油紙杯 Caissettes à pâtissier。耐熱的皺紋紙材質，用來製作或呈現小糕點或巧克力糖。

模型 Les moules

傳統的金屬模型或合成材質的模型，有爲了各種味道和預算所設計的樣式。巧克力模型最好還是透過專門的店舖或廠商選購。

大型蛋糕模 Les moules à gros gâteaux

芭芭蛋糕模 Moule à baba。具有凹槽內壁和可拆卸的底，爲芭芭蛋糕賦予其別具特色的形狀。

長型模 Moule à cake。矩形，較精緻的樣式附有活動式把手，有不同的大小。

金屬模型
LES MOULES EN MÉTAL

我們祖母的金屬模永不退流行，以其優越的導熱性爲王牌，保證能烘烤至糕點的核心。若爲美感著想可選擇鍍錫銅器，儘管這類模型因容易氧化而導致保養困難；白鐵因其價格而立於不敗之地，但必須保存於乾燥處，因爲白鐵生鏽得很快；不鏽鋼的價格合理且堅固，即使讓脫模顯得有點困難。爲了減輕這項不便，請選擇有鐵氟龍（Teflon®）不沾塗層的，以鋁、Exopan®、或白鐵爲基底。但在以磨料產品清洗時，或是在使用途中搭配金屬器具使用時，請小心不要刮傷。

軟模型
LES MOULES SOUPLES

以矽膠製作的革命性模型，結合了堅固、柔軟、不沾、烘烤快速、容易脫模和可輕鬆清洗等特點。不一定要使用油脂。然而缺點是：過度彈性，在注入液體材料時必須小心操作：因此應在填入材料之前將模型放到網架上。這新一代的模型也包含了傳統的模型系列（塔模、蒙吉烤模等）。

夏露蕾特模 Moule à charlotte。平口，具有握柄，金屬製；有時爲了與鋪在裡面的指形蛋糕體形狀相貼合，側邊爲塑膠製，但永遠都是小桶狀。

庫克洛夫模 Moule à kouglof。請選擇帶有溝紋的圓形模型，以符合亞爾薩斯的傳統，陶瓷製。

蒙吉烤模 Moule à manqué。經常爲圓形，但亦有方形，通常爲平口、金屬製，有許多種樣式。適用於海綿蛋糕或蛋糕體麵糊。

磅蛋糕模 Moule à quatre-quarts。經常爲方形，但有時爲圓形，通常具有溝紋，比蒙吉烤模略高，人們經常將磅蛋糕模和蒙吉烤模混淆。

沙弗林模 Moule à savarin。平滑且經常爲金屬製，特色是中空，讓蛋糕呈現環狀。

舒芙蕾模 Moule à soufflé。帶有溝紋、圓形、高邊，以陶瓷或耐熱玻璃等材質最爲常見，適合用來保溫，而且可以漂亮地直接從烤箱上桌。

塔模或餡餅模 Moule à tarte (ou tourtière)。圓形，邊緣平滑或有溝紋，邊不高，可使用可拆卸的底部以利脫模，但就不建議用於液態餡料，因爲可能會溢出或流到烤箱底部。材質最爲多元，有數種直徑：22 公分（4 人份）、24 公分（6 人份）和 28 公分（8 人份）、32 公分（10-12 人份）。

小模型 Les petits moules

鬆餅機 Gaufrier。過去鑄鐵的鬆餅機由 2 塊置於爐灶的鐵板，或燃燒器上的方形「鐵」所構成。較現代的鉸鏈式電子鬆餅機則備有 2 塊不沾鋁板和 1 個溫度調節器。

迷你塔模 Moule à tartelettes。直徑約 8 公分的小型塔模。

迷你花式點心模 Moule à petits fours。金屬或矽膠製的細緻花紋模，形狀非常多元。也用於製作糖果。

瑪德蓮蛋糕模 Moule à madeleines。6 至 24 孔的面板，由凹陷處形成瑪德蓮蛋糕的形狀，經常以軟矽膠或不沾金屬材質製作，以利蛋糕的脫模。

布丁模 Ramequin。玻璃或耐高溫陶瓷製的小型舒芙蕾模。

矽膠瑪德蓮蛋糕模 moule
à madeleines en silicone

陶瓷布丁模
ramequins en porcelaine

夏露蕾特模
moule à charlotte

蒙吉烤模
moule à manqué

餡餅模
tourtière

長型模
moule à cake

專業模型 Les moules professionnels

環形蛋糕模 Cercles à gâteaux。不鏽鋼材質，有各種直徑（8 或 12 公分的小模型、18-28 公分的大蛋糕模）和各種高度，因此可用來製作塔、海綿蛋糕或蛋糕體。環形蛋糕模可擺在耐高溫矽膠墊或「烘焙專用」烤盤紙上，也能直接擺在烤盤上。優勢：可輕鬆脫模、費用較低且最不佔空間，因為可彼此相套。依同樣的原則製造，不論是方形、矩形、心形，都以 1 條鋁帶所構成，也是實用而便宜的模型收納器。

環形蛋糕模
cercles à gâteaux

巧克力模 Les moule à chocolat。出色的錫模在 1960 年代已停產。其系列之豐富（12000 個模子的 Létang 模）目前由收藏家保存，專業的巧克力模最終採用合成材料，要價較為低廉，而且較容易使用。

► 不透明的聚碳酸酯或透明的 PVC（聚氯乙烯）模型同樣具有保養和脫模上的便利性，而且同樣能為巧克力帶來光澤。由兩孔板構成的簡單模型、帶有皺褶花邊的雙模，或重複著同樣花樣（蛋、南瓜等）的大板模。

► 以矽膠為基底的軟模也非常適合用於糖果和巧克力的製造，但較無法為巧克力帶來光澤。使用這些模型，在脫模上幾乎不會有任何的困難。

烹飪器具 Les appareils de cuisson

比起其他的種類，巧克力糕點和巧克力的製作，更嚴格需要一定水準的烹飪器具。至於爐具，不論是電子式或瓦斯爐，唯有經驗能夠掌握製作美味蛋糕的確切溫度。

烹調爐具 Les tables de caisson

瓦斯爐 Brûleurs à gaz。可自動點燃，並依想要的烹調方式而定，具有不同的火力。瓦斯的好處仍在於其廣大的使用性，可立即調整火焰的高度，因而可及時調整熱度。

巧克力模
moule à
chocolat

電子爐 Plaques électriques。具有可調節溫度的溫控開關，因比瓦斯安全而著名，但其熱惰性亦限制了操作範圍。

電陶瓷爐 Table en vitrocéramique。具有適用於慢火和文火烹調的輻射爐，以及可以旺火迅速油煎或烘烤食物的鹵化爐。

電磁爐 Table à induction。鋪有耐熱陶瓷，並利用常見的磁場感應原則。電磁爐可在非常安全的情況下，提供相當精準的烹調，不論是低溫或高溫。

烤箱 Les fours

依烹調方式和品牌而定，不同烤箱的性能亦有些微的差別，即使其溫度調節總是以同樣的刻度標示：從 1 至 10，或是從 100 至 300℃。本著作中的食譜是依轉動熱電子烤箱（chaleur

為何巧克力蛋糕比其他蛋糕容易烤焦？
POURQUOI UN GÂTEAU AU CHOCOLAT BRÛLE-T-IL PLUS FACILEMENT QUE LES AUTRES ?

糕點的成功大部分取決於其烘烤過程，通常可以很容易地透過烤箱關閉的門監看，因為麵糊會烤成金黃色。然而這樣的控管對巧克力蛋糕而言是不可能的，因為材料在烘烤前原本就是棕色。此外，巧克力或可可含有極少的水份（少於 1% 的濕度）。而這些物質在水份排出時便會相對快速地燃燒。因此，請勿不當地延長軟心蛋糕或其他巧克力含量高之小糕點的烘烤時間，以免蛋糕表面產生焦黑且苦澀的外皮。

tournante 或稱旋風式烤箱）所設計的。因此，對於瓦斯或對流式烤箱而言，烹調的時間可能會有些許的變化。

瓦斯烤箱 Four à gaz。烘烤快速，而且瓦斯燃燒所自然產生的濕氣會使食物較不容易乾燥。

電子烤箱 Four électriques。傳統的自然對流烤箱會無法均勻散佈熱度，最強的熱度來自烤箱底部。建議選擇其他如轉動熱（chaleur tournante）或輸送熱（chaleur pulsée）等方式的多功能烤箱：風扇或渦輪將熱均勻散佈到烤箱內部。新上市的蒸氣式烤箱（four à vapeur）以蒸氣烹調食物，因此保留了食物的味道、質地和維生素。電子烤箱總是設有電子程序控制器，可預定烹調的溫度及時間。重要的是，請將烤箱預熱，以獲得良好的成品。為達想要的溫度，請估算預熱時間 10 至 15 分鐘。

另一項烹調品質的要素，即糕點的味道也取決於烤箱的清潔。髒烤箱可能會使烤箱內的食物產生燒焦的餘味。電子烤箱通常具有自動除污功能，利用電解去除隨著烘烤過程而飛濺至烤箱內壁的油脂，或是利用熱解的自動清潔系統，將所有的飛濺物以高溫（500℃）燒焦。

微波爐 Four à micro-ondes。極高頻率的微波可深入食物的核心，透過分子的振盪來烹調食物。微波爐可以空前的速度烹調（無油炸功能），尤其是進行解凍或加熱，但不建議用於烘烤糕點。然而在糕點的製作中，微波爐還是非常實用，只須 1 秒且不超過 600 瓦功率的小小步驟，便可使冷藏的奶油融化，或使巧克力融化而不須隔水加熱。但要注意的是，微波爐與金屬並不相容，包括金屬容器或甚至是陶瓷上的鍍金裝飾。

烘烤指示表
TABLEAU INDICATIF DE CUISSON

調溫器 Thermostat	溫度 Température	熱度 Chaleur
1	60℃	
2	80℃	
3	100℃	剛好微溫
4	120℃	微溫
5	150℃	溫和
6	180℃	適中
7	210℃	中火
8	240℃	熱
9	270℃	非常熱
10	300℃	旺火

以上指示適用於傳統的電子烤箱。
至於瓦斯烤箱和轉動式電子烤箱，請參考製造商的注意事項。

選擇適當的食材
Bien choisir ses produits

遠遠凌駕在其他糕點之上的巧克力糕點，尤其是一項藝術。
而對基礎食材的瞭解和明智的選擇，仍是成功製作糕點的決勝王牌。

麵粉、小麥粉和澱粉
Les farines, les semoules et les fécules

麵粉由穀物粒（軟粒小麥 blé tendre、玉米、米、蕎麥 sarrasin、黑麥 seigle）研磨而成。
小麥粉（semoule）本身則來自硬粒小麥（blé dur）。澱粉（fécule）從富含澱粉（amidon）
的穀物或塊莖所形成。

麵粉 Les farines

　　小麥麵粉 **Farines de blé**。麵粉依其萃取率（與麥粒相較之下所獲得的麵粉
量）和純度而加以分類，編碼從 45 號至 150 號。用於製作糕點的 **45 號麵粉
farine de type 45** 或**優質麵粉（farine supérieure）**是最純且最白的麵粉，
所含的麩皮（麥粒的表皮）不多。而被稱為**精白麵粉（fine fleur）**或**上等麵粉
（gruau）**的，則來自富含麵筋（gluten）的小麥，天生便具有優越的發酵能力。所
謂的「**蛋糕麵粉 à gâteaux**」是由麵粉和泡打粉所組成的。可「避免結塊」的「**中筋**」麵粉
（fluide）用於醬汁和液狀奶油醬上。**55 號麵粉 farine type 55** 用來製作白麵包，而 **110
號麵粉 type 110** 則用來製作全麥麵包。

　　黑麥粉 **Farine de seigle**。灰色，含有大量纖維，用於香料麵包和某些麵包的製作。

　　在來米粉 **farine de riz**。用於亞洲料理的油炸春捲皮，而且非常適合用來製作多拿滋
麵糊。

所有的麵粉都怕受潮，必須以密封罐保存。

小麥粉 Les semoules

小麥粉為最常見的一種麵粉。由硬粒小麥研磨而得，並依顆粒大小而分為 3 種品質：
古斯古斯 couscous 的「**粗粒 grosse**」；義式麵疙瘩 gnocchis 和糕點的「**中粒
moyenne**」；濃湯 potage 和粥的「**細粒 fine**」。

澱粉 Les fécules

澱粉是從富含澱粉（amidon）的植物，如玉米、米、馬鈴薯或木薯所萃取出
來的粉末。在糕點中，澱粉扮演著勾芡和稠化的角色。**玉米粉 fécule de maïs**
（Maïzena®）就如同**馬鈴薯澱粉 fécule de pomme de terre**，外觀為白色光滑的細粉狀，

黑麥粉
farine de seigle

玉米粉
fécule de maïs

經常用於醬汁或奶油醬的勾芡。**木薯粉 fécule de manioc** 以「tapioca」的名稱最為人所知。其細小的白色顆粒用於甜點或濃湯的製作。我們也能找到搗成較大且較規則顆粒，被稱為「**日本珍珠 perles du Japon**」(可於高級雜貨店購買)的木薯粒 (又稱西米)。

牛乳、脂質和蛋
Le lait, les matières grasses et les œufs

鮮奶油、奶油、牛乳和蛋為巧克力在糕點中的首要夥伴，而新鮮是其品質的重要元素之一。應充分遵守保存期限及最佳賞味期。油則僅限於與巧克力作結合。

牛乳 Le lait

糕點中習慣使用牛乳，因為牛乳帶有甜味。

    生乳 Lait cru。未經過加工處理，而且都屬全脂。應加以煮沸，因為細菌在動物油脂內會快速繁殖。

    鮮乳 Lait frais。亦稱為**消毒乳 lait pasteurisé**，在 72℃ 和 90℃ 之間加熱數秒，沒有必要煮沸，其味道相當接近生奶。巴氏殺菌法可去除約 95% 的細菌，讓牛乳可保存 2 周。因味道細緻而建議用於糕點中。

    殺菌乳或超高溫殺菌乳 Lait stérilisé ou stérilisé U.H.T.。以超高溫 (150℃) 殺菌。可保存 3 個月，但一旦打開後，會比鮮乳更快變質。

    濾菌乳 Lait microfiltré。新上市，味道可比生乳，因為並沒有經過加熱。而是以薄膜過濾的程序，保證能比消毒牛乳保存得更久 (超過 3 個月)。

    「**全脂 entier**」的消毒乳、殺菌乳或濾菌乳含有 3.5% 的脂質；「**部分去脂 partiellement écrémé**」牛乳含有 1-2% 的脂質；「**脫脂 écrémé**」牛乳則含有 0.5% 的脂質。牛乳可去除其所有或部分的水份。因此可經過「**濃縮 concentré**」和殺菌 (45% 的水) 或製成**奶粉 poudre** (無水份)。

鮮奶油 La crème

鮮奶油是從牛乳中自然產生的。工業上以離心的奶油分離機所製成。通常含有 33% 的脂質，淡奶油 (crème légère) 則僅含 12-30% 的脂質。

    生奶油 Crème crue。除了冷藏以外，未經過任何的熱處理。若為高脂的**濃奶油 double**，則含有 40% 的脂質。輕奶油 allégée 並不存在。

    鮮奶油 Crème fraîche 亦稱為**消毒奶油 pasteurisée**，經過 ±90℃ 的溫度加熱數秒，這樣的程序可消滅大部分的細菌，但卻不會損害到產品的味道。這是最適合用於製作家庭糕點的一種鮮奶油，儘管保存期限不長 (約 15 天)。帶有甜味的**液狀鮮奶油 crème fraîche liquide** 用於製作鮮奶油香醍，亦被稱為「**打發鮮奶油 crème fleurette**」。**濃鮮奶油 La crème fraîche épaisse** 除了其濃度以外，還呈現出獨特的酸味，但並沒有多餘的脂質。可直接用來搭配水果甜點，或為冷或熱的醬汁勾芡。

    液狀殺菌鮮奶油或超高溫殺菌鮮奶油 Crème liquide stérilisée ou stérilisée U.H.T.。加熱至 115℃，這道程序使鮮奶油可保存 3 個月，但味道稍有變化。

鮮奶油
crème fraîche

奶油 Le beurre

奶油是從發酵的鮮奶油開始製造，接著在攪乳器中攪拌（以旋轉的動作攪動）。奶油含有約 82% 的脂質，並符合 3 項法定名稱：

▶ **生奶油 beurre crue**，來自生的鮮奶油。多半產自農場，具有很特別的香味；

▶ **細奶油 beurre fin**，從消毒的鮮奶油開始精製而成，其中一部分（30%）可能經過冷凍或快速冷凍；

▶ **極細奶油 beurre extra-fin**，從消毒的鮮奶油開始精製而成（未經過冷凍）。

　　AOC（法定產區 appellation d'origine contrôlée）奶油有 4 種：依日尼（Isigny）、普瓦圖夏朗德（Charente-Poitou）、夏朗德（Charentes）和德塞夫勒省（Deux-Sèvres）。

　　一般來說，最好的奶油總是可以作出最好的麵糊。

　　所有的奶油可能是**半鹽 demi-sel**（含有 0.5-3% 鹽）或含有 3% 以上鹽分的**含鹽奶油 salé**。**淡奶油 Le beurre allégés** 含 41-65% 的脂質，經得起些微的熱度，但基本上不建議用來製作需高溫烹調的糕點（蛋糕、塔等）。

　　密封包裝的奶油可以 ±3℃ 的溫度保存，因為奶油很容易吸收氣味。生奶油（Le beurre cru）可保存 30 天食用；細和極細奶油（Le beurre fin et extra-fin）可於 60 天內食用；冷凍奶油則可保存 12 個月。

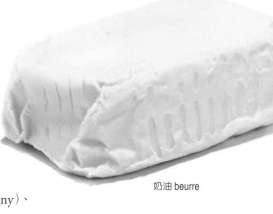

奶油 beurre

油 Les huiles

植物性來源，都含有 100% 的脂類。在糕點中，尤其用於多拿滋的油炸和可麗餅的烹調。最常見的葵花油用於多拿滋；無味的葡萄籽油或玉米油用於可麗餅和天婦羅（油炸的日本配方）；較典型的橄欖油可讓披薩或麵包丁（croûton）顯得更出色。

蛋 Les œufs

關於蛋的購買，有 2 種基本準則。

　　大小 Calibre。這決定了蛋的種類：S 為小於 53 克（小）；M 為 53-63 克（中）---這是本書中食譜的參考大小；L 為 63-73 克（大）；XL 為超過 73 克的超大蛋。

蛋的鮮度 Fraîcheur de l'œuf 蛋在產卵日後的 28 日內被稱為「新鮮」，在產卵日後的 9 日內（或包裝日後的 7 日內）被稱為「特新鮮」。對「新鮮」蛋而言，包裝上只必須註明建議的食用日期（date de consommation recommandée, DCR）。至於「特新鮮」蛋，我們在包裝上還能找到，甚至是每顆蛋的明確產卵日或包裝日期。注意，建議用這些蛋來調配以生蛋為基礎的材料，如巧克力慕斯。蛋應避免光照，並以 4℃ 的溫度保存。

蛋 œufs

為何要嚴格遵守糕點的材料重量？

POURQUOI RESPECTER SCRUPULEUSEMENT LES QUANTITÉS EN PÂTISSERIE ?

蛋糕的成功需要絕對的精準。食譜的平衡事實上取決於所使用主要食材的適當比例，尤其是麵糊、奶油醬或慕斯的調配。因此，應仔細為所有的食材秤重，如果蛋並非中等大小的話，也必須為蛋秤重。

為何要在使用前將麵糊靜置？
POURQUOI LAISSER REPOSER LA PÂTE AVANT DE L'UTILISER ?

無數的麵糊，如油酥麵團（pâte brisée），是由麵粉、水和奶油所組成的。在麵粉粒中的水因毛細現象而上升，因而形成麵團：接觸到麵粉中所含的澱粉粒，水因而形成某種膠 colle 或漿 empois，使麵糊聚合在一起。這個過程是漸進式的，因為水必須有時間蔓延至所有的麵粉粒，這就是為何必須讓麵團靜置一段時間再擀開的原因。

艾維•提斯 Hervé This，法國國家農業科學院（INRA）兼《科學這回事 Pour la science》雜誌科學顧問。

糕點用翻糖（又稱風凍）
pâtissier fondant

糖與天然甜味劑
Le sucre et les édulcorants naturels

本世紀初，人們已不再那麼喜歡由糖果、巧克力、小甜點或大蛋糕昇華而來的甜味。白糖或紅糖、蜂蜜及其他天然甜味劑，都有助於增進我們的樂趣。

甜菜糖與蔗糖 Sucres de betterave et de canne

白糖 Sucre blanc。這是最常見的一種糖。萃取自甜菜或甜甘蔗，而且都須經過精製。含有 95% 至超過 99% 的純蔗糖（saccharose）。在 100℃ 時會攤開成一片，在 160℃ 時轉化為淺色焦糖，然後在 180℃ 時變成深色焦糖。

細砂糖 Le sucre en poudre ou sucre semoule。由結晶糖過篩而得，也可能再經過搗碎。這是最常用於糕點和巧克力製造的一種糖。

結晶糖 Le sucre cristallisé ou sucre «cristal»。來自糖漿的結晶。特別用於製作果醬、烹煮或糖漬水果。

糖粉 Le sucre glace。在所有糖類中最細的一種糖，由結晶糖研磨而得。含有 3% 的澱粉。用來形成打發鮮奶油，並以粉木狀的薄紗為指形蛋糕體、鬆餅、庫克洛夫（Kouglof）進行修飾。

方糖 Le sucre en morceaux。由澆鑄所形成，可為飲料增加甜度，並用於製作焦糖。

黑糖／紅糖 Sucre brun。這種未經純化的糖，因其芳香而用於糕點上。結晶蔗糖，即粗紅糖 **cassonade**，來自去除部分廢糖蜜（源自糖的萃取，顏色極深且芳香的殘留糖漿）的蔗糖糖漿，帶有淡淡的蘭姆酒香。

原蔗糖 sucre complet 或 **rapadura**，經濃縮並脫水的甘蔗糖漿萃取物。含有豐富的礦物質並帶有甘草的味道。

結晶蔗糖 Le sucre de betterave cristallisé，具焦糖色調，可以是**黑糖／紅糖 vergeoise brune** 或**二砂／金砂糖 vergeoise blonde**。

香草糖 Le sucre vanillé。這是一種白糖或紅糖，含有至少 10% 的天然香草精或乾燥香草。價格適中，可輕易地混入奶油醬和慕斯中。香草糖 Le sucre vanilliné，是一種添加了香草風味又經濟的細砂糖，可帶來愉悅的香草香氣。

其他甜味劑 Autres édulcorants

蜂蜜 Miel。從植物花蜜開始形成，並從中濃縮成香氣。每種蜂蜜都有其特定的風味，而這也是每道食譜應納入考量的地方。綜合花蜜（Miel toute fleurs）或金合歡蜜（Miel d'acacia）香甜，適用於餅乾或蛋糕麵糊；液狀蜂蜜適用於牛軋糖；棕色蜂蜜適用於香料麵包。

葡萄糖 Glucose（又稱水飴）。這玉米澱粉的萃取物呈現出糖漿狀的外觀。可預防糖在糖果、焦糖和甘那許中結晶。可在藥房中購得。（編註：台灣請在烘焙材料行購買。）

糕點用翻糖 Fondant pâtissier（又稱風凍）。這不透光且平滑的白色麵糊，由糖漿和葡萄糖所組成，可直接使用，用來包覆酒漬水果、為巧克力或咖啡調味，以便為閃電泡芙覆以鏡面。在優質食品雜貨店或某些大賣場中販售。

其他用於糕點和巧克力製作的食材
Autres ingrédients utilisés en pâtisserie ou en chocolaterie

一道食譜的成功或獨創性經常取決於構成質地、提味、讓裝飾更為精美的食材。這當中有些食材出現在特殊的通路：優質食品雜貨店、營養食品專賣店，或甚至是藥房。因此最好預先備用。

糕點小幫手 Les aides à pâtisserie

食品用小蘇打 Bicarbonate de sodium officinal。白色細粉狀的鹼性材料，用來讓香料麵包或某些蛋糕體麵糊發酵。只能在藥房購買。（編註：台灣請在烘焙材料行或大型超市購買。）

吉力丁 Gélatine。源自動物的半透明膠質，以片狀（約 2 克）或顆粒狀販售。不會危害身體健康，無臭無味，可構成並稠化慕斯、沙巴雍、水果庫利。應讓吉力丁在冷水中膨脹 3 分鐘，瀝乾後放入熱水但非沸水（牛奶、奶油醬、果汁）中溶解。至於冷的材料，應以文火或微波爐（最大熱度 10 秒）將吉力丁加熱至融化。請於大賣場購買。

乾豆粒或**乾杏桃核 Haricots secs** ou **noyaux d'abricots secs**。在將塔底空烤時，擺在塔內底部，以免麵皮鼓起。

酵母 Levures。新鮮酵母 **levures fraîche** de boulanger 或**天然酵母 levure biologique**，呈現出由微型磨菇形成的淺灰色塊狀外觀，一旦與麵糊混合，將繁殖並產生二氧化碳。麵糊因而發酵或「發」。

酵母用於麵包、披薩麵團、庫克洛夫。冷藏可保存十幾天，可於麵包店或大賣場的「新鮮糕點 pâtisseries fraîches」架上找到（立方型的包裝）。天然酵母亦常以乾燥的形式出現在超市裡（小包的顆粒狀粉末），可保存 1 年。

極為常見的**泡打粉 levure chimique** 含有銨鹽或碳酸氫鈉，會與酸和麵粉結合。建議先過篩後再小心地混入麵粉中，然後立刻烘烤。

布丁粉 poudre à flan，以糖、膠質、澱粉，可能也包含蛋為基底的現成材料，可用來快速地製作布丁派（flan）。於大賣場販售。

現成蛋糕體 Les pâte et biscuits tout prêts

指形蛋糕體 Biscuits à la cuillière。富含蛋的膨鬆蛋糕體，作為夏露蕾特和挪威蛋捲的基礎。於麵包店或大賣場販售。

布里克餅皮 Feuille de brick。薄而酥脆的麵皮，為突尼西亞特產（malsouka），在水中將小麥粉煮沸，接著再以橄欖油油煎而得。像可麗餅一樣，可填入甜或鹹的餡料。於大賣場販售。

巧克力鹹味料理的反撲
LE RETOUR DES RECETTES SALÉES AU CHOCOLAT

不如說是一種傾向，巧克力在鹹味食譜中的使用，經常引發傳統法式料理愛好者的懷疑態度。然而這涉及非常古老的傳統（墨西哥的魔力雞 dinde al mole mexicaine、加泰隆龍蝦langouste à la catalane、波爾多七鰓鰻lamproie à la bordelaise），即運用黑巧克力或可可的芳香來為肉或魚進行幸福的調味。只要一丁點的量，巧克力彷彿就成了另一種獨特而罕見的香料。建議：試了就知道！

吉力丁片
feuilles de
gélatine

海綿蛋糕 Génoise。富含蛋的蛋糕，可以原味食用，或作爲無數糕點的基底。其麵皮的特色在於容易吸收庫利和糖漿。於大賣場販售。

薄派皮 Pâte à filo。源自希臘或土耳其，這如同紙般的薄麵皮是以白麵粉爲基底。輕盈，極具裝飾性，薄派皮亦具有非常細緻的味道。注意，在使用期間應以濕布巾保存，因爲薄派皮乾得非常快。於優質食品雜貨店販售。

「美味」食材 Les ingrédients《saveur》

格里奧汀酒漬櫻桃 Griottines®。源自巴爾幹（Balkans）的野生櫻桃（歐洲酸櫻桃griotte品種）去核後以酒精浸漬。可向優質食品雜貨店、酒窖管理師購買。

馬沙拉葡萄酒 Marsala。具核桃和柳橙香味的西西利口酒，酒精濃度爲16-20%。馬沙拉葡萄酒經常用於料理、糕點，尤其是用在製作提拉米蘇上。

瑪斯卡邦乳酪 Mascarpone。含有豐富奶油的義大利新鮮乳酪，從乳牛或水牛的牛乳開始製造。瑪斯卡邦乳酪爲構成提拉米蘇甜點的主要成份。以罐裝在大賣場或乳品商店販售。

芝麻
graines de sésame

能多益榛果巧克力醬 Nutella®。無法仿造的義式麵包醬，以糖、植物油、榛果、低脂可可、脫脂牛奶和香料爲基底。於大賣場販售。

塔巴斯科辣椒水 Sauce Tabasco®。味道非常刺激的辣椒水，於美國路易斯安那州（Louisiane）製造，但仍沿用墨西哥的州名。以紅椒、鹽和醋爲基底。其辣味與巧克力是絕配，也令人想起哥倫布發現新大陸前的辣可可食譜。於大賣場販售。

陳年葡萄酒醋 Vinaigre balsamique。濃稠、深色、芳香且甘美的醋，源自義大利的摩德納（Modène）。來自一種於過熟時採收的極甜葡萄所製作的酒。陳年葡萄酒醋可用來爲紅色水果提味。於大賣場和優質食品雜貨店販售。

穀片和穀粒 Les céréales en flocons et en grains

穀類 Céréales。煮熟和烤過的穀類可單獨使用（如：玉米粒、燕麥片或大麥粒），或搭配乾果、米粒或薏仁 Le blé soufflé，以混合物的形式呈現。這各式各樣的穀類爲無數的酥餅、水果蛋糕或巧克力慕斯帶來了其酥脆和烘烤／甜味的部分。

芝麻粒 Graines de sésame。有殼時爲黑色或灰色，去殼後爲白色。芝麻粒經常在烘烤後用於麵包、皮力歐許、東方糕點中。於優質食品雜貨店中販售。

米 Riz。有兩大類的米：粒粒分明的長米，以及烹煮時會黏在一起的圓米。後者較適用於糕點中，因爲圓米很容易吸收牛奶。我們尤其常用於米布丁的製作。用於義大利燉飯（risotto）中的阿爾波里歐米（Le riz arborio）爲最優質的食材，因爲它能夠柔軟而不鬆散。

長米
riz à grains longs

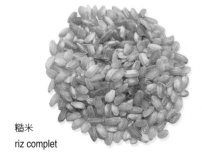

糙米
riz complet

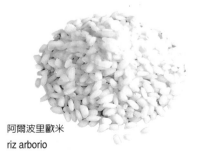

阿爾波里歐米
riz arborio

巧克力糕點師的技術
Les techniques du pâtissier-chocolatier

覆蓋巧克力 chocolat de
couverture（黑、牛奶或白巧
克力）300 克
準備時間：15 分鐘
烹調時間：約 5-6 分鐘

覆蓋巧克力的調溫（第一種方法）
Tempérage du chocolat de couverture（première méthode）

1 用鋸齒刀將黑巧克力切碎。將 200 克放入大碗中，以平底深鍋隔水加熱至融化，務必別讓大碗碰到平底深鍋的底部。用木杓輕輕攪拌，應在巧克力完全融化後再量溫度；巧克力應爲 55℃（以電子溫度計控制）。

2 立刻將巧克力從隔水加熱鍋中取出，大量加入剩餘 100 克的巧克力。將大碗放入另一個裝滿水並裝有 4-5 塊冰塊的碗中。不時攪拌融化的巧克力，因爲巧克力將從側邊開始凝固。再量一次巧克力的溫度：應達 27℃。您也能不放入裝冰塊的碗中，直接將巧克力放涼至 27℃。

3 當融化的巧克力到達這個溫度時，再將大碗放入隔水加熱鍋中。就近監督溫度的增加，因爲溫度的變化並不明顯。用木杓輕輕攪拌巧克力。測量溫度：應介於 30-33℃ 之間。巧克力維持在良好的溫度，可供使用。

→ 不論選擇的食譜所需的巧克力重量爲何，調溫的程序都不變。

→ 只有專用於糕點或糖果的覆蓋巧克力可以調溫，因爲覆蓋巧克力明顯比市售的巧克力磚更爲流質。

→ 巧克力的調溫並不難，但需要細心、耐心和精準度，因爲遵守精確的溫度便是成功操作的關鍵。

覆蓋巧克力的調溫（第二種方法）
Tempérage du chocolat de couverture（seconde méthode）

覆蓋巧克力 chocolat de
couverture（黑、牛奶或白）
300 克
準備時間：15 分鐘
烹調時間：約 6-7 分鐘

1 用鋸齒刀將巧克力切碎並放入大碗中。在隔水加熱的平底深鍋中加熱至融化，並請務必別讓大碗碰觸到平底鍋的底部。用木杓輕輕攪拌，因為必須在巧克力完全融化後才能測量溫度；巧克力應為 55℃（以電子溫度計控制）。

2 立刻將巧克力從隔水加熱鍋中取出。將大碗放入另一個裝滿水並放有 4-5 塊冰塊的碗中。不時攪拌融化的巧克力，因為巧克力將從旁邊開始凝固。再量一次巧克力的溫度：應達 27℃。您也能不放入裝冰塊的碗中，直接將巧克力放涼至 27℃。

3 當融化的巧克力到達這個溫度時，再將大碗放入隔水加熱鍋中。就近監督溫度的增加，因為溫度的變化並不明顯。用木杓輕輕攪拌巧克力。測量溫度：應介於 30-33℃ 之間。

4 現在的巧克力處於適當的溫度，已經可供使用。為了檢查巧克力是否已調溫完成，最簡單的方式是將抹刀的前端浸入巧克力中。冷藏數秒後取出：若巧克力如絲緞般平滑光亮，就表示巧克力經過良好的調溫；否則巧克力會顯得厚重無光澤。

覆蓋巧克力 chocolat de couverture（黑、牛奶或白巧克力）300 克
準備時間：15 分鐘
烹調時間：約 5-6 分鐘

巧克力的塑形
Moulage en chocolat

1 用鋸齒刀將巧克力切碎並調溫（見 323 頁或 324 頁）。當巧克力達到適當的溫度時（30-33℃之間），在大碗上用小湯杓將所選擇的模型填滿融化的調溫巧克力。

2 在大碗上將模型傾斜，以去除溢出的巧克力。將模型倒扣在底下墊有烤盤紙的網架上。

3 當巧克力充分瀝乾並開始凝固時，用小刀去除多餘的巧克力，讓邊緣保持潔淨、平滑而且沒有瑕疵。以同樣方式為所有模型填入巧克力。

4 將模塑品冷藏凝固約 10-15 分鐘。接著保存在室溫下 2-3 分鐘，然後脫模。為此，請用雙手輕輕按壓模型，並用指尖稍微按壓模型邊緣，讓澆鑄的巧克力主體脫離模型。

→ 澆鑄的巧克力厚度可依用途而調整。為了形成較厚的厚度，分 2-3 次將調溫巧克力填入模型，並小心地確認沒有氣泡進入。

→ 不論選擇什麼樣的模型（蛋形、雞形或復活節的鐘形等），應為洗過、完全潔淨，並用棉布擦拭乾淨。若您使用的是迷你塔模，迷你塔模就只有這唯一的用途，模型表面必須平滑；理想的模型為鋼製或特殊金屬製，甚至是食品塑膠製。

巧克力糖衣及其他巧克力糖
Enrobage des bonbons et autres friandises au chocolat

融化且調溫的巧克力（黑巧克力、牛奶巧克力或白巧克力）
400 克
準備時間：15 分鐘

1 將要包覆糖衣的糖果放在巧克力叉上。輕輕將叉子浸入融化且調溫的巧克力（見 323 或 324 頁）中。將叉子拉起，在巧克力上停留幾秒，讓多餘的融化巧克力滴下。

2 用叉子的下面輕輕刮過裝有融化巧克力的大碗邊緣；就這樣進行數次，讓糖果裹上薄薄的巧克力層。在盤子上鋪上 1 張烤盤紙。將叉子移至紙上，用刀尖輕推，將裹有巧克力糖衣的糖果置於盤上。

巧克力鱗片
Écailles en chocolat

80 片鱗片
黑巧克力 400 克
準備時間：30 分鐘

將 1 張羅德紙（feuilles de Rhodoïd）鋪在大理石板上。用鋸齒刀將巧克力切碎並調溫（見 323 頁或 324 頁）。將調溫巧克力倒入裝有 8 號圓口擠花嘴的擠花袋，擠或舀取 1 小匙的巧克力，放在羅德紙上，每一堆約核桃大小。用金屬抹刀的尖端將每個小堆由上往下抹開，形成鱗片狀。將塑膠紙上的鱗片冷藏保存。

牛奶巧克力薄片 30 片
牛奶巧克力 260 克
準備時間：30 分鐘

巧克力薄片
Fines feuilles en chocolat

1 用鋸齒刀將巧克力切碎並調溫（見 323 頁或 324 頁）。將 3 張羅德紙（feuilles de Rhodoïd）裁成邊長 20 公分的方形，擺在烤盤紙上。用長的金屬抹刀在上面均勻地鋪上巧克力，用 2 支抹刀將紙的兩側提起，接著再放回工作檯上，讓巧克力的表面變得平滑。另外兩張羅德紙也以同樣的方式進行。

2 讓巧克力冷藏凝固幾分鐘。當巧克力稍微凝固時，從冰箱中取出。準備 1 個 4×10 公分的紙板或羅德紙製的模板。擺在巧克力上，用刀尖在模板周圍切劃出矩形。再讓巧克力片冷藏凝固幾分鐘，接著從冰箱中取出。

3 再為每片巧克力蓋上第二張的羅德紙（feuilles de Rhodoïd）。將烤盤壓在上面，以免巧克力朝上捲起。冷藏保存幾分鐘。將第二張羅德紙（feuilles de Rhodoïd）抽離。在巧克力完全硬化前，依所切劃線將矩形巧克力剝開；在每次的裁切之間仔細地擦拭刀身。

→ 這些牛奶巧克力片可用來製作「甜蜜的滋味 Plaisir sucré」（見 98 頁）。

→ 您可以同樣的方式製作黑巧克力片或白巧克力片。

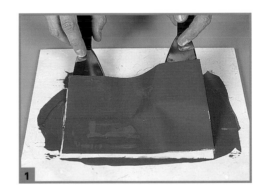

巧克力雪茄與刨花
Cigarettes et copeaux en chocolat

75 克的巧克力（黑巧克力、牛奶巧克力或白巧克力）
準備時間：10 分鐘
冷凍時間：30 分鐘

1 用鋸齒刀將巧克力切碎並調溫（見 323 頁或 324 頁）。將 1 塊小型的大理石板上，冷凍 30 分鐘。從冷凍庫中取出，擺在鋪有布巾的工作檯上。將一半的調溫巧克力倒在大理石板中央，接著非常快速地用金屬抹刀將巧克力鋪成薄薄一層。

2 立刻用三角抹刀（專業人士稱「三角」）將巧克力推起，讓巧克力捲成 2-3 捲，形成略長的雪茄。不要用手指觸碰，但用抹刀尖端提起，擺在烤盤紙上。

3 將雪茄以冷藏冷卻 15 分鐘。為了形成小刨花，請用三角的尖端將巧克力雪茄弄碎。冷藏保存至最後一刻。

→ 為了形成雪茄或刨花，最好使用調溫巧克力；一般的巧克力往往會變白。

帶狀、水滴、蛇形等
Bandes, gouttes, serpentins, etc.

100 克的覆蓋巧克力 chocolat de couverture
（黑巧克力、牛奶巧克力或白巧克力）
準備時間：約 20 分鐘
依選擇的形狀而定

1 用鋸齒刀將巧克力切碎並調溫（見 323 頁或 324 頁）。在工作檯上鋪上 1 張烤盤紙。擺上適用於裝飾模型體積大小的透明帶狀塑膠片；間隔 1 公分地擺放。用透明膠帶固定。將些許的巧克力倒在帶狀塑膠片上。用長金屬抹刀依所選擇的用途鋪上薄薄或厚厚一層。讓巧克力

在室溫下稍微凝固。在巧克力硬化前，將蓋有巧克力的帶狀塑膠片提起，在巧克力仍柔軟時立刻形成想要的形狀。

2 例如用來環繞的環形蛋糕模，將帶子貼著環形蛋糕模外圍，巧克力的一面朝外。立刻將多餘的部分切除。當巧克力開始凝固時，用橡皮筋固定帶子。冷藏保存 30 分鐘。

3 爲了讓巧克力帶狀塑膠片形成水滴狀，請將巧克力帶剪成想要的大小。立刻按壓兩端，形成想要的形狀。冷藏保存 30 分鐘。

4 例如用蛇形來裝飾蛋糕，可用羅德紙（feuilles de Rhodoïd）裁出 1 個約長 20 公分、寬 2 公分的長條。在工作檯上，用雙手將巧克力帶捲成彈簧狀（或蛇形）。冷藏保存 30 分鐘。不論製作的形狀爲何，當巧克力完全固定時，將巧克力從冰箱中取出。輕輕地從塑膠片上拉起，將巧克力剝離。再將形成的巧克力放回去，冷藏直到使用時刻。

→ 用經過完美調溫的黑巧克力、牛奶巧克力或白巧克力，而且只使用透明塑膠片或羅德紙（於糕點專賣店或糖果專賣店購買），便可做出各種形狀的巧克力（帶狀、戒指、心形、水滴、蛇形等）。

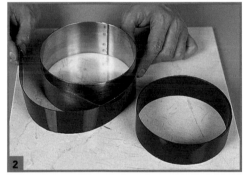

巧克力扇形
Éventails en chocolat

1 用鋸齒刀將巧克力切碎，隔水加熱至 40℃，讓巧克力融化。將 1 塊小的大理石板冷凍 30 分鐘。從冷凍庫中取出後，擺在鋪有布巾的工作檯上。在大理石板中央倒入 1/3 的融化巧克力，接著非常快速地用金屬抹刀將巧克力鋪成 10×12 公分的薄片狀。立刻將三角抹刀（專業人士稱「三角」）的切面擺在巧克力片的開端，斜斜地拿著。將 1 根手指擺在三角的尖端，開始推巧克力。

2 持續刮和推巧克力，用 1 根手指壓著三角的尖端；巧克力便會自動皺起，形成扇形。

3 用三角的尖端將形成的扇形鏟起，用刀取下。冷藏保存至使用的時刻。以同樣的方式處理所有融化的巧克力。

→ 您在製作這些扇形的大理石板，溫度絕對不可超過 22℃。

→ 為了製作這些牛奶巧克力或白巧克力扇形，融化巧克力必須鋪成較厚的厚度，因為這些巧克力較難鋪得非常薄。在每次操作後，請小心地將大理石板冷凍約 15 分鐘，讓大理石板始終保持冰冷。

黑巧克力 75 克
（或牛奶巧克力 90 克或白巧克力 100 克）
準備時間：10 分鐘
冷凍時間：30 分鐘

100 克的巧克力
（黑巧克力、牛奶巧克力或白巧克力）
準備時間：30 分鐘
冷藏時間：15 + 30 分鐘

巧克力冬青葉
Feuilles de houx en chocolat

1 用鋸齒刀將巧克力切碎並調溫（見 323 頁或 324 頁）。用濕潤的棉布清潔冬青葉片和梗，接著仔細地擦乾。將乾淨且乾爽的毛刷尖端浸入調溫巧克力中，輕輕搖動以去除多餘的巧克力。拿著葉片的梗，用毛刷「梳」過葉片背面，從中央朝邊緣刷，而且務必不要塗到葉片的另一面。

2 將塗有巧克力的葉片擺在 1 張烤盤紙上，讓巧克力冷藏凝固 15 分鐘。將葉片從冰箱中取出，以上述同樣的方式持續進行下去，再塗上第二層薄薄的融化調溫巧克力。

3 將巧克力葉片再冷藏凝固 30 分鐘。一一從冰箱中取出，用 2 根手指拿著第一片葉片，接著輕巧地將巧克力「葉」剝離，拿著葉片的梗，將梗輕輕地往上拉。

→ 您可用同樣方式為月桂葉、橙樹葉、檸檬樹葉、榕屬植物葉、梔子樹葉或山茶樹葉塗上巧克力；我們甚至可以使用飾品雜貨店販售的塑膠葉。依所選擇的葉片，塗在平滑面或有葉脈的一面。

巧克力用語 Les mots du chocolat

本詞彙表中標示的星號〔*〕表示為專用詞語。

A

Alcalinisation 鹼化：將搗碎的可可豆置於鹼性溶液（碳酸鉀）中烹煮。在製造可可粉之初，鹼化可增進可可的溶解度，並改善可可的味道和顏色。

Arôme 香氣：由鼻子（氣味）、口腔後部和透過連接嘴巴和鼻子的管道（後嗅覺）所感受到的感覺。可可種籽或可可豆的香氣隨著可可轉化成巧克力而變化。可分為存於生豆中的成份香、豆子經過發酵和乾燥後的收穫後香，以及特別在豆子經過烘焙後發展出的熱香（農業研究發展國際合作中心（CIRAD）É. Cros）。

Précurseurs d'arômes 前香：豆子經發酵和乾燥，接著烘焙而形成濃郁的香氣。

Astringence 收斂性：當可可和巧克力中含有丹寧時，來自舌頭緊縮的物理感覺。

Atole 玉米漿：墨西哥的傳統飲品，以白玉米、可可和水為基底。在出產可可的墨西哥地區，可用烘烤過且磨成粉的可可豆進行調味。

Aztèque 阿茲提克人：在哥倫布發現新大陸前，於 1519 年 --- 寇蒂斯（Cortés）發現墨西哥的時期 --- 統治遍及從現今墨西哥至瓜地馬拉廣大帝國的民族。阿茲提克人要求馬雅人*支付可可豆作為貢品。當時的可可是一種貨幣兼飲料。

B

Bain-marie（cuisson au）隔水加熱：一種間接的烹調程序，將一項細緻的食材放入一個容器中，該容器再放入另一個裝滿水的容器（平底深鍋、盤子）中，以接近煮沸的熱度保溫。隔水加熱的程序可用於讓巧克力融化而不會燒焦。也用於讓巧克力維持在理想的溫度，以便作為修飾蛋糕、水果糖衣或甘那許之用。

Ballotin 紙板包裝：用以保護巧克力糖的專用包裝。由比利時人 Jean Neuhaus 於 1915 年取得專利，接著專利權期滿，紙板包裝成為巧克力零售不可或缺的附件。

Barre fourrée chocolatée 巧克力棒：被巧克力所包覆的棒狀糖果，由弗雷斯特•瑪爾斯（Forrest Mars）於 1923 年所創。

Beurre d'ajout 添加脂：在液態精磨 conchage * 時，通常會在巧克力中再加入可可脂 beurre de cacao *，賦予巧克力入口即化的質地。依添加脂的品質而定，巧克力在入口時會帶有或多或少的油脂，而且在調溫時也較容易操作。

Beurre de cacao 可可脂：可可豆本身便含有的泛白脂質，具有不會產生油臭味，而且會在近於人類體溫（約 32-33℃）的溫度下融化等特性。

Blutage 過篩：包含搗碎，接著將可可渣細磨以形成可可粉的工業程序。

Bonbon de chocolat 巧克力糖：專業術語，用以形容單一或混搭販售的個人巧克力（巧克力磚、甘那許 Ganache＊、帕林內 pralinés＊…等）。

C

Cabosse 可可果：可可樹的果實，源自其古法文名「caboce」，意思為「頭」；其拉長的形狀使人想起過去馬雅貴族＊變形的頭顱。可可果為白色、黃色、紅色或紫色的大顆厚皮果實（約 400 克）。在被稱為「黏膠 mucilage」的膠質果肉中含有 40 幾顆種籽。果肉可直接食用，經發酵和乾燥的可可豆則用來製造巧克力。

Cacao 可可：源自哥倫布發現新大陸之前的詞，可以是：

▶ 一般用語，形容可可樹果實＊（可可果）中含有的種籽，甚至是品種（克里奧羅可可、福拉斯特洛可可）或稱呼（上等可可）；

▶ 用於巧克力包裝上的法定名稱。在這種情況下，「可可」一詞用來形容用於製造巧克力的可可豆與所謂「添加脂質＊」的可可脂整體；如：70% 的可可（包含標籤上從未明確標示份量的添加脂質）；

▶ 「可可粉＊」的縮寫。

Cacao maigre 低脂可可：可可脂含量少於 20% 可可粉 poudre de cacao＊。

Cacaos fins 上等可可：亦稱為「風味可可」或「芳香可可」。上等可可與標準可可的不同處，在於其香氣的獨特或／和其豆子相較的淺色。ICCO（國際可可組織）於 1994 年確立了一份名單，並於 2001 年公布，有 17 個國家被分類為上等的可可產國，其中有 11 個位於美洲和加勒比海（哥斯大黎加、多明尼加、厄瓜多、格林納達（Grenade）、印尼（爪哇）、牙買加、馬達加斯加、巴拿馬、巴布亞新幾內亞（Papouasie-Nouvelle- Guinée）、聖盧西亞島（Ste-Lucie）、聖文森及格瑞那丁（St-Vincent-et-les Grenadines）、薩摩亞（Samoa）、聖多美普林西比（São Tomé et Príncipe）、斯里蘭卡、蘇利南、千里達及托巴哥共和國（Trinité-et-Tobago）、委內瑞拉）。

Cacaoyer 可可樹：錦葵科、可可屬、可可種的果樹，種籽可用以製造巧克力。

Chocolat 巧克力：以可可塊和糖為基底的食物，經常添加卵磷脂和香草。可直接食用、製成塊狀，或加工成糖果 bonbons＊、甜食、澆鑄、蛋糕、甜點、冰淇淋等形式。巧克力中的可可含量依產品名稱而有所不同。「可可含量 70% 的黑巧克力」含有 70% 的可可豆和添加的脂質＊（傳統上為可可脂，但添加的脂質也可能包含有別於可可脂的植物性脂質 MGV＊）。Chocolat noir 黑巧克力（extra-fin 特優，supérieur 優質, de dégustation 品嚐）：由糖和最少 43% 的可可所組成的巧克力。Chocolat au lait 牛奶巧克力：添加了全脂奶粉或部分去脂的巧克力。Chocolat blanc 白巧克力：以可可脂、牛奶、糖，通常還有香草為基底的巧克力。Chocolat fourré 夾心巧克力：由內部（夾心）和外面的巧克力糖衣所組成的糖果，前者至少佔成品的 25%。Chocolat de ménage （chocolat à cuire）家用巧克力（烹調用巧克力）：過去的法定名稱，用以形容含有 35-43% 可可的黑巧克力。Chocolat de cru 產地巧克力：從來自單一地區，甚至單一種植開始製造的巧克力。Chocolat d'origine ou mono-origine 可可產區或單一產地巧克力：從來自單一國家的可可豆所製造的巧克力。Chocolat de santé 健康巧克力：過去用來稱呼只由可可塊和糖組成的巧克力，與添加香料或香味物質（麝香、琥珀）的巧克力形成對比。Chocolat médicinal 藥用巧克力：添加了有藥效的物質，而且為了治療目的而食用的巧克力。

「巧克力」一詞也用來形容以巧克力或可可爲基底且添加了糖的飲品，可以是熱飲或冷飲。

Chocolatier 巧克力商：

► 從可可豆開始製造巧克力：覆蓋巧克力、巧克力磚、巧克力糖、造型巧克力的製造商。亦稱爲「覆蓋巧克力商 couverturier」；

► 從覆蓋巧克力開始製造巧克力糖的製造商。亦稱爲「巧克力糖果商 confiseur chocolatier」。

Chocolatière 巧克力壺：用於調配並享用熱巧克力的專用器具。金屬或陶瓷製，通常附有 1 個攪拌器（moussoir）＊，設有 1 個高的壺口和 1 個覆有木管的垂直握柄。

Chocolatomane 巧克力迷：爲巧克力而瘋狂的人。

Conchage 精磨：巧克力的製造階段，在 19 世紀由魯道夫•蓮（Rodolphe Lindt）所發明，在被稱爲「精磨」的機器中進行。精磨是一種緩慢地攪拌巧克力的過程，在一定的溫度下，並添加可可脂進行。可去除水份和不受歡迎的酸味、讓香味 arômes＊ 成熟，同時爲成品賦予滑順和光澤。

Confiseur chocolatier 巧克力糖果商：見 Chocolatier 巧克力商。

Courbe de cristallisation 結晶曲線：亦稱爲「溫度曲線」，這條曲線符合巧克力爲了達到結晶的穩定形狀，並賦予成品光澤和酥脆口感所歷經的 3 個溫度梯度。對於黑巧克力、牛奶或白巧克力而言，巧克力會依序到達 55℃，27℃，接著是 30-33℃ 的溫度。

Coussinet floral 花墊：可可樹皮上特有的鼓起部分，並具有樹木的花和果實。

Couverture（chocolat de）覆蓋（巧克力）：含有至少 31% 可可脂的專用巧克力。這可達產品 50% 的高可可脂比率，在包覆糖衣和澆鑄程序中所不可或缺的。

Couverturier 覆蓋巧克力商：見 Chocolatier 巧克力商。

Crème de cacao 可可香甜酒：一種甜的利口酒（每公升至少含 250 克的糖），依食譜添加了巧克力、鮮奶油或牛奶。

Criollo 克里奧羅：可可品種，名稱借自西班牙文的 criollo「當地土生土長」，並與 forastero 福拉斯特洛＊「異國」形成對比。由馬雅人 Mayas＊ 挑選的克里奧羅可可樹＊ 在哥倫布發現新大陸之前的時期，是最早由西班牙移民種植於委內瑞拉的品種。特色在於其白色的圓形種籽。今日已變得稀少，只佔世界產量的不到 1%。

Cru 產地巧克力：明確經過認證的商業名稱，用以形容來自單一地理區，甚至是單一種植的可可豆所製造的巧克力。我們在酒的領域中也能見到「頂級產地 grand cru」或「一級產地 premier cru」等名稱，這涉及呈現出優越香氣的產地巧克力，也能從價格上得到證明，例如可可的購買價格提高。

D

Décorticage 去殼：在巧克力的製造中，包含去掉可可豆＊ 外面硬殼的程序，不論是在熱的作用（烘焙）下爆裂，還是以撞擊內壁敲碎的方式。

Désodorisation 脫臭：目的在於去除可可脂 du beurre＊ 不好的氣味 flaveurs＊，形成各種巧克力皆能相容，中立性的工業程序。

E

Enfleurage 萃取花香（par contact avec le chocolat 藉由與巧克力的接觸）：利用過去可可脂＊留住香氣的天然性能，藉由以鮮花和巧克力直接接觸數日，來為巧克力增添芳香的技術。

Enrobage 裹以糖衣：在製作巧克力糖時，在表面蓋上薄薄一層巧克力的動作，可用覆蓋巧克力的手工調溫，或經由被稱為「糖果塗層機 enrobeuses」的機器淋上一層巧克力。

F

Fermentation 發酵：在這項程序中，可可的果肉和種籽被置於木箱中 4-7 天，在酵母和微生物的影響（酒精、乳酸、醋酸發酵）下，經過一系列的生物化學轉變。發酵的目的是為了形成可可豆所含有的前香＊，主要由巧克力的味道和香氣所組成，但會隨著大部分可可天然的苦澀味而減少。而發酵也讓可可得以在排除一切發芽的可能下保存。

Fève 可可豆：經發酵和乾燥的可可種籽。

Flaveur 風味：在品嚐食物時，由嘴巴嚐到的味道，以及連接口腔和鼻腔中間管道（鼻後途徑）所察覺到的香氣，所得出的全面性感受。

Forastero 福拉斯特洛：可可的品種，名稱借自西班牙文的 forastero「異國」，與過去馬雅人 Mayas＊種植的克里奧羅 Criollos＊形成對比。福拉斯特洛在西班人征服中美洲後開始種植。紫色種籽的福拉斯特洛來自亞馬遜下游。

G

Ganache 甘那許：由巧克力、鮮奶油和／或奶油所組成，而且可能經過香料、水果、花、咖啡等的調味。甘那許用來裝填或修飾糕點。據說，「甘那許 ganache，有蠢貨的意思」。是一位老闆對其笨拙員工的咒罵語，因為後者將沸騰的鮮奶油倒在巧克力上，就這麼創造出巧克力史上最美味的混合物之一。

Génotype 基因型：人類或植物個別特殊的基因遺傳。在不同的產國，為了基因型利益而挑選所構成的可可樹 cacaoyers＊系列種植，以保留這些受到砍伐森林和大量雜交實驗，威脅樹種的基因多樣性。

Gianduja 榛果牛奶巧克力：源自義大利，以糖、可可（最少 32%）、烘焙榛果（20-40% 之間），可能還包含核桃和杏仁為基底，而且全部經過細磨的混合物。

Graisse butyrique 乳脂：用於製造牛奶巧克力的乳品脂質。

Grué 可可粒：經發酵和乾燥的可可碎片。可分為未經過烘焙的可可仁（grué vert）和烘焙過的可可粒（或英文的「nibs 碎可可」）。「可可粒」一詞令人想起由巧克力商 Cluizel 所引領的風潮，此外他也於 1995 年大力推廣首批包覆著巧克力糖衣的可可粒。可可粒越來越常用於糕點和鹹味料理中。我們可在優質食品雜貨店或專賣店中找到。

I

ICCO（International Cocoa Organization）國際可可組織：國際組織，負有協調可可產國及巧克力消費國之間關係的使命。2001 年，30 個 ICCO 會員國以「所有可可經濟角色公平收益」的觀點簽署了一份關於長期可可生產的協議。

IGP（indication géographique pro-tégée）受到保護的地理標識：歐洲與區域相關的品質標籤，由地區或限定場所所構成。委內瑞拉的楚奧（Chuao）可可便享有 IGP。

Intérieur 夾心：用來包覆巧克力糖衣的巧克力糖內部。可能是甘那許 ganache＊、帕林內 praliné＊、榛果牛奶巧克力 gianduja＊、杏仁膏 pâte d'amande、牛軋糖 nougat 等。

L

Lécithine 卵磷脂：蛋黃、大豆或向日葵中富含的複合脂類，作為乳化劑用於巧克力中，以穩定結構。巧克力事實上便是含有 2 種不相溶元素的混合：可可脂和可可纖維中含有的殘留水份。

Liqueur de cacao 可可漿／可可利口酒：
▶ 食品工業賦予可可塊 masse de cacao＊ 的另一個名稱；
▶ 從可可豆開始，浸入每公升至少含 100 克的酒精中所製造出的利口酒。

M

Masquer 修飾：例如用巧克力或杏仁膏，完整地鋪在蛋糕或點心的表面。

Masse de cacao 可可塊：工業上在可可豆 fèves＊、去殼 décorticage＊、烘焙 torréfaction＊、研磨和精製後所形成的可可膏。

Matières grasses végétales（MGV）植物性脂質：依據 2000 年 6 月 23 日的歐洲條例，有 6 種 MGV 經過許可，可用來取代巧克力中含有的可可脂 beurre＊，並高達成品中的 5%。其中包括乳油木脂 karité、婆羅州脂 l'illipé、婆羅雙樹脂 sal、印度藤黃脂 kokum gurgi、芒果仁 noyau de mangue、棕櫚油 l'huile de palme。

Mayas 馬雅人：哥倫布發現新大陸前，定居在墨西哥和中美洲的民族，實行著雕刻文字和神聖植物 --- 可可的種植。馬雅文明以其西元 200 至 1400 年之間的極盛期聞名，之後在阿茲提克帝國，然後是西班牙人的統治下沒落。

Mole poblano 波布拉諾魔力醬：非常辣的巧克力醬，用來搭配以肉湯燉煮的火雞肉。這著名的配方是 Puebla（墨西哥人）於 16 世紀時發明的。

Moussoir 攪拌器：源自墨西哥的木製器具，具有活動式的同心圓圈或槽，用來使巧克力飲料起泡。

Mucilage 黏膠：可可果 cabosse＊內包覆著可可豆的白色酸甜膠質果肉。

N

Nacional 厄瓜多國產：過去厄瓜多的可可品種，為淡紫色的粗粒可可豆，以其花香著稱。

O

Olmèques 奧爾梅克人：大概是首批種植可可樹，並挑選可可豆作為其飲料飲用的墨西哥民族。奧爾梅克文化誕生於墨西哥的海灣區，以其西元前 1200-400 年的全盛時期著名。

P

Pâte de cacao 可可塊：去殼且去芽的可可豆 fèves＊ 經研磨後所形成的團塊。

Poudre de cacao 可可粉：從可可渣 tourteau * 開始製作的粉末，可單獨使用或搭配各種製作早餐的添加物。可可粉在工業上也用於製造餅乾、冰淇淋、巧克力。

Praline 帕林內：
► 在沸騰的糖漿中熬煮杏仁；其名稱來自 Plessis-Praslin 公爵，是他的廚師發明了這道糖果；
► 大顆的夾心巧克力糖 bonbons *，於 1912 年由 Jean Neuhaus 在布魯塞爾所創造。亦稱爲「比利時帕林內 praline belae」。

Praliné 帕林內果仁糖：杏仁或／和榛果及糖的混合物，所有材料都被搗成細碎。所謂的「帕林內巧克力 chocolat praliné」是指含有帕林內果仁糖夾心的巧克力糖。

T

Tabler (tablage) 以大理石調溫：用抹刀將巧克力鋪在大理石桌上，讓巧克力在調溫 tempérage * 的程序中冷卻。引伸義爲：調溫 tempérer。

Tablette 巧克力磚：黑巧克力、白或牛奶巧克力磚，可分剝成塊。可用來裝填或含有夾心。入口即融巧克力磚的發明（魯道夫•蓮 Rodolphe Lindt，1879 年）源自巧克力飲品的衰退。2004 年，據估計，巧克力磚在法國食用巧克力的比例中就佔了 69%。

Tempérer (tempérage) 調溫：爲了改善光澤和硬度，並讓巧克力適用於巧克力糖和造型巧克力的調配，巧克力需經過的 3 個不同溫度梯度（見結晶曲線 Courbe *）。爲了製作巧克力的重要

程序亦稱爲「調溫」或「以大理石調溫（tabler）」巧克力。

« Theobroma cacao »「神賜可可」：來自希臘文的 theobroma「神的食物」。荷蘭植物學家 Carl von Linné 於 1753 年命名的科學名稱。

Théobromine 可可鹼：1841 年首度由 Woskresenski 從可可豆 fèves * 中辨識出的生物鹼物質。可可鹼會刺激心臟、肌肉、腎和神經系統。也存於可樂果（noix de cola）和瓜拿納果（guarana）中。

Torréfier (torréfaction) 烘焙：在巧克力的製造中，烘烤去殼或不去殼的可可豆 fèves *，以提煉出香氣 arômes * 的重要步驟。

Tourteau 可可渣：在工業壓榨可可塊 masse * 並和去脂可可結合後所形成的褐色餅狀物。在搗碎和研磨後，這褐色餅將轉化爲可可粉 poudre *。

Tremper (trempage) 浸入：在配製巧克力糖時，將夾心 intérieur * 泡入覆蓋 couverture * 巧克力中，以鋪上薄薄一層的巧克力。

Trinitario 千里塔里奧：最早的雜交可可樹 cacaoyers * 品種，自然與克里奧羅 criollos * 和福拉斯特洛 forasteros * 可可樹雜交而得。於 18 世紀生長於千里達島（île de Trinidad）。千里塔里奧目前構成了大多數的上等可可。

Truffe 松露巧克力：以巧克力、糖和奶油爲基底，並滾上可可粉的糖果。

糕點用語 Les mots de la pâtisserie

A

Abaisse 擀薄的麵團：在撒上麵粉的工作檯上，以擀麵棍將麵團擀成想要的形狀和厚度。

Abaisser 擀平：用擀麵棍將麵團擀開並壓平。

Appareil 麵糊（混合物）：在烹調或冷卻前，構成一道甜點不同素材的混合物。

B

Battre 攪打：用力攪拌某項素材或材料，以改善稠度、外觀或顏色。為了使發酵麵團成形，我們用手在大理石板上揉捏；為了將蛋打發成泡沫狀，我們用攪拌器在碗中攪打蛋。

Beurrer 覆以奶油：將奶油混入配料中，或將融化或軟化的奶油用毛刷塗在模型、環形蛋糕模、烤盤上，以避免食物在烘烤過程中黏著於底部或內壁。

Blanchir 使泛白／汆燙：以攪拌器用力攪拌蛋黃和細砂糖的混合物至起泡且顏色變淡。將某些水果（杏仁、桃子…）浸入沸水中去皮或讓水果軟化。

Brûler 結塊、粗粒：當拌和麵粉和油脂而形成油質的混合物時，由於形成的過程過於緩慢，麵糊因而被稱為「Brûler」。當人們將蛋黃加入細砂糖中而不加以攪拌時，會見到鮮黃色的小顆粒出現，而這些小顆粒很難混入奶油醬和麵糊中：我們稱這些蛋黃為「Brûlés」。

C

Candir 裹上糖衣：將塞入杏仁膏（pâte d'amande）等的水果放入附有濾網的淺盤（candissoire 附有同樣大小網架的矩形容器）中，在糖漿中裹上「冷」冰糖，以包覆上一層薄薄的糖結晶。

Canneler 劃出溝紋：用果皮削刮刀（couteau à canneler）在水果（檸檬、柳橙）表面削出平行而不深的 V 形小條。在用溝紋擀麵棍在麵皮上切割時，麵皮也被稱為「具有溝紋」。

Caraméliser 焦糖化：以文火加熱，將糖轉化為焦糖。在模型中塗上焦糖。用焦糖為米布丁調味。為糖衣水果、泡芙鋪上焦糖鏡面。焦糖化亦指為撒上糖的糕點烘烤上色。

Cerner 環形切割：用刀將水果的外皮稍微切開。烹調前，在蘋果上稍做環狀切割，以免爆裂。

Chemiser 塗上保護層：在模型內壁和／或底部鋪上厚厚一層配料，讓菜餚不會附著在容器上，而且能夠輕易地脫模，或是可鋪上構成整體菜餚的不同食材。

Chiqueter 刻裝飾線：用刀尖在折疊麵皮的邊緣上輕輕劃出規則的斜線，更利於烘烤時的膨脹，也讓外觀更完美。

Clarifier 淨化：透過過濾或傾析，讓糖漿、果凍變得更清澈透明。奶油的淨化是以隔水加熱將奶油融化，不要攪拌，以去除會沉澱的乳清。

Coller 膠化：將吉力丁混入配料中，以增加穩定度，並有利於果凍的成形。

Colorer 染色：用著色劑來增強或改變材料的顏色。

Corner 用刮板刮：用刮板刮除容器內壁，以收集所有殘留的材料。

Coucher 塑形擺盤：用裝有擠花嘴的擠花袋在烤盤上擠出泡芙麵糊。

Crever 使爆裂：在鹽水中快速煮沸米粒，以去除一部分的澱粉。這道程序有利於米布丁的烹調。

D

Décanter 傾析：靜置一段時間，讓懸浮的雜質沉澱後，將混濁的液體倒掉。將成品中不能食用的芳香素材移除。

Décuire 摻水熬稀：降低糖漿、果醬或焦糖的火候，逐漸加入大量所需的冷水，一邊攪拌，以形成圓潤的稠度。

Démouler 脫模：將製品從模型中取出。

Dénoyauter 去核：用鉗子（去核器）去除某些水果的果核。

Densité 密度：物體質量與體積的比值，以及同樣體積的水在4℃時的比值。糖濃度的測量（尤其是果醬、糖果和甜食的製造）從此稱爲密度，而不再是波美度（degré Baumé）。我們使用桿上有刻度的浮標糖漿比重計（pèse-sirop），會稍微沉入液體中。

Dessécher 烘乾：以文火加熱，去除材料多餘的水份。特別用於泡芙麵糊的第一次烘乾：水、奶油、麵粉、鹽和糖的混合物，在旺火下，以木杓快速攪拌，直到麵團脫離容器內壁，讓多餘的水份在混入蛋之前蒸發。

Détailler 剪裁：用切割器或刀，在麵皮上裁下一定形狀的麵塊。

Détendre 稀釋：加入液體或適當的材料（牛奶、蛋汁）來緩和麵糊或結構。

Détrempe 基本揉和麵團：以不定比例的麵粉和水混合的混合物。這是在混其他素材（奶油、蛋、牛奶等）之前，麵團的最初狀態。揉和麵團包含讓麵粉吸收所有必要的水份，並用指尖拌和。

Développer 發：當材料（麵團、奶油醬、蛋糕）在烘烤過程中體積增加或發酵時，我們稱之爲「發」。

Donner du corps 使厚實：將麵團搓揉至獲得極佳的彈性。

Dorer 塗上蛋汁：用毛刷爲麵團刷上可能摻入一些水或牛奶的蛋汁：這「蛋黃漿dorure」經烘烤過後會形成鮮豔光亮的外皮。

Dresser 擺盤：在盤上勻稱地擺上素材。也請參考「Coucher」塑形擺盤。

E

Écumer 撈去浮沫：撈去液體或材料在烹調過程中（煮沸的糖漿、煮糖、果醬）表面所形成的浮沫。這道程序以漏杓、小湯杓或湯匙進行。

Effiler 切片：將杏仁等以縱向切成薄片。

Égoutter 瀝乾：將材料（或食材）放在瀝水架、濾器、漏斗型濾網或網架上去除多餘的液體。

Émincer 切成薄片：將水果切片、切成薄片或圓形薄片，而且厚度盡可能相等。

Émonder 去皮：在汆燙，接著冰鎮後去除某些水果（杏仁、開心果等）的果皮。

Émulsionner 乳化：讓一種液體在另一種無法相溶的液體（或物質）中散開來。例如，我們讓蛋在奶油中散開來，引起乳化。

Évider 挖空：小心地將果肉取出而不損壞外皮。用蘋果去核器（vide-pomme）去除蘋果裡面的部分（果皮、籽）。

Exprimer 壓榨：經由榨汁來取出植物的水份或食物多餘的液體。為了榨出柑橘類果汁，我們使用柑橘榨汁器（presse-agrumes）或檸檬榨汁機（presse-citron）。

F

Façonner 塑形：將麵糊或配料塑成特定的形狀。

Fariner 撒麵粉：為食物蓋上麵粉，或在模型或工作檯上撒上麵粉。我們也在擀麵團或揉麵團之前，在大理石板或砧板上撒上麵粉。

Festonner 剪花邊：將某些蛋糕的邊裁成圓花邊（如皮斯維哈派 pithiviers）。

Filtrer 過濾：將糖漿、英式奶油醬等倒入漏斗型網篩中，以去除雜質。

Flamber 燄燒（澆酒火燒）：在一道熱的甜點上淋上酒精或利口酒，然後點火燃燒。

Fleurer 撒麵粉：在工作檯或模型裡撒上幾撮麵粉，以免麵糊沾黏。

Foisonner 膨脹：攪打蛋白、奶油醬或其他配料，讓材料因混入許多氣泡而增加體積。

Foncer 套模：將麵皮填入模型底部和內壁，並配合模型的形狀大小，可預先用切割器裁下，或是在裝填後用擀麵棍擀過模型邊緣，讓多餘的部分切下。

Fond 基底：用來製作蛋糕或點心的不同成份、形狀和稠度的基礎。

Fondre 融化：用熱度將例如巧克力、固體油脂等融化。為了避免食材燒焦，我們經常採用隔水加熱鍋。

Fontaine 凹槽：在大理石板或砧板上擺放的麵粉堆，在中央挖洞或形成「井」，以便倒入不同的食材來製作麵團。

Fouetter 打發：用手動或電動攪拌器快速攪打配料至均勻：例如，將蛋白打成泡沫狀、將鮮奶油打成結實而蓬鬆等。也請參考「Battre 攪打」和「Foisonner 膨脹」。

Fourrer 填餡：在某些材料中填入奶油醬、翻糖（fondant 風凍）等。

Fraiser 揉麵：用掌心將要套模的麵團在大理石板上揉捏並壓扁。揉麵是為了獲得素材緊密的混合物，並讓麵團變得均勻，但並非具有彈性。

Frapper 冰鎮：讓奶油醬、利口酒、結構快速冷卻。

Frémir 微滾：液體在煮沸前因微滾而翻攪。

Frire 油炸：將食材浸入高溫油脂中烹煮或高溫烹煮。食材經常裹上麵粉、多拿滋麵糊、可麗餅麵糊、泡芙麵糊等，並形成顏色漂亮的外皮。

G

Glacer 覆以鏡面：趁熱或冷時，在點心上覆蓋上一層薄薄的果膠或巧克力（稱為「鏡面」），讓點心變得明亮可口。在蛋糕上蓋上一層翻糖、糖粉、糖漿等。在烘烤的最後，在蛋糕、點心、舒芙蕾等上面撒上糖粉，讓上面烤成焦糖並變得明亮。最後，將製品冷藏，趁冰涼時品嚐。

Gommer 上樹膠：用毛刷在出爐的花式小點心（petit-four）上塗上融化的阿拉伯樹膠，讓點心閃閃發亮。在糖衣杏仁上蓋上薄薄一層融化的阿拉伯樹膠後再裹以糖衣。

Grainer 使成細粒：因缺乏聚合而形成許多小粒；這一詞用於鬆散的蛋白。問題經常來自素材上的油沒有去乾淨。這一詞也用在容易結晶和變混濁的熟糖，或是過度加熱的翻糖膏上。

Graisser 潤滑：在烤盤上、環形蛋糕模或模型內塗上油脂，以免配料在烘烤期間沾黏，並利於脫模。烹調時，在糖中加入葡萄糖 glucose（又稱水飴），以免形成細粒。

Griller 烘烤：將杏仁片、榛果、開心果等擺在烤盤上，放入熱烤箱中，經常搖動，讓材料稍微且均勻地烘烤上色。

H

Hacher 切碎：用刀或絞肉機將食物（杏仁、榛果、開心果、香草、柑橘類果皮）切成很細小的碎屑。

Homogénéisation 均質化：以高壓使牛奶的脂質球爆裂成非常細小微粒的技術；微粒因而以均勻的方式散開，而且不會再回到表面。

Huiler 上油：在模型內壁、烤盤上塗上薄薄一層油，以免沾黏。也用以形容外表油亮的杏仁膏、帕林內。

I

Imbiber 浸潤：用糖漿、酒精或利口酒來濕潤某些蛋糕，讓蛋糕變得柔軟且芳香（芭芭蛋糕、蛋糕體等）。亦稱為「浸以糖漿 siroper」。

Inciser 劃切：用鋒利的刀割出稍深的切口。我們在糕點上劃出切口，作為外觀的裝飾，將水果切開則是為了方便剝皮或切塊。

Incorporer 混和：將一樣素材加入材料、結構中，然後攪拌均勻（如麵粉和奶油）。

Incruster 嵌飾：用刀或切割工具在材料或糖果表面劃出略深的裝飾花樣。

Infuser 浸泡：將滾燙的液體倒在芳香物質上，等待液體充滿芳香。我們將香草莢浸泡在牛奶中，或將肉桂棒浸泡在紅酒中。

L

Levain 麵種：由麵粉、天然酵母和水的混合物所形成的麵糊（團），待體積膨脹兩倍後再混入剩餘的麵團中。

Lever 發酵：用來形容麵糊（團）因發酵作用而體積增加。

Lier 勾芡：用麵粉、澱粉、蛋黃、鮮奶油，讓液體、奶油醬等材料形成某種稠度。

Lustrer 上光：塗上某素材，讓材料發光，以改善外觀。對於熱菜餚，可用毛刷塗上澄清奶油來上光。至於冷菜，可刷上即將凝固的果凍。至於某些點心和糕點，可用果凍和果膠來變得明亮。

M

Macérer 浸漬：將新鮮、糖漬或乾燥水果稍微浸泡在液體（酒精、利口酒、糖漿、酒、茶）中，讓水果充滿液體的香氣。

Malaxer 揉和：用手搓揉物質（油脂、麵糊），讓物質軟化。有些麵糊的食材必須經過長時間搓揉才會均勻。

Manier 拌和：用木杓在容器中攪拌一樣或數樣食材至均勻。如：將奶油和麵粉拌和，以製作反折疊派皮。

Marbrer 大理石花紋：在某些糕點表面形成有色脈紋，即被稱為大理石外觀的程序。進行的方式是先用顏色不同的圓椎形紙袋在翻糖表面、果凍上劃出平行條紋，然後再用刀尖劃出勻稱的花紋。如：千層派。

Masse 團、塊：相當濃密的配料，用以配製無數糕點、糖果、點心、冰淇淋。主要構成這些團塊的糖膏為：帕林內 praliné、榛果牛奶巧克力 gianduja、甘那許、杏仁膏、翻糖 fondant（又稱風凍）。

Masser 堆積：用以形容在烹調過程中結晶的糖。

Meringuer 覆以蛋白霜，為蛋白覆以糖霜：在糕點上覆蓋上蛋白霜。亦指加糖以便將蛋白打成泡沫狀蛋白霜。

Mix 混合：所有用來製作冰淇淋的物質混合物。亦稱為「麵糊 appareil」。

Monder 去皮：先將水果（杏仁、桃子、開心果）置於濾器中，浸泡沸水數秒後去皮。用刀尖小心地去皮，不要傷到果肉。

Monter 打發：用手動或電動攪拌器攪打蛋白、鮮奶油或含糖結構，讓材料整體儲存一定的空氣量，這可以讓材料在增加體積的同時變得濃稠並形成特殊的顏色。

Moucheter 使佈滿斑點：將巧克力或著色劑小點噴射在某些部份或以杏仁膏塑成的花樣上。

Mouiller 加湯汁：在配料中加入液體烹煮或用以配製醬汁。被稱為「湯汁」的液體可以是水、牛奶、酒。

Mouler 塑形：將流動或糊狀物質放入模型中，經由烹調、冷卻或冷凍，在改變稠度的同時凝固成形。

Mousser 起泡：將結構攪打至蓬鬆並產生泡沫。

N

Nappage 鏡面果膠：以過篩的柑橘果醬（杏桃、草莓、覆盆子）為基底的果凍，最常添加凝膠劑。鏡面果膠可以為水果塔、芭芭蛋糕、沙弗林和各種點心增添光澤的修飾。

Napper 淋上醬汁：在菜餚上淋上醬汁、奶油醬等，盡可能讓菜餚被完全均勻地覆蓋。將英式奶油醬加熱至 83℃以形成稠度，將奶油醬煮至「附著」於湯匙上。

P

Panacher 混雜：混合兩種或數種顏色、味道或形狀不同的食材。

Parer 抹平：將塔、點心、千層派等的兩端或周圍整平。

Parfumer 使芳香：透過添加香料、植物性香料、紅酒、酒精等為食物或材料賦予額外的味道，同時與其原味相調合。

Passer 過濾：將必須非常平滑的精緻奶油醬、糖漿、果凍、醬汁等，放入漏斗型濾網中過濾。

Pâton 起酥麵團：用以稱呼揉捏出的折疊派皮。

Pétrir 揉麵：用手或食物調理機（備有揉麵機）拌和麵粉和一種或數種素材，讓食材充分混合，以形成平滑而均勻的麵糊（團）。

Piler 研磨：將某些物質（杏仁、榛果）磨成粉、糊。

Pincer 收緊：在麵團的邊上飾以條紋，意即用花鉗（Pince à tarte）在烘烤前夾出小溝紋，以修飾甜點的外觀。

Piquer 刺細孔：用叉子在麵皮表面刺出規則小洞，讓麵皮不會在烘烤期間膨脹。

Pocher 水煮：在大量的湯汁（水、糖漿）中煮水果，同時維持微滾的狀態。

Pointer 基本發酵：讓發酵麵團自揉捏結束後開始發酵，讓麵團在翻麵（rompre）前膨脹至兩倍體積。

Pommade 膏：將奶油攪拌至膏狀，就是將軟化的奶油拌和成濃稠的膏狀。

Pousser 發：用以形容麵糊（團）在發酵的作用下體積增加。

Praliner 摻入或撒上帕林內屑：將帕林內加入奶油醬或某種結構中。以糖漿包覆乾果，接著攪拌至呈現沙粒狀（製作帕林內的初期步驟）。

R

Raffermir 使結實：將麵糊、糕點結構長時間冷藏，以增加稠度、硬度、結實度。

Rafraîchir 冰鎮：將蛋糕、點心、水果沙拉或奶油醬冷藏，以便在冰涼時享用。

Râper 削成碎末：通常是用刨絲器（râpe）將固體食物轉化為小粒（例如柑橘皮）。

Rayer 畫線：用刀尖或叉齒在已塗上「蛋黃漿」並準備要烘烤的糕點上劃出裝飾。我們在千層烘餅上劃菱形，在皮斯維哈派（pithiviers）上劃出薔薇花飾等。

Réduire 濃縮：藉由蒸發來縮減液體的體積，同時持續煮沸，濃縮汁液以增加味道，讓液體變得更滑順或濃稠。

Relâcher 鬆弛：用以形容在製作後軟化的麵糊（團）或奶油醬。

Repère 標記：在蛋糕上做的記號，以便進行裝飾或組裝。也是一種麵粉和蛋白的混合物，用來將麵團的裝飾細節黏在材料或盤子的邊緣。

Réserver 預留備用：將之後要使用的食材、混合物或材料放在一旁的陰涼處或加以保溫。為了避免損壞，我們經常以烤盤紙、鋁箔紙或保鮮膜，甚至以布巾包覆。

Rioler 形成方格紋：將直條或花邊的麵條，以等距的間隔擺在蛋糕表面上，以形成方格。

Rompre 翻麵：將發酵麵團折起數次，以暫時中止發酵（或「發」）。這道程序在麵團的製作過程中進行兩次，使麵團在之後能適當地發酵。

Ruban 緞帶狀：用以形容蛋黃和細砂糖的混合物，在熱或冷時攪拌至相當平滑且均勻的濃稠度，在從木杓或攪拌器上流下時不會中斷（如：海綿蛋糕麵糊形成了緞帶狀）。

S

Sabler 使成沙狀：將用來製作油酥麵團（pâte brisée）和法式塔皮麵團（Pâte sablée）的食材混合物揉成易碎的狀態。用木杓攪拌形成粒狀，直到形成顆粒狀和沙狀的團塊。

Serrer 使緊密：用攪拌器快速轉圈的動作來結束將蛋白打成泡沫狀的程序，以便讓蛋白霜變得非常凝固而均勻。

Siroper 以糖漿浸潤：將發酵麵團蛋糕（芭芭蛋糕、沙弗林）浸入糖漿、酒精、利口酒中，淋上數次，直到完全浸透為止。

Strier 劃條紋：用叉子、梳子、毛刷在某些蛋糕上劃出條紋。

T

Tamiser 過篩：用網篩過濾麵粉、泡打粉或糖，以去除結塊。我們也將某些略帶流質的材料過篩。

Tamponner 拭油：用一塊奶油略過奶油醬表面，當奶油融化時，會為奶油醬蓋上一層薄薄的油脂，因而可避免乾燥結皮。

Tirer 拉糖：拉伸大破碎 grand cassé 階段的糖漿，折起數次，讓糖像緞子一樣光滑的程序。

Tourer 折疊：在製作折疊派皮時實行必要的「折疊」（單折或雙折）。

Travailler 揉捏：稍微用力地混合團狀或液狀的配料素材，不論是混入不同的食材、讓配料變得均勻或平滑，還是讓配料變得結實或滑順。依配料的性質，在火上、離火，或在冰上，以木杓、手動或電動攪拌棒、混合用攪拌器、電動攪拌機，或甚至是用手來進行這道程序：。

V

Vanner 攪拌去皮：在奶油醬（或結構）變溫時，用木杓或攪拌器攪拌，以保持均勻，尤其可避免在表面形成膜。此外，攪拌亦能加速冷卻。

Videler 形成凸邊：將麵皮逐漸翻起，在麵皮周圍製作凸邊，由外往內折，以形成捲起的邊，在烘烤時可用來固定餡料。

Voiler 覆以薄紗：為某些糕點的表面蓋上薄薄一層，煮至大破碎 grand cassé 和粗線 filé 階段的糖漿，如泡芙塔（Croquembouches）或冰點。

Z

Zester 削皮：用刨刀取下柑橘類水果鮮豔芳香的外皮。

巧克力的參考書目
Une bibliographie du chocolat

通史與一般文獻作品

- Jean-Baptiste Labat, *les Nouveaux Voyages aux Îles de l'Amérique,* Paris, Pierre-François Giffart, 1722.
- Arthur Mangin, *le Cacao et le chocolat,* Paris, Guillaumin et Cⁱᵉ, Libraires, 1860.
- Diego de Landa, *Relation des choses du Yucatán,* Paris, A. Bertrand, 1864.
- Manuels Roret, *Confiseur et chocolatier,* Paris, Éditions Charles Moreau, 1892.
- Alfred Franklin, *la Vie privée d'autrefois,* Paris, Plon, 1893.
- Louis Rousselet, *l'Exposition universelle de 1900,* Paris, Hachette, 1901.
- Georges Lenotre, *Versailles au temps des rois* , Paris, Grasset, 1934.
- Brillat-Savarin, *Physiologie du goût,* Paris, Librairie G. Adam, 1948.
- Louis Burle, *le Cacaoyer,* Paris, Maisonneuve et Larose, 1962.
- François Lery, *le Cacao,* Paris, PUF, « Que sais-je ? », 1971.
- Joseph de Acosta, *Histoire naturelle et morale des Indes occidentales,* Paris, Payot, 1979.
- Jacques Barrau, *Sur l'origine du cacaoyer,* JAIBA, Éditions de la RBA et du JATBA, 1979.
- *Le Cacao, guide du négociant,* Genève, CCI/CNUCED, 1987.
- Nikita Harwich, *Histoire du chocolat,* Paris, Desjonquères, 1992.
- Piero Camporesi, *le Goût du chocolat,* Paris, Grasset, 1992.
- Gérard Vié, avec une présentation historique par M.-F. Noël, *À la table des rois, soixante recettes royales,* Versailles, Art Lys, 1993.
- *150 ans à vous faire plaisir,* Lindt et Sprüngli, AG, Suisse, 1995.
- *Rencontres cacao,* Actes du séminaire, 30 juin 1995, Montpellier, AFCC/CIRAD.
- *Chocolat, de la boisson élitaire au bâton populaire, XVIᵉ-XXᵉ siècle,* Bruxelles, M. Van Nieuwenhuize éditeur, 1996.
– *Popol Vuh,* d'après la traduction et les commentaires de Dennis Tedlock, Touchstone Book, New York, Simon and Schuster, 1996.
- Valentine Tibère, « Vins rouges, coup de foudre en Bordelais », *Chocolat magazine* n° 7, octobre-novembre 1997.
- Cocoa-Research Unit, the university of the West Indies, *Annual report 1998,* St. Augustine, Trinidad et Tobago.
- Sophie et Michael D. Coe, *Généalogie du chocolat,* Abbeville, 1998.
- Jean Pontillon, *Cacao et chocolat,* Paris, Lavoisier Tec. Doc., 1998.
- Émile Cros, Sandrine Charliau, Nathalie Jeanjean, *Post-Harvest Processing : Keystep in Cocoa Quality,* 2ⁿᵈ International symposium on confectionery science, Pennstt University, 14-16 nov. 1999.
- Valentine Tibère, « Fèves de cacao, la crise du goût », *l'Amateur de Bordeaux,* n° 71, déc. 2000.
- Michel Richart, *Chocolat mon amour,* Paris, Somogy Éditions d'Art, 2001.
- Valentine Tibère, « Le cacao de São Tomé ou le pari de la liberté », *Science et nature,* n° 106, mai-juin 2002.
- Motamayor, Risterucci, Lopez, Ortiz, Moreno, Lanaud, *Cacao Domestication I : the Origin of the Cacao Cultivated by the Mayas,* Heredity, Nature publishing group, 2002.
- Michel Cluizel, *Chocolatrium,* Damville, Ad Litteram Éditions, 2002.
- *Le Baromètre sucre,* étude du CEDUS, Paris, 2004.

規章條文

- Directive 2000/36 du 23 juin 2000 relative aux produits de cacao et de chocolat destinés à l'alimentation humaine (*Journal officiel* n° L 197 du 03/08/2000).
- Décret n° 2003-702 du 29 juillet 2003 sur la répression des fraudes dans la vente des marchandises et des falsifications des denrées alimentaires en ce qui concerne les produits de cacao et de chocolat destinés à l'alimentation humaine (*Journal officiel* n° 2003-31 du 01/08/2003).

巧克力與健康的研究

- Henri Chaveron, « Cholestérophobie et chocolat », *le Monde*, 27 déc. 1989.
- Dr. H. Robert, « Les vertus thérapeutiques du chocolat », Paris, Éditions Artulen, 1990.
- Henri Chaveron, « Le chocolat comme drogue douce », *le Monde*, 26 déc. 1997.
- Denis Richard, Jean-Louis Senon, *Dictionnaire des drogues, des toxicomanies et des dépendances*, Paris, Larousse-Bordas, 1999.

食譜書

- Maurice et Jean-Jacques Bernachon, *la Passion du chocolat*, Paris, Flammarion, 1985.
- Martine Jolly, *le Chocolat*, Paris, Robert Laffont, 1991.
- Hervé This, *les Secrets de la casserole*, Paris, Belin, 1993.
- Bernard Deschamps, Jean-Claude Deschaintre, *le Livre du pâtissier*, Paris, Éditions Jacques Lanore, 1995.
- Yannick Lefort, *la Journée chocolat*, Paris, Hachette, 1996.
- Pierre Hermé, *Plaisirs sucrés*, Hachette, 1997.
- Pierre Hermé, *Larousse des desserts*, Larousse, 1997, rééd. 2002.
- Frédérick e. Grasser-Hermé, *Délices d'initiés*, Paris, Agnès Vienot, 1999.
- François Simon, *Chairs de poule, 200 façons de cuisiner le poulet*, Paris, Éditions Noesis, 2000.
- Robert Linxe, Michèle Carles, Christine Fleurent, *la Maison du chocolat*, Paris, Chêne, 2000.
- Trish Deseine, *Je veux du chocolat !*, Paris, Marabout, 2002.

- Pierre Hermé et Dorie Greenspan, *Mes desserts au chocolat*, Paris, Agnès Vienot, 2002.
- Philippe Conticini, *Tentations*, Paris, Marabout, 2004.

其他引用來源

- Julien Turgan, *Usine de Noisiel : fabrique du chocolat Menier*, Paris, M. Lévy frères, années 1860.
- Marie de Villars, *Lettres à madame de Coulanges*, Paris, Plon, 1868.
- Stendhal, *la Chartreuse de Parme*, Classiques Garnier, 1950.
- Marcel Proust, *À la recherche du temps perdu*, Paris, Gallimard, « La Pléiade », 1954.
- Thomas Mann, *les Buddenbrook*, Paris, Fayard, 1965.
- Roald Dahl, *Charlie et la chocolaterie*, Paris, Gallimard, 1967.
- Miguel Angel Asturias, *Hommes de maïs*, Paris, Albin Michel, 1970.
- James Joyce, *Ulysse*, Penguin Books, 1982.
- Colette, *Claudine s'en va*, Paris, Robert Laffont, « Bouquins », 1989.
- Francesco de Redi, *Opere*, cité par Piero Camporesi dans *le Goût du chocolat*, Paris, Grasset, 1992.
- Alexander von Humboldt, *Voyages de l'Amérique équinoxiale*, Paris, La Découverte, 1993.
- Gabriel García Márquez, *De l'amour et autres démons*, Paris, Grasset, 1994.
- Irène Frain, *Chocolat passion*, n° 1, 1995.
- M. Leon-Portilla et B. Leander, *Anthologie nahuatl*, Paris, L'Harmattan / Éditions UNESCO, 1996.
- Z. Bianu, Luis Mizon, *Eldorado, Poèmes et chants des Indiens précolombiens*, Paris, Seuil, 1999.
- Michel Richart, *Chocolat mon amour*, Paris, Somogy Éditions d'Art, 2001.
- Joan Harris, *Chocolat*, Paris, J'ai Lu, 2002.
- Alphonse Daudet, *les Aventures prodigieuses de Tartarin de Tarascon*, Paris, Librio, 2004.

按字母 A 到 Z 排序的食譜索引
Index des recettes de A à Z

本書中所有的食譜及變化皆按字母的順序列出，讓讀者
能夠輕易地找到想要的菜或甜點。即便是初學者都能上手的簡易食譜以
★符號標示。附照片的食譜則以斜體的頁數標示。

依食材排列的食譜索引
Index des recettes selon leurs ingrédients

本書中所呈現的所有食譜和變化，是依賦予這道食譜特色或香味的食材進行彙編。
沒有額外附註的食譜是為了黑巧克力所準備的；含有牛奶巧克力的食譜會以符號■標示；含有白巧
克力的食譜亦可透過符號□辨識。即便是初學者都能上手的簡易食譜，以符號★標示。附照片的食
譜則以斜體的頁數標示。

基礎製作索引
Index des préparations de base

本書中所有的食譜及變化皆按字母的順序列出，讓讀者能夠輕易地找到珍貴的訣竅。巧克力糕點店較具技術的常備作品，以符號 * 表示。附照片的食譜則以斜體的頁數標示。

由 Pierre Hermé 大師邀稿的食譜索引
Index des recettes
des invités de pierre Hermé

本索引集結了所有由美食界名人（巧克力糕點師、主廚、料理作家）所創造出的
食譜。即使是新手都能完成的簡易食譜由符號★表示。附有照片的食譜則以斜體字頁數標明。

攝影
Crédits photographiques

Photographies des recettes, des coups de cœur et des séquences filmées

Photographies de Nicolas Bertherat © Coll. Larousse
Stylisme des recettes et des séquences filmées : Sabine Paris
Stylisme des coups de cœur : Coco Jobard
Sauf
p. 292, 300-301 : Studio Vezelay © Coll. Larousse
p. 285, 288, 294, 295, 298, 299, 306 : G + S Photographie © Coll. Larousse

Photographies du matériel et des produits

Photographies d'Olivier Ploton © Coll. Larousse
Sauf
p. 23 bas, 310, 311 ht, 311 m ht, 311 m bas, 312, 313 m ht, 313 m g, 313 m d, 313 bas g, 313 bas d, 314 ht,
321 bas g, 321 bas m, 321 bas d : G+S photographie © Coll. Larousse
p. 39 : Nicolas Bertherat © Coll. Larousse

Autres photographies

Page 12 © AKG – p. 14 © Dagli Orti – p. 15 d © Werner Forman/AKG – p. 16 © AKG – p. 17 Ph. Coll. Archives
Larousse – p. 18 bas g © R. G. Ojeda/RMN – p. 18 bas m © R. G. Ojeda/RMN – p. 18 bas d Coll. Chantal du
Chouchet, ph. Olivier Ploton © Archives Larousse – p. 19 Ph. Hubert Josse © Archives Larbor – p. 20 Ph. Oli-
vier Ploton © Archives Larousse – p. 21 © Toshifumi Kitamura-STF/AFP – p. 22 © Archives Larousse – p. 23
ht g © Jacques Brun/Jacana/Hoa-Qui – p. 23 ht m © V. Tibère – p. 23 ht d © Bruno Morandi/Age/Hoa-Qui –
p. 24 © AKG – p. 25 © Dario Novellino/Nature Pl/Jacana – p. 27 © Lydie/Sipa – p. 29 © J.L. Lenee/Hoa-Qui –
p. 30 ht g © Boyer/Roger-Viollet – p. 30 ht d © Boyer/Roger-Viollet – p. 30 bas d © Collection Roger-Viollet –
p. 31 © Boyer/Roger-Viollet – p. 33 ht g © Bianchetti/Leemage – p. 33 m hg Coll. privée © Bianchetti/Lee-
mage – p. 33 m m Henriet Biarritz © Patrick Tohier/Photomobile – p. 33 m hd Henriet Biarritz © Patrick
Tohier/Photomobile – p. 33 ht d Henriet Biarritz © Patrick Tohier/Photomobile – p. 35 © Selva/Leemage –
p. 37 g © Collection Kharbine-Tapabor – p. 38 © Collection Christophe L – p. 43 ht © DR Morley Read/Science
Photo Library/Cosmos – p. 51 ht © Collection Kharbine-Tapabor – p. 51 bas Ph. Jean-Loup Charmet ©
Archives Larbor – p. 52 © Collection Yli/Sipa/DR – p. 53 © The Advertising Archive – p. 54 © Jérôme
Bilic/Stockfood/Studio X – p. 308 © Yves Bagros/Sucré Salé.

Sabine Paris remercie chaleureusement pour leur aimable collaboration à la réalisation des prises de vue :
Les marques du groupe ARC INTERNATIONAL (Luminarc, Salviati - tél. : 0 810 810 759 - Arc International,
41 avenue du Général-de-Gaulle, 62510 Arques) – Blues Leaves – Bosch (tél. : 08 92 69 80 10) – La Compagnie
Zanzibar (tél. : 05 53 03 98 89 - 7 rue Saint-Front, 24000 Périgueux) – J.Louis Coquet (tél. : 05 55 56 08 28 -
Avenue de Limoges, 87400 Saint-Léonard-de-Noblat) – CMO Tissu (tél. : 01 40 20 45 98 - 5 rue Chabanais,
75002 Paris) – Cristel (tél. : 03 81 96 17 52 - liste des points de vente sur demande) – La Forge Subtile (tél. :
01 40 51 09 30 - 3 rue Henry de Jouvenel, 75006 Paris) – Himla (tél. : 01 47 08 03 88 – en vente au Bon Marché,
24 rue de Sèvres, 75007 Paris) – Jars céramistes (tél. : 04 75 31 68 31 - quartier Rapon, 26140 Anneyron) –
Jaune de Chrome (tél. : 01 40 46 99 20 - 13 rue des Quatre-Vents, 75006 Paris) – Corinne Jausserand (tél. :
06 07 21 88 75) – Médard de Noblat (tél. : 05 55 75 30 22 - 177, rue Émile-Dourdet, 87400 Sauviat-sur-Vige) –
Mora (tél. : 01 45 08 19 24 - 13 rue Montmartre, 75001 Paris) – Revol (tél. : 04 75 03 99 99 – en vente au BHV
Rivoli, 14 rue du Temple, 75001 Paris) – Rösle (tél. : 03 85 25 50 50 – en vente à la Boutique Émile Henry, Zone
industrielle, 71110 Marcigny) – Sabre (tél. : 01 44 07 37 64 - 4 rue des Quatre-Vents, 75006 Paris) – A. Turpault
(tél. : 03 20 44 07 37 - en vente aux boutiques Elve, 301 rue de Bourgogne, 45000 Orléans et 17 Galerie des
Grands-Hommes, 33000 Bordeaux).

Coco Jobard remercie chaleureusement pour leur aimable collaboration à la réalisation des prises de vue :
Christofle (tél. : 01 49 33 43 66 - 9 rue Royale, 75008 Paris) – Flamant (tél. : 01 56 81 12 40 -8 rue de
Fürstenberg / 8 rue de l'Abbaye, 75006 Paris) – Marie-Papier (tél. : 01 43 21 63 20 - 26 rue Vavin, 75006 Paris)
– Papeterie Trait (tél. : 01 43 25 28 24 - 35 rue de Jussieu, 75005 Paris) – Siècle (tél. : 01 47 03 48 03 - 24 rue
du Bac, 75007 Paris).

L'éditeur remercie chaleureusement Culinarion (tél. : 01 45 48 94 76 - 99 rue de Rennes, 75006 Paris)
pour son aimable collaboration à la réalisation des prises de vue.

大師糕點

法式點心書

巧克力聖經

葡萄酒精華

大廚聖經

廚房經典技巧

糕點聖經

用科學方式瞭解
糕點的為什麼？

法國糕點大全

法國藍帶基礎料理課

法國藍帶巧克力

法國料理基礎篇 I

法國料理基礎篇 II

法國藍帶糕點運用

法國藍帶基礎糕點課

法國糕點基礎篇 I

法國糕點基礎篇 II

法國麵包基礎篇

食譜不只是工具　更是熱愛生活的實踐
www.ecook.com.tw